计算机系列教材

张同光 主编
荆春棋 田乔梅 刘艳君 杜 晗 副主编

Linux操作系统设计与构建

清华大学出版社
北京

内 容 简 介

本书以"成功设计与构建可用的 Linux 操作系统"为编写目标,共 15 章,主要内容包括 Linux 操作系统的设计,构建 Linux 操作系统的技术基础,构建极简版 Linux 发行版,构建 SLFS 交叉工具链和临时工具,构建 SLFS 发行版,登录相关配置和部分基本软件,通用库和字体库,工具,网络和服务器,图形组件,GNOME,Xfce,图形界面软件,多媒体,排版、打印和扫描。第 1、2 章介绍相关理论和技术基础。第 3 章介绍一个极简版 Linux 系统的构建过程,目的是通过成功构建这个极简版 Linux 系统来增强读者完成第 4~15 章所介绍构建过程的信心。第 4~15 章介绍一个实际可用的 Linux 操作系统的完整构建过程,该过程正确无误,读者很容易复现。

本书适合作为高等学校"操作系统原理"课程的辅助教材或实验指导书,也适合作为 Linux 爱好者的参考书。

图书在版编目(CIP)数据

Linux 操作系统设计与构建/张同光主编. —北京:清华大学出版社,2024.6
计算机系列教材
ISBN 978-7-302-66455-0

Ⅰ.①L… Ⅱ.①张… Ⅲ.①Linux 操作系统—高等学校—教材 Ⅳ.①TP316.85

中国国家版本馆 CIP 数据核字(2024)第 109737 号

责任编辑:张 玥 薛 阳
封面设计:常雪影
责任校对:刘惠林
责任印制:杨 艳

出版发行:清华大学出版社
   网 址:https://www.tup.com.cn,https://www.wqxuetang.com
   地 址:北京清华大学学研大厦 A 座   邮 编:100084
   社 总 机:010-83470000   邮 购:010-62786544
   投稿与读者服务:010-62776969,c-service@tup.tsinghua.edu.cn
   质量反馈:010-62772015,zhiliang@tup.tsinghua.edu.cn
   课件下载:https://www.tup.com.cn,010-83470236
印 装 者:三河市铭诚印务有限公司
经 销:全国新华书店
开 本:185mm×260mm   印 张:19.5   字 数:478 千字
版 次:2024 年 7 月第 1 版   印 次:2024 年 7 月第 1 次印刷
定 价:59.80 元

产品编号:098110-01

前　　言

近几年，美国对我国科技领域持续高强度的打压使人们深刻认识到，必须在信息与通信技术(Information and Communications Technology，ICT)领域拥有自主开发的核心技术；否则，会给我国相关企业带来巨大的经济损失。操作系统是 ICT 领域的一个关键组成部分，从战略角度来看，不受某国某公司控制的免费自由开源的操作系统正是我国所需，将会使我国从经济、安全、技术等方面受益。Linux 操作系统恰恰是一个良好的选择。

目前市场上已经出版了很多 Linux 操作系统的相关教材，而介绍构建整个 Linux 操作系统的教材却很少，虽然网络上有 LFS(Linux From Scratch)和 BLFS(Beyond Linux From Scratch)的官方网站和帮助文档，但是对于绝大多数读者来说，完全按照 LFS 和 BLFS 的指导也很难成功构建可用的 Linux 操作系统，并且这些资料不是传统意义上的教材。为了带领和帮助读者逐步掌握 Linux 发行版的构建流程，最终构建能够正常使用的 Linux 发行版，培育浓厚的开发 Linux 发行版的文化氛围和土壤，希望能够带领读者步入构建 Linux 发行版的世界。

LFS 项目是一个开源的自定义 Linux 系统构建项目，它旨在帮助读者从源代码开始构建自己的 Linux 发行版，并且可以根据需要进行定制，以满足各种不同的需求，让读者深入学习 Linux 系统的底层工作原理。BLFS 在 LFS 的基础上涵盖了多个主题，例如，桌面环境、网络服务器、数据库、图形库、多媒体应用程序等。

本书构建的 Linux 发行版称为 SLFS(Self-define Linux From Scratch)，主要参考了 LFS 和 BLFS(因此本书所有代码和脚本均开源，随本书配套资源提供)。SLFS 表示亲自构建 Linux 操作系统，其含义是读者通过本书的学习可以成功设计与构建符合自己预设用途的一款 Linux 发行版。读者可以完全掌控这款 Linux 系统，实现个性化需求。通过本书的学习，读者将对整个 Linux 操作系统具有全面且细微的理解和把握。在构建 SLFS 过程中要求读者进行大量的手动操作，但这有助于读者深入了解 Linux 系统的构建过程和底层工作原理，从而更好地掌握操作系统的一些特性和优化技巧，让读者逐步了解 Linux 系统的各方面。读者也可以从源代码层面解决使用 Linux 过程中遇到的问题。读者所研究领域涉及的软件，在本书中也很可能有对应的源代码，因此便于读者将理论研究成果快速地在具体 Linux 系统中验证和应用。本书要求读者已经掌握基本的 Linux 命令行工具，并熟悉 Linux 文件系统。

在构建 SLFS 过程中，读者需要手动解压缩、编译和安装各种软件包，还需要设置环境变量、构建基本的文件系统结构、构建 Linux 内核、创建并挂载文件系统、安装基本的 Linux 工具和库等，这将使读者接触到 Linux 系统的许多方面，例如，编译链、启动脚本、进程管理、文件系统、网络配置等。通过这种方式，读者可以更深入地理解 Linux 系统的运行机制，掌握更高级别的系统管理技能。

希望本书能够起到抛砖引玉的作用，在成功设计与构建 SLFS 系统的基础上，读者以后能够随心所欲地设计与构建 Linux 操作系统。本书第 4～15 章中软件包的安装顺序体现了它们之间的一种依赖关系。读者可以调整软件包的构建顺序,并且可以尝试使用新版本的软件包以达到升级 Linux 系统的目的,此时,可能会出现各种各样的问题,解决这些问题对读者要求较高,但是,唯有如此,读者才能真正提高自己的技术水平。

本书由高校教师、北京邮电大学计算机专业博士张同光担任主编,荆春棋、田乔梅、刘艳君、杜晗担任副主编,参加编写的人员还有刘春红、洪双喜、陈明。刘春红和洪双喜工作于河南师范大学,陈明工作于郑州轻工业大学,杜晗工作于中国人民解放军 32382 部队,其他编者工作于新乡学院。其中,刘春红、洪双喜和陈明共同编写第 3 章,荆春棋、田乔梅、刘艳君和杜晗共同编写第 8~15 章,张同光编写其余部分。全书由张同光统稿和定稿。

本书得到了河南省高等教育教学改革研究与实践重点项目(NO.2021SJGLX106)、河南省科技攻关项目(NO.202102210146)、网络与交换技术国家重点实验室开放课题(SKLNST-2020-1-01)的支持,在此表示感谢。

在编写本书的过程中,编者得到了清华大学出版社的大力支持和帮助,在此表示衷心的感谢。

由于编者水平有限,书中难免存在欠妥之处,敬请广大读者批评指正。

编　者

2024 年 5 月

目　　录

第 1 章 Linux 操作系统的设计

本章学习目标：

- 了解 Linux 内核版本。
- 了解 Linux 发行版本。
- 理解 Linux 发行版中模块间的关系。

1.1 Linux 简介

20 世纪 70 年代，UNIX 操作系统的源程序大多是可以任意传播的。互联网的基础协议 TCP/IP 就是产生于那个年代。在那个时期，人们在创作各自的程序中享受着从事科学探索、创新活动所特有的那种激情和成就感。那时的程序员，并不依靠软件的知识产权向用户收取版权费。1979 年，AT&T 宣布了 UNIX 的商业化计划，随之出现了各种二进制的商业 UNIX 版本，于是就兴起了基于二进制机读代码的版权产业（Copyright Industry），使软件业成为一种版权专有式的产业，围绕程序开发的那种创新活动被局限在某些骨干企业的小圈子里，源程序被视为核心商业机密。这种做法，一方面产生了大批的商业软件，极大地推动了软件业的发展，诞生了一批软件巨人；另一方面，由于封闭式的开发模式，也阻碍了软件业的进一步深化和提高。由此，人们为商业软件的 Bug 付出了巨大的代价。

1983 年，Richard Stallman 面对程序开发的封闭模式，发起了一项国际性的源代码开放的所谓牛羚（GNU's Not UNIX，GNU）计划，力图重返 20 世纪 70 年代的基于源码开放来从事创作的美好时光。他为保护源代码开放的程序库不会再度受到商业性的封闭式利用，制定了一项 GPL 条款，称为 Copyleft 版权模式。Copyleft 带有标准的 Copyright 声明，确认作者的所有权和标志。但它放弃了标准 Copyright 中的某些限制。它声明：任何人不但可以自由分发该成果，还可以自由地修改它，但你不能声明你做了原始的工作，或声明是由他人做的。最终，所有派生的成果必须遵循这一条款（相当于继承关系）。GPL 有一个法定的版权声明，但附带（在技术上去除了某些限制）在该条款中，允许对某项成果以及由它派生的其余成果的重用，修改和复制对所有人都是自由的。1987 年 6 月，Richard Stallman 完成了 11 万行源代码开放的编译器（GNU gcc），获得了一项重大突破，做出了极大的贡献。

1991 年 9 月，芬兰赫尔辛基大学计算机专业的学生 Linus Torvalds 公布了 Linux 0.0.1 版内核，该版本的 Linux 内核被芬兰赫尔辛基大学 FTP 服务器管理员 Ari Lemmke 发布在 Internet 上。最初，Torvalds 将其命名为 Freax，是 free（自由）和 freak（奇异）的结合，并且附上 X 字母，以配合所谓的 UNIX-like 系统。但是 FTP 服务器管理员觉得 Freax 不好听，因此将其命名为 Linux。这完全是一个偶然事件。但是，Linux 刚一出现在互联网上，便受到广大的牛羚计划追随者们的喜欢，他们将 Linux 加工成了一个功能完备的操作系统，叫作 GNU Linux。Linux 是一款诞生于网络、成长于网络并且成熟于网络的、遵循 GNU 通用公共许可证（GPL）的操作系统，是一个不受任何商业化软件版权制约的、全世界都能自由使用的符合 POSIX 标准的操作系统。

1995 年 1 月，Bob Young 创办了 Red Hat 公司，以 GNU Linux 为核心，集成了 400 多个源代码开放的程序模块，搞出了一种冠以品牌的 Linux，即 Red Hat Linux，称为 Linux 发行版，在市场上出售。这在经营模式上是一种创举。Bob Young 称：我们卖的是服务（给用户提供技术支持），而不是自己的专有技术。源代码开放促进了各种 Linux 发行版的出现，极大地推动了 Linux 的普及和应用。

Linux 操作系统在短短的几年之内得到了非常迅猛的发展，这与 Linux 具有的良好特性是分不开的。Linux 包含 UNIX 的全部功能和特性。简单地说，Linux 具有以下主要特性：开放性、多用户、多任务、良好的用户界面、设备独立性、可靠的系统安全、良好的可移植性，且提供了丰富的网络功能。

1.2　Linux 内核版本

Linux 的版本号分为两种：内核版本和发行版本。Linux 操作系统的内核版本指的是在 Linus Torvalds 领导下的开发小组开发出的系统内核的版本号。$1.x$ 系列和 $2.x$ 系列的内核版本号通常由 3 个数字组成：$x.y.z$。

x：内核主版本号，有结构性变化时才变更。

y：内核次版本号，新增功能时才发生变化；一般奇数表示测试版，偶数表示稳定版。

z：表示对此版本的修订次数。

像所有软件一样，Linux 的内核也在不断升级。下面简述 Linux 内核版本及其特点。

$1.0.x$ 系列：这个系列的内核是 Linux 的第一个正式版本，于 1994 年 3 月发布。它包含基本的系统功能和驱动程序，例如，进程管理、文件系统支持和网络协议等。虽然这个系列的内核比较简单，但它奠定了 Linux 操作系统的基础。

$2.0.x$ 系列：这个系列的内核于 1996 年 6 月发布，它引入了许多重要的新功能，例如，对 Symmetric Multi-Processing(SMP) 的支持、对 IPv6 和 USB 等设备的支持等。这些功能使得 Linux 可以运行在更多类型的硬件平台上，并且可以支持更多种类的设备。此外，这个系列的内核还增加了对更多文件系统的支持，例如，Ext2、NFS 和 CIFS 等。

$2.2.x$ 系列：这个系列的内核于 1999 年 1 月发布，它进一步扩展了 Linux 的功能和性能，增加了对更多硬件设备和文件系统的支持，同时也解决了一些安全漏洞。这个系列的内核引入了许多新的功能，例如，对 ACPI 和 APM 电源管理的支持、对大容量磁盘的支持等。此外，这个系列的内核还提供了更好的网络性能和可靠性。

$2.4.x$ 系列：这个系列的内核于 2001 年 1 月发布，它为 Linux 带来了很多新特性，例如，可以处理更大的文件和更高的网络带宽，还增加了许多新的文件系统和设备驱动程序。此外，这个系列的内核还引入了一些重要的安全功能，例如，SELinux 和 IPsec 等。

$2.6.x$ 系列：这个系列的内核于 2003 年 12 月发布，它是目前为止最长时间使用的 Linux 内核系列，它在各方面都有重大的改进，包括更好的性能、可靠性和安全性等。这个系列的内核引入了一些新的技术，例如，NUMA(Non-Uniform Memory Access) 架构支持、Udev 设备管理等。同时，它也是第一个完全基于 GPLv2 协议的内核版本。

$3.x$ 系列之后的内核版本号通常由两个数字组成。$2.x$ 规则在 $3.x$ 已经不适用了。例如,3.1 内核是稳定版本。

3.x 系列:这个系列的内核于 2011 年 5 月发布,它主要是为了支持新一代硬件设备,并增加了一些新的功能和性能改进。这个系列的内核被广泛应用于手机和其他嵌入式设备上。它引入了对 ARM 的 SMP 处理器的支持、Btrfs 文件系统和 Cgroups 等新特性。

4.x 系列:这个系列的内核于 2015 年 4 月发布,它带来了许多新的功能和改进,包括对 ARM64 处理器的支持、新的文件系统等。同时也解决了一些已知的漏洞和问题。此外,这个系列的内核还提供了更好的虚拟化支持和容器技术。

5.x 系列:这个系列的内核于 2019 年 3 月发布,它主要是为了增强 Linux 在 AI 和机器学习领域的支持,并且提供了更好的性能和扩展性。它引入了许多新的功能,例如,对 Intel 的 Icelake CPU 的支持、IO_uring 异步 I/O 框架等。同时,它也解决了一些安全方面的问题,例如,Spectre 和 Meltdown 漏洞等。

6.x 系列:这个系列的内核于 2022 年 10 月发布。6.x 系列的内核在许多方面都有重大的改进和新特性。它通过引入 Landlock 和 TDX(Trust Domain Extensions)等新特性来提高系统的安全性。增加了对硬件加密、MBR(Master Boot Record)和 UEFI Secure Boot 等安全方面的支持。在虚拟化方面有很多改进,主要是针对容器技术和云计算场景,通过引入 CRIU(Checkpoint/Restore in Userspace)和 IOAM(In-situ OAM)等新特性以提高容器的可移植性和管理效率。6.x 系列的内核增加了对 AI 和机器学习的支持,包括对 TensorFlow 和 PyTorch 等流行框架的优化,以及针对神经网络的新指令和数据类型支持。在性能方面也有所提升,通过引入 BPF(Berkeley Packet Filter)和 XDP(eXpress Data Path)等新技术以提高网络和存储 I/O 的吞吐量和响应时间。此外,还增加了对新硬件平台的支持,例如,ARMv9 和 RISC-V 等。总之,6.x 系列的 Linux 内核为 Linux 操作系统带来了很多先进的功能和性能改进,使得它更适应现代计算机科学和技术需求。

每个 Linux 内核版本都带来了许多新的特性和改进,使得 Linux 操作系统变得更加稳定、安全和高效。同时,也随着硬件技术的发展逐步实现了对新一代设备的支持。

1.3　Linux 发行版本

一个完整的 Linux 操作系统不只有内核,还包括一系列为用户提供各种服务的外围程序。所以,许多个人、组织和企业开发了基于 GNU/Linux 的 Linux 发行版,他们将 Linux 内核与外围应用软件和文档包装起来,并提供一些系统安装界面和系统设置与管理工具,这样就构成了一个发行版本。实际上,Linux 的发行版本就是 Linux 内核再加上外围实用程序组成的一个大软件包而已。相对于操作系统内核版本,发行版本的版本号是随发布者的不同而不同,与 Linux 内核的版本号是相对独立的。Linux 的发行版本大体可以分为两类,一类是商业公司维护的发行版本;另一类是社区组织维护的发行版本。前者以著名的 Red Hat Linux 为代表,后者以 Debian 为代表。下面简述一些比较知名的 Linux 发行版。

1. Red Hat 系

Red Hat Linux 是最成熟的一种 Linux 发行版。中国老一辈 Linux 爱好者中大多数都是 Red Hat Linux 的使用者。目前,Red Hat 系的 Linux 发行版主要包括 RHEL、Fedora、

CentOS、CentOS Stream、Rocky Linux、OEL（Oracle Enterprise Linux）和 SL（Scientific Linux）。

Red Hat Enterprise Linux(RHEL)是由 Red Hat 公司开发的商业 Linux 发行版，专注于提供企业级的稳定性和可靠性。它使用自己的 YUM/DNF 包管理系统，并且支持各种服务器应用程序和工具，如 Apache Web 服务器、MySQL 数据库等。

Fedora 是由 Red Hat 公司赞助的社区驱动的 Linux 发行版，致力于提供最新的开源软件和技术。它使用自己的 YUM/DNF 包管理系统，并且预装了许多常用的应用程序和工具，例如，LibreOffice 办公套件、Firefox 浏览器等。Fedora 提供了多种桌面环境可供选择，包括 GNOME、KDE Plasma、Xfce 等。Fedora 有较短的软件更新周期，通常每 6 个月会发布一个新版本。

Community ENTerprise Operating System(CentOS)是一个社区驱动的 Linux 发行版，基于 RHEL 源代码编译而成，是 RHEL 的克隆版，因此具有类似的功能和稳定性，CentOS 被称为 RHEL 的社区企业版。CentOS 使用 RPM 包管理系统，软件更新速度相对较慢。CentOS 提供了多种桌面环境可供选择，但更适合用于服务器环境。

CentOS Stream 是一个基于 RHEL 代码库的、持续更新的 Linux 发行版，由 Red Hat 公司开发并发布，旨在为 RHEL 社区提供更快地访问新功能和增强功能的途径。与传统的 CentOS 版本不同，CentOS Stream 不是一个稳定的、企业级的 Linux 发行版，而是一个适用于开发人员和小型生产环境的中间版本。它包含最新的 RHEL 代码，并在每个发布周期内持续更新，因此用户可以获得与 RHEL 几乎相同的特性和改进，同时还能够提供反馈以帮助改善 RHEL。CentOS Stream 也提供了一些工具和资源，用于帮助开发人员更轻松地构建、部署和管理应用程序。这包括 Docker、Podman、Kubernetes 和 Ansible 等工具的支持，以及来自 Red Hat 公司和社区的大量文档和教程。

Rocky Linux 是一个免费、开源的企业级操作系统，它由原 CentOS 项目的核心开发人员创建，目的是填补 CentOS 8 不再提供免费长期支持的空白。Rocky Linux 的目标是提供一个稳定、可靠、兼容 Red Hat Enterprise Linux（RHEL）的替代品。

Oracle Linux 是由 Oracle 公司开发的商业 Linux 发行版，基于 RHEL 源代码编译而成，致力于提供企业级的稳定性和可靠性。

Scientific Linux 是一个由美国国家实验室联合组织开发的 Linux 发行版，专注于科学计算和研究。它是基于 RHEL 构建的，与 CentOS 非常相似，但更加专注于科学应用和工具。

2. Debian 系

目前，Debian 系的 Linux 发行版主要包括 Debian、Ubuntu、Kali 和 Deepin。

Debian 由 Ian Murdock 于 1993 年创建，是迄今为止最遵循 GNU 规范的 Linux 系统，是 100% 非商业化的社区类 Linux 发行版。Debian 由全球志愿者组成的开发团队开发和维护。它采用 APT 包管理系统，具有较长的软件更新周期，保证了系统的稳定性和可靠性。Debian 也有多种桌面环境可供选择，包括 GNOME、KDE Plasma、Xfce 等。

Ubuntu(乌班图)是基于 Debian 的 Linux 发行版，由英国的 Canonical 公司负责开发和维护。Ubuntu 致力于提供易用性和用户友好性，并且有着良好的社区支持和广泛的应用程序库。Ubuntu 会在每年 4 月和 10 月发布新版本。版本号为两位数年份＋月份,如 22.04、22.10、23.04、23.10。偶数年＋04 月的版本为 LTS(Long-Term Support)版本,享受长达五年的官方技术支持。LTS 每两年发布一次,发布月份选在 4 月。根据 Ubuntu 发行版本的用途来划分,可分为 Ubuntu Desktop(Ubuntu 桌面版)、Ubuntu Server(Ubuntu 服务器版)、Ubuntu Cloud(Ubuntu 云操作系统)和 Ubuntu Touch(Ubuntu 移动设备系统),涵盖了 IT 产品的方方面面。除了标准 Ubuntu 版本之外,Ubuntu 还有几大主要分支,分别是 Kubuntu、Lubuntu、Mythbuntu、Ubuntu MATE、Ubuntu Kylin、Ubuntu Studio 和 Xubuntu。

Kali Linux 是一个基于 Debian 的渗透测试和网络安全专用的 Linux 发行版,由 Offensive Security 公司进行维护。它包含众多的安全工具,如 Metasploit、Nmap、Aircrack-ng、Wireshark、Maltego、Ettercap 等,适合安全研究人员、渗透测试人员和网络管理员使用。

3. 中国发布的一些 Linux 发行版

中国发布的一些 Linux 发行版有 RedFlag Linux、UOS、Deepin、Kylin、StartOS、NeoKylin 等。这些都是由中国社区或组织开发的发行版,它们都有自己的特色和定位。这些发行版都有着自己独特的功能和目标受众,用户可以根据自己的需求进行选择。

4. Gentoo

Gentoo 是一个高度自定义的 Linux 发行版,它采用源代码安装方法,用户需要手动编译所有软件,这使得 Gentoo 具有非常高的灵活性和性能优势,但安装和配置过程相对复杂。Gentoo 有多种桌面环境可供选择,支持自定义构建。Gentoo 最初由 Daniel Robbins 创建。2002 年发布首个稳定的版本。Gentoo 使用 Portage 包管理系统。Gentoo 适合比较有 Linux 使用经验的老手使用。

5. Arch

Arch Linux 是一个轻量级、高度自定义的 Linux 发行版,以简单、轻便和灵活为特点。Arch 与 Gentoo 类似,不同于其他大部分主流 Linux 发行版(如 Fedora 和 Ubuntu),并没有跨版本升级的概念,它使用 pacman 包管理系统进行软件安装和管理,提供了滚动式更新模型,用户可以及时获得最新的软件和功能。通过更新,任何时期的 Arch Linux 都可以滚动更新到最新版本。Arch Linux 需要一定的 Linux 知识和经验才能使用,适合喜欢折腾和自定义的用户。

6. SUSE

SUSE 是德国最著名的 Linux 发行版,在全世界范围中也享有较高的声誉。openSUSE 专注于桌面应用程序和开发人员工具,由社区进行维护。SUSE 使用 YaST 软件包管理系统,并且提供了各种桌面环境和窗口管理器可供选择,如 GNOME、KDE Plasma、Xfce 等。与其他 Linux 发行版不同,在 openSUSE 中,用户可以通过"极客模式"来获取更多的配置选项和自定义功能。

7. Slackware

Slackware 是最古老的 Linux 发行版之一，由 Patrick Volkerding 于 1993 年创建并进行维护。Slackware 注重简单性和稳定性，采用了类似 BSD 的初始化系统，并且没有依赖关系管理，需要用户手动安装和升级软件。Slackware 同样也有多种桌面环境可供选择。

8. Mandriva

Mandriva 的原名是 Mandrake，最早由 Gal Duval 创建并在 1998 年 7 月发布。早期的 Mandrake 是基于 Red Hat 进行开发的。

9. PureOS

PureOS 是一个基于 Debian 的 Linux 发行版，致力于提供隐私保护和安全性。它预装了一些隐私工具和加密应用程序，例如，GnuPG 加密软件、Tor 匿名网络等。PureOS 采用自己的用户界面。

10. Alpine Linux

Alpine Linux 是一个轻量级的 Linux 发行版，专注于安全和速度。它使用自己的包管理器 apk，并且支持多种构建模式，如容器、虚拟机、云等。Alpine Linux 支持多种桌面环境和窗口管理器。

11. PCLinuxOS

PCLinuxOS 是一个社区驱动的 Linux 发行版，致力于提供易用性和稳定性。它使用自己开发的 APT-RPM 包管理系统，并且预装了许多常用的应用程序和工具，例如，LibreOffice 办公套件、Firefox 浏览器等。PCLinuxOS 支持多种桌面环境可供选择。PCLinuxOS 在配置和管理方面相对简单，并且支持自定义构建。

12. Solus

Solus 是一个独立的 Linux 发行版，由 Ikey Doherty 创建并进行维护。Solus 专注于桌面环境和易用性，采用了自己的包管理系统 eopkg，提供了自己的桌面环境 Budgie。Solus 也支持 GNOME、KDE Plasma、MATE 等多种桌面环境，并且具有快速启动和轻便性能的优势。

13. Clear Linux

Clear Linux 是由英特尔公司开发的 Linux 发行版，专注于高性能计算和云计算，致力于提供高性能和安全性。它采用自己开发的包管理系统 swupd，提供了优化的内核和库，以及快速的软件更新服务，并且预装了一些基本的应用程序和工具，如 Chromium 浏览器、GIMP 图像编辑器等。Clear Linux 也是一个轻量级的发行版，适合在云环境、虚拟机或容器中运行。Clear Linux 提供了多种桌面环境可供选择。

14. NixOS

NixOS 是一个基于函数式编程概念的 Linux 发行版,致力于提供可重复性和可定制性。它使用自己的 Nix 包管理系统,并且需要用户在配置文件中定义系统状态和软件包依赖关系。NixOS 提供了多种桌面环境可供选择。

15. Android

Android 是一种基于 Linux 的自由开源的操作系统,主要用于移动设备,如智能手机和平板电脑等,由 Google 公司和开放手机联盟(Open Handset Alliance)领导开发。

以上介绍了一些常见的 Linux 发行版,还有很多其他 Linux 发行版,它们各自都有其特点和用途。

1.4 Linux 发行版的设计

Linux 的开放性给我国操作系统开发商带来一个良好的机会,设计、开发具有自主知识产权的操作系统,打破了国外厂商在计算机操作系统上的垄断,避免了美国对我国在操作系统领域卡脖子。我国有多家软件公司致力于设计、开发基于 Linux 内核的操作系统平台。

1. Linux 发行版的系统结构

设计 Linux 发行版时通常采用模块化、分层和透明性的设计理念,致力于提供一个稳定、可靠且高度可定制的操作系统。但是,不同的 Linux 发行版由不同的构架和模块组成,没有一张通用的模块关系图。对于大多数 Linux 发行版来说,它们的系统结构具有类似的模块关系,如图 1.1 所示,该图展示了 Linux 发行版中各组件之间的详细关系。Linux 使用分层架构来组织系统,每个层级都有明确定义的职责和接口,从而使得系统各部分高度独立、易于维护和扩展。一般来说,一个 Linux 发行版包含大量的软件,如 Linux 内核、函数库、软件开发工具、数据库、Web 服务器、窗口服务器、桌面环境、办公套件等。

2. 硬件层

通用 Linux 操作系统需要在广泛的硬件平台上运行,因此,需要对各种硬件设备进行支持和适配。可以选择现有的硬件驱动程序或者自行开发适配的驱动程序。此外,还需要提供自动化硬件检测和配置的功能,方便用户使用。硬件层包括所有的物理硬件设备,如CPU、内存、硬盘、显示器、网络适配器等。这些硬件设备通过驱动程序与操作系统内核进行交互,提供了操作系统运行所需的基本支持。驱动程序是一组软件模块,负责将硬件设备的特定功能映射到操作系统内核能够理解的接口上。在 Linux 中,驱动程序可以作为内核模块加载和卸载,以支持不同类型的硬件设备。这里的硬件设备也包括固件,如 BIOS 和UEFI,它们提供了操作系统启动所需的基本支持。

3. 内核层

内核层是 Linux 发行版的核心部分,也是 Linux 操作系统最重要的组成部分之一,负责

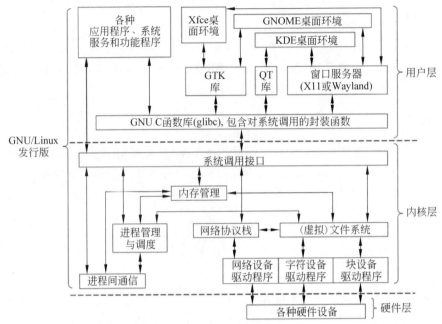

图 1.1　GNU/Linux 发行版中各个模块的关系图

管理计算机的资源(如内存、CPU 和 I/O 设备)和控制计算机的功能,决定了系统的性能、可靠性和安全性。内核层由内核和设备驱动程序组成。Linux 内核采用了微内核和宏内核相结合的设计思路,使得各模块可以高度可定制且相互独立,在保留宏内核的高度集成性和微内核的可扩展性的基础上,通过将核心部分和其他功能模块分离开来,将某些模块独立出来作为微内核的服务进程,实现更高的可扩展性和并行处理能力,实现了更灵活的模块化设计,这些模块可以根据需要动态加载,这使得 Linux 操作系统具有高度的可定制性,用户可以根据自己的需求选择需要的模块,而不必受到不需要的功能的干扰。内核提供了诸如进程管理、内存管理、文件系统、网络协议栈等功能。内核还提供了系统调用接口,使得应用程序可以与内核进行交互。内核充当了用户空间和硬件之间的桥梁,将用户空间的系统调用转换为硬件操作。Linux 内核作为开放源代码软件,具有高度的灵活性和可定制性,可以对其进行自定义配置和编译。Linux 内核具有很强的可移植性和兼容性,它能够运行在多种不同计算机架构的芯片上,如 x86、x64(AMD64)、ARM、PowerPC、loongson、RISC-V 等。

1) 驱动程序

驱动程序是用来与计算机硬件通信的软件,它们将请求发送给内核,以便控制硬件设备。Linux 支持各种不同类型的硬件设备,如网卡、声卡、USB 设备等。每个设备都需要一个独立的驱动程序来控制它。通常,硬件驱动程序由操作系统厂商提供,或者由开发人员编写并打包成内核模块。

2) 进程管理

Linux 是一种多任务操作系统,可以同时运行多个进程。Linux 支持多任务处理和进程间通信,进程是系统资源分配的基本单位,每个进程都有自己独立的虚拟地址空间和独立的系统资源,如文件描述符、信号处理器、进程 ID 等。Linux 内核提供了进程调度算法,包括时间片轮转和优先级抢占等,以保证各进程可以公平高效地使用 CPU 资源,并满足各种实时性要求。此外，Linux 还提供了丰富的进程间通信机制，如管道、消息队列、共享内存等。而 CGroups 和 Namespace 等特性也使得 Linux 在容器化方面有着广泛应用。

3）虚拟内存

Linux 采用了虚拟内存技术，将物理内存和硬盘上的空间结合起来，形成了一个统一的地址空间。通过虚拟内存技术，操作系统可以在物理内存不足的情况下，将不太常用的数据暂时交换到硬盘上，从而为当前正在运行的进程腾出更多的内存空间。同时，Linux 还支持内存映射文件等高级特性。

4）文件系统

Linux 支持多种文件系统类型，如 Ext4、NTFS、FAT 等。文件系统提供了对文件的管理和访问接口，包括文件的创建、读取、写入、删除等操作。Linux 还支持各种特殊文件类型，如设备文件、管道文件和符号链接等。此外，Linux 还支持各种文件系统挂载和网络共享等特性。通用 Linux 操作系统还需要支持更高效、更可靠和更具扩展性的存储方案，如 Btrfs、ZFS 等新型文件系统。同时，需要提供自动化磁盘分区和挂载的功能，方便用户使用。

Linux 内核提供了一个虚拟文件系统（VFS），使得所有的文件系统看起来都像是挂载在同一个目录下。这种设计使得不同类型的文件系统可以很容易地被集成到系统中，并且使得文件访问变得更加简单和统一。

5）网络协议栈

Linux 内置了 TCP/IP 协议栈，支持多种网络协议和接口。Linux 还提供了 Socket 接口，使程序可以通过网络进行通信。此外，Linux 的网络架构也非常灵活，在网络性能、负载均衡、安全性等方面有着广泛应用，其中最为著名的是 LVS 负载均衡技术。而 DPDK、XDP 等特性则进一步提升了网络性能和可编程性。此外，还需要提供 VPN、SSL 等安全网络连接的支持。

6）安全性

Linux 内核提供了多层次的安全保护机制，包括文件权限、访问控制、身份认证、文件加密等。Linux 系统还提供了防火墙、SELinux 等安全工具，可帮助用户加强系统的安全性，确保用户和进程之间的隔离，防止未经授权的访问和恶意攻击。

4. 用户层

用户层包括系统工具、各种服务、一系列的库及其 API、桌面环境、窗口服务器和其他应用程序。

1）库

库是一组可重用的代码，为开发人员提供了许多常用函数和数据结构。这些库及其 API 可以被应用程序调用，使得开发人员能够更快地开发出各种高质量的应用程序。Linux 系统中常用的库包括 glibc（GNU C Library）、图形库（GTK、QT）以及其他库。

glibc 是 Linux 操作系统中最基础的库之一，提供了操作系统内核服务的抽象层，包括进程管理、内存管理、文件操作、Socket 通信等。在 Linux 系统用户层，大部分核心功能都是通过 glibc 实现的，glibc 是 Linux 系统上大部分应用程序所依赖的核心库。

GTK（GIMP Toolkit）是一套自由软件，用于创建图形化用户界面（GUI）。GTK 是一个开源图形界面工具包,用 C 语言编写。GTK 最初是为 GIMP(GNU Image Manipulation Program)图像处理软件开发的,后来也被其他应用所采用。GTK 提供了一组用户界面控件,如按钮、文本框、标签、滚动条等,以及事件处理、图形绘制等功能。

QT 是一个跨平台的应用程序开发框架,也是一个 GUI 工具包。与 GTK 类似,它提供了一系列 GUI 控件和功能,包括按钮、文本框、标签、滚动条等。QT 用 C++ 编写,并提供了额外的功能,如多线程支持、网络编程、数据库连接等。QT 库可以在 Windows、Linux、macOS 等多种操作系统下使用,因此也是许多跨平台应用的首选。

在 Linux 系统中,许多应用程序都使用 GTK 或 QT 来创建图形用户界面。GTK 库和 QT 库都是基于 glibc 库的。GTK 库提供了一些高层次的 GUI 组件,如按钮、文本框、标签等,并且提供了事件处理、图形绘制等功能。和 GTK 库类似,QT 库同样也提供了一些高层次的 GUI 组件,并且提供了许多高级功能,如多线程支持、网络编程、数据库连接等。但是这些高级功能的底层都是依赖于系统调用来实现的,而系统调用则是通过 glibc 库提供的。因此,GTK 库和 QT 库需要依赖 glibc 库才能正常工作。

2)应用程序

应用程序是运行在用户空间中的具体应用软件,是用户直接使用的软件,它们提供了各种功能,如文本编辑器、Web 浏览器、邮件客户端、多媒体应用等。应用程序通常依赖于操作系统提供的服务和工具,使用用户空间的库和 API 进行开发。开发人员可以使用各种编程语言和框架来编写应用程序,如 C/C++、Java、Python、JavaScript 等。

通用 Linux 操作系统需要支持广泛的应用程序。可以选择现有的开源应用程序,如 LibreOffice、Firefox 等,也可以自行开发自己的应用程序。同时,需要建立一个统一的应用程序库,方便用户下载和安装应用程序。这些软件可以通过 Linux 的包管理器进行安装和卸载,也可以通过源代码编译来定制。

3)系统服务

Linux 系统需要提供很多基本的系统服务,如网络服务、文件共享服务、邮件服务、Web 服务器等。这些服务可以通过简单的配置文件进行设置,并且可以根据需要添加或删除。此外,Linux 还要支持容器、虚拟机和云计算等高级服务,满足不同场景下的需求。

4)用户界面

通用 Linux 操作系统需要提供友好易用的用户界面。图形用户界面(GUI)可以选择使用 GNOME、KDE 等桌面环境,也可以开发自己定制化的界面。同时,需要提供多语言支持,方便不同语言背景的用户使用。而对于服务器版本的通用 Linux 操作系统,则需要提供命令行界面(CLI)和远程管理的功能。

Linux 命令行界面(CLI)是非常强大和灵活的,可以让用户轻松地执行各种任务,包括软件安装、配置系统、访问网络等。此外,Linux 的命令行界面还支持管道和重定向等高级特性,使得用户可以将各种命令组合在一起来实现更复杂的任务。这种设计使得 Linux 具有可扩展性和自动化能力,并且可以通过脚本编程实现高级任务。常用的 Shell 有 bash、zsh 等。

5)系统安全

针对不同用户群体的需求,通用 Linux 操作系统需要提供安全防护机制。可以考虑使用 SELinux、AppArmor、Firewall 等工具来保障系统安全。而通过 Sandboxing、Seccomp

等技术则能够有效地隔离不同应用程序之间的风险。另外,还需要提供用户账户管理、访问控制等功能,确保系统的安全性和可控性。

6) 软件包管理

通用 Linux 操作系统需要提供全面的软件支持,因此需要具备完善的软件包管理机制。可以选择现有的软件包管理工具,如 DPKG、APT、RPM、DNF 等,也可以自行开发定制化的软件包管理工具。此外,还需要建立一个统一的软件仓库,方便用户下载和安装软件包。

除了以上几方面外,还需要考虑系统更新、配置管理、远程管理等方面的问题。同时,需要积极参与 Linux 社区,获取更多的技术支持和意见反馈,从而不断完善和改进自己的产品。

总之,通用 Linux 发行版的设计思路注重灵活性、可扩展性、可定制性和稳定性,需要结合实际需求进行深入思考和定制化开发。Linux 发行版采用模块化设计、多用户和多任务管理、开放式硬件支持、分层架构、虚拟文件系统、命令行界面、系统服务、应用软件、安全特性、可移植性等多种技术手段,满足不同场景下的需求。Linux 发行版包含许多不同的组件,这些组件相互独立但又互相联系,构成了一个完整的操作系统。Linux 发行版的系统结构是多层次的,从硬件层到内核层再到用户空间和应用程序。每个层次都有其独特的功能和角色,相互之间通过标准的接口进行通信和协作。应用程序依赖于库,而库又依赖于内核。硬件驱动程序则是直接与内核交互。这种分层结构使得 Linux 操作系统具有高度的灵活性和可定制性,同时也为不同类型的用户提供了广泛的选择和使用方式。需要注意的是,由于各个 Linux 发行版之间具体实现的差异,每个发行版的系统结构可能会有一些细微的差别,但是总体上都遵循这个基本的层次结构。

第 2 章 构建 Linux 操作系统的技术基础

本章学习目标：

- 掌握本书实验环境的搭建。
- 理解 Shell 变量的种类和作用。
- 理解 Shell 测试命令、算术与逻辑运算以及内部命令。
- 理解 Shell 复合结构。
- 理解 Shell 条件分支和循环结构。
- 了解 GNU 工具链和 LLVM 工具链。
- 理解计算机的启动过程。

2.1 本书实验环境

建议读者直接在硬盘中安装 Linux 操作系统，然后在这个操作系统中构建新的 Linux 操作系统。读者也可以在虚拟机中安装 Linux 操作系统，进而在 Linux 虚拟机中构建新的 Linux 操作系统。如果是这样，则整个构建过程耗时更多。

通常情况，读者计算机中已经安装有 Windows。如果是购买笔记本电脑时自带的 Windows 系统，则需要对整个硬盘重新分区、重新安装 Windows。在 Windows 中，使用 AOMEI 或 DiskGenius 等分区工具对硬盘进行分区，示例如下。

C：	100GB	NTFS	//	/dev/sda1	//Windows 7/10/11
D：	200GB	NTFS	//	/dev/sda5	
E：	160GB	NTFS	//	/dev/sda6	
F：	200GB	NTFS	//	/dev/sda7	
	500MB	FAT32	//	/dev/sda8	//EFI partition
/	100GB	ext4	//	/dev/sda9	//Debian 根分区
/boot	600MB	ext2	//	/dev/sda10	//Debian boot 分区
/opt	180GB	ext4	//	/dev/sda11	//Debian opt 分区
swap	2GB	swap	//	/dev/sda12	//Debian 交换分区

Ventoy 是一个制作可多系统启动 U 盘的开源工具。读者可以从 Ventoy 官网下载最新版，笔者下载的是 ventoy-1.0.94-windows.zip，在 Windows 中解压，插入 U 盘，运行 ventoy-1.0.94 文件夹中的 Ventoy2Disk.exe，将 Ventoy 安装到 U 盘。然后将 debian-12.1.0-amd64-DVD-1.iso 复制到 U 盘。至此，Debian 的 U 盘安装盘制作完成。

将 U 盘设置为第一启动盘，插入 U 盘，启动计算机，根据安装界面提示进行安装。关于具体安装 Debian 的过程，读者可以参考其他资料。

笔者不建议在 Linux 虚拟机中构建 Linux 操作系统。

2.2 Shell 编程基础

Shell 是 Linux 操作系统中的一个命令解释器，用于与 Linux 操作系统进行交互，起到解释用户输入的命令并将其转换成底层操作系统能够执行的指令的作用。Shell 有许多不同的实现，包括 Bash、Zsh、Ksh 等。Bash 是 Shell 的一种实现，是比较常用的一种 Shell。Shell 又是一种程序设计语言。用户可以通过编写 Shell 脚本程序来实现大量任务的自动化。Shell 提供了很多特性，这些特性可以使 Shell 脚本的编写更为方便，如数据变量、参数传递、判断、流程控制、数据输入/输出和函数等。

2.2.1 Shell 变量

变量是代表某些值的符号，在计算机语言中可以使用变量进行多种运算和控制。Shell 有四种变量：用户自定义变量、环境变量、预定义变量（内部变量）和位置变量。

1. 用户自定义变量

用户定义自己变量的语法规则是：变量名＝变量值。

在定义变量时，变量名前不应加符号＄，在引用变量值时则应在变量名前加＄；在给变量赋值时，等号两边一定不能有空格，若变量值包含空格，则整个字符串都要用双引号引起来。在编写 Shell 程序时，为了使 Shell 变量名和命令名相区别，建议所有的 Shell 变量名都用大写字母来表示。

2. 环境变量

Linux 是一个多用户的操作系统。多用户意味着每个用户登录系统后，都有自己专用的运行环境（也称为 Shell 环境）。而这个环境是由一组变量及其值组成，它们决定了用户环境的外观，这组变量被称为环境变量。环境变量和 Shell 紧密相关，用户可以通过 Shell 命令对自己的环境变量进行修改以达到对环境的要求。环境变量又可以被所有当前用户所运行的程序使用。对于 bash 来说，可以通过变量名来访问相应的环境变量，如 echo $HOME。

Shell 在开始执行时，就已经定义了一些和系统工作环境有关的变量，用户还可以重新定义这些变量，也可以通过修改一些相关的环境定义文件来修改环境变量。在 Debian 中，与环境变量相关的文件有/etc/profile、/etc/bash.bashrc、~/.profile 和~/.bashrc 等，修改后，重新登录或者执行命令 source filename，即可使修改的环境变量生效。

常用的 Shell 环境变量及其功能见表 2.1。

注意：如果要使用环境变量或其他 Shell 变量的值，必须在变量名之前加上一个"＄"符号，不能直接使用变量名。显示环境变量的命令有 env 和 set 等。

3. 预定义变量

预定义变量和环境变量类似，也是在 Shell 一开始时就定义的变量。所不同的是，用户只能根据 Shell 的定义来使用这些变量，而不能重定义它们。所有预定义变量都是由＄符号和另一个符号组成的,常用的 Shell 预定义变量及其含义见表2.2。

表 2.1　环境变量及其功能

环 境 变 量	功　　　能
BASH	当前运行的 Shell 实例的路径名
BASH_VERSINFO	Shell 的版本号
CDPATH	用于 cd 命令的搜索路径,"."不用单独设置,永远被包含
COLUMNS	终端的列数
EDITOR	编辑器
HOME	用于保存当前用户主目录的完全路径名
HISTFILE	指示当前的 bash 所用的历史文件
HISTSIZE	历史命令记录数
HOSTNAME	主机的名称
IFS	Internal Field Separator,默认为空格、tab 及换行符
LANG	语言相关的环境变量,多语言可以修改此环境变量
LINES	终端的行数
LOGNAME	当前用户的登录名
MAIL	当前用户的邮件存放目录
OLDPWD	上一个工作目录
PATH	用于保存用冒号分隔的目录路径名,决定了 Shell 将到哪些目录中寻找命令或程序,Shell 将按 PATH 变量中给出的顺序搜索这些目录,找到的第一个与命令名称一致的可执行文件将被执行
PS1	主提示符,root 用户的默认主提示符是"♯",普通用户的默认主提示符是"＄"
PS2	在 Shell 接收用户输入命令的过程中,如果用户在输入行的末尾输入"\"然后回车,或者当用户按回车键时 Shell 判断出用户输入的命令没有结束时,就显示这个辅助提示符,提示用户继续输入命令的其余部分,默认的辅助提示符是"＞"
PWD	当前工作目录的绝对路径名,该变量的取值随 cd 命令的使用而变化
SECONDS	启动的秒数
SHELL	当前用户 Shell 类型,也指出 Shell 解释程序放在什么地方
TERM	终端的类型
UID	当前用户的识别码

表 2.2　预定义变量及其含义

预定义变量	含　　　义
$0	当前执行的进程名
$!	后台运行的最后一个进程的进程号(PID)

（续表）

预定义变量	含　义
$?	命令执行后返回的状态，即上一个命令的返回代码，用于检查上一个命令执行是否正确，命令退出状态为 0 表示该命令正确执行，任何非 0 值表示命令出错
$*	所有位置参数(命令行参数)的值，即传递给程序的所有参数组成的字符串，如 sh test.sh　a　b　c，$* 为"a b c"
$#	位置参数(命令行参数)的数量，即传递给程序的总的参数数目，如 sh test.sh　a　b　c，$# 为 3
$$	当前进程的进程号(PID)
$-	记录当前设置的 Shell 选项，这些选项由 set 命令设置。例如，执行命令 echo $-，输出结果是 himBHs，其中包含字符 i 表示此 Shell 是交互式 Shell。可以通过 set 命令来设置或取消一个选项配置，如执行命令 set -x，$-的值为 himxBHs(多了 x)，执行命令 set ＋x，$-的值为 himBHs(少了 x)
$@	所有位置参数(命令行参数)的值，分别用双引号引起来 如 sh test.sh　a　b　c，$@ 为"a"、"b"、"c" 注意：$@强调位置参数的独立性，$* 强调位置参数的整体性

4. 位置变量

位置变量是一种在调用 Shell 程序的命令行中，按照各自的位置决定的变量，是在程序名之后输入的参数。位置变量之间用空格分隔，Shell 取第一个位置变量替换程序文件中的 $1，第二个替换 $2，以此类推。$0 是一个特殊的变量，它的内容是当前这个 Shell 程序的文件名，所以，$0 不是一个位置变量，在显示当前所有的位置变量时是不包括 $0 的。

2.2.2　控制 Shell 提示符

可以指定一个或多个特殊字符作为提示符变量。特殊字符及其含义见表 2.3。

表 2.3　特殊字符及其含义

特 殊 字 符	说　明
\!	显示该命令的历史记录编号
\#	显示当前命令的命令编号
\$	显示 $ 符作为提示符，如果用户是 root，则显示 # 号
\\	显示反斜杠
\@	12 小时制时间，带 am/pm
\d	日期，格式为：weekday month date
\h	主机名的第一部分(第一个"."前面的部分)
\H	主机名的全称
\n	回车和换行

（续表）

特 殊 字 符	说 明
\s	当前用户使用的 Shell 的名字
\t	时间,格式为 hh:mm:ss ,24 小时格式
\T	时间,格式为 hh:mm:ss,12 小时格式
\u	当前用户的用户名
\v	Shell 的版本号
\V	Shell 的版本号(包括补丁级别)
\W	当前的工作目录

示例如下。

```
1 [root@ztg ~]# PS1='\s-\v\$'          #设置了PS1的值后，命令行提示符如下行
2 bash-5.2#echo $PS1
3 \s-\v\$
4 bash-5.2#PS1='[\u@\h \W]\$ '         #重新设置了PS1的值后，命令行提示符如下行
5 [root@ztg ~]# echo $PS1
6 [\u@\h \W]\$
7 [root@ztg ~]#
```

2.2.3 测试命令

与传统语言不同的是,Shell 不是用布尔运算表达式来指定条件值,而是用命令和字符串。使用 test 命令进行条件测试,可以对两个整数值或字符进行比较,可以测试文件是否存在及读写权限等状态,可以进行逻辑与、或操作,通常与其他条件联合使用。

格式为:

`test 测试表达式`

常用的测试符及其相应的功能见表 2.4。

表 2.4 测试符及其相应的功能

数 值 测 试		字 符 串 测 试		文 件 测 试	
选项	功 能	选项	功 能	选项	功 能
-eq	等于,则为真	=	等于,则为真	-b 文件名	如果文件存在且为块特殊文件,则为真
-ge	大于或等于,则为真	!=	不相等,则为真	-c 文件名	如果文件存在且为字符型特殊文件,则为真
-gt	大于,则为真	-z 字符串	字符串长度为 0,则为真	-d 文件名	如果文件存在且为目录,则为真
-le	小于或等于,则为真	-n 字符串	字符串长度不为 0,则为真	-e 文件名	如果文件存在,则为真
-lt	小于,则为真			-f 文件名	如果文件存在且为普通文件,则为真

（续表）

数 值 测 试		字 符 串 测 试		文 件 测 试	
选项	功　能	选项	功　能	选项	功　能
-ne	不等于,则为真			-r 文件名	如果文件存在且可读,则为真
				-s 文件名	如果文件存在且至少有一个字符,则为真
				-w 文件名	如果文件存在且可写,则为真
				-x 文件名	如果文件存在且可执行,则为真

因为 test 命令在 Shell 编程中占有很重要的地位,为了使 Shell 能同其他编程语言一样便于阅读和组织,bash 在使用 test 测试时使用了另一种方法,用方括号将整个 test 测试括起来。

格式为:

[test 测试]

注意:"["后与"]"前一定要有空格。

2.2.4　算术运算和逻辑运算

bash 提供了简单的整数算术运算,格式为:

$[表达式]

表达式是由整数、变量和运算符组成的有意义的式子。

在 Shell 脚本中,一般情况下一条命令占一行,但有时也可以多条命令在一行中,它们可能顺序执行,也可能在相邻的命令之间存在逻辑关系。bash 提供了 3 种逻辑运算符,用于将命令连接起来,分别为逻辑非"!",逻辑与"&&"和逻辑或"‖"。它们的优先级为"!"最高,"&&"次之,"‖"最低。bash 也允许使用圆括号使一个表达式成为整体,圆括号优先级最高。

&& 的格式为:command1 && command2。仅当 command1 执行成功时才执行 command2。

‖ 的格式为:command1 ‖ command2。仅当 command1 执行出错时才执行 command2。

混合逻辑格式 1:command1 && command2 && command3。仅当 command1 和 command2 执行成功时才执行 command3。

混合逻辑格式 2:command1 && command2 ‖ comamnd3。仅当 command1 执行成功,command2 执行失败时才执行 command3。

2.2.5　内部命令

bash 命令解释程序包含一些内部命令,内部命令在目录列表中是看不见的,它们由

Shell 本身提供。常用的内部命令有 echo、printf、eval、exec、exit、export、read、readonly、shift、wait、source 或"."等。下面简单介绍它们的命令格式和功能。

echo 格式：echo arg。功能是在屏幕上显示出由 arg 指定的字符串。

printf 格式：printf 格式串。功能是产生各种格式的输出，如 printf "hello\nworld\n"。

eval 格式：eval args。功能是当 Shell 程序执行到 eval 语句时，Shell 读入参数 args，并将它们组合成一个新的命令，然后执行。

exec 格式：exec 命令参数。功能是当 Shell 执行到 exec 语句时，不会去创建新的子进程，而是转去执行指定的命令，当指定的命令执行完时，该进程（也就是最初的 Shell）就终止了，所以 Shell 程序中 exec 后面的语句将不再被执行。

exit 的功能是退出 Shell 程序。可以在 exit 后指定一个数（退出码）作为返回状态。

export 格式：export 变量名 或 export 变量名＝变量值。功能是定义全局变量，在任何时候，创建的变量都只是当前 Shell 的局部变量，所以不能被 Shell 运行的其他命令或子 Shell 所利用，而 export 命令可以将一个局部变量提供给 Shell 执行的其他命令使用。可以在给变量赋值的同时，使用 export 命令：export 变量名＝变量值。使用 export 说明的变量，在 Shell 以后运行的所有命令或程序中都可以访问到，即 Shell 可以用 export 把它的变量传递给子 Shell，从而让子进程继承父进程中的环境变量。不带任何变量名的 export 语句将列出当前所有的 export 变量。

read 格式：read 变量名表。功能是从标准输入设备读入一行，分解成若干字，赋值给 Shell 程序内部定义的变量。例如，read -p "Enter a filename：" FILE，-p 输出提示字符。

readonly 格式：readonly 变量名。功能是将一个用户定义的 Shell 变量设置为只读。不带任何参数的 readonly 命令将列出所有只读的 Shell 变量。

shift 语句的功能是 shift 语句按如下方式重新命名所有的位置参数变量，即 $2 成为 $1、$3 成为 $2 等。在程序中每使用一次 shift 语句，都使所有的位置参数依次向左移动一个位置，并使位置参数 $♯ 减 1，直到减到 0 为止。bash 定义了 9 个位置变量，$1～$9，但是这并不意味着在命令行只能使用 9 个参数，借助 shift 命令可以访问多于 9 个参数。shift 命令一次移动参数的个数由其所带的参数指定。例如，shift 3 表示一次移动 3 个参数。另外，如果当 Shell 程序处理完前 9 个命令行参数后，可以使用 shift 9 命令把 $10 移到 $1。

wait 的功能是使 Shell 等待在后台启动的所有子进程结束。wait 的返回值总是真。

下面介绍 source 或"."（点）。

当一个 Shell 脚本程序编写好后就可以直接执行这个脚本了，它不像其他程序（如 C 程序）需要编译后才能执行。用户可以用任何编辑器来编写 Shell 程序。因为 Shell 程序是解释执行的，所以不需要编译成目标程序。按照 Shell 编程的惯例，以 bash 为例，程序的第一行一般为"♯! /bin/bash"，其中，♯ 表示该行是注释，叹号告诉 Shell 让/bin/bash 去执行 Shell 脚本文件中的内容。

格式为：

source Shell 脚本文件名

或

. Shell 脚本文件名

功能：使当前 Shell(即 bash)读入指定的 Shell 程序文件,并依次执行文件中的所有语句。这种方法可以使脚本文件没有执行权限时仍然可以被执行。格式中的"."和"Shell 脚本文件名"之间有空格。另外,这种执行脚本的方式和"./command"是不同的,"./command"执行当前目录下的 command,并且 command 要有可执行权限。

2.2.6　复合结构

bash 中可以使用一对花括号{}或圆括号()将多条命令组合在一起,使它们在逻辑上成为一条命令。

使用{}括起来的多条命令在逻辑上成为一条命令,bash 将从左到右依次执行各条命令。如果{}出现在管道符|左边,bash 会将各条命令的输出结果汇集在一起,形成输出流,作为|后面的输入。{之后要有一个空格,}之前要有一个分号。

bash 执行()中的命令时,会再创建一个新的子进程,然后由这个子进程去执行()中的命令。如果不想让命令运行时对状态集合(如环境变量、位置参数等)的改变影响到下面语句的执行,就应该把这些命令放在()中。(之后的空格可有可无,)之前的分号可有可无。

2.2.7　条件分支和循环结构

和其他高级程序设计语言一样,Shell 提供了用来控制程序执行流程的命令,包括条件分支和循环结构,用户可以用这些命令创建非常复杂的程序。

Shell 程序中的条件分支是通过 if 条件语句来实现的。在 if-then 语句中使用了命令返回码 $?,即当"条件命令串"执行成功时才执行"条件为真时的命令串",在 if-then-else 语句中,当"条件命令串"执行成功时执行"条件为真时的命令串",否则执行"条件为假时的命令串"。

if 条件语句用于在两个选项中选定一项,而 case 条件选择为用户提供了根据字符串或变量值从多个选项中选择一项的方法,结构较 elif-then 结构更简洁清晰。Shell 通过计算字符串 string 的值,将其结果依次和运算式 pattern1、pattern2 等进行比较,直到找到一个匹配的运算式为止。如果找到了匹配项,则执行它下面的命令直到遇到一对分号为止。在 case 运算式中也可以使用 Shell 的通配符(* 、?、[ ])。通常用 * 作为 case 命令的最后运算式以便在前面找不到任何相应的匹配项时执行"其他命令串"的命令。

for 循环对一个变量的所有取值都执行一个命令序列。赋给变量的几个数值既可以在程序内以数值列表的形式提供,也可以在程序以外以位置参数的形式提供。for 循环的次数是由 in 后面的参数个数来决定,并且每次循环时都将相应的参数值赋予 for 后面的变量。每次循环都会执行 do 与 done 之间的语句序列。

while 和 until 命令都是用命令的返回状态值来控制循环的。until 循环和 while 循环的区别在于：while 循环在条件为真时继续执行循环,而 until 则是在条件为假时继续执行循环。

条件分支(if、case)和循环结构(for、while、until)的格式如下。Shell 对命令中的多余空格不做任何处理,读者最好对自己的程序采用统一的缩进格式,以增强程序的可读性。

```
1 if 条件命令串
2 then
3     条件为真时的命令串
4 fi
```

```
1 if 条件命令串
2 then
3     条件为真时的命令串
4 else
5     条件为假时的命令串
6 fi
```

```
1 case string in
2     pattern1) 命令串 ;;
3     pattern2) 命令串 ;;
4     *) 命令串 ;;
5 esac
```

```
1 for i in arg1 ... argn
2 do
3     命令串
4 done
```

```
1 while 条件命令串
2 do
3     命令串
4 done
```

```
1 until 条件命令串
2 do
3     命令串
4 done
```

在 Shell 编程中有时要用到无限循环,这种循环中常用到 break 或 continue 命令。break 命令立即退出循环。continue 命令忽略本次循环,继续下一次循环。Linux 系统中的 true 总是零值,而 false 则是非零值。使用 break 和 continue 语句只有放在 do 和 done 之间才有效。

2.3　GNU 工具链和 LLVM 工具链

GNU 工具链是一组用于编译、汇编、链接、调试和构建软件的开源软件集合,由 Richard Stallman 及其团队开发。该工具链提供了一系列的编程工具和库,包括编译器 (GCC)、调试器(GDB)、二进制工具集合(Binutils)、自动化构建工具(Make)、高精度计算库 (GMP 和 MPFR)等,广泛用于 UNIX、Linux 等操作系统中。

1. GCC

GCC(GNU Compiler Collection,GNU 编译器集合)是 GNU 工具链中最重要的一部分,它是一套支持多种编程语言(如 C、C++、Objective-C、FORTRAN、Ada、Go 等)的编译器集合。通过 GCC 可以将源代码编译为可执行文件或库文件,还可以指定不同的编译选项,对代码进行优化、调试等操作。GCC 还支持多种标准,如 ANSI C、C89、C99、C11、ISO C++、C++ 11、C++ 17、C++ 20 等。

2. GDB

GDB(GNU Debugger)是 GNU 工具链的另一个重要组件,它是一个强大的命令行调试器,能够帮助开发人员调试应用程序。GDB 支持多种编程语言,包括 C、C++、Objective-C、Assembly 等。GDB 提供了许多调试功能,如断点、观察表达式、单步执行、变量监视、指针跟踪等。通过 GDB,开发人员可以在程序执行过程中暂停程序,方便地观察变量的值、函数栈帧、内存区域的使用情况等信息,并可以根据这些信息来定位代码中的问题。

3. Binutils

Binutils 是一套用于处理和创建目标文件、可执行文件、静态库、共享库以及调试信息的二进制工具集合,包括 ELF(Executable and Linkable Format)、COFF(Common Object File Format)、PE(Portable Executable)等。这些目标文件格式通常与不同的操作系统和硬件平台相关联。因此,支持多种目标文件格式使得 GNU Binutils 可以在多种不同的开发环境中使用。Binutils 包含一系列二进制工具,如 as(汇编器)、ld(链接器)、nm(符号表查看器)、objdump(反汇编器)、objcopy(目标文件格式转换工具)、elfedit(格式转换工具)、readelf、ar(库管理器)、strip、size(程序大小分析工具)等一系列小工具。这些工具可以帮助我们对目标文件进行分析、调试和优化等操作。

4. m4

m4 是一个通用的宏处理器,可以用于构建配置文件,如 Makefile、configure 脚本等。在这些文件中,m4 宏可以用来实现自动化的代码生成、条件编译、变量替换等功能。例如,在构建 configure 脚本时,可以使用 m4 宏来实现自动检测系统环境和库依赖,从而生成适合当前系统的配置文件。m4 提供了一系列强大的功能,如宏定义、文件包含、条件编译等,可以帮助开发人员更快地编写和生成代码。m4 的基本概念是宏(macro)。宏是一段代码或文本,可以在需要时被替换为预定义的值或代码。在 m4 中,可以使用 define、defn 和 divert 等关键字定义宏。其中,define 用于定义一个简单的宏,defn 用于定义一个带有参数的宏,divert 用于将输出转向到另一个文件或缓冲区。宏可以在任何文本字符串中进行扩展。当遇到一个宏引用时,它将被替换为它所定义的值。m4 是一个强大的宏处理器,可以用于生成文本或代码。它支持宏定义、参数化宏、条件语句、循环语句、嵌套宏、文件包含等功能,以及一些内置宏和宏扩展规则,可以帮助开发人员更快地编写和生成代码。

5. Autotools

Autotools 是一组用于自动化软件程序构建和配置的工具集,包括 autoconf、automake 和 libtool。它主要用于在不同的操作系统和编译环境中生成可执行文件、库文件等。

autoconf 用于帮助开发人员创建可移植的构建脚本。它通过检测和配置目标系统的特性、功能和限制,生成一个 configure 脚本。这个脚本可以根据目标系统的环境变量、编译器选项和库文件位置等信息,自动配置软件的构建过程。

automake 是一个 Makefile 生成工具,用于简化跨平台软件的构建。它使用一个名为 Makefile.am 的输入文件,并根据规则生成平台特定的 Makefile.in 文件。然后,通过运行 configure 脚本生成最终的 Makefile,用于编译和链接源代码。

libtool 提供了一个通用的库管理接口,用于处理不同操作系统上的共享库(动态链接库)的创建和使用。它解决了在不同系统上共享库的命名、版本控制和依赖关系的问题,使得开发人员能够更容易地使用和发布跨平台的库。

6. make

make 是一个能够自动化构建应用程序的工具,它可以根据 Makefile 中的规则,自动编译源代码并生成目标文件、可执行文件或库文件。Makefile 文件中定义了源文件、目标文件、依赖关系以及相应的命令,并通过这些信息来进行构建。make 支持多线程构建和增量构建等功能,可以大大提高构建效率。make 可以自动检测哪些文件已经修改过,只重新编译需要重新编译的文件,减少编译时间。

7. glibc

glibc 是 GNU C Library 的缩写,提供了许多标准 C 库函数的实现和 API。glibc 是 Linux 系统中最基础的库之一,还提供了许多操作系统内核所需要的系统调用和 API 等,例如,字符串处理、文件操作、内存管理等。glibc 还提供了 POSIX 标准和一些其他标准 C 库函数的实现,使得开发人员能够编写可移植性更强的程序。

8. GMP 和 MPFR

GMP（GNU Multiple Precision Arithmetic Library）和 MPFR（Multiple Precision Floating-Point Reliable Library）是两个高精度计算库，分别用于大整数和浮点数的计算。GMP 可以对任意精度的整数进行加减乘除等运算，支持多种进制和位操作。MPFR 则提供了高精度浮点运算的实现，包括加减乘除、平方根、三角函数等。这两个库在科学计算、密码学、通信协议等领域都有广泛应用，并且可以与 GCC 紧密配合使用。

除了以上这些工具，GNU 工具链还包括一些其他工具，如 gcov（代码覆盖率分析工具）、gprof（性能分析工具）、valgrind（内存泄漏检测工具）、git（版本控制工具）等。这些工具可以帮助程序员更加高效地开发和调试程序，并且提高程序的性能和质量。

总之，GNU 工具链是一个非常强大和多样化的工具集合，可以帮助开发人员完成各种编译、链接、调试和构建任务。它是自由软件，用户可以自由地使用、修改和分享。同时，GNU 工具链也在不断发展和更新，为开发者提供更加高效和便利的工具。

除了 GNU 工具链，还有很常用的 LLVM（Low Level Virtual Machine）工具链。LLVM 是一种编译器基础设施，也可以说是一个编译框架。它包括一系列的工具、库和组件，用于优化、分析和转换程序代码。LLVM 通过将源代码编译成中间表示（IR）来支持多种静态和动态编程语言，并提供了代码生成、调试器等功能。LLVM 的中间表示是一种类似于汇编语言的低级别代码，它是一种面向对象的表示形式，由各种指令和操作码组成。LLVM 通过对这些指令和操作码进行优化和重组，以实现更高效的代码生成。除了编译器的实现，LLVM 还提供了一些辅助工具和库，如 Clang 前端、LLDB 调试器、OpenMP 支持、CUDA 支持等，可以帮助开发人员构建高性能、高质量的应用程序。LLVM 的优点在于其可扩展性和灵活性。它的设计理念使得开发者可以通过简单地添加新的前端或后端组件来扩展其功能，从而适应不同的编程语言和硬件平台。同时，LLVM 的中间表示具有足够的抽象层次，以便在不同的编译阶段进行相应的优化和分析。

2.4 计算机的启动过程

计算机主板的固件有 BIOS 和 UEFI。

在 IBM PC 兼容系统上，BIOS（Basic Input Output System，基本输入输出系统）是一种业界标准的固件接口，是个人计算机启动时加载的第一个软件。BIOS 是一组固化到计算机内主板上一个 ROM 芯片上的程序，它保存着计算机最重要的基本输入输出的程序、开机后自检程序和系统自启动程序，它可从 CMOS 中读写系统设置的具体信息。其主要功能是为计算机提供最底层的、最直接的硬件设置和控制。此外，BIOS 还向操作系统提供一些系统参数。

可扩展固件接口（Extensible Firmware Interface，EFI）是 Intel 为 PC 固件的体系结构、接口和服务提出的建议标准，其主要目的是为了提供一组在操作系统加载之前（启动前）在所有平台上一致的、正确指定的启动服务，被看作 BIOS 的继任者。

统一的可扩展固件接口（Unified Extensible Firmware Interface，UEFI）是一种详细描述类型接口的标准，是由 EFI 1.10 为基础发展起来的，它的所有者已不再是 Intel 公司，而是一个称作 Unified EFI Form 的国际组织。

目前 PC 启动类型可划分为四类：BIOS＋MBR、BIOS＋GPT、UEFI＋MBR、UEFI＋GPT。其中，BIOS＋MBR 和 UEFI＋GPT 是标准引导类型，BIOS＋GPT、UEFI＋MBR 是兼容性引导类型。下面介绍 BIOS＋MBR 和 UEFI＋GPT 模式下 Linux 的启动过程。

2.4.1　启动过程——BIOS＋MBR

1. BIOS 初始化

计算机启动时会进行硬件自检，称为加电自检（Power-On Self Test，POST）。在这个过程中，计算机会检查各种硬件设备是否正常，包括内存、硬盘驱动器、键盘、显示器等。如果有硬件故障，计算机将停止启动并发出警告声音或错误信息。否则，计算机将进入下一步，会加载基本输入/输出系统（BIOS）程序，在 BIOS 初始化（如图 2.1 所示）其间，计算机会根据预定义的顺序搜索可引导设备并对其进行初始化。BIOS 还会将信息显示在屏幕上，通常包括计算机型号、处理器和内存数量等信息。同时，BIOS 还会读取 CMOS 存储器中的配置信息，如日期、时间、启动顺序等。

在 BIOS 初始化完毕之后，它将根据预定义的启动顺序搜索可引导设备，如果找到了可引导设备，BIOS 会读取主引导记录（MBR）。MBR 位于硬盘驱动器的第一个扇区。MBR 由 3 部分组成：引导程序、硬盘分区表（Disk Partition Table，DPT）和硬盘有效标志（55AA）。在总共

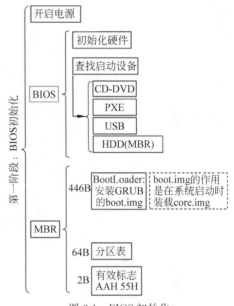

图 2.1　BIOS 初始化

512B 的 MBR 里，引导程序（BootLoader）占 446B，分区表占 64B，硬盘有效标志占 2B。分区表和引导程序代码用于确定文件系统位置并加载操作系统内核。一旦找到 MBR，BIOS 将引导记录读入内存后，控制权将交给引导程序代码，引导程序通常根据分区表确定可引导的操作系统，一旦引导程序成功找到操作系统，会加载操作系统内核到内存中。这是计算机启动的最后阶段。一旦加载完毕，操作系统内核开始接管计算机的控制权，并开始正常运行。

注意：MBR 虽然只有 512B，但其中包含十分重要的操作系统引导程序和硬盘分区表。MBR 损坏将会造成无法引导操作系统的严重后果。

在 Linux 系统中，引导程序通常是 GRUB；在 Windows 系统中，引导程序是 NTLDR 和 BOOTMGR。无论使用哪种引导程序，它们都具有相同的任务，即查找并加载操作系统内核，以便启动系统。

2. GRUB 启动引导

由于不同的操作系统，其文件系统格式不相同，因此需要一个开机管理程序来处理内核

文件的加载问题。这个开机管理程序被称为 BootLoader，安装在 MBR。在使用 Windows 时，这里面放的代码就把分区表里标记为 Active 的分区的第一个扇区（一般存放着操作系统的引导代码）读入内存并跳转到那里开始执行，而在用 GRUB 引导 Linux 时，有两种选择：①把 GRUB 安装在 MBR，这时就由 BIOS 直接把 GRUB 代码调入内存，然后执行 GRUB，即 BIOS→GRUB（在 MBR 中）→Kernel；②把 GRUB 安装在 Linux 分区，把 GRUB 安装在 Linux 分区的 PBR（Partition Boot Record），并把 Linux 分区设为 Active，这时，BIOS 调入的是 Windows 下的 MBR 代码，然后由这段代码来调入 GRUB 的代码（位于活动分区的第 1 个扇区），即 BIOS→MBR→GRUB（在活动分区的第 1 个扇区）→Kernel。

BootLoader 最主要的功能是认识操作系统的文件格式，并加载内核到主存储器中执行。

因为 MBR 的空间太小，所以启动引导工具往往还需要从其他地方进一步读入数据，即第二阶段，如图 2.2 所示。

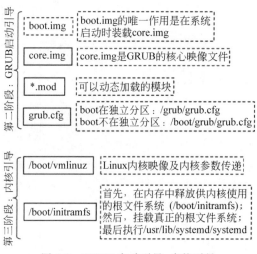

图 2.2　GRUB 启动引导、内核引导

注意：由于在标准的 MBR 分区表上，第一个分区的起始位置为第 63 扇区，而 MBR 写入的是第 1 扇区，中间有 61 个扇区的空间（30.5KB）既不属于任何分区，也不属于 MBR，这 61 个扇区就是保留扇区。现在的磁盘设备，一般都会有分区边界对齐的性能优化，第一个分区可能会自动从第 1MB 处开始创建。由于 MBR 部分（boot.img）不能直接识别 boot 分区的文件系统，因此要借助 core.img 进行识别。此阶段后，grub 会加载自身的配置文件，及其他必要的文件系统模块。

GRUB 将 boot.img 安装到 MBR 的 BootLoader 部分或启动分区中，将 diskboot.img 和 kernel.img 结合成为 core.img，同时还会嵌入一些模块代码到 core.img 中，然后将 core.img 安装到磁盘的指定位置处。boot.img 将读取 core.img 的第一个扇区以用来读取 core.img 后面的部分，一旦完成读取，core.img 会读取默认的配置文件和其他需要的模块。＊.mod、＊.lst、＊.img 文件位于/boot/grub/x86_64/（或/boot/grub/x86_64-efi/、或/boot/grub/i386-pc/）目录中，这些文件是执行 grub-install 命令时，从/usr/lib/grub/x86_64/（或/usr/lib/grub/x86_64-efi/、或/usr/lib/grub/i386-pc/）目录中复制而来，并且会覆盖已有文件。

（1）boot.img。在 BIOS 平台下，boot.img 是 grub 启动的第一个 img 文件，它被写入到 MBR 中或分区的 boot sector 中，因为 boot sector 的大小是 512B，所以该 img 文件的大小也是 512B。boot.img 唯一的作用是读取属于 core.img 的第一个扇区并跳转到它身上，将控制权交给该扇区的 img。由于体积大小的限制，boot.img 无法理解文件系统的结构，因此 grub-install 将会把 core.img 的位置硬编码到 boot.img 中，这样就一定能找到 core.img 的位置。

（2）core.img。grub-mkimage 程序根据 diskboot.img、kernel.img 和一系列的模块创建 core.img。core.img 中嵌入了足够多的功能模块以保证 grub 能访问/boot/grub，并且可以加载相关的模块实现相关的功能，例如，加载启动菜单、加载目标操作系统的信息等。由于 GRUB 大量使用了动态功能模块，使得 core.img 体积变得足够小。core.img 的安装位置随 MBR 磁盘和 GPT 磁盘而不同。

（3）diskboot.img。如果启动设备是硬盘，即从硬盘启动时，core.img 中的第一个扇区的内容就是 diskboot.img。diskboo.img 的作用是读取 core.img 中剩余的部分到内存中，并将控制权交给 kernel.img，由于此时还不识别文件系统，所以将 core.img 的全部位置以 block 列表的方式编码，使得 diskboot.img 能够找到剩余的内容。diskboot.img 文件因为占用一个扇区，所以体积为 512B。

（4）cdboot.img。如果启动设备是光驱，即从光驱启动时，core.img 中的第一个扇区的内容就是 cdboo.img。它的作用和 diskboot.img 是一样的。

（5）pexboot.img。如果是从网络的 PXE 环境启动，core.img 中的第一个扇区的内容就是 pxeboot.img。

（6）kernel.img 文件包含 grub 的基本运行时环境：设备框架、文件句柄、环境变量、救援模式下的命令行解析器等。很少直接使用它，因为它们已经整个嵌入 core.img 中了。注意，kernel.img 是 grub 的 kernel，和操作系统的内核无关。kernel.img 被压缩过后嵌入 core.img 中。

（7）*.mod 是各种功能模块，部分模块已经嵌入 core.img 中，或者会被 grub 自动加载，但有时也需要使用 insmod 命令手动加载。

安装 GRUB 的过程大体分为两步：一是根据/usr/lib/grub/x86_64/目录下的文件生成 core.img，并复制 boot.img 和 core.img 涉及的某些模块文件到/boot/grub/x86_64/目录下；二是根据/boot/grub/x86_64 目录下的文件向磁盘上写 boot loader。

img 文件之间的关系如图 2.3 所示。core.img 和 boot.img 在/boot/grub/x86_64/目录下，其他 img 存在于/usr/lib/grub/i386-pc/目录下。

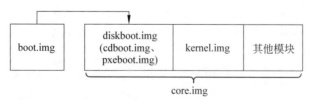

图 2.3　img 文件之间的关系

（8）grub.cfg。BIOS＋MBR 模式下，GRUB 的配置文件为/boot/grub/grub.cfg。UEFI＋GPT 模式下，GRUB 的配置文件为/boot/efi/EFI/*/grub.cfg。

3. 第三阶段：内核引导（**vmlinuz**、**initramfs**）

/boot 文件夹中文件的说明见表 2.5。

表 2.5　/boot 文件夹中文件的说明

文　　件	说　　明
config- *	Linux 内核的配置文件，包含编译好的内核的所有配置选项
grub	引导加载程序 grub 的目录
initramfs- * .img	初始化内存文件系统镜像文件，是 Linux 系统启动时所需模块的主要来源
System.map- *	该文件用于存放内核符号映射表，符号表是所有内核符号及其对应地址的一个列表，每次编译内核就会产生一个新的 System.map 文件。当内核运行出错时，通过 System.map 文件中的符号表解析，就可以查到一个地址值对应的变量名，或反之。利用该文件，一些程序（如 lsof、ps）可根据内存地址查出对应的内核变量名称，便于对内核的调试
vmlinuz- *	vmlinuz 是可引导的、压缩的 Linux 内核镜像文件，vm 代表 Virtual Memory

（1）vmlinuz。Linux 内核镜像文件（vmlinuz）是可引导的、压缩的内核。Linux 能够使用硬盘空间作为虚拟内存，因此得名 vm（Virtual Memory）。vmlinuz 是可执行的 Linux 内核，它的解压程序也在内核当中。内核镜像文件一般存放在/boot 目录中。

（2）initramfs（初始化内存文件系统）又称为初始化内存盘，为系统提供了内核镜像文件（vmlinuz）无法提供的模块，这些模块对正确引导系统非常重要，通常和存储设备及文件系统有关，但也可支持其他特性和外设。BootLoader 将 initramfs 文件加载到内存，然后 initramfs 文件被解压到内存并仿真成一个根目录（虚拟文件系统），此内存文件系统提供一个可执行程序来加载开机过程中所需的内核模块，通常这些模块是 USB、RAID、LVM、SCSI 等文件系统与磁盘接口的驱动程序。

（3）内核初始化。BootLoader 读取 Linux 内核文件后，将其解压到内存中，此时 Linux 内核重新检测一次硬件，而不一定使用 BIOS 检测的硬件信息，利用内核功能检测硬件与加载驱动程序，测试并驱动各个周边设备（CPU、储存设备、网卡、声卡等）。然后将根分区以只读方式挂载，接着加载并执行 1 号进程 systemd（/usr/lib/systemd/systemd）。systemd 是所有进程的父进程，它负责将 Linux 系统带到一个用户可操作状态（可以执行各种应用程序）。systemd 的一些功能远较旧式 init 程序更丰富，可以管理运行中的 Linux 系统的许多方面，包括挂载文件系统、开启和管理 Linux 系统服务等。

2.4.2　启动过程——UEFI＋GPT

计算机采用 UEFI＋GPT 的启动过程相较于传统的 BIOS＋MBR 启动过程更为复杂，但也更加灵活。计算机启动时，会进行硬件自检，称为加电自检（POST）。在这个过程中，计算机会检查各种硬件设备是否正常，包括内存、硬盘驱动器、键盘、显示器等。如果有硬件故障，计算机将停止启动并发出警告声音或错误信息。完成加电自检后，计算机会加载统一固件接口（UEFI）程序。UEFI 是一个新型的固件接口标准，取代了 BIOS。UEFI 支持 64

位操作系统和超过 2TB 的大容量硬盘等高级功能。除了图形化界面,UEFI 相比传统 BIOS,还提供了文件系统的支持,能够直接读取 FAT、FAT32 分区中的文件。UEFI 还有一个重要特性就是在 UEFI 下运行应用程序,这类程序文件通常以 efi 结尾。

在 UEFI 初始化期间,计算机会根据预定义的顺序搜索可引导设备。UEFI 还会读取 NVRAM 中的配置信息,如日期、时间、启动顺序等。UEFI 会把信息显示在屏幕上,同时它也提供了访问 UEFI 设置界面的方法。UEFI 规定启动硬盘必须含有一个 ESP(EFI System Partition)分区,在其中包含引导所需的文件。此分区通常位于硬盘的开始处,并使用 GPT 格式化。ESP 分区可以包含多个操作系统的启动文件,每个操作系统都会在其相应目录中添加引导程序。在 UEFI 中,操作系统引导管理器负责确定要启动哪个操作系统。UEFI 通常支持多个操作系统,因此启动顺序和选项可以由用户自定义。

UEFI 启动过程中,会在 ESP 分区中查找 BootLoader(Windows 是 Bootmgfw.efi,Linux 是 grubx64.efi)以及相关的工具。一旦找到 BootLoader,UEFI 将把控制权交给它,BootLoader 会显示一个菜单,列出可用的操作系统。用户可以选择想要启动的操作系统。一旦选择了要启动的操作系统,UEFI 将加载该操作系统的内核文件。内核文件位于 GPT 磁盘分区中的特定位置,与 MBR 的位置不同。通常,UEFI 系统使用 UEFI 协议读取内核文件,而非直接读取硬盘扇区。GPT 硬盘格式使用 GUID 分区表。操作系统内核被加载到内存中,并开始启动计算机。操作系统接管计算机的控制权并开始运行。

UEFI+GPT 模式的启动过程大致分为 5 个阶段(如图 2.4 所示):①计算机加电;②UEFI从硬盘读取分区表(GPT),挂载 ESP 分区,挂载目录为/boot/efi/,ESP 存放了操作系统启动相关的信息,如操作系统所在的磁盘位置等,以及其他可以使用 EFI 的应用;③执行 EFI 应用,包含 grubx64.efi、mmx64.efi、shimx64.efi、shimx64-redhat.efi 等应用,并且还包含 GRUB 的配置文件 grub.cfg,grubx64.efi 读取 grub.cfg;④加载 BOOT 分区中的 vmlinuz 和 initramfs,启动 Linux 内核;⑤以只读方式挂载 ROOT 分区中的根文件系统,接着启动一号进程 systemd(/usr/lib/systemd/systemd)。

图 2.4　UEFI+GPT 模式的启动过程

注意:grubx64.efi 功能等价于前面介绍的 boot.img & core.img,grubx64.efi 包含常用的 GRUB 模块 normal.mod、boot.mod、linux.mod 等。

注意:许多 UEFI 固件实现了某种 BIOS 兼容模式,可以像 BIOS 固件一样启动系统,它们可以查找磁盘上的 MBR,然后从 MBR 中执行 BootLoader,然后将控制权交给 BootLoader。

第 3 章　构建极简版 Linux 发行版

本章学习目标：

- 掌握磁盘镜像文件的创建和分区方法。
- 掌握格式化分区和挂载分区的方法。
- 掌握将 GRUB 引导加载程序安装到虚拟硬盘的方法。
- 掌握 Linux 内核的配置、编译。
- 掌握制作 initrd 的方法。
- 理解 grub.cfg 的作用和语法。
- 掌握 VirtualBox 中运行 Linux 的方法。

3.1　创建磁盘映像文件

磁盘映像文件可以用来模拟硬盘。磁盘映像文件是一个包含磁盘内容的文件，包括分区表、文件系统和数据等信息，可以被视为一个完整的硬盘副本。执行如下命令可以在文件夹/root/minilinux 中创建一个大小为 128MB 的磁盘映像文件 minilinux_disk.img。

```
1 [root@ztg ~]# mkdir /root/minilinux
2 [root@ztg ~]# cd /root/minilinux/
3 [root@ztg minilinux]# dd if=/dev/zero of=minilinux_disk.img bs=1M count=128
```

提示：本章使用的所有命令都在 all-commands-4-minilinux.sh 文件中，该文件在本书配套资源中。

3.2　对磁盘分区

对磁盘进行分区可以将一个物理硬盘分成多个逻辑部分，并分别为每部分分配一个驱动器号。通常情况下，用户会将操作系统及其相关文件、程序文件和系统配置文件存储在一个单独的分区中，同时将用户数据存储在另一个分区，这样可以更好地组织和管理数据，并避免由于操作系统或程序文件故障而导致用户数据丢失的风险。通过磁盘分区可以更好地组织和管理磁盘空间，提高数据存储、查找和访问的效率，并且提高性能和安全性。另外，将关键数据存储在单独的分区中可以使数据备份更加容易和有效。

执行如下命令对虚拟硬盘 minilinux_disk.img 进行分区。

```
1 [root@ztg ~]# cd /root/minilinux/
2 [root@ztg minilinux]# fdisk minilinux_disk.img
3 命令(输入 m 获取帮助): n
4 分区类型
5    p   主分区 (0个主分区, 0个扩展分区, 4空闲)
6    e   扩展分区 (逻辑分区容器)
7 选择 (默认 p): p
```

```
 8 分区号 (1-4, 默认  1): 1
 9 第一个扇区 (2048-262143, 默认 2048):
10 Last sector, +/-sectors or +/-size{K,M,G,T,P} (2048-262143, 默认 262143):
11
12 创建了一个新分区 1，类型为"Linux"，大小为 127 MiB。
13
14 命令(输入 m 获取帮助): w
15 分区表已调整。
16 正在同步磁盘。
17
18 [root@ztg minilinux]#
```

3.3 关联磁盘分区

losetup 命令用于将一个块设备文件(如硬盘分区或者磁盘映像文件)关联到系统中的一个 loopback 设备(环回设备)上，从而使得这个块设备文件可以以文件的形式访问。这个命令通常被用来在 Linux 系统上挂载磁盘镜像文件。使用 losetup 命令时，需要指定一个未被占用的 loopback 设备，并将其与目标块设备文件相关联。通过这种方式，就可以像访问普通文件一样访问该块设备文件。同时，也可以使用其他工具(如 mount 命令)将其挂载到文件系统的某个目录下进行读写操作。

执行如下命令将磁盘映像文件 minilinux_disk.img 关联到 loopback 设备/dev/loop0 上。此后，就可以像访问普通磁盘一样访问该磁盘映像文件。当不再需要访问时，可使用 losetup -d 命令取消关联。

```
 1 [root@ztg ~]# cd /root/minilinux/
 2 [root@ztg minilinux]# fdisk -l minilinux_disk.img
 3 Disk minilinux_disk.img: 128 MiB, 134217728 字节, 262144 个扇区
 4 单元: 扇区 / 1 * 512 = 512 字节
 5 扇区大小(逻辑/物理): 512 字节 / 512 字节
 6 I/O 大小(最小/最佳): 512 字节 / 512 字节
 7 磁盘标签类型: dos
 8 磁盘标识符: 0x78388192
 9
10 设备                     启动   起点   末尾   扇区      大小 Id 类型
11 minilinux_disk.img1           2048 262143 260096   127M 83 Linux
12
13 [root@ztg minilinux]# umount /dev/loop0
14 [root@ztg minilinux]# losetup -o 1048576 /dev/loop0 minilinux_disk.img
```

3.4 格式化分区和挂载分区

文件系统是用于管理硬盘上数据的一种机制。它定义了如何在硬盘上存储和组织数据，并提供访问这些数据的接口。不同的操作系统支持不同的文件系统类型，例如，Windows 系统通常使用 NTFS 文件系统，Linux 系统通常使用 ext4、btrfs 或 XFS 等文件系统。

格式化分区是指在硬盘上创建一个新的文件系统，以便该分区可以用于存储数据。格式化分区的主要作用是清除分区上的所有数据，并将文件系统结构写入分区中。这样做可以确保分区的可靠性和稳定性，并允许操作系统正确地读取和写入数据。格式化分区还可以使用户更有效地使用硬盘空间。当分区被格式化时，文件系统会对硬盘上的空间进行组

织并标记为可用或已使用的状态。这样,用户就可以知道哪些空间已经被使用,哪些空间还可以用来存储数据。需要注意的是,在格式化分区之前一定要备份分区中的重要数据。因为格式化分区会将其中的所有数据都删除,如果没有备份,这些数据将无法恢复。另外,需要考虑选择哪种文件系统类型来适配操作系统和需求。不同的文件系统类型具有不同的特点和限制,例如,某些文件系统类型可能更擅长处理大文件或小文件,或更适合高可用性、高速读写等场景。

在 Linux 中,挂载分区是将一个文件系统与操作系统的目录结构进行关联的过程。当挂载一个分区时,这个分区的内容就会成为 Linux 文件系统的一部分,存储在该分区的文件和文件夹就可以被访问。Linux 之所以需要挂载分区,是因为它采用了一种"一切皆文件"的哲学,将所有设备和资源都视为文件或文件夹。对于硬盘等存储设备来说,这些文件和文件夹是通过文件系统进行组织和管理的。因此,当要访问某个分区上的文件时,需要先将该分区挂载到 Linux 文件系统中,才能够访问其中的数据。在挂载分区时,需要指定挂载点,即将该分区挂载到 Linux 文件系统中的一个目录下。

需要注意的是,在挂载分区之前,必须先格式化该分区,并且该分区必须支持 Linux 所使用的文件系统类型。否则,该分区将无法挂载到 Linux 文件系统中。

下面第 1 行的命令格式化分区/dev/loop0。第 2 行的命令创建挂载点/mnt/minilinux,挂载点通常是一个空目录,用来承载该分区下的文件和文件夹。第 3 行的命令将分区/dev/loop0 挂载到/mnt/minilinux 目录下,然后就可以在该目录下创建文件和文件夹了。

```
1 [root@ztg minilinux]# mkfs.ext4 /dev/loop0
2 [root@ztg minilinux]# mkdir /mnt/minilinux
3 [root@ztg minilinux]# mount -t ext4 /dev/loop0 /mnt/minilinux
```

3.5 安装 GRUB

GRUB 是一款开源的引导加载程序,它被广泛用于大部分 Linux 操作系统的安装程序中。在安装 Linux 操作系统时,GRUB 通常会被安装到硬盘的 MBR(主引导记录)或 EFI 系统分区上,并且它可以管理和引导多个操作系统。命令 grub-install 是 GRUB 软件包中的一个工具,它的作用是将 GRUB 引导加载程序安装到计算机硬件上,例如,MBR 或 EFI 系统分区。命令 grub-install 是安装和配置 GRUB 引导加载程序的关键命令,它能够确保计算机在启动时可以正确引导所需的操作系统。

执行如下命令将 GRUB 引导加载程序安装到虚拟硬盘 minilinux_disk.img 的 MBR。

```
1 # cd /root/minilinux/
2 # grub-install --boot-directory=/mnt/minilinux/boot/ --target=i386-pc \
3              --modules=part_msdos minilinux_disk.img
```

3.6 下载、配置、编译 Linux 内核

Linux 内核是操作系统的核心,它提供了管理系统硬件资源和处理软件程序的基本功能。它是整个操作系统的最底层,通常负责操作系统的启动、设备驱动程序、进程管理、内存

管理和系统调用等重要任务。Linux 内核是操作系统的基石,它提供了操作系统所需的核心功能,使得各种应用程序和工具可以在上面运行。

1. 下载 Linux 内核

可以执行如下命令从 Linux 内核官方网站或清华大学开源软件镜像站下载所需版本的内核源代码,使用的内核版本号是 6.1.11。源代码文件 linux-6.1.11.tar.xz 被下载到/root/minilinux 文件夹中,然后使用 tar 命令将下载的源代码文件解压到/root/minilinux/linux-6.1.11 目录中。

```
1# cd /root/minilinux/
2# wget https://cdn.kernel.org/pub/linux/kernel/v6.x/linux-6.1.11.tar.xz
3# wget https://mirror.tuna.tsinghua.edu.cn/kernel/v6.x/linux-6.1.11.tar.xz
4# tar -xvf linux-6.1.11.tar.xz
```

2. 配置、编译 Linux 内核

执行下面第 1 行的命令,进入源代码目录/root/minilinux/linux-6.1.11。第 2 行的命令 make x86_64_defconfig 的作用是生成一个 x86_64 架构的默认配置文件,该文件包含 Linux 内核在 x86_64 架构上的所有必要配置选项,以便能够顺利地进行编译和安装。在编译 Linux 内核时,可以使用这个默认配置文件来快速生成一个可用的内核镜像。当然,在实际应用中,可能会根据具体的需求对内核的功能进行定制和修改。如果需要自定义配置选项,可以执行第 3 行的命令 make menuconfig 进行修改。运行 make menuconfig 命令来打开内核配置界面,此时会出现一个文本界面,其中包含内核编译选项,参考下面第 5~7 行所示选项对内核进行配置。在内核配置界面中,可以使用箭头键和回车键来浏览和设置不同的选项,可以选择需要编译进内核的驱动程序、文件系统和功能等。如果不确定如何设置某个选项,可以按 F1 键查看帮助信息。当完成配置后,连续按两次 Esc 键返回上一级菜单,当菜单界面提示是否保存配置,输入 Y 即可保存并退出。

```
1 [root@ztg ~]# cd /root/minilinux/linux-6.1.11/
2 [root@ztg linux-6.1.11]# make x86_64_defconfig
3 [root@ztg linux-6.1.11]# make menuconfig
4
5 Device Drivers  --->
6     [*] Block devices  --->
7         <*>    RAM block device support
8
9 [root@ztg linux-6.1.11]# make -j4 bzImage
10 [root@ztg linux-6.1.11]# cp arch/x86/boot/bzImage /mnt/minilinux/boot/
```

内核配置选项 RAM block device support 允许内核将一块内存区域模拟为一个块设备。这意味着,可以在内存中创建一个文件系统,并将其挂载为一个块设备。该功能通常用于测试或嵌入式设备开发。当启用此选项时,内核将创建一个 RAM 硬盘(ramdisk),并将其视为一个块设备。需要注意的是,在某些情况下,使用 RAM 磁盘可能会导致系统性能下降或内存不足。因此,建议仅在需要时才启用此选项,并且要确保有足够的内存可用来支持 RAM 硬盘。

上面第 9 行的 make -j4 bzImage 命令的作用是编译 Linux 内核源代码并生成 bzImage 文件。编译内核时使用 4 个(-j4,通常设置为 CPU 核心数的两倍)并发任务进行编译,以加快编译速度。bzImage 文件是 Linux 内核经过压缩后的可引导映像文件,可以用于启动系统,它通常被存储在 boot 目录中,作为启动加载程序(如 GRUB)的引导映像文件。第 10 行的命令将 bzImage 文件复制到/mnt/minilinux/boot 文件夹中。

在编译内核期间,如果出现了错误提示,可以按 Ctrl+C 组合键来中止编译过程,并修复相关问题后重新开始编译。

3. 阅读 Linux 内核源代码

阅读 Linux 内核源代码需要一定的基础知识和经验,并且对 Linux 内核的基本概念和结构有一个初步的了解,包括进程、线程、调度、文件系统、网络等。此外,还需要掌握 Linux 内核的主要组成部分,例如,处理器架构相关的代码、驱动程序、文件系统和网络协议栈等。Linux 内核主要使用 C 语言编写,因此掌握 C 语言编程技巧和语法是必不可少的。需要熟悉指针、数组、结构体等基本概念和操作,以及对内存管理、指针运算等方面有深入的理解。此外,理解操作系统和计算机体系结构基本原理也有助于更好地理解内核。Linux 内核由多个模块和子系统组成,每个模块和子系统都有各自的任务和功能。由于 Linux 内核非常庞大和复杂,阅读代码的过程可能会比较漫长和艰难,因此需要耐心和毅力。建议先从简单的模块或子系统入手,例如,进程管理、文件系统等,逐步深入到复杂的模块。同时也要注意理解内核的数据结构和算法等核心概念。

在阅读源代码时,需要定位到与自己所学知识相关的关键代码路径,以便能够更加深入地研究代码实现细节。在定位到关键代码路径之后,可以逐步深入理解代码的实现细节,包括数据结构、算法、函数调用关系、各种配置选项等。需要注意的是,在阅读代码的过程中,应该注重理解其核心思想和实现逻辑,而不是过于关注细节上的问题。

Linux 内核有详细的文档,包括注释、手册和文档,可以帮助理解内核的各部分。在阅读代码时,将注释和文档作为重要的参考,并利用它们来明确代码的目的和实现方式。特别是在阅读开发者提交的 patch 时,注释和文档能够帮助读者更好地理解其他人的意图和讨论过程。

为了加深对内核的理解,可以尝试编译并运行内核,以验证自己对源代码的理解和推测是否正确。在调试时,可以使用一些工具,如 gdb、kgdb、kdb、systemtap 等,这些工具可以帮助我们进一步了解代码执行流程和调试信息。可以使用调试器跟踪内核运行时的状态。通过设置断点、打印变量的值等方式,可以更深入地了解内核的实现和执行流程。学习内核调优可以了解内核运行性能的瓶颈和调优方法。可以了解内核参数、内存管理、I/O 调度等方面的知识,在了解内核架构的基础上进行调优。

Linux 内核开发是一个开放的社区,有许多邮件列表和社区活动供开发者交流和讨论。可以参加这些活动来了解内核开发的最新动态和技术进展,以及从其他开发者那里获取帮助和反馈。同时也可以贡献自己的代码、提交 Bug 报告等方式来参与内核开发。内核开发者通常会在邮件列表中讨论最新的技术进展和内核更新。关注这些内容可以帮助了解内核的最新动态和热门话题。

3.7　制作 initrd

initrd(initial ram disk)是一个临时根文件系统,它被加载到内存中,并在 Linux 操作系统的启动过程中使用。在 Linux 系统启动时,内核需要找到并加载必要的驱动程序和文件系统才能继续引导过程。但是,在这些驱动程序和文件系统被加载之前,内核需要访问硬件设备和其他资源。这就需要一个临时的根文件系统,该文件系统包含必要的驱动程序和其他文件,以便内核可以启动并继续执行引导过程。因此,initrd 的作用是为 Linux 内核提供一个包含必要的驱动程序和文件系统的临时根文件系统,以便内核可以完成初始化过程。一旦初始化完成,内核将卸载 initrd 并转向真正的根文件系统。

　　BusyBox 是一个精简的 Linux 工具集合,包括一些常见的 Linux 工具,如 ls、cp、mv、cat 等。它通常用于嵌入式设备中,因为它非常小巧且功能强大。构建临时根文件系统通常需要一个基本的 Linux 工具集,而 BusyBox 正好满足了这个需求。因此,可以使用 BusyBox 构建临时根文件系统。

　　下面第 1~5 行的命令在/root/minilinux 文件夹中创建磁盘映像文件 initrd.img,然后以环回设备的方式将 initrd.img 挂载到/mnt/rootfs。第 6~9 行的命令下载 BusyBox 源代码压缩包文件 busybox-1.36.1.tar.bz2,然后解压。接着运行 make menuconfig 命令来打开配置界面,此时会出现一个文本界面,其中包含编译选项,参考下面第 11~13 行所示选项进行配置。第 15 行的命令编译 BusyBox。第 16 行的命令将 BusyBox 安装到/mnt/rootfs 文件夹中。创建启动初始化脚本文件/mnt/rootfs/etc/init.d/rcS,rcS 文件内容如第 21~22 行所示。第 24 行的命令为 rcS 脚本文件添加可执行权限。第 25~27 行的命令创建设备文件。第 28 行的命令卸载 initrd.img,此时生成的 initrd.img 文件就是临时根文件系统。第 29 行的命令将 initrd.img 文件复制到文件夹/mnt/minilinux/boot 中,此时该文件夹中包含 3 个文件:bzImage、grub、initrd.img。

```
 1 [root@ztg ~]# cd /root/minilinux
 2 [root@ztg minilinux]# dd if=/dev/zero of=initrd.img bs=1M count=4
 3 [root@ztg minilinux]# mkfs.ext4 initrd.img
 4 [root@ztg minilinux]# mkdir /mnt/rootfs
 5 [root@ztg minilinux]# mount -o loop initrd.img /mnt/rootfs
 6 [root@ztg minilinux]# wget https://busybox.net/downloads/busybox-1.36.1.tar.bz2
 7 [root@ztg minilinux]# tar xjvf busybox-1.36.1.tar.bz2
 8 [root@ztg minilinux]# cd busybox-1.36.1
 9 [root@ztg busybox-1.36.1]# make menuconfig
10
11 Settings  --->
12     --- Build Options
13     [*] Build static binary (no shared libs)
14
15 [root@ztg busybox-1.36.1]# make -j8
16 [root@ztg busybox-1.36.1]# make CONFIG_PREFIX=/mnt/rootfs install
17 [root@ztg busybox-1.36.1]# mkdir -p /mnt/rootfs/etc/init.d/
18 [root@ztg busybox-1.36.1]# gedit /mnt/rootfs/etc/init.d/rcS
19 [root@ztg busybox-1.36.1]# cat /mnt/rootfs/etc/init.d/rcS
20
21 #!/bin/busybox sh
22 echo "Hello miniLinux!"
23
24 [root@ztg busybox-1.36.1]# chmod +x /mnt/rootfs/etc/init.d/rcS
25 [root@ztg busybox-1.36.1]# mkdir /mnt/rootfs/dev
26 [root@ztg busybox-1.36.1]# mknod /mnt/rootfs/dev/console c 5 1
27 [root@ztg busybox-1.36.1]# mknod /mnt/rootfs/dev/ram b 1 0
28 [root@ztg busybox-1.36.1]# umount /mnt/rootfs
29 [root@ztg busybox-1.36.1]# cp /root/minilinux/initrd.img /mnt/minilinux/boot/
30 [root@ztg busybox-1.36.1]# ll -h /mnt/minilinux/boot/
31 -rw-r--r-- 1 root root  11M 6月  3 10:42 bzImage
32 drwxr-xr-x 5 root root 4.0K 6月  3 15:02 grub
33 -rw-r--r-- 1 root root 4.0M 6月  3 14:39 initrd.img
```

3.8　编写 grub.cfg

需要在引导程序配置文件/mnt/minilinux/boot/grub/grub.cfg 中添加 Linux 内核
(bzImage)和根文件系统(initrd.img)的信息，以及其他必要的引导参数，确保启动过程可以
正确地加载内核和根文件系统。执行如下命令创建配置文件 grub.cfg，其内容如第 3～7 行
所示。第 4 行是一个 GRUB 引导程序的引导命令，它告诉计算机引导程序去加载位于硬盘
hd0 的第一个分区(msdos1)中的/boot/bzImage 文件作为 Linux 内核，并将根文件系统挂
载在一个内存设备上并以读写模式(rw)挂载。接着，它将运行 init 程序，并且指定了它的
路径为/linuxrc。第 5 行为注释行。第 6 行是用来指定引导时加载的 initrd 镜像文件的位
置。它告诉系统在硬盘 hd0 的第一个分区(msdos1)中找 initrd.img 文件，然后将该文件加
载到内存中，以便在启动 Linux 操作系统时使用。

```
1 [root@ztg ~]# cd /mnt/minilinux/boot/grub
2 [root@ztg grub]# cat > grub.cfg << EOF
3 menuentry "minilinux" {
4     linux (hd0,msdos1)/boot/bzImage root=/dev/ram rw init=/linuxrc
5     #linux (hd0,msdos1)/boot/bzImage console=tty0
6     initrd (hd0,msdos1)/boot/initrd.img
7 }
8 EOF
9 [root@ztg grub]#
```

3.9　VirtualBox 中运行 Linux

当完成上述步骤后，就可以在 VirtualBox 中安装并测试这款极简版 Linux 发行版了。

下面第 2 行的命令的作用是将 minilinux_disk.img 文件转换为原始磁盘映像格式，并
将输出保存到 minilinux_disk.raw 文件中。qemu-img 是 QEMU 虚拟机的一个工具，用于
创建、转换和管理虚拟磁盘镜像。在这条命令中，convert 参数表示要执行转换操作，-O raw
参数指定目标格式为原始磁盘映像格式，minilinux_disk.img 是要转换的源文件名，而
minilinux_disk.raw 是输出文件名。第 3 行的命令是使用 VirtualBox 中的 VBoxManage 命
令工具将一个基于原始磁盘(raw disk)的磁盘映像文件 minilinux_disk.raw 转换为
VirtualBox 可以使用的 VDI(VirtualBox Disk Image)格式的文件。这样，在 VirtualBox 中
就可以直接使用这个 minilinux_disk.vdi 文件作为虚拟机的硬盘，而无须重新创建虚拟硬盘
或导入其他格式的映像文件。

```
1 [root@ztg ~]# cd /root/minilinux/
2 [root@ztg minilinux]# qemu-img convert minilinux_disk.img -O raw minilinux_disk.raw
3 [root@ztg minilinux]# VBoxManage convertdd minilinux_disk.raw minilinux_disk.vdi
4 [root@ztg minilinux]# ll -h
5 drwxr-xr-x 36 root root 4.0K  6月  3 11:13 busybox-1.36.1
6 -rw-r--r--  1 root root 2.5M  5月 19 06:37 busybox-1.36.1.tar.bz2
7 -rw-r--r--  1 root root 4.0M  6月  3 14:38 initrd.img
8 drwxrwxr-x 26 root root 4.0K  6月  3 10:40 linux-6.1.11
9 -rw-r--r--  1 root root 129M  2月  9 18:36 linux-6.1.11.tar.xz
10 -rw-r--r--  1 root root 128M  6月  3 15:04 minilinux_disk.img
11 -rw-r--r--  1 root root 128M  6月  3 15:22 minilinux_disk.raw
12 -rw-------  1 root root  36M  6月  3 15:22 minilinux_disk.vdi
```

　　打开 VirtualBox 并创建一个新的虚拟机,如图 3.1 所示,在"新建虚拟电脑"对话框中,输入虚拟计算机的名称,并选择操作系统类型和版本。根据需要为虚拟机分配内存空间。在"虚拟硬盘"页面上,选择"使用已有的虚拟硬盘文件"选项,并单击"选择虚拟硬盘文件"按钮。在打开的对话框中,找到 minilinux_disk.vdi 文件所在的位置,并选择它。最后单击"创建"按钮完成虚拟机的创建。

图 3.1　在 VirtualBox 中安装极简版 Linux 发行版

　　创建虚拟机后,打开该虚拟机的设置窗口,系统相关的设置如图 3.2 所示,在"处理器"选项卡中,处理器数量选择 2 或 4(根据自己计算机中 CPU 核数而定)。在"显示"设置中,选中"屏幕"选项卡,显存大小设置为 128MB。

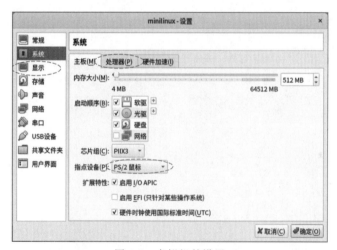

图 3.2　虚拟机的设置

　　启动虚拟机,显示 GRUB 的操作系统选择界面,如图 3.3 所示。选择 minilinux 菜单项,按回车键,即可正常启动 Linux 操作系统,命令行界面如图 3.4 所示,此时就可以使用极简版 Linux 发行版了。

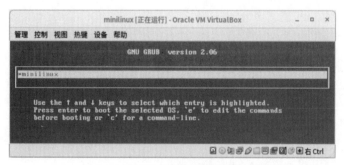

图 3.3　GRUB 的操作系统选择界面

图 3.4　Linux 操作系统的命令行界面

第4章 构建 SLFS 交叉工具链和临时工具

本章学习目标：

- 了解 LFS、BLFS 和 SLFS。
- 掌握对映像文件进行多分区的创建和挂载方法。
- 掌握编译交叉工具链的方法。
- 掌握交叉编译临时工具的方法。
- 理解 Chroot 环境的作用。
- 掌握进入 Chroot 环境的方法。

本章首先构建一个交叉工具链和与之相关的库；然后使用这个交叉工具链构建一些工具，并使用保证它们和宿主系统分离的构建方法；最后进入 Chroot 环境（它能够进一步提高与宿主系统的隔离度）构建其他临时工具，这些是构建最终系统时的必需工具。

提示：4.2 节～4.3.2 节中使用的所有命令都在 slfs-root.sh 文件中，4.3.3 节～4.4.1 节中使用的所有命令都在 slfs-lfs.sh 文件中，4.4.2 节、4.5 节和第 5 章中使用的所有命令都在 slfs-root.sh 文件中。slfs-root.sh 文件和 slfs-lfs.sh 文件在本书配套资源中。

4.1 LFS、BLFS 和 SLFS

1. LFS

LFS 项目（Linux From Scratch）是一个开源的自定义 Linux 系统构建项目，旨在帮助用户从头（源代码）开始构建自己的 Linux 发行版，并且可以根据需要进行定制化，以满足各种不同的需求，让用户深入学习 Linux 系统的底层工作原理。LFS 包含构建基本系统所需的软件包，LFS 提供了一份详细的指南，其中包含需要安装、编译、配置和定制化的各种软件包和组件列表。

2. BLFS

BLFS（Beyond Linux From Scratch）包括用于构建完整桌面环境和其他常见应用程序所需的软件包、工具和库。BLFS 涵盖多个主题，例如，桌面环境、网络服务器、数据库、图形库、多媒体应用程序等。

3. SLFS

本书主要参考 LFS 和 BLFS 构建的 Linux 发行版命名为 SLFS（Self-build Linux From Scratch），表示亲自构建 Linux 操作系统。

4.2　准备工作

SLFS 系统必须在一个已经安装好的 Linux 系统（如 Debian、Ubuntu 或 Fedora）中构建。这个安装好的 Linux 系统称为宿主系统，提供包括编译器、链接器和 Shell 在内的必要程序。

1. 宿主系统需求

计算机硬件最好有四核八线程以上的 CPU 和 8GB 以上的内存。宿主系统使用近期发布的 Linux 发行版即可。本书使用的宿主系统是 Debian 12。执行如下命令安装所需的构建工具。

```
1 apt install build-essential coreutils bison flex libelf-dev libssl-dev
```

2. 准备所有源码包

有两种方法获取构建 SLFS 过程中所需的源码包（源代码压缩包）。①使用本书配套资源中的文件 slfs-download.sh 里的命令进行下载；②从清华大学出版社官网或百度网盘（查看本书配套资源中的 readme.txt 文件）下载。本书将所有源码包存放在文件夹/mnt/hdd/tools/slfs-all-src-pkg 中。读者根据自己计算机中文件系统的具体情况选择存放位置。

3. 创建目标映像文件

根据自己硬盘空闲空间情况设置环境变量 DISKIMG，笔者硬盘的某个分区的空闲空间大于 100GB，该分区挂载到/mnt/ssd2-data。使用如下命令导出环境变量。

```
1 export DISKIMG=/mnt/ssd2-data
```

export 命令用于在当前 Shell 环境中设置一个或多个环境变量。环境变量是一些系统级别的变量，它们可以被进程或其他应用程序使用，以确定如何执行某些操作或查找特定的资源。通过 export 命令设置的环境变量将影响当前 Shell 环境和任何由该 Shell 启动的子进程。可以通过运行 env 命令来列出当前 Shell 和其子进程中所有定义的环境变量。

使用 dd 命令创建目标映像文件 slfs_disk.img，大小为 50GB。

```
1 rm $DISKIMG/slfs_disk.img -f
2 dd if=/dev/zero of=$DISKIMG/slfs_disk.img bs=1M count=51200
```

4. 对映像文件进行分区

使用 fdisk 命令对映像文件 slfs_disk.img 进行分区，创建了 3 个分区，分别用于 boot 分区（256MB）、swap 分区（512MB）和根分区（49GB）。fdisk_commands.txt 文件中的内容为执行 fdisk 命令时需要输入的命令或参数，空格（如第 5 行）表示直接按回车键使用默认值。使用 n 命令创建新分区，根据提示设置分区类型、起始位置、结束位置或大小。使用 w 命令保存分区表。

```
 1 cat > $DISKIMG/fdisk_commands.txt << "EOF"
 2 n
 3 p
 4 1
 5
 6 +256M
 7 n
 8 p
 9 2
10
11 +512M
12 n
13 p
14 3
15
16
17 t
18 2
19 82
20 w
21 EOF
22 fdisk $DISKIMG/slfs_disk.img < $DISKIMG/fdisk_commands.txt
```

5. 关联并格式化分区

由于 slfs_disk.img 中的分区在当前文件系统中没有对应的路径,要想对这些分区进行格式化操作,需要先关联分区,也就是说,先将每个分区映射到一个设备节点上。使用 losetup 命令将 slfs_disk.img 中的每个分区映射到一个环回设备上,然后对这些设备进行格式化。

如下第 1 行的命令会自动将 slfs_disk.img 中的 3 个分区映射到/dev/目录中可用的环回设备文件上,具体是哪些设备文件,可以使用第 2 行的命令查看,用到了/dev/loop0p1、/dev/loop0p1 和/dev/loop0p3。执行第 4 行的命令格式化/dev/loop0p1(boot 分区),执行第 5 行的命令格式化/dev/loop0p3(根分区),选项-m 用于指定文件系统中预留给 root 用户的空间百分比。这意味着当文件系统使用的空间接近满时,root 用户仍然可以登录并执行一些必要的操作,如删除不需要的文件和调整文件权限。

```
1 losetup -fP $DISKIMG/slfs_disk.img
2 ls /dev/loop*
3    /dev/loop0  /dev/loop0p1  /dev/loop0p2  /dev/loop0p3  /dev/loop1  /dev/loop2
4 mkfs.ext2 -F /dev/loop0p1
5 mkfs.ext4 -F -m 1 /dev/loop0p3
```

6. 挂载分区

挂载每个分区以便将其添加到系统中。首先需要创建挂载点目录,然后使用 mount 命令来挂载分区。执行如下命令挂载分区到/mnt/slfs_root 挂载点,然后设置环境变量 SLFS。

```
1 mkdir -p /mnt/slfs_root
2 mount /dev/loop0p3 /mnt/slfs_root
3 export SLFS=/mnt/slfs_root
```

在构建 SLFS 的全过程中,环境变量 SLFS 都被定义且设置为/mnt/slfs_root。如果中断构建过程后重新进入工作环境,一定要执行 echo $SLFS 命令确认环境变量 SLFS 的值为/mnt/slfs_root。如果不是,需要再次执行上面第 3 行的命令。

7. 复制源码包

执行如下命令将构建前期所需源码包复制到$SLFS/srcpkgs,这样,进入 Chroot 环境后仍然可用。

```
1 mkdir -p $SLFS/srcpkgs && chmod a+wt $SLFS/srcpkgs
2 cd /mnt/hdd/tools/slfs-all-src-pkg/ && cp binutils-2.40.tar.xz gcc-12.2.0.tar.xz mpfr-4.2.0.tar.xz gmp-6.2.1.tar.xz \
3   mpc-1.3.1.tar.gz linux-6.1.11.tar.xz glibc-2.37.tar.xz glibc-2.37-fhs-1.patch m4-1.4.19.tar.xz ncurses-6.4.tar.gz \
4   bash-5.2.15.tar.gz coreutils-9.1.tar.xz diffutils-3.9.tar.xz file-5.44.tar.gz findutils-4.9.0.tar.xz \
5   gawk-5.2.1.tar.xz grep-3.8.tar.xz gzip-1.12.tar.xz make-4.4.tar.gz patch-2.7.6.tar.xz sed-4.9.tar.xz \
6   tar-1.34.tar.xz xz-5.4.1.tar.xz gettext-0.21.1.tar.xz bison-3.8.2.tar.xz perl-5.36.0.tar.xz \
7   Python-3.11.2.tar.xz texinfo-7.0.2.tar.xz util-linux-2.38.1.tar.xz $SLFS/srcpkgs && cd -
```

8. 创建所需的目录

执行如下命令创建所需的目录。第 6 行的命令创建的目录用于存放交叉编译器。

```
1 mkdir -p $SLFS/{etc,var} $SLFS/usr/{bin,lib,sbin}
2 for i in bin lib sbin; do ln -sf usr/$i $SLFS/$i; done
3 case $(uname -m) in
4   x86_64) mkdir -p $SLFS/lib64 ;;
5 esac
6 mkdir -p $SLFS/crosstools
```

/etc 存放系统配置文件,如用户账户、网络设置等。/var 存放各种数据文件,如日志、邮件队列等。/usr 存放大部分用户程序和文件,如文档、库、头文件等。/bin 存放系统启动和运行所需的基本命令和二进制文件,如 ls、cp 等。/lib 和/lib64 存放共享库文件。/sbin 存放只有超级用户才能运行的系统管理命令。

9. 添加 SLFS 用户

在作为 root 用户登录时,一个微小的错误就可能损坏甚至摧毁整个宿主系统。因此,创建一个名为 slfs 的新用户,以及它从属于的一个新组(组名也是 slfs),并在构建过程中以 slfs 身份执行命令。以 root 身份执行以下命令创建新用户 slfs。命令行中各选项的含义:-s /bin/bash 设置 bash 为用户 slfs 的默认 Shell;-g slfs 添加用户 slfs 到组 slfs;-m 为用户 slfs 创建一个主目录;-k /dev/null 将模板目录设置为空设备文件,防止从默认模板目录(/etc/skel)复制文件到新的主目录。执行 passwd slfs 命令为 slfs 用户设置密码。

```
1 groupadd slfs && useradd -s /bin/bash -g slfs -m -k /dev/null slfs && passwd slfs
```

10. 设置目录的所有者

执行如下命令将 slfs 设为$SLFS 中所有目录的所有者,使 slfs 对他们拥有完全访问权。如果不使用-h 选项,则 chown 命令将更改符号链接所指向的原始文件的所有者,而不改变符号链接文件本身的所有者。

```
1 chown -R slfs $SLFS/{usr,var,etc,lib64,crosstools,srcpkgs} && chown -h slfs $SLFS/{lib,bin,sbin}
```

4.3　编译交叉工具链

4.3.1　交叉工具链

交叉工具链(cross-toolchain)的目的是克服不同体系结构之间的差异,使开发人员能够在一个平台上开发代码,并将其移植到另一个平台上运行,而无须在目标平台上重新安装和配置开发工具。交叉工具链是一种用于开发嵌入式系统或跨平台软件的工具集合。它通常由交叉编译器(cross-compiler)、交叉链接器(cross-linker)、交叉调试器(cross-debugger)和支持库(support libraries)等组成。交叉编译器是最重要的组件,它能够将源代码从开发主机上的一种体系结构编译为目标体系结构的可执行文件。例如,使用交叉工具链可以在一台 x86 架构的计算机上开发和编译 ARM 架构的嵌入式系统。由于宿主系统和目标系统都是 x86_64 架构,因此本书中的交叉编译是伪装的,但其原理和构建真实的交叉工具链是一致的。

4.3 节和 4.4 节构造一个临时环境,它包含一组可靠的、能够与宿主系统完全分离的工具。这样,通过使用 chroot 命令进入 Chroot 环境,后续执行的命令就被限制在这个 Chroot 环境中,这确保能够干净、顺利地构建 SLFS 系统。构建过程是基于交叉编译过程的,任何交叉编译产生的程序都不依赖于宿主环境。

4.3.2　切换到 slfs 用户

后续有些软件包构建过程中需要 texinfo 和 gawk,因此执行的第 1 行命令是在宿主系统中安装 texinfo 和 gawk。为了保证 slfs 用户环境的纯净,执行第 2 行命令重命名/etc/bash.bashrc 文件,使之失效。如果/etc/bash.bashrc 文件存在,该文件可能修改 slfs 用户的环境,并影响 SLFS 关键软件包的构建。当不再需要 slfs 用户时再还原/etc/bash.bashrc 文件。第 3 行命令是切换到 slfs 用户。

```
1 apt install texinfo gawk
2 [ ! -e /etc/bash.bashrc ] || mv -v /etc/bash.bashrc /etc/bash.bashrc.NOUSE
3 su - slfs
```

4.3.3　配置环境

为了配置一个良好的工作环境,为 bash 创建两个新的启动脚本。以 slfs 用户执行以下命令创建一个新的脚本文件.bash_profile。

```
1 cat > ~/.bash_profile << "EOF"
2 exec env -i HOME=$HOME TERM=$TERM PS1='\u:\w\$ ' /bin/bash
3 EOF
```

在以 slfs 用户登录或从其他用户使用带'-'选项的 su 命令切换到 slfs 用户时,初始的 Shell 是一个登录 Shell。它读取宿主系统的/etc/profile 文件,然后读取.bash_profile。在 .bash_profile中使用 exec 命令新建一个除了 HOME、TERM 以及 PS1 外没有任何环境变量的 Shell 并替换当前 Shell。这可以防止宿主环境中不需要和有潜在风险的环境变量进入构建环境。

新的 Shell 实例是非登录 Shell,它不会读取和执行/etc/profile 或.bash_profile 的内容, 而是读取并执行.bashrc 文件。执行以下命令创建一个新的脚本文件.bashrc。

```
1  cat > ~/.bashrc << "EOF"
2  set +h
3  umask 022
4  SLFS=/mnt/slfs_root
5  SRC=/mnt/slfs_root/srcpkgs
6  LC_ALL=POSIX
7  SLFS_TGT=$(uname -m)-slfs-linux-gnu
8  PATH=/usr/bin
9  if [ ! -L /bin ]; then PATH=/bin:$PATH; fi
10 PATH=$SLFS/crosstools/bin:$PATH
11 CONFIG_SITE=$SLFS/usr/share/config.site
12 MAKEFLAGS='-j16'
13 export SLFS SRC LC_ALL SLFS_TGT PATH CONFIG_SITE MAKEFLAGS
14 EOF
```

脚本文件.bashrc 说明:①set +h 命令关闭 bash 的散列功能。一般情况下,散列是很有用的。bash 使用一个散列表维护各可执行文件的完整路径,这样就不用每次都在 PATH 指定的目录中搜索可执行文件。然而,在构建 SLFS 时,希望总是使用最新安装的工具。关闭散列功能强制 Shell 在运行程序时总是搜索 PATH。这样,一旦$SLFS/crosstools/bin 中有新的工具可用,Shell 就能够找到它们,而不是使用之前记忆在散列表中,由宿主发行版提供的/usr/bin 或/bin 中的工具。②umask 022 将用户的文件创建掩码(umask)设定为 022, 保证只有文件所有者可以编写新创建的文件和目录,但任何人都可读取、执行它们。新文件将具有权限 644,而新目录具有权限 755。③SLFS 环境变量必须被设定为之前选择的挂载点。④LC_ALL 环境变量控制某些程序的本地化行为,使得它们以特定国家的语言和惯例输出消息。将 LC_ALL 设置为 POSIX 或 C(这两种设置是等价的)可以保证在交叉编译环境中所有命令的行为完全符合预期,而与宿主系统的本地化设置无关。⑤LFS_TGT 变量设定了一个机器描述符。该描述符被用于构建交叉编译器和交叉编译临时工具链。⑥PATH变量被设定为/usr/bin。如果/bin 不是符号链接,则它需要被添加到 PATH 变量中。还要将$SLFS/crosstools/bin 附加在默认的 PATH 环境变量之前。⑦CONFIG_SITE 要设置为$SLFS/usr/share/config.site。如果没有设定这个变量,configure 脚本可能会从宿主系统的/usr/share/config.site 加载一些发行版特有的配置信息。设置该变量可以避免宿主系统造成的污染。⑧MAKEFLAGS 用于控制 GNU Make 工具的行为。-j16 表示允许最多同时执行 16 个任务。这对于加快构建速度很有用。⑨export 导出前面设置的环境变量,让所有子 Shell 都能使用这些变量。

为了保证构建临时工具所需的环境准备就绪,强制 bash shell 读取刚才创建的配置文件:

```
1 source ~/.bash_profile
2 source ~/.bashrc
```

4.3.4　构建工具链

在构建 Binutils-2.40 和 GCC-12.2.0 时使用--with-sysroot 选项,指定查找所需库文件的位置,这保证后续其他程序在构建时不会链接到宿主系统的库。--prefix 选项指定编译的程序被安装在$SLFS/crosstools 目录中,以将它们和后续章节中安装的文件分开,因为它不属于最终构建的系统。但是,编译的库会被安装到它们的最终位置,因为这些库在最终要构建的系统中也存在。

1. Binutils-2.40(第 1 次构建)

首先构建 Binutils 相当重要,因为 GCC 和 Glibc 的 configure 脚本会先测试汇编器和链接器的一些特性,以决定启用或禁用一些软件特性。没有正确配置的 GCC 或 Glibc 会导致工具链中潜伏的故障。这些故障可能到整个构建过程快要结束时才突然爆发。Binutils 包含汇编器、链接器以及其他用于处理目标文件的工具。Binutils 文档推荐创建一个新的目录(build),以在其中构建 Binutils。执行如下命令安装交叉工具链中的 Binutils。

```
1 cd $SRC && tar -xf binutils-2.40.tar.xz && cd binutils-2.40 && mkdir build && cd build &&
2 ../configure --prefix=$SLFS/crosstools --with-sysroot=$SLFS --target=$SLFS_TGT --disable-nls \
3     --enable-gprofng=no --disable-werror && make && make install && rm $SRC/binutils-2.40 -rf
```

../configure 配置选项的含义:--prefix = $SLFS/crosstools 告诉配置脚本准备将 Binutils 程序安装在$SLFS/crosstools 目录中;--with-sysroot = $SLFS 告诉构建系统,交叉编译其他程序时在$SLFS 中寻找目标系统的库,而不会链接到宿主系统的库;--target = $SLFS_TGT,由于 SLFS_TGT 变量中的机器描述和 config.guess 脚本的输出略有不同,这个开关使得 configure 脚本调整 Binutils 的构建系统,以构建交叉链接器;--disable-nls 禁用临时工具不需要的国际化功能;--enable-gprofng = no 禁用临时工具不需要的 gprofng 工具;--disable-werror 防止宿主系统编译器警告导致构建失败。执行 make 命令编译该软件包,执行 make install 安装该软件包。Binutils 将汇编器和链接器安装在两个位置,一个是$SLFS/crosstools/bin,另一个是$SLFS/crosstools/$SLFS_TGT/bin。这两个位置中的工具互为硬链接。链接器的一项重要属性是它搜索库的顺序,通过向 ld 命令加入--verbose 参数,可以得到关于搜索路径的详细信息。例如,ld --verbose | grep SEARCH 会输出当前的搜索路径及其顺序。

2. GCC-12.2.0(第 1 次构建)

GCC 软件包包含 GNU 编译器集合,其中有 C 和 C++ 编译器。执行如下命令安装交叉工具链中的 GCC。GCC 依赖于 GMP、MPFR 和 MPC 这 3 个包。由于宿主系统未必包含它们,因此将它们和 GCC 一同构建。将它们都解压到 GCC 源码目录中,并重命名解压出的目录,这样 GCC 构建过程就能自动使用它们。GCC 文档建议在一个新建目录(build)中构建 GCC。

```
1 cd $SRC && tar -xf gcc-12.2.0.tar.xz && cd gcc-12.2.0 && tar -xf ../mpfr-4.2.0.tar.xz && mv mpfr-4.2.0 mpfr &&
2 tar -xf ../gmp-6.2.1.tar.xz && mv gmp-6.2.1 gmp && tar -xf ../mpc-1.3.1.tar.gz && mv mpc-1.3.1 mpc &&
3 sed -e '/m64=/s/lib64/lib/' -i.orig gcc/config/i386/t-linux64 && mkdir build && cd build &&
4 ../configure --target=$SLFS_TGT --prefix=$SLFS/crosstools --with-glibc-version=2.37 --with-sysroot=$SLFS --with-newlib \
5 --without-headers --enable-default-pie --enable-default-ssp --disable-nls --disable-shared --disable-multilib \
6 --disable-threads --disable-libatomic --disable-libgomp --disable-libquadmath --disable-libssp --disable-libvtv \
7 --disable-libstdcxx --enable-languages=c,c++ && make && make install &&
8 cp `dirname $($SLFS_TGT-gcc -print-libgcc-file-name)`/install-tools/include/limits.h \
9 `dirname $($SLFS_TGT-gcc -print-libgcc-file-name)`/install-tools/include/limits.h.bac && cd .. && cat gcc/limitx.h \
10 gcc/glimits.h gcc/limity.h > `dirname $($SLFS_TGT-gcc -print-libgcc-file-name)`/install-tools/include/limits.h
```

对于 x86_64 平台,还要设置存放 64 位库的默认目录为 lib,在 sed 命令中,选项-i 告诉 sed 命令直接在原始文件上进行修改,而不是输出到标准输出或者另一个文件中。使用-i 选项可以使得对文件的修改直接生效,而无须手动保存修改结果。通过在-i 选项后添加一个参数(-i. orig),可以指定备份文件的扩展名为.orig。sed 命令会在修改文件时创建一个备份文件,并将原始文件备份到该备份文件中。备份文件允许用户在需要时恢复到修改之前的状态。

../configure 配置选项的含义:--with-glibc-version = 2.37 指定目标系统将要使用的 Glibc 版本,这与宿主系统的 libc 没有关系,因为第一遍的 GCC 产生的所有代码都会在与宿主系统的 libc 完全隔离的 Chroot 环境中运行;--with-newlib,由于现在没有可用的 C 运行库,使用该选项保证构建 libgcc 时 inhibit_libc 常量被定义,以防止编译任何需要 libc 支持的代码;--without-headers,在创建完整的交叉编译器时,GCC 需要与目标系统兼容的标准头文件。由于我们的特殊目的,这些头文件并不必要,这个开关防止 GCC 查找它们;--enable-default-pie 和--enable-default-ssp 使得 GCC 在编译程序时默认启用一些增强安全性的特性,在本阶段并没有使用它们的必要性,但是尽早使用它们能够使得临时安装和最终安装的软件包更相近,这样构建过程更加稳定;--disable-shared 强制 GCC 静态链接它的内部库,必须这样做,因为动态库需要目标系统中尚未安装的 Glibc;--disable-multilib,在 x86_64 平台上,SLFS 不支持 multilib 配置,这个开关对于 x86 来说可有可无;--disable-threads、--disable- libatomic、--disable-libgomp、--disable-libquadmath、--disable-libssp、--disable-libvtv 和 --disable-libstdcxx 这些开关禁用对于线程、libatomic、libgomp、libquadmath、libssp、libvtv 以及 C++ 标准库的支持。在构建交叉编译器时它们可能编译失败,而且在交叉编译临时 libc 时并不需要它们;--enable-languages = c,C++ 保证只构建 C 和 C++ 编译器,目前只需要这两个语言。

执行 make 命令编译 GCC,执行 make install 安装 GCC。

刚刚构建的 GCC 安装了若干内部系统头文件。一般来说,其中的 limits.h 应该包含对应的系统头文件 limits.h,在我们的 SLFS 环境中,就是$SLFS/usr/include/limits.h。然而,在构建 GCC 时,$SLFS/usr/include/limits.h 还不存在,因此 GCC 安装的内部头文件是一个不完整的、自给自足的文件,不包含系统头文件提供的扩展特性。这对于构建临时的 Glibc 已经足够了,但后续工作将需要完整的内部头文件。使用第 8~10 行的命令创建一个完整版本的内部头文件,该命令与 GCC 构建系统在一般情况下生成该头文件的命令是一致的。

3. Linux-6.1.11 API 头文件

Linux 内核需要导出应用程序编程接口(API),也就是 Linux API 头文件供 Glibc(系统的 C 运行库)使用。执行如下命令安装 Linux API 头文件。

```
1 cd $SRC && tar -xf linux-6.1.11.tar.xz && cd linux-6.1.11 && make mrproper && make headers &&
2 find usr/include -type f ! -name '*.h' -delete && cp -r usr/include $SLFS/usr && rm $SRC/linux-6.1.11 -rf
```

make mrproper 命令可以删除内核源码包中遗留的陈旧文件。这里从源代码中提取用户可见的头文件时,不能使用 make headers_install 命令,而是先将头文件放置在./usr 目录中,之后再将它们复制到最终的位置 $SLFS/usr。安装的头文件:/usr/include/asm/ * .h 是 Linux API 汇编头文件;/usr/include/asm-generic/ * .h 是 Linux API 通用汇编头文件;/usr/include/drm/ * .h 是 Linux API DRM 头文件;/usr/include/linux/ * .h 是 Linux API Linux 头文件;/usr/include/misc/ * .h 是 Linux API 杂项头文件;/usr/include/mtd/ * .h 是 Linux API MTD 头文件;/usr/include/rdma/ * .h 是 Linux API RDMA 头文件;/usr/include/scsi/ * .h 是 Linux API SCSI 头文件;/usr/include/sound/ * .h 是 Linux API 音频头文件;/usr/include/video/ * .h 是 Linux API 视频头文件;/usr/include/xen/ * .h 是 Linux API Xen 头文件。

4. Glibc-2.37(第 1 次构建)

Glibc 软件包包含主要的 C 语言库,提供用于分配内存、检索目录、打开和关闭文件、读写文件、字符串处理、模式匹配、算术等用途的基本子程序。执行如下命令安装 Glibc。

注意:一定要执行 echo $SLFS 命令确认环境变量 SLFS 的值为/mnt/slfs_root,如果为空,则使用下面的命令构建 Glibc 时会将新构建的 Glibc 安装到宿主系统中,这几乎必然导致宿主系统完全无法使用。

```
1 ln -sf ../lib/ld-linux-x86-64.so.2 $SLFS/lib64 && ln -sf ../lib/ld-linux-x86-64.so.2 $SLFS/lib64/ld-lsb-x86-64.so.3 &&
2 cd $SRC && tar -xf glibc-2.37.tar.xz && cd glibc-2.37 && patch -Np1 -i ../glibc-2.37-fhs-1.patch &&
3 mkdir build && cd build && echo "rootsbindir=/usr/sbin" > configparms &&
4 ../configure --prefix=/usr --host=$SLFS_TGT --build=$(../scripts/config.guess) \
5     --enable-kernel=3.2 --with-headers=$SLFS/usr/include libc_cv_slibdir=/usr/lib &&
6 make && make DESTDIR=$SLFS install && sed '/RTLDLIST=/s@/usr@@g' -i $SLFS/usr/bin/ldd &&
7 $SLFS/crosstools/libexec/gcc/$SLFS_TGT/12.2.0/install-tools/mkheaders && rm $SRC/glibc-2.37 -rf
```

第 1 行的命令创建了一个动态链接器正常工作所必需的符号链接和一个 LSB 兼容性符号链接。一些 Glibc 程序使用与 FHS 不兼容的/var/db 目录存放它们的运行时数据。应用一个补丁,使得这些程序在 FHS 兼容的位置存放运行时数据。Glibc 文档推荐在一个新建的目录(build)中构建 Glibc。第 3 行的 echo 命令确保将 ldconfig 和 sln 工具安装到/usr/sbin 目录中。

../configure 配置选项的含义:--host=$SLFS_TGT 和--build=$(../scripts/config.guess)使得 Glibc 的构建系统将自身配置为使用$SLFS/crosstools 中的交叉编译器和交叉链接器;--enable-kernel=3.2 告诉 Glibc 编译出支持 3.2 版或更新版的 Linux 内核,这样就不会使用那些为更老内核准备的替代方案;--with-headers=$SLFS/usr/include 告诉 Glibc 在编译过程中使用$SLFS/usr/include 目录中的头文件,这样它就知道内核拥有哪些特性,并据此对自身进行优化;libc_cv_slibdir=/usr/lib 保证在 64 位机器上将库安装到/usr/lib,而不是默认的/lib64。

执行 make 命令编译 Glibc,执行 make DESTDIR=$SLFS install 安装 Glibc。多数软

件包使用 DESTDIR 变量指定软件包应该安装的位置,如果不设置 DESTDIR,其默认值为根(/)目录。这里指定将软件包安装到$SLFS。使用 sed 命令改正 ldd 脚本中硬编码的可执行文件加载器路径。至此,交叉工具链已经构建完成,执行第 7 行的 mkheaders 命令完成 limits.h 头文件的安装,此时,生成了$SLFS/usr/include/limits.h 文件。

5. GCC-12.2.0 中的 Libstdc++

Libstdc++ 是 C++ 标准库。需要它才能编译 C++ 代码(GCC 的一部分用 C++ 编写)。但在第 1 次构建 GCC 时不得不暂缓安装它,因为 Libstdc++ 依赖于当时还没有安装到目标目录的 Glibc。Libstdc++ 是 GCC 源代码的一部分。应该先解压 GCC 源码包并切换到解压出来的 gcc-12.2.0 目录,为 Libstdc++ 创建一个单独的构建目录(build)。

```
1 cd $SRC && tar -xf gcc-12.2.0.tar.xz && cd gcc-12.2.0 && mkdir build && cd build &&
2 ../libstdc++-v3/configure --host=$SLFS_TGT --build=$(../config.guess) --prefix=/usr --disable-multilib --disable-nls \
3   --disable-libstdcxx-pch --with-gxx-include-dir=/crosstools/$SLFS_TGT/include/c++/12.2.0 && make &&
4 make DESTDIR=$SLFS install && rm $SLFS/usr/lib/lib{stdc++,stdc++fs,supc++}.la && rm $SRC/gcc-12.2.0 -rf
```

../libstdc++-v3/configure 配置选项的含义:--host=$SLFS_TGT 指定使用刚刚构建的交叉编译器,而不是宿主系统中/usr/bin 目录里的编译器;--disable-libstdcxx-pch 防止安装预编译头文件,在这个阶段不需要它们;--with-gxx-include-dir=/tools/$SLFS_TGT/include/c++/12.2.0 指定包含文件的安装路径。因为 Libstdc++ 是 SLFS 的 C++ 标准库,这个安装路径应该与 C++ 编译器($SLFS_TGT-g++)搜索 C++ 标准头的位置一致。在正常的构建过程中,这项信息被构建系统由顶层目录自动传递给 Libstdc++ configure 脚本。但我们没有使用顶层目录构建系统,因此需要明确指定该选项。C++ 编译器会将 sysroot 路径$SLFS(在构建第一遍的 GCC 时指定了它)附加到包含文件搜索目录之前,因此它实际上会搜索$SLFS/crosstools/$SLFS_TGT/include/c++/12.2.0。该选项和 make install 命令中使用的 DESTDIR 变量一起,确保将头文件安装到这一路径。第 4 行的 rm 命令移除对交叉编译有害的 libtool 档案文件。

4.4 交叉编译临时工具

本节使用 4.3 节构建的交叉工具链对基本工具进行交叉编译。这些工具会被安装到它们的最终位置,但现在还无法使用。基本操作仍然依赖宿主系统的工具。尽管如此,在链接时会使用刚刚安装的库。在 4.5 节,进入 Chroot 环境后,就可以使用这些工具。但是在进入 Chroot 环境之前,必须将本节中所有软件包构建完毕,因此现在还不能脱离宿主系统。

4.4.1 临时工具

注意:一定要执行 echo $SLFS 命令确认环境变量 SLFS 的值为/mnt/slfs_root。

1. M4-1.4.19

M4 软件包包含一个宏处理器。执行如下命令安装该软件包。

```
1 cd $SRC && tar -xf m4-1.4.19.tar.xz && cd m4-1.4.19 && ./configure --prefix=/usr --host=$SLFS_TGT \
2 --build=$(build-aux/config.guess) && make && make DESTDIR=$SLFS install && rm $SRC/m4-1.4.19 -rf
```

2. Ncurses-6.4

Ncurses 软件包包含使用时不需要考虑终端特性的字符屏幕处理函数库。执行如下命令安装该软件包。第 1 行的 sed 命令保证在配置时优先查找 gawk 命令。第 2 行的命令在宿主系统构建 tic 程序。

```
1 cd $SRC && tar -xf ncurses-6.4.tar.gz && cd ncurses-6.4 && sed -i s/mawk// configure && mkdir build &&
2 pushd build; ../configure && make -C include && make -C progs tic; popd &&
3 ./configure --prefix=/usr --host=$LFS_TGT --build=$(./config.guess) --mandir=/usr/share/man \
4   --with-manpage-format=normal --with-shared --without-normal --with-cxx-shared --without-debug --without-ada \
5   --disable-stripping --enable-widec && make && make DESTDIR=$SLFS TIC_PATH=$(pwd)/build/progs/tic install &&
6 echo "INPUT(-lncursesw)" > $SLFS/usr/lib/libncurses.so && rm $SRC/ncurses-6.4 -rf
```

./configure 配置选项的含义：--with-manpage-format＝normal 防止 Ncurses 安装压缩的手册页面；--with-shared 使得 Ncurses 将 C 函数库构建并安装为共享库；--without-normal 禁止将 C 函数库构建和安装为静态库；--with-cxx-shared 使得 Ncurses 将 C++ 绑定构建并安装为共享库，同时防止构建和安装静态的 C++ 绑定库；--without-debug 禁止构建和安装用于调试的库；--without-ada 保证不构建 Ncurses 的 Ada 编译器支持；--disable-stripping 防止构建过程使用宿主系统的 strip 程序，对交叉编译产生的程序使用宿主系统的工具可能导致构建失败；--enable-widec 使得宽字符库（如 libncursesw.so.6.4）被构建，而不构建常规字符库（如 libncurses.so.6.4）。宽字符库在多字节和传统 8 位 locale 中都能工作，而常规字符库只能在 8 位 locale 中工作。

3. Bash-5.2.15

Bash 软件包包含 Bourne-Again Shell。执行如下命令安装该软件包。

```
1 cd $SRC && tar -xf bash-5.2.15.tar.gz && cd bash-5.2.15 &&
2 ./configure --prefix=/usr --build=$(sh support/config.guess) --host=$SLFS_TGT --without-bash-malloc &&
3 make && make DESTDIR=$SLFS install && ln -sf bash $SLFS/bin/sh && rm $SRC/bash-5.2.15 -rf
```

./configure 配置选项的含义：--without-bash-malloc 禁用 Bash 自己的内存分配函数 malloc，因为已知它会导致段错误。这样，Bash 就会使用 Glibc 的更加稳定的 malloc 函数。

4. Coreutils-9.1

Coreutils 软件包包含各种操作系统都需要提供的基本工具。执行如下命令安装 Coreutils。

```
1 cd $SRC && tar -xf coreutils-9.1.tar.xz && cd coreutils-9.1 && ./configure --prefix=/usr --host=$SLFS_TGT \
2   --build=$(build-aux/config.guess) --enable-install-program=hostname --enable-no-install-program=kill,uptime &&
3 make && make DESTDIR=$SLFS install && mv $SLFS/usr/bin/chroot $SLFS/usr/sbin && mkdir -p $SLFS/usr/share/man/man8 &&
4 mv $SLFS/usr/share/man/man1/chroot.1 $SLFS/usr/share/man/man8/chroot.8 &&
5 sed -i 's/"1"/"8"/' $SLFS/usr/share/man/man8/chroot.8 && rm $SRC/coreutils-9.1 -rf
```

./configure 配置选项的含义：--enable-install-program＝hostname 表示构建 hostname

程序并安装它（默认情况下它被禁用），但 Perl 测试套件需要它。安装的工具程序如下。

```
1 [, b2sum, base32, base64, basename, basenc, cat, chcon, chgrp, chmod, chown, chroot, cksum, comm, cp, csplit, cut, date,
2 dd, df, dir, dircolors, dirname, du, echo, env, expand, expr, factor, false, fmt, fold, groups, head, hostid, id,
3 install, join, link, ln, logname, ls, md5sum, mkdir, mkfifo, mknod, mktemp, mv, nice, nl, nohup, nproc, numfmt, od,
4 paste, pathchk, pinky, pr, printenv, printf, ptx, pwd, readlink, realpath, rm, rmdir, runcon, seq, sha1sum, sha224sum,
5 sha256sum, sha384sum, sha512sum, shred, shuf, sleep, sort, split, stat, stdbuf, stty, sum, sync, tac, tail, tee, test,
6 timeout, touch, tr, true, truncate, tsort, tty, uname, unexpand, uniq, unlink, users, vdir, wc, who, whoami, and yes
```

5. Diffutils-3.9

Diffutils 软件包包含显示文件或目录之间差异的程序。执行如下命令安装 Diffutils。

```
1 cd $SRC && tar -xf diffutils-3.9.tar.xz && cd diffutils-3.9 && ./configure --prefix=/usr --host=$SLFS_TGT &&
2 make && make DESTDIR=$SLFS install && rm $SRC/diffutils-3.9 -rf
```

6. File-5.44

File 软件包包含用于确定给定文件类型的工具。执行如下命令安装 File。

```
1 cd $SRC && tar -xf file-5.44.tar.gz && cd file-5.44 && mkdir build &&
2 pushd build; ../configure --disable-bzlib --disable-libseccomp --disable-xzlib --disable-zlib && make; popd
3 ./configure --prefix=/usr --host=$SLFS_TGT --build=$(./config.guess) && make FILE_COMPILE=$(pwd)/build/src/file &&
4 make DESTDIR=$SLFS install && rm $SLFS/usr/lib/libmagic.la && rm $SRC/file-5.44 -rf
```

宿主系统 file 命令的版本必须和正在构建的软件包相同，才能在构建过程中创建必要的签名数据文件。

../configure 配置选项的含义：--disable-＊，如果相关的库文件存在，配置脚本企图使用宿主系统的一些软件包。当库文件存在，但对应的头文件不存在时，会导致编译失败。这些选项防止使用这些来自宿主系统的非必要功能。

7. Findutils-4.9.0

Findutils 软件包包含用于查找文件的程序。这些程序能直接搜索目录树中的所有文件，也可以创建、维护和搜索文件数据库。Findutils 还提供了 xargs 程序，它能够对一次搜索列出的所有文件执行给定的命令。执行如下命令安装 Findutils。

```
1 cd $SRC && tar -xf findutils-4.9.0.tar.xz && cd findutils-4.9.0 && ./configure --prefix=/usr \
2     --localstatedir=/var/lib/locate --host=$SLFS_TGT --build=$(build-aux/config.guess) &&
3 make && make DESTDIR=$SLFS install && rm $SRC/findutils-4.9.0 -rf
```

8. Gawk-5.2.1

Gawk 软件包包含操作文本文件的程序。执行如下命令安装 Gawk。sed 命令确保不安装某些不需要的文件。

```
1 cd $SRC && tar -xf gawk-5.2.1.tar.xz && cd gawk-5.2.1 && sed -i 's/extras//' Makefile.in && ./configure --prefix=/usr \
2   --host=$SLFS_TGT --build=$(build-aux/config.guess) && make && make DESTDIR=$SLFS install && rm $SRC/gawk-5.2.1 -rf
```

9. Grep-3.8

Grep 软件包包含在文件内容中进行搜索的程序。执行如下命令安装 Grep。

```
1 cd $SRC && tar -xf grep-3.8.tar.xz && cd grep-3.8 && ./configure --prefix=/usr --host=$SLFS_TGT &&
2 make && make DESTDIR=$SLFS install && rm $SRC/grep-3.8 -rf
```

10. Gzip-1.12

Gzip 软件包包含压缩和解压缩文件的程序。执行如下命令安装 Gzip。

```
1 cd $SRC && tar -xf gzip-1.12.tar.xz && cd gzip-1.12 && ./configure --prefix=/usr --host=$SLFS_TGT &&
2 make && make DESTDIR=$SLFS install && rm $SRC/gzip-1.12 -rf
```

11. Make-4.4

Make 软件包包含一个程序，用于控制从软件包源代码生成可执行文件和其他非源代码文件的过程。执行如下命令安装 Make。使用 sed 命令修复上游发现的问题。

```
1 cd $SRC && tar -xf make-4.4.tar.gz && cd make-4.4 &&
2 sed -e '/ifdef SIGPIPE/,+2 d' -e '/undef  FATAL_SIG/i FATAL_SIG (SIGPIPE);' -i src/main.c &&
3 ./configure --prefix=/usr --host=$SLFS_TGT --without-guile --build=$(build-aux/config.guess) &&
4 make && make DESTDIR=$SLFS install && rm $SRC/make-4.4 -rf
```

./configure 配置选项的含义：--without-guile，进行交叉编译时，配置脚本若找到宿主系统的 guile，会试图使用它，这会导致编译失败，因此使用该选项防止使用宿主系统的 guile。

12. Patch-2.7.6

Patch 软件包包含通过应用补丁文件，修改或创建文件的程序，补丁文件通常是 diff 程序创建的。执行如下命令安装 Patch。

```
1 cd $SRC && tar -xf patch-2.7.6.tar.xz && cd patch-2.7.6 && ./configure --prefix=/usr --host=$SLFS_TGT \
2  --build=$(build-aux/config.guess) && make && make DESTDIR=$SLFS install && rm $SRC/patch-2.7.6 -rf
```

13. Sed-4.9

Sed 软件包包含一个流编辑器。执行如下命令安装 Sed。

```
1 cd $SRC && tar -xf sed-4.9.tar.xz && cd sed-4.9 && ./configure --prefix=/usr --host=$SLFS_TGT &&
2 make && make DESTDIR=$SLFS install && rm $SRC/sed-4.9 -rf
```

14. Tar-1.34

Tar 软件包提供创建 tar 归档文件，以及对归档文件进行其他操作的功能。执行如下命令安装 Tar。

```
1 cd $SRC && tar -xf tar-1.34.tar.xz && cd tar-1.34 && ./configure --prefix=/usr --host=$SLFS_TGT \
2 --build=$(build-aux/config.guess) && make && make DESTDIR=$SLFS install && rm $SRC/tar-1.34 -rf
```

15. Xz-5.4.1

Xz 软件包包含文件压缩和解压缩工具，它能够处理 lzma 和新的 xz 压缩文件格式。使用 xz 压缩文本文件，可以得到比传统的 gzip 或 bzip2 更好的压缩比。执行如下命令安装 Xz。

```
1 cd $SRC && tar -xf xz-5.4.1.tar.xz && cd xz-5.4.1 && ./configure --prefix=/usr --host=$SLFS_TGT \
2 --build=$(build-aux/config.guess) --disable-static --docdir=/usr/share/doc/xz-5.4.1 &&
3 make && make DESTDIR=$SLFS install && rm $SLFS/usr/lib/liblzma.la && rm $SRC/xz-5.4.1 -rf
```

16. Binutils-2.40（第 2 次构建）

Binutils 包含汇编器、链接器以及其他用于处理目标文件的工具。执行如下命令再次安装 Binutils。Binutils 的源码包中内置了一份陈旧的 libtool 拷贝。这个版本的 libtool 没有 sysroot 支持，因此产生的二进制代码会错误地链接到宿主系统提供的库。第 1 行的 sed 命令可以解决该问题。

```
1 cd $SRC && tar -xf binutils-2.40.tar.xz && cd binutils-2.40 && sed -i '6009s/$add_dir//' ltmain.sh &&
2 mkdir build && cd build && ../configure --prefix=/usr --host=$SLFS_TGT --build=$(../config.guess) \
3 --disable-nls --enable-shared --enable-gprofng=no --disable-werror --enable-64-bit-bfd && make &&
4 make DESTDIR=$SLFS install && rm $SLFS/usr/lib/lib{bfd,ctf,ctf-nobfd,opcodes}.{a,la} && rm $SRC/binutils-2.40 -rf
```

../configure 配置选项的含义：--enable-shared 将生成共享库 libbfd.so；--enable-64-bit-bfd 在字长较小的宿主平台上启用 64 位支持，该选项在 64 位平台上可能不必要，但无害。

17. GCC-12.2.0（第 2 次构建）

GCC 软件包包含 GNU 编译器集合，其中有 C 和 C++ 编译器。执行如下命令再次安装 GCC。如同第一次构建 GCC 时一样，需要使用 GMP、MPFR 和 MPC 3 个包。第 4 行的 sed 命令覆盖 libgcc 和 libstdc++ 头文件的构建规则，以允许在构建它们时启用 POSIX 线程支持。

```
1 cd $SRC && tar -xf gcc-12.2.0.tar.xz && cd gcc-12.2.0 && tar -xf ../mpfr-4.2.0.tar.xz &&
2 mv mpfr-4.2.0 mpfr && tar -xf ../gmp-6.2.1.tar.xz && mv gmp-6.2.1 gmp && tar -xf ../mpc-1.3.1.tar.gz &&
3 mv mpc-1.3.1 mpc && sed -e '/m64=/s/lib64/lib/' -i.orig gcc/config/i386/t-linux64 &&
4 sed '/thread_header =/s/@.*@/gthr-posix.h/' -i libgcc/Makefile.in libstdc++-v3/include/Makefile.in &&
5 mkdir build && cd build && ../configure --build=$(../config.guess) --host=$SLFS_TGT --target=$SLFS_TGT \
6 LDFLAGS_FOR_TARGET=-L$PWD/$SLFS_TGT/libgcc --prefix=/usr --with-build-sysroot=$SLFS \
7 --enable-default-pie --enable-default-ssp --disable-nls --disable-multilib --disable-libatomic \
8 --disable-libgomp --disable-libquadmath --disable-libssp --disable-libvtv --enable-languages=c,c++ &&
9 make && make DESTDIR=$SLFS install && ln -sf gcc $SLFS/usr/bin/cc && rm $SRC/gcc-12.2.0 -rf
```

../configure 配置选项的含义：①--with-build-sysroot＝$SLFS，通常，指定--host 即可保证使用交叉编译器构建 GCC，这个交叉编译器知道它应该在$SLFS 中查找头文件和库。但是 GCC 构建系统使用其他一些工具，它们不知道这个位置。因此需要该选项，使得这些工具在$SLFS 中查找需要的文件，而不是在宿主系统中查找。②--target＝$SLFS_TGT，我们正在交叉编译 GCC,因此不可能用编译得到的 GCC 二进制程序构建用于目标系统的运行库(libgcc 和 libstdc++)。这些二进制程序无法在宿主系统运行。GCC 构建系统在默认情况下会试图使用宿主系统提供的 C 和 C++ 编译器来绕过这个问题。但是,用不同版本的GCC 构建 GCC 运行库不受支持,所以使用宿主系统的编译器可能导致构建失败。该选项保证使用第一遍构建的 GCC 编译运行库。③LDFLAGS_FOR_TARGET=-L$PWD/$SLFS_TGT/libgcc 允许 libstdc++ 使用即将构建的 libgcc 共享库,而不是第一遍构建 GCC 时得到的静态库。这对于 C++ 异常处理支持是必要的。

第 9 行的 ln 命令创建一个符号链接。许多程序和脚本运行 cc 而不是 gcc,因为 cc 能够保证程序的通用性,使它可以在所有 UNIX 系统上使用,无论是否安装了 GNU C 编译器。使用 cc 可以将安装哪种 C 编译器的选择权留给系统管理员。

4.4.2 切换回 root 用户

至此,slfs-lfs.sh 中的命令执行完毕,执行 exit 命令切换回 root 用户,然后执行下面第 2 行的命令还原/etc/bash.bashrc 文件。

```
1 exit
2 [ ! -e /etc/bash.bashrc.NOUSE ] || mv -v /etc/bash.bashrc.NOUSE /etc/bash.bashrc
```

4.5 进入 Chroot 并构建其他临时工具

一定要执行 echo $SLFS 命令确认环境变量 SLFS 的值为/mnt/slfs_root。

1. 改变所有者

后续所有命令都应该在以 root 用户登录的情况下完成,而不是 slfs 用户。目前,$SLFS 中整个目录树的所有者都是 slfs,这个用户只在宿主系统中存在。如果不改变$SLFS 中的文件和目录的所有权,它们会被一个没有对应账户的用户 ID 所有。执行以下命令,将$SLFS/ * 目录的所有者改变为 root。

```
1 chown -R root:root $SLFS/{usr,var,etc,lib64,crosstools,srcpkgs} && chown -h root:root $SLFS/{lib,bin,sbin}
```

2. 挂载虚拟内核文件系统

Chroot 环境与宿主系统(除正在运行的内核外)完全隔离。为了 Chroot 环境的正常工作,必须在 Chroot 环境与正在运行的内核之间建立一些通信机制。这些通信机制通过所谓的虚拟内核文件系统实现,在进入 Chroot 环境前挂载它们。用户态程序使用内核创建的一些文件系统和内核通信。这些文件系统是虚拟的,它们并不占用磁盘空间,它们的内容保留在内存中。执行如下命令将它们挂载到$SLFS 目录树中,这样 Chroot 环境中的程序能够找到它们。

```
1 mkdir -p $SLFS/{dev,proc,sys,run}
2 mount --bind /dev $SLFS/dev
```

```
 3 mount --bind /dev/pts $SLFS/dev/pts
 4 mount -t proc proc $SLFS/proc
 5 mount -t sysfs sysfs $SLFS/sys
 6 mount -t tmpfs tmpfs $SLFS/run
 7 if [ -h $SLFS/dev/shm ]; then
 8   mkdir -p $SLFS/$(readlink $SLFS/dev/shm)
 9 else
10   mount -t tmpfs -o nosuid,nodev tmpfs $SLFS/dev/shm
11 fi
```

第 1 行的命令创建这些文件系统的挂载点。在 SLFS 系统的正常引导过程中,内核自动挂载 devtmpfs 到/dev,并在引导过程中,或对应设备被首次发现或访问时动态地创建设备节点。udev 守护程序可能修改内核创建的设备节点的所有者或访问权限,或创建一些新的设备节点或符号链接,以简化发行版维护人员或系统管理员的工作。如果宿主系统支持 devtmpfs,可以简单地将 devtmpfs 挂载到$SLFS/dev 并依靠内核填充其内容。但是一些宿主系统的内核可能不支持 devtmpfs,这些宿主系统使用其他方法填充/dev。因此,为了在任何宿主系统上都能填充$SLFS/dev,只能绑定挂载宿主系统的/dev 目录。绑定挂载是一种特殊挂载类型,它允许通过不同的位置访问一个目录树或一个文件。运行第 2~3 行的命令进行绑定挂载。第 4~11 行的命令挂载其余的虚拟内核文件系统。

3. 进入 Chroot 环境

现在已经准备好了所有继续构建其余工具时必要的软件包,可以进入 Chroot 环境并完成临时工具的安装。在安装最终的系统时,会继续使用该 Chroot 环境。以 root 用户身份,运行以下命令以进入当前只包含临时工具的 Chroot 环境。

```
1 chroot "$SLFS" /usr/bin/env -i HOME=/root TERM="$TERM" \
2     PS1='(slfs chroot) \u:\w\$ ' PATH=/usr/bin:/usr/sbin /bin/bash --login
```

通过传递-i 选项给 env 命令,可以清除 Chroot 环境中的所有环境变量。随后,只重新设定 HOME、TERM、PS1 以及 PATH 变量。参数 TERM=$TERM 将 Chroot 环境中的 TERM 变量设为和 Chroot 环境外相同的值。一些程序需要这个变量才能正常工作,例如,vim 和 less。如果需要设定其他变量,例如,CFLAGS 或 CXXFLAGS,也可以在这里设定。

注意:从现在开始,就不再使用 SLFS 环境变量了,因为所有工作都被局限在 SLFS 文件系统内。另外,/crosstools/bin 不在 PATH 中,这意味着不再使用交叉工具链。此时 bash 的提示符会包含 I have no name!。这是正常的,因为现在还没有创建/etc/passwd 文件。

注意:本章剩余部分和后续各章中的命令都要在 Chroot 环境中运行。如果因为一些原因离开了 Chroot 环境,然后要继续构建剩余源码包,必须确认已经挂载虚拟内核文件系统,接着执行 chroot 命令重新进入 Chroot 环境。

4. 创建目录

现在可以在 Chroot 环境中为 SLFS 文件系统创建完整的目录结构。执行第 1 行的命令,创建一些位于根目录中的目录。这个目录树是基于 FHS(Filesystem Hierarchy Standard)建立的。在 SLFS 中,只创建必要的目录。然后,执行后续命令,为这些直接位于根目录中的目录创建次级目录结构。

```
 1 mkdir -p /{boot,home,mnt,opt,srv}
 2 mkdir -p /etc/{opt,sysconfig}
 3 mkdir -p /lib/firmware
 4 mkdir -p /media/{floppy,cdrom}
 5 mkdir -p /usr/{,local/}{include,src}
 6 mkdir -p /usr/local/{bin,lib,sbin}
 7 mkdir -p /usr/{,local/}share/{color,dict,doc,info,locale,man}
 8 mkdir -p /usr/{,local/}share/{misc,terminfo,zoneinfo}
 9 mkdir -p /usr/{,local/}share/man/man{1..8}
10 mkdir -p /var/{cache,local,log,mail,opt,spool}
11 mkdir -p /var/lib/{color,misc,locate}
12 ln -sf /run /var/run && ln -sf /run/lock /var/lock
13 install -d -m 0750 /root && install -d -m 1777 /tmp /var/tmp
```

默认情况下，新建目录具有权限 755，但这并不适用于所有情况。执行第 13 行的命令修改主目录 root 和临时文件目录 tmp 的访问权限。修改 root 权限能保证不是所有人都能进入/root。修改 tmp 权限保证任何用户都可写入/tmp 和/var/tmp 目录，但不能从中删除其他用户的文件，这是由粘滞位（八进制权限模式 1777 的最高位）决定的。

5. 创建必要的文件和符号链接

早期的 Linux 曾使用/etc/mtab 维护已经挂载的文件系统列表。现代内核在内部维护该列表，并通过/proc 文件系统将它们展示给用户。为了满足一些仍然使用/etc/mtab 的工具，执行第 1 行的命令，创建符号链接。执行第 2~5 行的命令，创建一个基本的/etc/hosts 文件，一些测试套件，以及 Perl 的一个配置文件将会使用它。为了使得 root 能正常登录，而且用户名 root 能被正常识别，必须在文件/etc/passwd 和 etc/group 中写入相关的条目。执行第 6~10 行的命令，创建/etc/passwd 文件。执行第 11~15 行的命令，创建/etc/group 文件。这里创建的用户组并不属于任何标准。LSB(Linux Standard Base)标准只推荐以组 ID 0 创建用户组 root，以及以组 ID 1 创建用户组 bin。组 ID 5 被几乎所有发行版分配给 tty 组。其他组名和组 ID 由系统管理员自由分配，因为好的程序不会依赖组 ID 的数值，而是使用组名。编号 65534 被内核用于 NFS 和用户命名空间，以表示未映射的用户或组。在此为 nobody 和 nogroup 分配该编号，以避免出现未命名的编号。由于已经创建了文件/etc/passwd 和/etc/group，执行第 16 行的命令打开一个新 Shell，现在用户名和组名可以正常解析，不会出现 I have no name! 提示符了。

```
 1 ln -sf /proc/self/mounts /etc/mtab
 2 cat > /etc/hosts << "EOF"
 3 127.0.0.1  localhost slfs
 4 ::1        localhost
 5 EOF
 6 cat > /etc/passwd << "EOF"
 7 root:x:0:0:root:/root:/bin/bash
 8 bin:x:1:1:bin:/dev/null:/usr/bin/false
 9 # 省略若干行
10 EOF
11 cat > /etc/group << "EOF"
12 root:x:0:
13 bin:x:1:daemon
14 # 省略若干行
15 EOF
16 exec /usr/bin/bash --login
```

login、agetty 和 init 等程序使用一些日志文件，以记录登录系统的用户和登录时间等信息。然而，这些程序不会创建不存在的日志文件。执行如下第 1～2 行的命令初始化日志文件，并为它们设置合适的访问权限。文件/var/log/wtmp 记录所有的登录和注销，文件/var/log/lastlog 记录每个用户最后登录的时间，文件/var/log/faillog 记录所有失败的登录尝试，文件/var/log/btmp 记录所有错误的登录尝试。

```
1 touch /var/log/{btmp,lastlog,faillog,wtmp} && chgrp utmp /var/log/lastlog
2 chmod 664 /var/log/lastlog && chmod 600 /var/log/btmp
3 export MAKEFLAGS='-j16'
```

6. Gettext-0.21.1

Gettext 软件包包含国际化和本地化工具，它们允许程序在编译时加入 NLS（本地语言支持）功能，使它们能够以用户的本地语言输出消息。执行如下命令安装 Gettext。安装了 msgfmt、msgmerge 以及 xgettext 这三个程序。

```
1 cd /srcpkgs && tar -xf gettext-0.21.1.tar.xz && cd gettext-0.21.1 && ./configure --disable-shared
2 make && cp gettext-tools/src/{msgfmt,msgmerge,xgettext} /usr/bin && rm /srcpkgs/gettext-0.21.1 -rf
```

7. Bison-3.8.2

Bison 软件包包含语法分析器生成器。执行如下命令安装 Bison。

```
1 cd /srcpkgs && tar -xf bison-3.8.2.tar.xz && cd bison-3.8.2 && ./configure --prefix=/usr \
2   --docdir=/usr/share/doc/bison-3.8.2 && make && make install && rm /srcpkgs/bison-3.8.2 -rf
```

8. Perl-5.36.0

Perl 软件包包含实用报表提取语言。执行如下命令安装 Perl。

```
1 cd /srcpkgs && tar -xf perl-5.36.0.tar.xz && cd perl-5.36.0
2 sh Configure -des -Dprefix=/usr -Dvendorprefix=/usr -Dprivlib=/usr/lib/perl5/5.36/core_perl \
3   -Darchlib=/usr/lib/perl5/5.36/core_perl -Dsitelib=/usr/lib/perl5/5.36/site_perl \
4   -Dsitearch=/usr/lib/perl5/5.36/site_perl -Dvendorlib=/usr/lib/perl5/5.36/vendor_perl \
5   -Dvendorarch=/usr/lib/perl5/5.36/vendor_perl && make && make install && rm /srcpkgs/perl-5.36.0 -rf
```

sh Configure 配置选项的含义：-des 是三个选项的组合，-d 对于所有配置项目使用默认值；-e 确保所有配置任务完成；-s 使得配置脚本输出必要的信息。

9. Python-3.11.2（第 1 次构建）

Python 3 软件包包含 Python 开发环境。它被用于面向对象编程，编写脚本，为大型程序建立原型，或开发完整的应用。Python 是一种解释性的计算机语言。执行如下命令安装 Python。

```
1 cd /srcpkgs && tar -xf Python-3.11.2.tar.xz && cd Python-3.11.2 && ./configure --prefix=/usr \
2   --enable-shared --without-ensurepip && make; make install && rm /srcpkgs/Python-3.11.2 -rf
```

./configure 配置选项的含义：--enable-shared 防止安装静态库；--without-ensurepip 禁

止构建 Python 软件包安装器，它在当前阶段没有必要。

一些 Python 3 模块目前无法构建，这是因为它们的依赖项尚未安装。然而，构建系统仍会尝试构建它们，因此一些文件会编译失败，这类错误可以被忽略。只需要确认最外层的 make 命令执行成功即可。目前不需要这些可选的模块，Python 3 软件包将在第 6、8、9 章中被再次构建。

10. Texinfo-7.0.2

Texinfo 软件包包含阅读、编写和转换 info 页面的程序。执行如下命令安装 Texinfo。

```
1 cd /srcpkgs && tar -xf texinfo-7.0.2.tar.xz && cd texinfo-7.0.2
2 ./configure --prefix=/usr && make && make install && rm /srcpkgs/texinfo-7.0.2 -rf
```

11. Util-linux-2.38.1

Util-linux 软件包包含一些工具程序。执行如下命令安装 Util-linux。FHS 建议使用/var/lib/hwclock 目录，而非一般的/etc 目录作为 adjtime 文件的位置。第 1 行的 mkdir 命令创建该目录。./configure 配置选项的含义：① ADJTIME_PATH＝/var/lib/hwclock/adjtime 根据 FHS 的规则，设定硬件时钟信息记录文件的位置。对于临时工具，这并不是严格要求的，但是这样可以防止在其他位置创建该文件，导致这个文件在安装最终的 Util-linux 软件包时不被覆盖或移除；②--libdir＝/usr/lib 确保.so 符号链接直接指向同一目录(/usr/lib)中的共享库文件；③--disable-＊防止产生关于一些组件的警告，这些组件需要一些当前尚未安装的软件包；④--without-python 禁用 Python，防止构建系统尝试构建不需要的语言绑定；⑤runstatedir＝/run 正确设定 uuidd 和 libuuid 使用的套接字的位置。

```
1 mkdir -p /var/lib/hwclock && cd /srcpkgs && tar -xf util-linux-2.38.1.tar.xz && cd util-linux-2.38.1
2 ./configure ADJTIME_PATH=/var/lib/hwclock/adjtime --libdir=/usr/lib \
3   --docdir=/usr/share/doc/util-linux-2.38.1 --disable-chfn-chsh --disable-login --disable-nologin \
4   --disable-su --disable-setpriv --disable-runuser --disable-pylibmount --disable-static \
5   --without-python runstatedir=/run && make && make install && rm /srcpkgs/util-linux-2.38.1 -rf
```

安装的库是 libblkid.so、libfdisk.so、libmount.so、libsmartcols.so 和 libuuid.so，程序如下。

```
1 addpart, agetty, blkdiscard, blkid, blkzone, blockdev, cal, cfdisk, chcpu, chmem, choom, chrt, col, colcrt, colrm,
2 column, ctrlaltdel, delpart, dmesg, eject, fallocate, fdisk, fincore, findfs, findmnt, flock, fsck, fsck.cramfs,
3 fsck.minix, fsfreeze, fstrim, getopt, hardlink, hexdump, hwclock, i386 (link to setarch), ionice, ipcmk, ipcrm,
4 ipcs, irqtop, isosize, kill, last, lastb (link to last), ldattach, linux32 (link to setarch), linux64 (link to setarch)
5 logger, look, losetup, lsblk, lscpu, lsipc, lsirq, lsfd, lslocks, lslogins, lsmem, lsns, mcookie, mesg, mkfs, mkfs.bfs,
6 mkfs.cramfs, mkfs.minix, mkswap, more, mount, mountpoint, namei, nsenter, partx, pivot_root, prlimit, readprofile, rename
7 renice, resizepart, rev, rfkill, rtcwake, script, scriptlive, scriptreplay, setarch, setsid, setterm, sfdisk, sulogin,
8 swaplabel, swapoff, swapon, switch_root, taskset, uclampset, ul, umount, uname26 (link to setarch), unshare, utmpdump,
9 uuidd, uuidgen, uuidparse, wall, wdctl, whereis, wipefs, x86_64 (link to setarch), and zramctl
```

12. 清理

执行如下命令删除已经安装的临时工具文档文件、.la 文件、crosstools 文件夹。

```
1 rm -rf /usr/share/{info,man,doc}/* && find /usr/{lib,libexec} -name \*.la -delete && rm -rf /crosstools
```

在现代 Linux 系统中，libtool 的.la 件仅用于 libltdl。SLFS 中没有库通过 libltdl 加载，而且已知一些.la 文件会导致后面的一些软件包出现异常。在后面的构建过程中，不再需要/crosstools 文件夹中的交叉编译工具。

13. Chroot 环境中挂载宿主系统的分区

进入 Chroot 环境，挂载宿主系统的分区（文件系统），为后续构建准备源码包。执行第 1 行的命令查看硬盘可用分区（/dev/nvme1n1p1），执行第 4 行的命令创建挂载点，执行第 6 行的命令挂载分区，执行第 7 行的命令创建存放源码包的文件夹，执行第 8 行的命令导出环境变量 SRC，后续构建过程中要使用该变量。

```
1 (slfs chroot) root:/srcpkgs/util-linux-2.38.1# fdisk -l /dev/nvme1n1
2 Device            Start       End    Sectors    Size Type
3 /dev/nvme1n1p1     2048  430082047  430080000  205.1G Linux filesystem
4 /dev/nvme1n1p2 430082048  431310563    1228516  599.9M Linux filesystem
5 (slfs chroot) root:/srcpkgs/util-linux-2.38.1# mkdir /mnt/tmp
6 (slfs chroot) root:/srcpkgs/util-linux-2.38.1# mount /dev/nvme1n1p1 /mnt/tmp
7 (slfs chroot) root:/srcpkgs/util-linux-2.38.1# mkdir /mnt/tmp/slfsbuild
8 (slfs chroot) root:/srcpkgs/util-linux-2.38.1# export SRC=/mnt/tmp/slfsbuild
```

14. 复制源码包

在宿主系统中执行如下命令将所有源码包复制到 Chroot 环境中的/mnt/tmp/slfsbuild/里。

```
1 [root@ztg ~]# mount | grep nvme1n1p1
2 /dev/nvme1n1p1 on /mnt/slfs_root/mnt/tmp type ext4 (rw,relatime)
3 [root@ztg ~]# cp -r /mnt/hdd/tools/slfs-all-src-pkg/* /mnt/slfs_root/mnt/tmp/slfsbuild/
```

第 5 章　构建 SLFS 发行版

本章学习目标：
- 掌握基本系统软件的构建。
- 掌握系统的基本配置方法。
- 理解 initramfs 文件的作用。
- 理解 dracut 命令的作用。
- 掌握内核的配置、编译、安装。

本章真正开始构造 SLFS 系统。在现代 Linux 系统中，多数静态库已经失去存在的意义。另外，将静态库链接到程序中可能是有害的。如果需要更新这个库以解决安全问题，所有使用该静态库的程序都要重新链接到新版本的库。因此本章及后续各章给出的安装过程删除或者禁止安装多数静态库。一般来说，传递--disable-static 选项给 configure 即可。然而，某些情况下需要使用其他方法。在极个别情况下，特别是对于 Glibc 和 GCC，静态库在一般软件包的构建过程中仍然很关键，就不能禁用静态库。

一定要执行 echo ＄SRC 命令确认环境变量 SRC 的值为/mnt/tmp/slfsbuild。

5.1　安装基本系统软件

1. Man-pages-6.03

Man-pages 软件包包含 2400 多个 man 页面。执行以下命令安装 Man-pages。

```
1 cd $SRC && tar -xf man-pages-6.03.tar.xz && cd man-pages-6.03 && make prefix=/usr install && rm $SRC/man-pages-6.03 -rf
```

2. Iana-Etc-20230202

Iana-Etc 软件包包含网络服务和协议的数据，只需将文件复制到正确的位置。

```
1 cd $SRC && tar -xf iana-etc-20230202.tar.gz && cd iana-etc-20230202 && cp -v services protocols /etc
```

安装的文件：/etc/protocols 和/etc/services。/etc/protocols 描述 TCP/IP 子系统中可用的各种 DARPA Internet 协议。/etc/services 提供 Internet 服务的可读文本名称、底层的分配端口号以及协议类型之间的对应关系。

3. Glibc-2.37（第 2 次构建）

Glibc 软件包包含主要的 C 语言库。它提供用于分配内存、检索目录、打开和关闭文件、读写文件、字符串处理、模式匹配、算术等用途的基本子程序。执行以下命令安装 Glibc。

```
1 cd $SRC && tar -xf glibc-2.37.tar.xz && cd glibc-2.37 && patch -Np1 -i ../glibc-2.37-fhs-1.patch &&
2 sed '/width -=/s/workend - string/number_length/' -i stdio-common/vfprintf-process-arg.c && mkdir build && cd build &&
```

```
 3 echo "rootsbindir=/usr/sbin" > configparms && ../configure --prefix=/usr --disable-werror --enable-kernel=3.2 \
 4 --enable-stack-protector=strong --with-headers=/usr/include libc_cv_slibdir=/usr/lib && make && touch /etc/ld.so.conf&&
 5 sed '/test-installation/s@$(PERL)@echo not running@' -i ../Makefile && make install &&
 6 sed '/RTLDLIST=/s@/usr@@g' -i /usr/bin/ldd && cp ../nscd/nscd.conf /etc/nscd.conf && mkdir -p /var/cache/nscd &&
 7 install -Dm644 ../nscd/nscd.service /usr/lib/systemd/system/nscd.service &&
 8 install -Dm644 ../nscd/nscd.tmpfiles /usr/lib/tmpfiles.d/nscd.conf && mkdir -p /usr/lib/locale &&
 9 localedef -i POSIX -f UTF-8 C.UTF-8 2> /dev/null || true
10 localedef -i en_US -f ISO-8859-1 en_US
11 localedef -i en_US -f UTF-8 en_US.UTF-8
12 localedef -i zh_CN -f UTF-8 zh_CN.UTF-8
13 localedef -i zh_CN -f GB18030 zh_CN.GB18030
14 localedef -i zh_HK -f BIG5-HKSCS zh_HK.BIG5-HKSCS
15 localedef -i zh_TW -f UTF-8 zh_TW.UTF-8
```

一些 Glibc 程序使用与 FHS 不兼容的/var/db 目录存放它们的运行时数据。第 1 行的 patch 命令应用一个补丁,使得这些程序在 FHS 兼容的位置存放运行时数据。第 2 行的 sed 命令修复上游发现的安全问题。Glibc 文档推荐在一个新建的目录(build)中构建 Glibc。第 3 行的 echo 命令确保将 ldconfig 和 sln 工具安装到/usr/sbin 目录中。

../configure 配置选项的含义:--disable-werror 禁用 GCC 的-Werror 选项。这对于运行测试套件来说是必需的;--enable-stack-protector=strong 通过加入额外代码,对栈溢出攻击等导致的缓冲区溢出进行检查,以提高系统安全性;--with-headers=/usr/include 指定构建系统搜索内核 API 头文件的位置;libc_cv_slibdir=/usr/lib 这个变量纠正库文件安装位置,而不是使用 lib64 目录。第 4 行的 make 命令编译该软件包。在安装 Glibc 时,会警告文件/etc/ld.so.conf 不存在,执行第 4 行的 touch 命令可防止这个警告。第 5 行的 sed 命令修改 Makefile,跳过一个在 SLFS 的不完整环境中会失败的完整性检查。执行 make install 安装该软件包,安装了多个程序和库。第 6 行的 sed 命令改正 ldd 脚本中硬编码的可执行文件加载器路径。然后安装 nscd 的配置文件和运行时目录,并且安装 nscd 的 systemd 支持文件。执行第 9~15 行的命令安装一些 locale,它们可以使得系统用不同语言响应用户请求。这些 locale 都不是必需的。可以用 localedef 程序安装单独的适合自己国家、语言和字符集的 locale。

由于 Glibc 的默认值在网络环境下不能很好地工作,需要创建配置文件/etc/nsswitch.conf。执行以下命令安装时区数据。

```
1 tar -xf ../../tzdata2022g.tar.gz && export ZONEINFO=/usr/share/zoneinfo
2 mkdir -p $ZONEINFO/{posix,right}
3 for tz in etcetera southamerica northamerica europe africa antarctica asia australasia backward; do
4     zic -L /dev/null   -d $ZONEINFO        ${tz}
5     zic -L /dev/null   -d $ZONEINFO/posix ${tz}
6     zic -L leapseconds -d $ZONEINFO/right ${tz}
7 done && cp zone.tab zone1970.tab iso3166.tab $ZONEINFO && zic -d $ZONEINFO -p Asia/Shanghai && unset ZONEINFO
```

执行如下第 1~7 行的命令设置时区;确定时区后,执行第 8 行的命令创建/etc/localtime。

```
1 cat > /root/tzselect.txt << "EOF"
2 4
3 10
4 1
5 1
6 EOF
7 tzselect < /root/tzselect.txt
8 ln -sf /usr/share/zoneinfo/Asia/Shanghai /etc/localtime
9 echo "export TZ='Asia/Shanghai'" >> /root/.bash_profile
```

执行以下命令配置动态加载器。默认情况下，动态加载器/lib/ld-linux.so.2 在/usr/lib 中搜索程序运行时需要的动态库。然而，如果在除了/usr/lib 以外的其他目录中有动态库，为了使动态加载器能够找到它们，需要把这些目录添加到文件/etc/ld.so.conf 中。有两个目录/usr/local/lib 和/opt/lib 经常包含附加的共享库，所以现在将它们添加到动态加载器的搜索目录中。动态加载器也可以搜索一个目录，并将其中的文件包含在 ld.so.conf 中。通常包含文件目录中的文件只有一行，指定一个期望的库文件目录。

```
1 cat > /etc/ld.so.conf << "EOF"
2 /usr/local/lib
3 /opt/lib
4 include /etc/ld.so.conf.d/*.conf
5 EOF
6 mkdir -p /etc/ld.so.conf.d && rm $SRC/glibc-2.37 -rf
```

4. Zlib-1.2.13

Zlib 软件包包含一些程序使用的压缩和解压缩子程序。执行如下命令安装 Zlib。安装的库是 libz.so，包含一些程序使用的压缩和解压缩函数。

```
1 cd $SRC && tar -xf zlib-1.2.13.tar.xz && cd zlib-1.2.13 && ./configure --prefix=/usr &&
2 make && make install && rm /usr/lib/libz.a $SRC/zlib-1.2.13 -rf
```

5. Bzip2-1.0.8

Bzip2 软件包包含用于压缩和解压缩文件的程序。使用 bzip2 压缩文本文件可以获得比传统的 gzip 优秀许多的压缩比。执行如下命令安装 Bzip2。安装的程序是 bunzip2、bzcat、bzcmp 等。安装的库是 libbz2.so。

```
1 cd $SRC && tar -xf bzip2-1.0.8.tar.gz && cd bzip2-1.0.8 && patch -Np1 -i ../bzip2-1.0.8-install_docs-1.patch &&
2 sed -i 's@\(ln -sf \)$(PREFIX)/bin/@\1@' Makefile && sed -i "s@(PREFIX)/man@(PREFIX)/share/man@g" Makefile &&
3 make -f Makefile-libbz2_so && make clean && make && make PREFIX=/usr install && cp -a libbz2.so.* /usr/lib &&
4 ln -sf libbz2.so.1.0.8 /usr/lib/libbz2.so && cp bzip2-shared /usr/bin/bzip2 &&
5 for i in /usr/bin/{bzcat,bunzip2}; do ln -sf bzip2 $i; done && rm /usr/lib/libbz2.a $SRC/bzip2-1.0.8 -rf
```

6. Xz-5.4.1

Xz 软件包包含文件压缩和解压缩工具，它能够处理 lzma 和新的 xz 压缩文件格式。使用 xz 压缩文本文件，可以得到比传统的 gzip 或 bzip2 更好的压缩比。执行如下命令安装 Xz。安装的程序是 lzcat、lzcmp、lzdiff 等。安装的库是 liblzma.so。

```
1 cd $SRC && tar -xf xz-5.4.1.tar.xz && cd xz-5.4.1 && ./configure --prefix=/usr --disable-static \
2   --docdir=/usr/share/doc/xz-5.4.1 && make && make install && rm $SRC/xz-5.4.1 -rf
```

7. Zstd-1.5.4

Zstandard 是一种实时压缩算法，提供了较高的压缩比。它具有很宽的压缩比/速度权衡范围，同时支持具有非常快速的解压缩。执行如下命令安装 Zstd。安装的程序是 zstd、zstdgrep、zstdless 等。安装的库是 libzstd.so。

```
1 cd $SRC && tar -xf zstd-1.5.4.tar.gz && cd zstd-1.5.4 &&
2 make prefix=/usr && make prefix=/usr install && rm /usr/lib/libzstd.a $SRC/zstd-1.5.4 -rf
```

8. File-5.44

File 软件包包含用于确定给定文件类型的工具。执行如下命令安装 File。

```
1 cd $SRC && tar -xf file-5.44.tar.gz && cd file-5.44 &&
2 ./configure --prefix=/usr && make && make install && rm $SRC/file-5.44 -rf
```

9. Readline-8.2

Readline 软件包包含一些提供命令行编辑和历史记录功能的库。执行如下命令安装 Readline。安装的库是 libhistory.so 和 libreadline.so。libhistory 提供一个查询之前输入行的一致用户接口。libreadline 提供一组在程序的交互会话中操纵输入的文本的命令。

```
1 cd $SRC && tar -xf readline-8.2.tar.gz && cd readline-8.2 && sed -i '/MV.*old/d' Makefile.in &&
2 sed -i '/{OLDSUFF}/c:' support/shlib-install && patch -Np1 -i ../readline-8.2-upstream_fix-1.patch &&
3 ./configure --prefix=/usr --disable-static --with-curses --docdir=/usr/share/doc/readline-8.2 &&
4 make SHLIB_LIBS="-lncursesw" && make SHLIB_LIBS="-lncursesw" install &&
5 install -m644 doc/*.{ps,pdf,html,dvi} /usr/share/doc/readline-8.2 && rm $SRC/readline-8.2 -rf
```

10. M4-1.4.19

M4 软件包包含一个宏处理器。执行如下命令安装 M4。

```
1 cd $SRC && tar -xf m4-1.4.19.tar.xz && cd m4-1.4.19 && ./configure --prefix=/usr && make && make install
```

11. Bc-6.2.4

Bc 软件包包含一个任意精度数值处理语言。执行如下命令安装 Bc。

```
1 cd $SRC && tar -xf bc-6.2.4.tar.xz && cd bc-6.2.4 && export CC=gcc &&
2 ./configure --prefix=/usr -G -O3 -r && make && make install && unset CC && rm $SRC/bc-6.2.4 -rf
```

12. Flex-2.6.4

Flex 软件包包含一个工具，用于生成在文本中识别模式的程序。执行如下命令安装 Flex。安装的程序是 flex、flex++ 以及 lex。安装的库是 libfl.so。

```
1 cd $SRC && tar -xf flex-2.6.4.tar.gz && cd flex-2.6.4 &&
2 ./configure --prefix=/usr --docdir=/usr/share/doc/flex-2.6.4 --disable-static &&
3 make && make install && ln -sf flex /usr/bin/lex && rm $SRC/flex-2.6.4 -rf
```

13. Tcl-8.6.13

Tcl 软件包包含工具命令语言，是一种通用脚本语言。执行如下命令安装 Tcl。安装的程序是 tclsh 和 tclsh8.6。安装的库是 libtcl8.6.so 和 libtclstub8.6.a。

```
1 cd $SRC && tar -xf tcl8.6.13-src.tar.gz && cd tcl8.6.13 && export SRCDIR=$(pwd) &&
2 cd unix && ./configure --prefix=/usr --mandir=/usr/share/man && make &&
3 sed -e "s|$SRCDIR/unix|/usr/lib|" -e "s|$SRCDIR|/usr/include|" -i tclConfig.sh &&
4 sed -e "s|$SRCDIR/unix/pkgs/tdbc1.1.5|/usr/lib/tdbc1.1.5|" \
5     -e "s|$SRCDIR/pkgs/tdbc1.1.5/generic|/usr/include|"     \
6     -e "s|$SRCDIR/pkgs/tdbc1.1.5/library|/usr/lib/tcl8.6|" \
7     -e "s|$SRCDIR/pkgs/tdbc1.1.5|/usr/include|" -i pkgs/tdbc1.1.5/tdbcConfig.sh &&
8 sed -e "s|$SRCDIR/unix/pkgs/itcl4.2.3|/usr/lib/itcl4.2.3|" \
9     -e "s|$SRCDIR/pkgs/itcl4.2.3/generic|/usr/include|"     \
10    -e "s|$SRCDIR/pkgs/itcl4.2.3|/usr/include|" -i pkgs/itcl4.2.3/itclConfig.sh &&
11 unset SRCDIR && make install && chmod u+w /usr/lib/libtcl8.6.so && make install-private-headers &&
12 ln -sf tclsh8.6 /usr/bin/tclsh && mv /usr/share/man/man3/{Thread,Tcl_Thread}.3 &&
13 cd .. && tar -xf ../tcl8.6.13-html.tar.gz --strip-components=1 &&
14 mkdir -p /usr/share/doc/tcl-8.6.13 && cp -r html/* /usr/share/doc/tcl-8.6.13 && rm $SRC/tcl8.6.13 -rf
```

14. Expect-5.45.4

Expect 是一种自动化工具，通常用于与交互式程序进行交互。它允许用户编写脚本来控制交互式程序的行为和响应。Except 软件包是用 Tcl 编写的。执行如下命令安装 Expect。安装的程序是 expect。安装的库是 libexpect-5.45.4.so。

```
1 cd $SRC && tar -xf expect5.45.4.tar.gz && cd expect5.45.4 && ./configure --prefix=/usr \
2    --with-tcl=/usr/lib --enable-shared --mandir=/usr/share/man --with-tclinclude=/usr/include &&
3 make && make install && ln -sf expect5.45.4/libexpect5.45.4.so /usr/lib && rm $SRC/expect5.45.4 -rf
```

15. DejaGNU-1.6.3

DejaGNU 包含使用 GNU 工具运行测试套件的框架。DejaGNU 框架是使用 Expect 编写的。执行如下命令安装 DejaGNU。安装的程序是 dejagnu 和 runtest。

```
1 cd $SRC && tar -xf dejagnu-1.6.3.tar.gz && cd dejagnu-1.6.3 && mkdir build && cd build && ../configure --prefix=/usr &&
2 makeinfo --html --no-split -o doc/dejagnu.html ../doc/dejagnu.texi &&
3 makeinfo --plaintext -o doc/dejagnu.txt ../doc/dejagnu.texi && make install &&
4 install -dm755 /usr/share/doc/dejagnu-1.6.3 && install -m644 doc/dejagnu.{html,txt} /usr/share/doc/dejagnu-1.6.3
```

16. Binutils-2.40（第 3 次构建）

Binutils 包含汇编器、链接器以及其他用于处理目标文件的工具。执行如下命令安装 Binutils。安装的程序是 addr2line、ar、as、c++ filt、dwp、elfedit、gprof、gprofng、ld、ld.bfd、ld.gold、nm、objcopy、objdump、ranlib、readelf、size、strings 以及 strip。安装的库是 libbfd.so、libctf.so、libctf-nobfd.so、libopcodes.so 以及 libsframe.so。

```
1 cd $SRC && tar -xf binutils-2.40.tar.xz && cd binutils-2.40 && mkdir build && cd build &&
2 ../configure --prefix=/usr --sysconfdir=/etc --enable-gold --enable-ld=default \
3   --enable-plugins --enable-shared --disable-werror --enable-64-bit-bfd --with-system-zlib &&
4 make tooldir=/usr && make tooldir=/usr install && rm $SRC/binutils-2.40 -rf
5 rm -f /usr/lib/lib{bfd,ctf,ctf-nobfd,sframe,opcodes}.a /usr/share/man/man1/{gprofng,gp-*}.1
```

17. GMP-6.2.1

GMP 软件包包含提供任意精度算术函数的数学库。执行如下命令安装 GMP。安装的库是 libgmp.so 和 libgmpxx.so。libgmp 包含任意精度数学函数；libgmpxx 包含 C++ 任意
精度数学函数。

```
1 cd $SRC && tar -xf gmp-6.2.1.tar.xz && cd gmp-6.2.1 && cp configfsf.guess config.guess && cp configfsf.sub config.sub&&
2 ./configure --prefix=/usr --enable-cxx --disable-static --docdir=/usr/share/doc/gmp-6.2.1 &&
3 make && make html && make install && make install-html && rm $SRC/gmp-6.2.1 -rf
```

18. MPFR-4.2.0

MPFR 软件包包含多精度数学函数。执行如下命令安装 MPFR。安装的库是 libmpfr.so，
包含多精度数学函数。

```
1 cd $SRC && tar -xf mpfr-4.2.0.tar.xz && cd mpfr-4.2.0 && ./configure --prefix=/usr --disable-static \
2   --enable-thread-safe --docdir=/usr/share/doc/mpfr-4.2.0 && make && make html &&
3 make install && make install-html && rm $SRC/mpfr-4.2.0 -rf
```

19. MPC-1.3.1

MPC 软件包包含一个任意高精度，且舍入正确的复数算术库。执行如下命令安装
MPC。安装的库是 libmpc.so，包含复数数学运算函数。

```
1 cd $SRC && tar -xf mpc-1.3.1.tar.gz && cd mpc-1.3.1 && ./configure --prefix=/usr --disable-static \
2 --docdir=/usr/share/doc/mpc-1.3.1 && make && make html && make install && make install-html && rm $SRC/mpc-1.3.1 -rf
```

20. Attr-2.5.1

Attr 软件包包含管理文件系统对象扩展属性的工具。执行如下命令安装 Attr。安装
的程序是 attr、getfattr 以及 setfattr。安装的库是 libattr.so，包含处理扩展属性的库函数。

```
1 cd $SRC && tar -xf attr-2.5.1.tar.gz && cd attr-2.5.1 && ./configure --prefix=/usr --disable-static \
2 --sysconfdir=/etc --docdir=/usr/share/doc/attr-2.5.1 && make && make install && rm $SRC/attr-2.5.1 -rf
```

21. Acl-2.3.1

Acl 软件包包含管理访问控制列表的工具，访问控制列表能够细致地自由定义文件和
目录的访问权限。执行如下命令安装 Acl。安装的程序是 chacl、getfacl 以及 setfacl。安装
的库是 libacl.so，包含操作访问控制列表的库函数。

```
1 cd $SRC && tar -xf acl-2.3.1.tar.xz && cd acl-2.3.1 && ./configure --prefix=/usr --disable-static \
2   --docdir=/usr/share/doc/acl-2.3.1 && make && make install && rm $SRC/acl-2.3.1 -rf
```

22. Libcap-2.67（第 1 次构建）

Libcap 软件包为 Linux 内核提供的 POSIX 1003.1e 权能字实现用户接口。这些权能
字是 root 用户的最高特权分割成的一组不同权限。执行如下命令安装 Libcap。安装的程
序是 capsh、getcap、getpcaps 以及 setcap。安装的库是 libcap.so 和 libpsx.so。

```
1 cd $SRC && tar -xf libcap-2.67.tar.xz && cd libcap-2.67 && sed -i '/install -m.*STA/d' libcap/Makefile &&
2 make prefix=/usr lib=lib && make prefix=/usr lib=lib install && rm $SRC/libcap-2.67 -rf
```

23. Shadow-4.13（第 1 次构建）

Shadow 软件包包含安全地处理密码的程序。执行如下命令安装 Shadow。

```
1 cd $SRC && tar -xf shadow-4.13.tar.xz && cd shadow-4.13 && sed -i 's/groups$(EXEEXT) //' src/Makefile.in &&
2 find man -name Makefile.in -exec sed -i 's/groups\.1 / /'   {} \; &&
3 find man -name Makefile.in -exec sed -i 's/getspnam\.3 / /' {} \; &&
4 find man -name Makefile.in -exec sed -i 's/passwd\.5 / /'   {} \; &&
5 sed -e 's:#ENCRYPT_METHOD DES:ENCRYPT_METHOD SHA512:' -e 's@#\(SHA_CRYPT_...._ROUNDS 5000\)@\100@' \
6     -e 's:/var/spool/mail:/var/mail:' -e '/PATH=/{s@/sbin:@@;s@/bin:@@}' -i etc/login.defs &&
7 touch /usr/bin/passwd && ./configure --sysconfdir=/etc --disable-static --with-group-name-max-length=32 &&
8 make && make exec_prefix=/usr install && make -C man install-man && pwconv && grpconv &&
9 mkdir -p /etc/default && useradd -D --gid 999 && passwd root && rm $SRC/shadow-4.13 -rf
```

第 5～6 行的命令把过时的用户邮箱位置/var/spool/mail 改为当前普遍使用的/var/mail 目录。另外，从默认的 PATH 中删除/bin 和/sbin，因为它们只是指向/usr 中对应目录的符号链接。第 7 行的 touch 命令要保证/usr/bin/passwd 存在，因为它的位置会被硬编码到一些程序中，如果它不存在，安装脚本会在错误的位置创建它。第 8 行的 pwconv 和 grpconv 命令对用户密码和组密码启用 Shadow 加密。第 9 行的 passwd 命令为 root 用户设置密码。

24. GCC-12.2.0（第 3 次构建）

GCC 软件包包含 GNU 编译器集合，其中有 C 和 C++ 编译器。执行如下命令安装 GCC。

```
1 cd $SRC && tar -xf gcc-12.2.0.tar.xz && cd gcc-12.2.0 && sed -e '/m64=/s/lib64/lib/' -i.orig gcc/config/i386/t-linux64 &&
2 mkdir build && cd build && ../configure --prefix=/usr LD=ld --enable-languages=c,c++ --enable-default-pie \
3   --enable-default-ssp --disable-multilib --disable-bootstrap --with-system-zlib && make && make install &&
4 ln -sr /usr/bin/cpp /usr/lib&& ln -sf ../../libexec/gcc/$(gcc -dumpmachine)/12.2.0/liblto_plugin.so /usr/lib/bfd-plugins/&&
5 mkdir -p /usr/share/gdb/auto-load/usr/lib && mv /usr/lib/*gdb.py /usr/share/gdb/auto-load/usr/lib && rm $SRC/gcc-12.2.0 -rf
```

../configure 配置选项的含义：①LD＝ld 使得配置脚本使用之前在本章中构建的 Binutils 提供的 ld 程序，而不是交叉编译构建的版本；②--with-system-zlib 使得 GCC 链接到系统安装的 Zlib 库，而不是它自带的 Zlib 副本；③--enable-default-pie，PIE（位置无关可执行文件）是能加载到内存中任意位置的二进制程序。在不使用 PIE 时，称为 ASLR（地址空间布局随机化）的安全特性能被用于共享库，但不能被用于可执行程序本身。启用 PIE 使得 ASLR 在作用于共享库的同时，同样作用于可执行程序，以预防一些基于可执行程序中关键代码或数据的固定地址的攻击；④--enable-default-ssp，SSP（栈溢出防护）是保证程序的调用栈不被破坏的技术。在调用栈被破坏时可能导致安全问题，例如，子程序的返回地址可能被修改，进而执行一些危险代码，这些危险代码可能已经存在于程序或共享库中，或被攻击者用某种方式注入。

安装的程序是 c++、cc（到 gcc 的链接）、cpp、g++、gcc、gcc-ar、gcc-nm、gcc-ranlib、gcov、gcov-dump、gcov-tool 以及 lto-dump。

安装的库是 libasan.{a,so}、libatomic.{a,so}、libcc1.so、libgcc.a、libgcc_eh.a、libgcc_s.so、libgcov.a、libgomp.{a,so}、libitm.{a,so}、liblsan.{a,so}、liblto_plugin.so、libquadmath.{a,so}、libssp.{a,so}、libssp_nonshared.a、libstdc++.{a,so}、libstdc++fs.a、libsupc++.a、 libtsan.{a,so}以及 libubsan.{a,so}。

25. Pkg-config-0.29.2

Pkg-config 软件包提供一个在软件包安装的配置和编译阶段,向构建工具传递头文件和/或库文件路径的工具。执行如下命令安装 Pkg-config。

```
1 cd $SRC && tar -xf pkg-config-0.29.2.tar.gz && cd pkg-config-0.29.2 && ./configure --prefix=/usr \
2    --with-internal-glib --disable-host-tool --docdir=/usr/share/doc/pkg-config-0.29.2 &&
3 make && make install && rm $SRC/pkg-config-0.29.2 -rf
```

安装的程序是 Pkg-config,用于帮助开发者获取编译和链接软件包所需的参数。使用 Pkg-config 可以查询已安装的软件包的详细信息,例如,版本号、安装路径、依赖关系等;可以返回编译源代码所需的参数,例如,头文件路径和编译选项;还可以返回链接源代码所需的参数,例如,库文件路径和链接选项。

26. Ncurses-6.4

Ncurses 软件包包含使用时不需要考虑终端特性的字符屏幕处理函数库。执行如下命令安装 Ncurses。安装的程序是 captoinfo、clear、infocmp 等。安装的库是 libcursesw.so、libformw.so、libmenuw.so、libncursesw.so、libncurses++w.so、libpanelw.so 等。

```
1 cd $SRC && tar -xf ncurses-6.4.tar.gz && cd ncurses-6.4 &&
2 ./configure --prefix=/usr --mandir=/usr/share/man --with-shared --without-debug --without-normal \
3   --with-cxx-shared --enable-pc-files --enable-widec --with-pkg-config-libdir=/usr/lib/pkgconfig &&
4 make && make DESTDIR=$PWD/dest install && install -m755 dest/usr/lib/libncursesw.so.6.4 /usr/lib &&
5 rm dest/usr/lib/libncursesw.so.6.4 && cp -a dest/* / &&
6 for lib in ncurses form panel menu ; do
7     rm -f                      /usr/lib/lib${lib}.so
8     echo "INPUT(-l${lib}w)" > /usr/lib/lib${lib}.so
9     ln -sf ${lib}w.pc          /usr/lib/pkgconfig/${lib}.pc
10 done && rm -f /usr/lib/libcursesw.so && echo "INPUT(-lncursesw)" > /usr/lib/libcursesw.so &&
11 ln -sf libncurses.so /usr/lib/libcurses.so && mkdir -p /usr/share/doc/ncurses-6.4 &&
12 cp -R doc/* /usr/share/doc/ncurses-6.4 && rm $SRC/ncurses-6.4 -rf
```

27. Sed-4.9

Sed 软件包包含一个流编辑器。执行如下命令安装 Sed。

```
1 cd $SRC && tar -xf sed-4.9.tar.xz && cd sed-4.9 && ./configure --prefix=/usr && make && make html && make install &&
2 install -d -m755 /usr/share/doc/sed-4.9 && install -m644 doc/sed.html /usr/share/doc/sed-4.9 && rm $SRC/sed-4.9 -rf
```

28. Psmisc-23.6

Psmisc 软件包包含显示正在运行的进程信息的程序。执行如下命令安装 Psmisc。安装的程序是 fuser、killall、peekfd、prtstat、pstree 等。

```
1 cd $SRC && tar -xf psmisc-23.6.tar.xz && cd psmisc-23.6 && ./configure --prefix=/usr && make && make install
```

29. Gettext-0.21.1

Gettext 软件包包含国际化和本地化工具,它们允许程序在编译时加入 NLS(本地语言支持)功能,使它们能够以用户的本地语言输出消息。执行如下命令安装 Gettext。

```
1 cd $SRC && tar -xf gettext-0.21.1.tar.xz && cd gettext-0.21.1 && ./configure --prefix=/usr --disable-static \
2 --docdir=/usr/share/doc/gettext-0.21.1 && make && make install && chmod 0755 /usr/lib/preloadable_libintl.so
```

30．Bison-3.8.2

Bison 软件包包含语法分析器生成器。执行如下命令安装 Bison。安装的程序是 bison 和 yacc。安装的库是 liby.a。

```
1 cd $SRC && tar -xf bison-3.8.2.tar.xz && cd bison-3.8.2 && ./configure --prefix=/usr \
2 --docdir=/usr/share/doc/bison-3.8.2 && make && make install && rm $SRC/bison-3.8.2 -rf
```

31．Grep-3.8

Grep 软件包包含在文件内容中进行搜索的程序。执行如下命令安装 Grep。安装的程序是 egrep、fgrep 以及 grep。

```
1 cd $SRC && tar -xf grep-3.8.tar.xz && cd grep-3.8 && sed -i "s/echo/#echo/" src/egrep.sh &&
2 ./configure --prefix=/usr && make && make install && rm $SRC/grep-3.8 -rf
```

32．Bash-5.2.15

Bash 软件包包含 Bourne-Again Shell。执行如下命令安装 Bash。

```
1 cd $SRC && tar -xf bash-5.2.15.tar.gz && cd bash-5.2.15 && ./configure --prefix=/usr \
2   --without-bash-malloc --with-installed-readline --docdir=/usr/share/doc/bash-5.2.15 &&
3 make && make install && rm $SRC/bash-5.2.15 -rf && cd && exec /usr/bin/bash --login
```

33．Libtool-2.4.7

Libtool 软件包包含 GNU 通用库支持脚本。它提供一致、可移植的接口,以简化共享库的使用。执行如下命令安装 Libtool。

```
1 cd $SRC && tar -xf libtool-2.4.7.tar.xz && cd libtool-2.4.7 && ./configure --prefix=/usr &&
2 make && make install && rm /usr/lib/libltdl.a $SRC/libtool-2.4.7 -rf
```

34．GDBM-1.23

GDBM 软件包包含 GNU 数据库管理器。它是一个使用可扩展散列的数据库函数库,功能类似于标准的 UNIX dbm。该库提供用于存储键值对、通过键搜索和获取数据,以及删除键和对应数据的原语。执行如下命令安装 GDBM。

```
1 cd $SRC && tar -xf gdbm-1.23.tar.gz && cd gdbm-1.23 && ./configure --prefix=/usr --disable-static \
2   --enable-libgdbm-compat && make && make install && rm $SRC/gdbm-1.23 -rf
```

35．Gperf-3.1

Gperf 根据一组键值,生成完美的散列函数。执行如下命令安装 Gperf。

```
1 cd $SRC && tar -xf gperf-3.1.tar.gz && cd gperf-3.1 && ./configure --prefix=/usr \
2   --docdir=/usr/share/doc/gperf-3.1 && make && make install && rm $SRC/gperf-3.1 -rf
```

36．Expat-2.5.0

Expat 软件包包含用于解析 XML 文件的面向流的 C 语言库。执行如下命令安装 Expat。

```
1 cd $SRC && tar -xf expat-2.5.0.tar.xz && cd expat-2.5.0 && ./configure --prefix=/usr --disable-static \
2   --docdir=/usr/share/doc/expat-2.5.0 && make && make install &&
3 install -m644 doc/*.{html,css} /usr/share/doc/expat-2.5.0 && rm $SRC/expat-2.5.0 -rf
```

37．Inetutils-2.4

Inetutils 软件包包含基本网络程序。执行如下命令安装 Inetutils。安装的程序是 ftp、ifconfig、hostname、ping、ping6、talk、telnet、tftp、traceroute 以及 dnsdomainname。

```
1 cd $SRC && tar -xf inetutils-2.4.tar.xz && cd inetutils-2.4 && ./configure --prefix=/usr --bindir=/usr/bin \
2 --localstatedir=/var --disable-logger --disable-whois --disable-rcp --disable-rexec --disable-rlogin \
3 --disable-rsh --disable-servers && make && make install && mv /usr/{,s}bin/ifconfig && rm $SRC/inetutils-2.4 -rf
```

38．Less-608

Less 软件包包含一个文本文件查看器。执行如下命令安装 Less。

```
1 cd $SRC && tar -xf less-608.tar.gz&& cd less-608 && ./configure --prefix=/usr --sysconfdir=/etc&& make && make install
```

39．Perl-5.36.0

Perl 软件包包含实用报表提取语言。执行如下命令安装 Perl。安装了多个程序和库。

```
1 cd $SRC && tar -xf perl-5.36.0.tar.xz && cd perl-5.36.0 && export BUILD_ZLIB=False BUILD_BZIP2=0 &&
2 sh Configure -des -Dprefix=/usr -Dvendorprefix=/usr -Dprivlib=/usr/lib/perl5/5.36/core_perl \
3            -Darchlib=/usr/lib/perl5/5.36/core_perl -Dsitelib=/usr/lib/perl5/5.36/site_perl \
4            -Dsitearch=/usr/lib/perl5/5.36/site_perl -Dvendorlib=/usr/lib/perl5/5.36/vendor_perl \
5            -Dvendorarch=/usr/lib/perl5/5.36/vendor_perl -Dman1dir=/usr/share/man/man1 \
6            -Dman3dir=/usr/share/man/man3 -Dpager="/usr/bin/less -isR" -Duseshrplib -Dusethreads &&
7 make && make install && unset BUILD_ZLIB BUILD_BZIP2 && rm $SRC/perl-5.36.0 -rf
```

40．XML∷Parser-2.46

XML∷Parser 模块是 JamesClark 的 XML 解析器 Expat 的 Perl 接口。执行如下命令安装 XML∷Parser。安装的模块是 Expat.so，提供 Expat 的 Perl 接口。

```
1 cd $SRC && tar -xf XML-Parser-2.46.tar.gz && cd XML-Parser-2.46 && perl Makefile.PL && make && make install
```

41．Intltool-0.51.0

Intltool 是一个从源代码文件中提取可翻译字符串的国际化工具。执行如下命令安装 Intltool。安装的程序是 intltool-extract、intltool-merge、intltool-prepare、intltool-update、 intltoolize。

```
1 cd $SRC && tar -xf intltool-0.51.0.tar.gz && cd intltool-0.51.0 &&
2 sed -i 's:\\\${:\\\$\\{:' intltool-update.in && ./configure --prefix=/usr && make && make install &&
3 install -Dm644 doc/I18N-HOWTO /usr/share/doc/intltool-0.51.0/I18N-HOWTO && rm $SRC/intltool-0.51.0 -rf
```

42. Autoconf-2.71

Autoconf 软件包包含生成能自动配置软件包的 Shell 脚本的程序。执行如下命令安装 Autoconf。安装的程序是 autoconf、autoheader、autom4te、autoreconf、autoscan 等。

```
1 cd $SRC && tar -xf autoconf-2.71.tar.xz && cd autoconf-2.71 &&
2 sed -e 's/SECONDS|/&SHLVL|/' -e '/BASH_ARGV=/a\          /^SHLVL=/ d' -i.orig tests/local.at &&
3 ./configure --prefix=/usr && make && make install && rm $SRC/autoconf-2.71 -rf
```

43. Automake-1.16.5

Automake 软件包包含自动生成 Makefile，以便和 Autoconf 一同使用的程序。执行如下命令安装 Automake。安装的程序是 aclocal、aclocal-1.16、automake 以及 automake-1.16。

```
1 cd $SRC && tar -xf automake-1.16.5.tar.xz && cd automake-1.16.5 && ./configure --prefix=/usr \
2 --docdir=/usr/share/doc/automake-1.16.5 && make && make install && rm $SRC/automake-1.16.5 -rf
```

44. OpenSSL-3.0.8

OpenSSL 软件包包含密码学相关的管理工具和库。它们被用于向其他软件包提供密码学功能，例如，OpenSSH、电子邮件程序和 Web 浏览器（访问 HTTPS 站点）。执行如下命令安装 OpenSSL。安装的程序是 c_rehash 和 openssl。安装的库是 libcrypto.so 和 libssl.so。

```
1 cd $SRC && tar -xf openssl-3.0.8.tar.gz && cd openssl-3.0.8 &&
2 ./config --prefix=/usr --openssldir=/etc/ssl --libdir=lib shared zlib-dynamic && make &&
3 sed -i '/INSTALL_LIBS/s/libcrypto.a libssl.a//' Makefile && make MANSUFFIX=ssl install &&
4 mv /usr/share/doc/openssl /usr/share/doc/openssl-3.0.8 && cp -fr doc/* /usr/share/doc/openssl-3.0.8
```

45. Kmod-30

Kmod 软件包包含用于加载内核模块的库和工具。执行如下命令安装 Kmod。安装的程序是 depmod、insmod、kmod、lsmod、modinfo、modprobe 以及 rmmod。安装的库是 libkmod.so，这个库被其他程序用于加载和卸载内核模块。

```
1 cd $SRC && tar -xf kmod-30.tar.xz && cd kmod-30 && ./configure --prefix=/usr --sysconfdir=/etc \
2     --with-openssl --with-xz --with-zstd --with-zlib && make && make install &&
3 for target in depmod insmod modinfo modprobe rmmod; do ln -sf ../bin/kmod /usr/sbin/$target; done
4 ln -sf kmod /usr/bin/lsmod && rm $SRC/kmod-30 -rf
```

46. Elfutils-0.188 中的 Libelf

Libelf 是一个处理 ELF（可执行和可链接格式）文件的库。执行如下命令安装 Libelf。

安装的库是 libelf.so 和 libelf-0.188.so,包含处理 ELF 目标文件的 API 函数。

```
1 cd $SRC && tar -xf elfutils-0.188.tar.bz2 && cd elfutils-0.188 && ./configure --prefix=/usr \
2  --disable-debuginfod --enable-libdebuginfod=dummy && make && make -C libelf install &&
3 install -m644 config/libelf.pc /usr/lib/pkgconfig && rm /usr/lib/libelf.a $SRC/elfutils-0.188 -rf
```

47. Libffi-3.4.4

Libffi 库提供一个可移植的高级编程接口,用于处理不同调用规范。这允许程序在运行时调用任何给定了调用接口的函数。FFI 是 Foreign Function Interface(跨语言函数接口)的缩写。FFI 允许使用某种编程语言编写的程序调用其他语言编写的程序。特别地,Libffi 为 Perl 或 Python 等解释器提供使用 C 或 C++ 编写的共享库中子程序的能力。和 GMP 类似,Libffi 在构建时会使用特定于当前处理器的优化。如果是在为另一台计算机构建系统,请将--with-gcc-arch=的设定值改为那一台计算机的 CPU 完全实现的某个架构名称。否则,所有链接到 Libffi 的程序都可能触发非法指令异常。执行如下命令安装 Libffi。安装的库是 libffi.so。

```
1 cd $SRC && tar -xf libffi-3.4.4.tar.gz && cd libffi-3.4.4 && ./configure --prefix=/usr \
2 --disable-static --with-gcc-arch=native && make && make install && rm $SRC/libffi-3.4.4 -rf
```

48. Python-3.11.2(第 2 次构建)

Python 3 包包含 Python 开发环境。它非常适用于面向对象编程、编写脚本、原型开发大型程序或开发整个应用程序。这里再次构建的原因是需要可选模块。执行如下命令安装 Python 3。安装的程序是 2to3、idle3、pip3、pydoc3、python3 以及 python3-config。安装的库是 libpython3.11.so 和 libpython3.so。

```
1 cd $SRC && tar -xf Python-3.11.2.tar.xz && cd Python-3.11.2 && ./configure --prefix=/usr --enable-shared \
2   --with-system-expat --with-system-ffi --enable-optimizations && make && make install &&
3 cat > /etc/pip.conf << "EOF"
4 [global]
5 root-user-action = ignore
6 disable-pip-version-check = true
7 EOF
8 install -dm755 /usr/share/doc/python-3.11.2/html && tar --strip-components=1 --no-same-owner --no-same-permissions \
9 -C /usr/share/doc/python-3.11.2/html -xvf ../python-3.11.2-docs-html.tar.bz2 && rm $SRC/Python-3.11.2 -rf
```

49. Wheel-0.38.4

Wheel 是 Python wheel 软件包标准格式的参考实现。PYTHONPATH=src 允许使用(尚未安装的)该软件包构建它本身的 wheel 档案,以避免先有鸡还是先有蛋的问题。--no-build-isolation、--no-deps 以及--no-index 这些选项防止 pip3 从在线软件包仓库获取文件。如果按正确的顺序安装软件包,则 pip3 完全不会尝试获取文件;但是在用户不小心犯下错误时,这些选项可以作为保险措施。执行如下命令安装 Wheel。安装的程序是 wheel,是用于解包、包装,或者转换 wheel 档案的工具。

```
1 cd $SRC && tar -xf wheel-0.38.4.tar.gz && cd wheel-0.38.4 &&
2 PYTHONPATH=src pip3 wheel -w dist --no-build-isolation --no-deps $PWD &&
3 pip3 install --no-index --find-links=dist wheel && rm $SRC/wheel-0.38.4 -rf
```

50. Ninja-1.11.1

Ninja 是一个注重速度的小型构建系统。用户即可通过一个环境变量 NINJAJOBS 限制并行进程数量。构建选项--bootstrap 强制 Ninja 为当前系统重新构建自身。执行如下命令安装 Ninja。安装的程序是 ninja。

```
1 cd $SRC && tar -xf ninja-1.11.1.tar.gz && cd ninja-1.11.1 &&
2 sed -i '/int Guess/a \
3   int   j = 0;\
4   char* jobs = getenv( "NINJAJOBS" );\
5   if ( jobs != NULL ) j = atoi( jobs );\
6   if ( j > 0 ) return j;' src/ninja.cc &&
7 python3 configure.py --bootstrap && install -m755 ninja /usr/bin/ &&
8 install -Dm644 misc/bash-completion /usr/share/bash-completion/completions/ninja &&
9 install -Dm644 misc/zsh-completion  /usr/share/zsh/site-functions/_ninja && rm $SRC/ninja-1.11.1 -rf
```

51. Meson-1.0.0

Meson 是一个开放源代码构建系统,它的设计保证了非常快的执行速度和尽可能高的用户友好性。执行如下命令安装 Meson。安装的程序是 meson。

```
1 cd $SRC && tar -xf meson-1.0.0.tar.gz && cd meson-1.0.0 &&
2 pip3 wheel -w dist --no-build-isolation --no-deps $PWD && pip3 install --no-index --find-links dist meson &&
3 install -Dm644 data/shell-completions/bash/meson /usr/share/bash-completion/completions/meson &&
4 install -Dm644 data/shell-completions/zsh/_meson /usr/share/zsh/site-functions/_meson && rm $SRC/meson-1.0.0 -rf
```

52. Coreutils-9.1

Coreutils 软件包包含各种操作系统都需要提供的基本工具程序。执行如下命令安装 Coreutils。安装了多个程序。安装的库是 libstdbuf.so。

```
1 cd $SRC && tar -xf coreutils-9.1.tar.xz && cd coreutils-9.1 &&
2 patch -Np1 -i ../coreutils-9.1-i18n-1.patch && autoreconf -fi && FORCE_UNSAFE_CONFIGURE=1 ./configure \
3   --prefix=/usr --enable-no-install-program=kill,uptime && make && make install &&
4 mv /usr/share/man/man1/chroot.1 /usr/share/man/man8/chroot.8 && rm $SRC/coreutils-9.1 -rf &&
5 mv /usr/bin/chroot /usr/sbin && sed -i 's/"1"/"8"/' /usr/share/man/man8/chroot.8
```

53. Check-0.15.2

Check 是一个 C 语言单元测试框架。执行如下命令安装 Check。安装的程序是 checkmk,用于生成 C 语言单元测试的 awk 脚本,生成的单元测试可以和 Check 单元测试框架一起使用。安装的库是 libcheck.so,包含使得测试程序能够调用 Check 的函数。

```
1 cd $SRC && tar -xf check-0.15.2.tar.gz && cd check-0.15.2 && ./configure --prefix=/usr --disable-static &&
2 make && make docdir=/usr/share/doc/check-0.15.2 install && rm $SRC/check-0.15.2 -rf
```

54. Diffutils-3.9

Diffutils 软件包包含显示文件或目录之间差异的程序。执行如下命令安装 Diffutils。

```
1 cd $SRC && tar -xf diffutils-3.9.tar.xz && cd diffutils-3.9 && ./configure --prefix=/usr && make && make install
```

55. Gawk-5.2.1

Gawk 软件包包含操作文本文件的程序。执行如下命令安装 Gawk。

```
1 cd $SRC && tar -xf gawk-5.2.1.tar.xz && cd gawk-5.2.1 && sed -i 's/extras//' Makefile.in &&
2 ./configure --prefix=/usr && make && make LN='ln -f' install && mkdir -p /usr/share/doc/gawk-5.2.1 &&
3 cp doc/{awkforai.txt,*.{eps,pdf,jpg}} /usr/share/doc/gawk-5.2.1 && rm $SRC/gawk-5.2.1 -rf
```

56. Findutils-4.9.0

Findutils 软件包包含用于查找文件的程序。这些程序能直接搜索目录树中的所有文件，也可以创建、维护和搜索文件数据库。Findutils 还提供了 xargs 程序，它能够对一次搜索列出的所有文件执行给定的命令。执行如下命令安装 Findutils。安装的程序是 find、xargs 等。

```
1 cd $SRC && tar -xf findutils-4.9.0.tar.xz && cd findutils-4.9.0 && ./configure --prefix=/usr \
2    --localstatedir=/var/lib/locate && make && make install && rm $SRC/findutils-4.9.0 -rf
```

57. Groff-1.22.4

Groff 软件包包含处理和格式化文本和图像的程序。执行如下命令安装 Groff。

```
1 cd $SRC && tar -xf groff-1.22.4.tar.gz && cd groff-1.22.4 && PAGE=A4 ./configure --prefix=/usr && make && make install
```

58. GRUB-2.06

GRUB 软件包包含启动引导器。执行如下命令安装 GRUB-2.06。安装了多个程序。

```
1 unset {C,CPP,CXX,LD}FLAGS && cd $SRC && tar -xf grub-2.06.tar.xz && cd grub-2.06 &&
2 patch -Np1 -i ../grub-2.06-upstream_fixes-1.patch && ./configure --prefix=/usr --sysconfdir=/etc \
3    --disable-efiemu --disable-werror && make && make install && rm $SRC/grub-2.06 -rf &&
4 mv /etc/bash_completion.d/grub /usr/share/bash-completion/completions
```

59. Gzip-1.12

Gzip 软件包包含压缩和解压缩文件的程序。执行如下命令安装 Gzip。安装了多个程序。

```
1 cd $SRC && tar -xf gzip-1.12.tar.xz && cd gzip-1.12 && ./configure --prefix=/usr && make && make install
```

60. IPRoute2-6.1.0

IPRoute2 软件包包含基于 IPv4 的基本和高级网络程序。执行如下命令安装 IPRoute2。安装的程序是 bridge、ctstat、genl、ifstat、ip、lnstat、nstat、routel、rtstat、ss 以及 tc 等。

```
1 cd $SRC && tar -xf iproute2-6.1.0.tar.xz && cd iproute2-6.1.0 && sed -i /ARPD/d Makefile && rm -f man/man8/arpd.8 &&
2 make NETNS_RUN_DIR=/run/netns && make SBINDIR=/usr/sbin install && mkdir -p /usr/share/doc/iproute2-6.1.0 &&
3 cp COPYING README* /usr/share/doc/iproute2-6.1.0 && rm $SRC/iproute2-6.1.0 -rf
```

61. Kbd-2.5.1

Kbd 软件包包含按键表文件、控制台字体和键盘工具。执行如下命令安装 Kbd。

```
1 cd $SRC && tar -xf kbd-2.5.1.tar.xz && cd kbd-2.5.1 && patch -Np1 -i ../kbd-2.5.1-backspace-1.patch &&
2 sed -i '/RESIZECONS_PROGS=/s/yes/no/' configure && sed -i 's/resizecons.8 //' docs/man/man8/Makefile.in &&
3 ./configure --prefix=/usr --disable-vlock && make && make install && mkdir -p /usr/share/doc/kbd-2.5.1 &&
4 cp -R docs/doc/* /usr/share/doc/kbd-2.5.1 && rm $SRC/kbd-2.5.1 -rf
```

./configure 配置选项--disable-vlock 防止构建 vlock 工具，因为它需要 Chroot 环境中不可用的 PAM 库。安装了多个程序。

62. Libpipeline-1.5.7

Libpipeline 软件包包含用于灵活、方便地处理子进程流水线的库。执行如下命令安装 Libpipeline。安装的库是 libpipeline.so。

```
1 cd $SRC && tar -xf libpipeline-1.5.7.tar.gz&& cd libpipeline-1.5.7 && ./configure --prefix=/usr && make && make install
```

63. Make-4.4

Make 软件包包含一个程序，用于控制从软件包源代码生成可执行文件和其他非源代码文件的过程。执行如下命令安装 Make。安装的程序是 make。

```
1 cd $SRC && tar -xf make-4.4.tar.gz && cd make-4.4 &&
2 sed -e '/ifdef SIGPIPE/,+2 d' -e '/undef  FATAL_SIG/i FATAL_SIG (SIGPIPE);' -i src/main.c &&
3 ./configure --prefix=/usr && make && make install && rm $SRC/make-4.4 -rf
```

64. Patch-2.7.6

Patch 软件包包含通过应用补丁文件修改或创建文件的程序，补丁文件通常是 diff 程序创建的。执行如下命令安装 Patch。安装的程序是 patch。

```
1 cd $SRC && tar -xf patch-2.7.6.tar.xz && cd patch-2.7.6 && ./configure --prefix=/usr && make && make install
```

65. Tar-1.34

Tar 软件包提供创建 tar 归档文件，以及对归档文件进行其他操作的功能。执行如下命令安装 Tar。安装的程序是 tar。

```
1 cd $SRC && tar -xf tar-1.34.tar.xz && cd tar-1.34 && export FORCE_UNSAFE_CONFIGURE=1 &&
2 ./configure --prefix=/usr && make && make install && unset FORCE_UNSAFE_CONFIGURE &&
3 make -C doc install-html docdir=/usr/share/doc/tar-1.34 && rm $SRC/tar-1.34 -rf
```

66. Texinfo-7.0.2

Texinfo 软件包包含阅读、编写和转换 info 页面的程序。执行如下命令安装 Texinfo。安装的程序是 info、install-info、makeinfo、pdftexi2dvi、pod2texi、texi2any、texi2dvi、texi2pdf 以及 texindex。安装的库是 MiscXS.so、Parsetexi.so、XSParagraph.so(在/usr/lib/texinfo 中)。

```
1 cd $SRC && tar -xf texinfo-7.0.2.tar.xz && cd texinfo-7.0.2 &&
2 ./configure --prefix=/usr && make && make install && make TEXMF=/usr/share/texmf install-tex &&
3 pushd /usr/share/info; rm dir; for f in *; do install-info $f dir 2>/dev/null; done && popd
```

67. Vim-9.0.1273

Vim 软件包包含强大的文本编辑器。执行如下命令安装 Vim。

```
1 cd $SRC && tar -xf vim-9.0.1273.tar.xz && cd vim-9.0.1273 &&
2 echo '#define SYS_VIMRC_FILE "/etc/vimrc"' >> src/feature.h && ./configure --prefix=/usr && make && make install &&
3 ln -sf vim /usr/bin/vi && for L in /usr/share/man/{,*/}man1/vim.1; do ln -sf vim.1 $(dirname $L)/vi.1; done &&
4 ln -sf ../vim/vim90/doc /usr/share/doc/vim-9.0.1273 && rm $SRC/vim-9.0.1273 -rf
```

68. MarkupSafe-2.1.2

MarkupSafe 是一个为 XML/HTML/XHTML 实现字符串安全处理的 Python 模块。执行如下命令安装 MarkupSafe。

```
1 cd $SRC && tar -xf MarkupSafe-2.1.2.tar.gz && cd MarkupSafe-2.1.2 &&
2 pip3 wheel -w dist --no-build-isolation --no-deps $PWD &&
3 pip3 install --no-index --no-user --find-links dist Markupsafe && rm $SRC/MarkupSafe-2.1.2 -rf
```

69. Jinja2-3.1.2

Jinja2 是一个简单的、Python 风格的模板语言的 Python 模块。执行如下命令安装 Jinja2。

```
1 cd $SRC && tar -xf Jinja2-3.1.2.tar.gz && cd Jinja2-3.1.2 &&
2 pip3 wheel -w dist --no-build-isolation --no-deps $PWD &&
3 pip3 install --no-index --no-user --find-links dist Jinja2 && rm $SRC/Jinja2-3.1.2 -rf
```

70. Systemd-252(第 1 次构建)

Systemd 是一个 Linux 系统的初始化系统和服务管理器,在 2010 年首次发布。Systemd 提供了一种更加简单、高效的方法来启动和管理系统服务,并提供了一些高级功能,如并行启动服务、进程监控、日志记录以及动态加载和管理设备等。在传统的 Sys Vinit 系统中,系统初始化会按照预定义的启动脚本顺序依次启动服务,而且不能并行启动。而 Systemd 允许同时启动多个服务,并采用套接字激活和并行运行来提高系统启动速度。使用 Systemd,可以通过简单的命令来管理服务的启动、停止、重启和查看状态等操作。它还提供了一种称为 systemctl 的命令行工具,这个工具能够轻松管理 Systemd 服务和单元,以及执行各种操作。Systemd 还支持通过单元文件配置服务和套接字激活,这些文件使用简单的文本格式,并且可以轻松地自定义和扩展。可以在/etc/systemd/system 目录中创建和编辑这些单元文件,然后使用 systemctl 命令加载和管理它们。Systemd 被广泛用于许多现代的 Linux 发行版中,并且成为管理 Linux 系统的标准工具之一。执行如下命令安装

systemd。

```
1 cd $SRC && tar -xf systemd-252.tar.gz && cd systemd-252 && patch -Np1 -i ../systemd-252-security_fix-1.patch &&
2 sed -i -e 's/GROUP="render"/GROUP="video"/' -e 's/GROUP="sgx", //' rules.d/50-udev-default.rules.in &&
3 mkdir build && cd build && meson setup --prefix=/usr --buildtype=release -Ddefault-dnssec=no -Dfirstboot=false \
4   -Dinstall-tests=false -Dldconfig=false -Dsysusers=false -Drpmmacrosdir=no -Dhomed=false -Duserdb=false -Dman=false \
5   -Dmode=release -Dpamconfdir=no -Ddocdir=/usr/share/doc/systemd-252 .. && ninja && ninja install &&
6 tar -xf ../../systemd-man-pages-252-2.tar.xz --strip-components=1 -C /usr/share/man &&
7 systemd-machine-id-setup&&systemctl preset-all&&systemctl disable systemd-sysupdate{,-reboot}&& rm $SRC/systemd-252 -rf
```

第 1 行的 patch 命令修复上游在 systemd-coredump 中发现的安全问题。第 2 行的 sed 命令从默认的 udev 规则中删除不必要的组 render 和 sgx。

meson 选项的含义：--buildtype＝release 覆盖默认的构建模式（debug），因为该模式会生成未优化的二进制代码；-Ddefault-dnssec＝no 禁用实验性的 DNSSEC 支持；-Dfirstboot＝false 防止 systemd 安装用于初始化设定系统的服务，在 SLFS 中所有工作都会手工完成，因此不需要它们；-Dinstall-tests＝false 防止 systemd 安装编译好的测试文件；-Dldconfig＝false 防止一个 systemd 单元的安装，它在引导时运行 ldconfig，这对于 SLFS 等源代码发行版来说没有意义，还会增加引导时间，如果需要在引导时运行 ldconfig，可以删除这个开关；-Dsysusers＝false 防止 systemd 安装负责设定/etc/group 和/etc/passwd 文件的服务；-Drpmmacrosdir＝no 禁止安装用于 systemd 的 RPM 宏，因为 SLFS 并不支持 RPM；-D{userdb,homed}＝false 移除两个守护程序，它们的依赖项超出了 SLFS 的范围；-Dman＝false 防止 man 页面的生成，以避免额外的依赖项；-Dmode＝release 禁用一些上游开发者认为尚处于实验阶段的功能；-Dpamconfdir＝no 防止安装在 SLFS 系统无法正常工作的 PAM 配置文件。安装了多个程序和库。

71. D-Bus-1.14.6

D-Bus 是一个消息总线系统，即应用程序之间互相通信的一种简单方式。D-Bus 提供一个系统守护进程（负责"添加了新硬件"或"打印队列发生改变"等事件），并对每个用户登录会话提供一个守护进程（负责一般用户程序的进程间通信）。另外，消息总线被构建在一个通用的一对一消息传递网络上，它可以被任意两个程序用于直接通信（不需要通过消息总线守护进程）。执行如下命令安装 D-Bus。

```
1 cd $SRC && tar -xf dbus-1.14.6.tar.xz && cd dbus-1.14.6 && ./configure --prefix=/usr --sysconfdir=/etc \
2   --localstatedir=/var --runstatedir=/run --disable-static --disable-doxygen-docs --disable-xml-docs \
3   --docdir=/usr/4share/doc/dbus-1.14.6 --with-system-socket=/run/dbus/system_bus_socket &&
4 make && make install && ln -sf /etc/machine-id /var/lib/dbus && rm $SRC/dbus-1.14.6 -rf
```

--runstatedir＝/run 和--with-system-socket＝/run/dbus/system_bus_socket 这些选项使得 PID 文件和系统总线套接字位于/run 中，而非使用过时的/var/run。第 4 行的 ln 命令创建符号链接，使 D-Bus 和 systemd 使用同一个 machine-id 文件。安装了多个程序。

安装的库是 libdbus-1.{a,so}，包含用于和 D-Bus 消息总线通信的 API 函数。

72. Man-DB-2.11.2

Man-DB 软件包包含查找和阅读 man 页面的程序。执行如下命令安装 Man-DB。

```
1 cd $SRC && tar -xf man-db-2.11.2.tar.xz && cd man-db-2.11.2 && ./configure --prefix=/usr \
2   --docdir=/usr/share/doc/man-db-2.11.2 --sysconfdir=/etc --disable-setuid --enable-cache-owner=bin \
3   --with-browser=/usr/bin/lynx --with-vgrind=/usr/bin/vgrind --with-grap=/usr/bin/grap &&
4 make && make install && rm $SRC/man-db-2.11.2 -rf
```

73. Procps-ng-4.0.2

Procps-ng 软件包包含监视进程的程序。执行如下命令安装 Procps-ng。安装的程序是 free、pgrep、pidof、pkill、pmap、ps、sysctl、top、uptime、vmstat、w 等。安装的库是 libproc-2.so。

```
1 cd $SRC && tar -xf procps-ng-4.0.2.tar.xz && cd procps-ng-4.0.2 && ./configure --prefix=/usr \
2   --docdir=/usr/share/doc/procps-ng-4.0.2 --disable-static --disable-kill --with-systemd &&
3 make && make install && rm $SRC/procps-ng-4.0.2 -rf
```

74. Util-linux-2.38.1

Util-linux 软件包包含若干工具程序。这些程序中有处理文件系统、终端、分区和消息的工具。执行如下命令安装 Util-linux。

```
1 cd $SRC && tar -xf util-linux-2.38.1.tar.xz && cd util-linux-2.38.1 &&
2 ./configure ADJTIME_PATH=/var/lib/hwclock/adjtime --bindir=/usr/bin --libdir=/usr/lib \
3   --sbindir=/usr/sbin --disable-chfn-chsh --disable-login --disable-nologin --disable-su \
4   --disable-setpriv --disable-runuser --disable-pylibmount --disable-static --without-python \
5   --docdir=/usr/share/doc/util-linux-2.38.1 && make && make install && rm $SRC/util-linux-2.38.1 -rf
```

安装了多个程序。安装的库是 libblkid.so、libfdisk.so、libmount.so、libsmartcols.so 以及 libuuid.so。libblkid.so 包含设备识别和标识提取子程序；libfdisk.so 包含操作分区表的子程序；libmount.so 包含挂载和卸载块设备的子程序；libsmartcols.so 包含以表格形式在屏幕上输出的辅助子程序；libuuid.so 包含为对象生成唯一标识符。

75. E2fsprogs-1.47.0

E2fsprogs 软件包包含处理 ext2 文件系统的工具。此外，它也支持 ext3 和 ext4 日志文件系统。执行如下命令安装 E2fsprogs。安装了多个程序和库。

```
1 cd $SRC && tar -xf e2fsprogs-1.47.0.tar.gz && cd e2fsprogs-1.47.0 && mkdir build && cd build &&
2 ../configure --prefix=/usr --sysconfdir=/etc --enable-elf-shlibs --disable-libblkid --disable-libuuid --disable-uuidd \
3   --disable-fsck && make && make install && rm -f /usr/lib/{libcom_err,libe2p,libext2fs,libss}.a &&
4 gunzip /usr/share/info/libext2fs.info.gz&& install-info --dir-file=/usr/share/info/dir /usr/share/info/libext2fs.info&&
5 makeinfo -o doc/com_err.info ../lib/et/com_err.texinfo && install -m644 doc/com_err.info /usr/share/info &&
6 install-info --dir-file=/usr/share/info/dir /usr/share/info/com_err.info && rm $SRC/e2fsprogs-1.47.0 -rf
```

76. 清理系统

执行如下命令删除无用的文件。

```
1 find /usr/lib /usr/libexec -name \*.la -delete && find /usr -depth -name $(uname -m)-slfs-linux-gnu\* | xargs rm -rf
```

5.2 系统配置

1. 通用网络配置

执行第 1 行的命令禁用 systemd-networkd-wait-online 服务。第 2 行为该命令的输出。该服务的作用是等待网络连接就绪后再启动其他服务。禁用该服务可以让系统在启动时不等待网络连接就绪，从而加快系统启动速度。

```
1 systemctl disable systemd-networkd-wait-online
2    Removed "/etc/systemd/system/network-online.target.wants/systemd-networkd-wait-online.service".
```

2. 创建/etc/resolv.conf 文件

此时可以 ping 通 IP 地址，但是不能 ping 通域名。解决方法是将宿主系统/etc/resolv.conf 文件中内容复制到 Chroot 环境/etc/resolv.conf 文件中。下面第 2～3 行指定 DNS 服务器 IP 地址。

```
1 cat > /etc/resolv.conf << "EOF"
2 nameserver 116.255.131.99
3 nameserver 114.114.114.114
4 EOF
```

3. 设置主机名

执行如下命令设置主机名。

```
1 echo "slfs" > /etc/hostname
```

4. 创建/etc/hosts 文件

/etc/hosts 文件的作用类似于 DNS，负责 IP 地址与域名快速解析。hosts 文件的优先级高于 DNS 域名解析，就是先根据 hosts 文件的内容来解析域名，如果解析失败再用 DNS 解析域名。执行如下命令创建/etc/hosts 文件。

```
1 cat > /etc/hosts << "EOF"
2 127.0.0.1 localhost.localdomain localhost
3 127.0.1.1 slfs
4 ::1       localhost ip6-localhost ip6-loopback
5 ff02::1   ip6-allnodes
6 ff02::2   ip6-allrouters
7 EOF
```

5. 配置系统时钟

systemd-timedated 系统服务的作用是配置系统时钟和时区。如果不确定硬件时钟是否设置为 UTC，运行 hwclock --localtime --show 命令，它会显示硬件时钟给出的当前时间。如果这个时间和本地时间一致，则说明硬件时钟被设定为本地时间。相反，如果 hwclock 输出的时间不是本地时间,则硬件时钟很可能被设定为 UTC 时间。systemd-timedated 读取文件/etc/adjtime,并根据其内容将硬件时钟设定为 UTC 或本地时间。如果/etc/adjtime 在初次引导时不存在,systemd-timedated 会假设硬件时钟使用 UTC,并据此调整该文件。

如果将硬件时钟设定为本地时间,使用如下第 1～5 行的命令创建/etc/adjtime 文件。

```
1 cat > /etc/adjtime << "EOF"
2 0.0 0 0.0
3 0
4 LOCAL
5 EOF
6 systemctl disable systemd-timesyncd
```

从版本 213 开始,systemd 附带了一个名为 systemd-timesyncd 的守护程序,可以用于将系统时间与远程 NTP 服务器同步。从 systemd 版本 216 开始,systemd-timesyncd 守护进程被默认启用。执行上面第 6 行命令不启用 systemd-timesyncd 守护进程。

6. 配置 Linux 控制台

systemd-vconsole-setup 服务从/etc/vconsole.conf 文件中读取配置信息,根据配置确定使用的键映射和控制台字体。/etc/vconsole.conf 文件的每一行都应该符合格式:变量名＝"值"。①KEYMAP 变量指定键盘的键映射表。如果没有设定,默认为 us。②KEYMAP_TOGGLE 变量可以用于配置第二切换键盘映射,没有默认设定值。③FONT 变量指定虚拟控制台使用的字体。④FONT_MAP 变量指定控制台字体映射。⑤FONT_UNIMAP 变量指定 Unicode 字体映射。下面的例子可以用于英文键盘和控制台。

```
1 cat > /etc/vconsole.conf << "EOF"
2 KEYMAP=us
3 FONT=Lat2-Terminus16
4 EOF
```

7. 配置系统语言环境

下面将创建的/etc/locale.conf 设定本地语言支持需要的若干环境变量,正确设定它们可以带来以下好处:①程序输出被翻译成本地语言;②字符被正确分类为字母、数字和其他类别,这对于使 bash 正确接受命令行中的非 ASCII 本地非英文字符来说是必要的;③根据所在地区惯例排序字母;④适用于所在地区的默认纸张尺寸;⑤正确格式化货币、时间和日期值。使用如下命令创建/etc/locale.conf 文件。

```
1 cat > /etc/locale.conf << "EOF"
2 LANG=POSIX
3 LC_ALL=POSIX
4 EOF
```

8. 创建/etc/inputrc 文件

inputrc 文件是 Readline 库的配置文件,该库在用户从终端输入命令行时提供编辑功能。它的工作原理是将键盘输入翻译为特定动作。Readline 被 Bash 和大多数其他 Shell,以及许多其他程序使用。多数人不需要 Readline 的用户配置功能,因此创建全局的/etc/

inputrc 文件,供所有登录用户使用。如果之后决定对于某个用户覆盖掉默认值,可在该用户主目录下创建.inputrc 文件,包含需要修改的映射。/etc/inputrc 文件内容见本书配套资源的 slfs-root.sh。

9. 创建/etc/shells 文件

shells 文件包含系统登录 Shell 的列表,应用程序使用该文件判断 Shell 是否合法。该文件中每行指定一个 Shell。这个文件对某些程序是必要的。例如,GDM 在找不到/etc/shells 时不会填充登录界面,FTP 守护进程通常禁止那些使用未在此文件列出的终端的用户登录。使用如下命令创建/etc/shells 文件。

```
1 cat > /etc/shells << "EOF"
2 /bin/sh
3 /bin/bash
4 EOF
```

10. 禁用引导时自动清屏

Systemd 的默认行为是在引导过程结束时清除屏幕。可以运行以下命令修改这一行为,禁用引导时自动清屏。可以用 root 身份运行 journalctl -b 命令查阅系统引导时的消息。

```
1 mkdir -p /etc/systemd/system/getty@tty1.service.d
2 cat > /etc/systemd/system/getty@tty1.service.d/noclear.conf << EOF
3 [Service]
4 TTYVTDisallocate=no
5 EOF
```

11. 禁止将 tmpfs 挂载到/tmp

默认情况下,/tmp 将被挂载 tmpfs 文件系统。如果不希望这样,可以执行以下命令覆盖这一行为。或者,如果希望使用一个单独的/tmp 分区,可在/etc/fstab 文件中为其添加一个条目。如果使用了单独的/tmp 分区,不要创建上面的符号链接。否则,会导致根文件系统(/)无法重新挂载为可读写,使得系统在引导后不可用。

```
1 ln -sf /dev/null /etc/systemd/system/tmp.mount
```

12. 处理核心转储

核心转储在调试崩溃的程序时非常有用,特别是对于守护进程崩溃的情况。在 systemd 引导的系统上,核心转储由 systemd-coredump 处理。它会在日志中记录核心转储,并且将核心转储文件本身存储到/var/lib/systemd/coredump 中。核心转储可能使用大量磁盘空间。为了限制核心转储使用的最大磁盘空间,可以使用如下命令在/etc/systemd/coredump.conf.d 中创建一个配置文件。

```
1 mkdir -p /etc/systemd/coredump.conf.d
2 cat > /etc/systemd/coredump.conf.d/maxuse.conf << EOF
3 [Coredump]
4 MaxUse=1G
5 EOF
```

5.3　构建内核、引导系统

本节介绍/etc/fstab 文件、构建 Linux 内核、设置 GRUB,使得 SLFS 系统可以被正确引导并且成功启动。

5.3.1　创建/etc/fstab 文件

1. 获得各分区的 UUID

执行如下第 1 行的命令查看虚拟硬盘的分区情况。执行如下第 2 行的 mkswap 命令将分区/dev/loop0p2 创建为交换分区。执行如下第 3 行的命令查看各分区的 UUID。

```
 1 (slfs chroot) root:~# fdisk -l /dev/loop0
 2 Disk /dev/loop0: 50 GiB, 53687091200 bytes, 104857600 sectors
 3 Device        Boot    Start       End    Sectors  Size Id Type
 4 /dev/loop0p1          2048    526335     524288  256M 83 Linux
 5 /dev/loop0p2        526336   1574911    1048576  512M 82 Linux swap / Solaris
 6 /dev/loop0p3       1574912 104857599  103282688 49.2G 83 Linux
 7 (slfs chroot) root:~# mkswap /dev/loop0p2
 8 (slfs chroot) root:~# blkid | grep loop
 9 /dev/loop0p3: UUID="13e364f8-7d70-4760-9f53-af2cb218bc86" BLOCK_SIZE="4096" TYPE="ext4" PARTUUID="4c124920-03"
10 /dev/loop0p1: UUID="428038b8-48c3-46d6-b8c1-4fa3f4a8a0cd" BLOCK_SIZE="1024" TYPE="ext2" PARTUUID="4c124920-01"
11 /dev/loop0p2: UUID="4836bb32-a636-403c-9227-7951c3e01b6e" TYPE="swap" PARTUUID="4c124920-02"
```

2. 创建/etc/fstab 文件

执行如下命令创建/etc/fstab 文件,对上面三个分区进行挂载点以及挂载参数的设置。

```
1 cat > /etc/fstab << "EOF"
2 # file system                              mount-point  type   options                            dump  fsck
3 UUID=13e364f8-7d70-4760-9f53-af2cb218bc86  /            ext4   noatime,nodiratime,errors=remount-ro 0     1
4 UUID=428038b8-48c3-46d6-b8c1-4fa3f4a8a0cd  /boot        ext2   noatime,nodiratime                   0     0
5 UUID=4836bb32-a636-403c-9227-7951c3e01b6e  none         swap   sw                                   0     0
6 EOF
```

3. 挂载 boot 分区

执行如下命令挂载 boot 分区,本节后续会使用/boot 目录。

```
1 mount /boot
```

5.3.2　安装 dracut

5.3.3 节将使用 dracut 生成 initramfs,而 dracut 的正常运行需要先安装 cpio。

1. initramfs 简介

initramfs(初始内存文件系统)的主要作用是在 Linux 系统的引导过程中提供一个临时

的根文件系统,用于加载和初始化所需的驱动程序和模块,解决引导问题,并执行其他引导前的操作,最终顺利将控制权转交给正常的根文件系统。initramfs 的一些具体作用:①提供初始化环境。initramfs 在系统引导过程中作为初始根文件系统,提供了一个基本的环境,使系统能够进行初始化、加载必要的设备驱动程序和模块,以及执行其他引导所需的操作。②加载模块和驱动程序。initramfs 中包含所需的设备驱动程序和模块,使系统能够正确识别和初始化硬件设备。这些驱动程序和模块通常不包含在内核中,需要在引导过程中加载并使用。③解决引导问题。在某些情况下,例如,系统硬件变更、文件系统问题或加密分区等,initramfs 提供了一个临时的根文件系统,可以解决引导过程中可能出现的问题,例如,修复文件系统、加载特定驱动程序等。④进行预引导操作。initramfs 可以执行一些预引导操作,例如,初始化 RAM 磁盘、解密加密分区、设置网络连接、加载网络文件系统等,以便在系统引导完成后能够顺利进入正常的根文件系统。

2. dracut 简介

dracut 是一种用于生成可引导的 Linux 初始内存文件系统(initramfs)的工具。它的作用是将 Linux 启动过程中所需的驱动程序、工具和文件系统的必要组件打包到一个 initramfs 中,以便在引导过程中加载和使用,进而顺利启动系统。dracut 的作用包括:①支持更多的硬件设备。dracut 可以自动检测并包含所需的设备驱动程序,以确保在引导过程中能够正确识别和使用硬件设备。②支持文件系统。dracut 可以包含支持各种文件系统的模块,以确保在引导时能够加载和使用在根文件系统上的文件系统。③支持网络。dracut 可以包含网络支持,包括以太网、WiFi 和 PPP 等,以便在引导时能够与网络连接并进行相关操作。④支持加密和 LVM。dracut 可以支持加密的磁盘和使用逻辑卷管理器(LVM)的系统,确保在引导时能够正确解密和挂载加密分区,并加载和激活 LVM 卷组。

3. 安装 cpio

cpio 软件包包含用于归档的工具。执行以下命令安装 cpio。

```
1 cd $SRC && tar -xf cpio-2.13.tar.bz2 && cd cpio-2.13 && sed -i '/The name/,+2 d' src/global.c &&
2 ./configure --prefix=/usr --enable-mt --with-rmt=/usr/libexec/rmt && make &&
3 makeinfo --html -o doc/html doc/cpio.texi && makeinfo --html --no-split -o doc/cpio.html doc/cpio.texi &&
4 makeinfo --plaintext -o doc/cpio.txt  doc/cpio.texi && make install &&
5 install -m755 -d /usr/share/doc/cpio-2.13/html && install -m644 doc/html/* /usr/share/doc/cpio-2.13/html &&
6 install -m644 doc/cpio.{html,txt} /usr/share/doc/cpio-2.13 && rm $SRC/cpio-2.13 -rf
```

4. 安装 dracut

执行以下命令安装 dracut。

```
1 cd $SRC && tar -xf dracut-20230624.tar.gz && cd dracut-20230624 && ./configure --prefix=/usr \
2   --sysconfdir=/etc --localstatedir=/var --disable-documentation && make && make install &&
3 echo "add_dracutmodules+=\"kernel-modules-extra\"" >> /etc/dracut.conf && rm $SRC/dracut-20230624 -rf
```

5.3.3　构建 Linux 内核

构建 Linux 内核需要 3 步:配置、编译、安装。

1. 配置内核

执行以下命令配置内核。

```
1 cd $SRC && tar -xf linux-6.1.11.tar.xz && cd linux-6.1.11 && make mrproper && make menuconfig
```

make mrproper 命令确保内核源代码树绝对干净，内核开发组建议在每次编译内核前运行该命令。尽管内核源代码解压后应该是干净的，但这并不完全可靠。

make menuconfig 命令是一个方便用户配置 Linux 内核编译选项的工具，通过将用户选择的功能、设备支持和参数保存到配置文件中，实现对内核编译的个性化定制。make menuconfig 命令的作用包括：①配置内核功能。用户可以选择需要的内核功能，例如，网络协议、文件系统、设备驱动程序等。可以根据实际需求勾选或取消勾选各个功能，定制出适合自己环境的内核。②配置设备支持。用户可以配置系统对特定硬件设备的支持。例如，选择特定的网卡驱动程序，硬盘控制器驱动程序等。③配置内核参数。用户可以调整一些内核相关的参数，例如，内存管理、进程调度、调试选项等。④生成配置文件。make menuconfig 会在 Linux 内核源代码目录生成一个.config 文件，该文件包含用户选择的内核编译选项。这个配置文件可以用于后续的内核编译过程。

重要：本书配套资源中的 linux-6.1.11-make-menuconfig.sh 文件包含所有内核编译选项的设置。读者要根据该文件认真耐心地对内核进行配置，然后保存生成.config 文件。

2. 编译、安装内核

运行下面的 make 命令编译内核，运行 make modules_install 命令将编译好的内核模块安装到指定的目录中。第 2～4 行的命令安装内核，也就是将相关文件复制到合适的目录中。

```
1 make && make modules_install
2 cp arch/x86/boot/bzImage /boot/vmlinuz-6.1.11-slfs-11.3-systemd
3 cp System.map /boot/System.map-6.1.11-slfs-11.3-systemd && cp .config /boot/config-6.1.11-slfs-11.3-systemd
4 install -d /usr/share/doc/linux-6.1.11 && cp -r Documentation/* /usr/share/doc/linux-6.1.11
5 dracut /boot/initrd.img-6.1.11-slfs-11.3-systemd 6.1.11 --force
```

第 5 行的 dracut 命令将生成一个名为/boot/initrd.img-6.1.11-slfs-11.3-systemd 6.1.11 的初始化内存盘文件(类似于 initramfs)。在宿主系统执行如下两条命令查看该文件中是否包含 ext 模块。

```
1 mkdir -p /mnt/slfs_boot && mount /dev/loop0p1 /mnt/slfs_boot
2 lsinitramfs /mnt/slfs_boot/initrd.img-6.1.11-slfs-11.3-systemd | grep ext
```

5.3.4　安装与配置 GRUB

1. 安装 GRUB

执行如下命令将 GRUB 引导加载程序安装到/dev/loop0 设备上，同时指定/boot/作为引导目录，并使用 i386-pc 作为目标架构。

```
1 grub-install --boot-directory=/boot/ --target=i386-pc --modules=part_msdos /dev/loop0
```

这个命令中的参数说明如下：①--boot-directory＝/boot/指定引导目录为/boot/,这是
GRUB引导程序存放的位置；②--target＝i386-pc指定目标架构为 i386-pc,即 IA-32(x86)
架构；③--modules＝part_msdos指定使用 part_msdos 模块,这个模块是 GRUB 的一部分,
用于支持 MS-DOS 分区表格式；④/dev/loop0指定安装引导程序的设备为/dev/loop0。

通过 grub-install 命令,GRUB 引导程序会被安装到/dev/loop0 设备的引导区域,使得
该设备能够被用作系统引导的启动设备。同时,使用指定的模块和目标架构,确保 GRUB
可以正确地进行引导操作,并支持 MS-DOS 分区表格式。

2. 配置 GRUB

配置 GRUB 的方法是创建 GRUB 引导加载器的配置文件/boot/grub/grub.cfg。

```
1 cat > /boot/grub/grub.cfg << "EOF"
2 set default=0
3 set timeout=5
4 insmod ext2
5 set root=(hd0,msdos1)
6 menuentry "GNU/Linux, Linux 6.1.11-slfs-11.3-systemd" {
7     linux /vmlinuz-6.1.11-slfs-11.3-systemd root=UUID=13e364f8-7d70-4760-9f53-af2cb218bc86 ro
8     initrd /initrd.img-6.1.11-slfs-11.3-systemd
9 }
10 EOF
```

5.3.5 创建文件

1. 创建系统信息文件

后续安装在 SLFS 系统上的软件包可能需要两个描述当前安装系统信息的文件,这些
软件包可能是二进制包,也可能是需要构建的源代码包。创建/etc/lsb-release 和/etc/os-
release 文件,这两个文件内容见本书配套资源的 slfs-root.sh。

2. Bash Shell 启动文件

创建的 Bash Shell 启动文件有/etc/profile、/etc/profile.d/目录中的 bash_completion.
sh、dircolors.sh、extrapaths.sh、readline.sh、umask.sh、i18n.sh。这些文件内容见本书配套
资源的 slfs-root.sh。

执行如下命令创建/etc/bashrc 文件。第 3～16 行的目的是将 Linux 命令行界面颜色
设置为白底黑字(由于本书是黑白印刷,如果不这样设置颜色,图 6.2 中的有些信息看不到
或很模糊)。注释第 10 行和第 13 行,启用第 11 行和第 14 行,用于截图放书中。正常使用
时,注释第 11 行和第 14 行,启用第 10 行和第 13 行。

```
1 cat > /etc/bashrc << "EOF"
2 # 省略若干行
3 BG="\[\e[47m\]"
4 NORMAL="\[\e[0m\]"
```

```
 5 RED="\[\e[1;31m\]"
 6 GREEN="\[\e[1;32m\]"
 7 BLACK="\[\e[1;30m\]"
 8 WHITE="\[\e[1;37m\]"
 9 if [[ $EUID == 0 ]] ; then
10   PS1="$RED\u [ $NORMAL\w$RED ]# $NORMAL"
11 #  PS1="$BG$RED[\u@\h \W]# $BG$BLACK"
12 else
13   PS1="$GREEN\u [ $NORMAL\w$GREEN ]\$ $NORMAL"
14 #  PS1="$BG$GREEN[\u@\h \W]\$ $BG$BLACK"
15 fi
16 unset BG NORMAL RED GREEN BLACK WHITE
17 EOF
```

当使用终端或命令行界面时，可以使用 ANSI 转义序列来设置文本的颜色和样式。这些转义序列以"\[\e["开头，以"m\]"结尾。其中，数字代码用于表示不同的颜色和样式。

前景色（文字颜色）：黑色\[\e[0;30m\]、红色\[\e[0;31m\]、绿色\[\e[0;32m\]、黄色\[\e[0;33m\]、蓝色\[\e[0;34m\]、洋红色（品红色）\[\e[0;35m\]、青色\[\e[0;36m\]、白色（浅灰色）\[\e[0;37m\]。

背景色：红色\[\e[41m\]、绿色\[\e[42m\]、黄色\[\e[43m\]、蓝色\[\e[44m\]、洋红色（品红色）\[\e[45m\]、青色\[\e[46m\]、白色（浅灰色）\[\e[47m\]。

样式：默认（无特殊样式）\[\e[0m\]、粗体或高亮\[\e[1m\]、弱化\[\e[2m\]、斜体\[\e[3m\]、下划线\[\e[4m\]、闪烁\[\e[5m\]、反转（前景色与背景色交换）\[\e[7m\]、隐藏（文本不可见）\[\e[8m\]。

以下是一些组合的示例，ANSI 转义序列的语法可能因终端类型和配置而有所不同。

绿色前景、黄色背景、加粗效果：\[\e[1;32;43m\]。

蓝色前景、白色背景、斜体效果：\[\e[3;34;47m\]。

红色前景、绿色背景、下画线效果：\[\e[4;31;42m\]。

红色粗体文本：\[\e[1;31m\]。

黄色下画线文本：\[\e[33;4m\]。

蓝色背景白色文本：\[\e[44;37m\]。

粗体斜体绿色文本：\[\e[1;3;32m\]。

在用户主目录创建的 Bash Shell 启动文件有～/.bash_profile、～/.profile、～/.bashrc 等。这些文件内容见本书配套资源的 slfs-root.sh。

Bash Shell 使用上述启动文件来创建命令行环境。每个文件都有具体的用途，可能会在登录和交互式环境中产生不同的影响。/etc 目录中的文件通常提供全局设置。如果用户主目录中存在等效的文件，则可能会覆盖全局设置。关于交互式登录 Shell、交互式非登录 Shell 和非交互式 Shell 的具体内容本书不做介绍。

5.3.6 退出 Chroot 环境

1. 退出 Chroot 环境

至此，这一阶段的所有软件包已经安装完成，执行如下命令退出 Chroot 环境。

```
1 logout
```

2. 卸载虚拟文件系统

执行如下命令卸载虚拟文件系统。

```
1 umount $SLFS/dev/pts
2 mountpoint -q $SLFS/dev/shm && umount $SLFS/dev/shm
3 umount $SLFS/dev
4 umount $SLFS/run
5 umount $SLFS/proc
6 umount $SLFS/sys
```

3. 解除环回设备的映射

执行如下命令解除虚拟硬盘文件中所有分区与环回设备之间的映射关系。

```
1 losetup -d /dev/loop0
2 umount -l /dev/loop0p3
3 umount -l /dev/loop0p1
```

5.3.7 创建虚拟机

1. 生成 VDI 文件

下面第 1 行的命令安装 qemu-utils 软件包。第 2 行的命令将 slfs_disk.img 文件转换为 slfs_disk.raw 文件。第 3 行的命令将 slfs_disk.raw 文件转换为 slfs_disk.vdi 文件。

```
1 apt install qemu-utils
2 qemu-img convert /mnt/ssd2-data/slfs_disk.img -O raw /mnt/hdd/tools/slfs_disk.raw
3 VBoxManage convertdd /mnt/hdd/tools/slfs_disk.raw /mnt/hdd/tools/slfs_disk.vdi
```

2. 在 VirtualBox 中创建虚拟机

参考 3.9 节介绍的步骤,使用 slfs_disk.vdi 文件在 VirtualBox 中创建一个新的虚拟机 SLFS。

启动虚拟机,显示 GRUB 的操作系统选择界面,如图 5.1 所示。选择 SLFS 菜单项,按回车键,即可正常启动 Linux 操作系统,命令行界面如图 5.2 所示,此时就可使用 SLFS 发行版了。

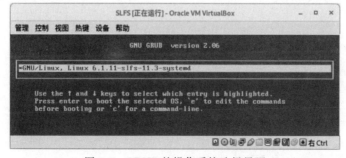

图 5.1　GRUB 的操作系统选择界面

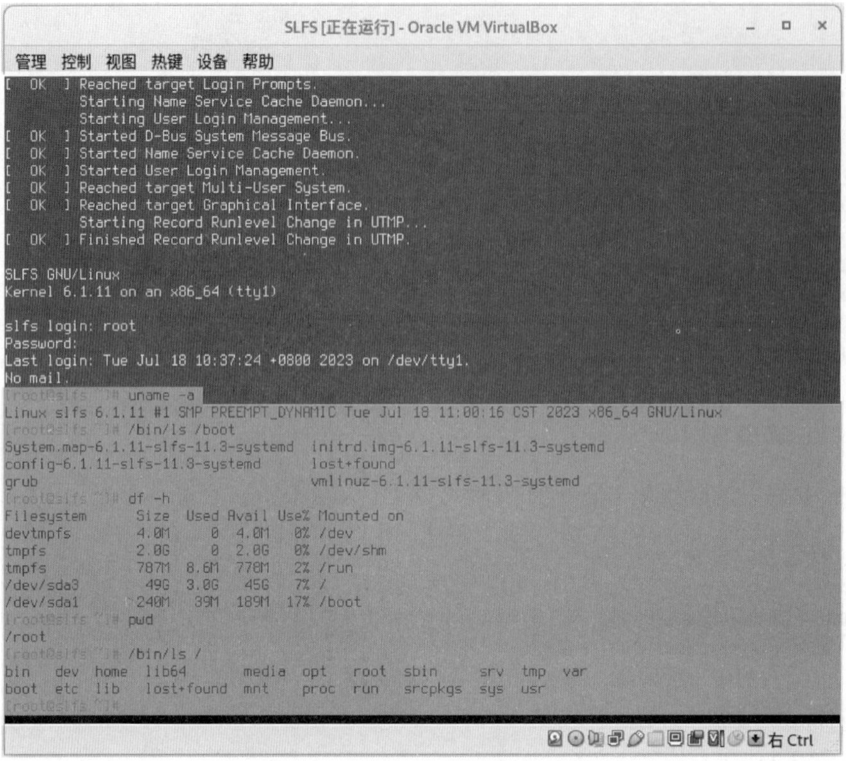

图 5.2 Linux 操作系统的命令行界面

5.4 再次进入 Chroot 环境

前面构建的 SLFS 操作系统只有命令行环境，没有图形桌面环境。接下来向 SLFS 操作系统中添加图形桌面环境以及其他软件。

1. 再次进入 Chroot 环境

执行如下命令再次进入 Chroot 环境。

```
 1 export DISKIMG=/mnt/ssd2-data
 2 losetup -fP $DISKIMG/slfs_disk.img
 3 ls /dev/loop*
 4    /dev/loop0 /dev/loop0p1 /dev/loop0p2 /dev/loop0p3 /dev/loop1 /dev/loop2
 5 mount /dev/loop0p3 /mnt/slfs_root
 6 export SLFS=/mnt/slfs_root
 7 mount --bind /dev $SLFS/dev
 8 mount --bind /dev/pts $SLFS/dev/pts
 9 mount -t proc proc $SLFS/proc
10 mount -t sysfs sysfs $SLFS/sys
11 mount -t tmpfs tmpfs $SLFS/run
12 if [ -h $SLFS/dev/shm ]; then
13   mkdir -p $SLFS/$(readlink $SLFS/dev/shm)
14 else
15   mount -t tmpfs -o nosuid,nodev tmpfs $SLFS/dev/shm
16 fi
17 chroot "$SLFS" /usr/bin/env -i HOME=/root TERM="$TERM" \
18    PS1='(slfs chroot) \u:\w\$ ' PATH=/usr/bin:/usr/sbin /bin/bash --login
```

2. 设置环境变量

进入 Chroot 环境后,执行如下命令设置环境变量。

```
1 mount /dev/nvme1n1p1 /mnt/tmp
2 export SRC=/mnt/tmp/slfsbuild
3 export MAKEFLAGS='-j16'
4 export NINJAJOBS=16
5 export _PIP_STANDALONE_CERT=/etc/pki/tls/certs/ca-bundle.crt
```

3. 漫长的构建过程

本书配套资源中有 6 个文件 slfs-blfs-[1~6].sh,读者一定按照先后顺序执行文件中的所有命令。slfs-blfs-1.sh 文件对应于第 6 章的内容;slfs-blfs-2.sh 文件对应于第 7、8 章的内容;slfs-blfs-3.sh 文件对应于第 9 章的内容;slfs-blfs-4.sh 文件对应于第 10 章的内容;slfs-blfs-5.sh 文件对应于第 11、12 章的内容;slfs-blfs-6.sh 文件对应于第 13~15 章的内容。

第 6 章　登录相关配置和部分基本软件

本章学习目标：

- 掌握安全相关软件包的构建过程。
- 掌握 GLib 软件包的构建过程。
- 掌握文件系统和磁盘管理软件包的构建过程。
- 掌握 Shell 软件包的构建过程。
- 了解 Linux 中的构建系统。

一定要执行 echo $SRC 命令确认环境变量 SRC 的值为/mnt/tmp/slfsbuild。

6.1　Systemd 单元

blfs-systemd-units 软件包包含在本书中使用的 Systemd 单元文件。每个 Systemd 单元都有一个单独的安装目标。当需要安装某个 Systemd 单元时，只需切换到该目录，并以 root 用户身份执行给定的 make install-<systemd-unit>命令。此命令会将 Systemd 单元安装到其正确位置，并默认启用它。执行如下命令解压 blfs-systemd-units 软件包。

```
1 cd $SRC && tar -xf blfs-systemd-units-20220720.tar.xz
```

6.2　安全 I

在计算环境中，需要采取多种形式才能提高系统的安全性。本节介绍和安全相关的软件包的安装。

1. p11-kit-0.24.1（第 1 次构建）

p11-kit 是一个开源软件包，用于提供加载和枚举加密令牌接口标准（Public Key Cryptographic Standards，PKCS）模块的功能。PKCS 是由 RSA 安全公司定义的一系列加密和密码学标准，用于实现公钥和私钥管理、数字签名、加密等功能。p11-kit 提供了一种统一的方法，使得不同的应用程序可以使用不同的 PKCS 模块，而不需要针对每个模块编写特定的代码。它允许应用程序通过一个公共的接口访问 PKCS 模块，而无须关心具体的模块实现细节。p11-kit 还提供了一种机制来管理和组织 PKCS 模块，例如，加载、卸载、列出和查找模块。它还支持在运行时动态加载和卸载模块，使得应用程序能够更灵活地管理 PKCS 模块。p11-kit 简化了使用和管理 PKCS 模块的过程，提供了通用的接口和机制，使得应用程序可以轻松地集成和使用各种 PKCS 模块。执行如下命令安装 p11-kit。

```
1 cd $SRC && tar -xf p11-kit-0.24.1.tar.xz && cd p11-kit-0.24.1 && sed '20,$ d' -i trust/trust-extract-compat &&
2 cat >> trust/trust-extract-compat << "EOF"
3 # Copy existing anchor modifications to /etc/ssl/local
4 /usr/libexec/make-ca/copy-trust-modifications
5 # Update trust stores
6 /usr/sbin/make-ca -r
7 EOF
8 mkdir p11-build && cd p11-build && meson setup --prefix=/usr --buildtype=release \
9   -Dtrust_paths=/etc/pki/anchors && ninja && ninja install && rm $SRC/p11-kit-0.24.1 -rf &&
10 ln -sf /usr/libexec/p11-kit/trust-extract-compat /usr/bin/update-ca-certificates &&
11 ln -sf ./pkcs11/p11-kit-trust.so /usr/lib/libnssckbi.so
```

安装的程序是 p11-kit 和 update-ca-certificates。此时没有生成 make-ca-1.12 所需的 trust。安装的库是 libp11-kit.so 和 p11-kit-proxy.so。

2. Wget-1.21.3

Wget 软件包包含一个实用工具,可用于从网络下载文件。执行如下命令安装 Wget。

```
1 cd $SRC && tar -xf wget-1.21.3.tar.gz && cd wget-1.21.3 && ./configure --prefix=/usr \
2   --sysconfdir=/etc --with-ssl=openssl && make && make install && rm $SRC/wget-1.21.3 -rf
```

3. make-ca-1.12(第 1 次构建)

CA(Certificate Authority)是数字证书颁发机构的简称,也称为证书签发机构。它是用于验证和确认数字证书有效性的权威机构。make-ca 是一个开源工具,用于创建根证书颁发机构(Root CA),它提供了一种简化的方法来生成根证书和中间证书,并用于签署和颁发其他证书,如 SSL/TLS 证书、代码签名证书等。make-ca 支持在命令行中使用,具有丰富的选项和参数,可以自定义生成的证书属性,如有效期、密钥长度和算法等。它还能够自动将生成的证书、密钥和证书链保存到指定的目录,并生成相应的配置文件,便于在不同环境中使用。使用 make-ca 可以方便地建立一个可信的证书体系,并用于加密通信、身份验证和代码验证等场景。它的开源性质使其可以自由地使用和定制,适用于个人和企业的不同需求。执行如下命令安装 make-ca。

```
1 cd $SRC && tar -xf make-ca-1.12.tar.xz && cd make-ca-1.12 && make install &&
2 install -dm755 /etc/ssl/local && /usr/sbin/make-ca -g && systemctl enable update-pki.timer &&
3 wget http://www.cacert.org/certs/root.crt && wget http://www.cacert.org/certs/class3.crt &&
4 openssl x509 -in root.crt -text -fingerprint -setalias "CAcert Class 1 root" -addtrust serverAuth \
5   -addtrust emailProtection -addtrust codeSigning > /etc/ssl/local/CAcert_Class_1_root.pem &&
6 openssl x509 -in class3.crt -text -fingerprint -setalias "CAcert Class 3 root" -addtrust serverAuth \
7   -addtrust emailProtection -addtrust codeSigning > /etc/ssl/local/CAcert_Class_3_root.pem &&
8 /usr/sbin/make-ca -r && export _PIP_STANDALONE_CERT=/etc/pki/tls/certs/ca-bundle.crt &&
9 rm $SRC/make-ca-1.12 -rf && cat > /etc/profile.d/pythoncerts.sh << "EOF"
10 export _PIP_STANDALONE_CERT=/etc/pki/tls/certs/ca-bundle.crt
11 EOF
```

4. CrackLib-2.9.8(第 1 次构建)

CrackLib 是一个库,用于通过将用户选择的密码与所选字词列表中的单词进行比较来强制执行强密码。执行如下命令安装 CrackLib,安装了若干程序和库。

```
1 cd $SRC && tar -xf cracklib-2.9.8.tar.bz2 && cd cracklib-2.9.8 && autoreconf -fi && export PYTHON=python3
2 ./configure --prefix=/usr --disable-static --with-default-dict=/usr/lib/cracklib/pw_dict && unset PYTHON
3 make && make install && install -m644 -D ../cracklib-words-2.9.8.bz2 /usr/share/dict/cracklib-words.bz2
4 bunzip2 /usr/share/dict/cracklib-words.bz2 && ln -sf cracklib-words /usr/share/dict/words &&
5 echo $(hostname) >> /usr/share/dict/cracklib-extra-words && install -m755 -d /usr/lib/cracklib &&
6 create-cracklib-dict /usr/share/dict/cracklib-words /usr/share/dict/cracklib-extra-words && rm $SRC/cracklib-2.9.8 -rf
```

5. Cyrus SASL-2.1.28

Cyrus SASL(Simple Authentication and Security Layer)是一个开源的软件包,用于实现简单的认证和安全层。Cyrus SASL 提供了一种通用的认证框架,允许应用程序在不同的网络协议上进行身份验证。它支持多种身份验证方法,包括基于用户名和密码的认证、基于数字证书的认证和基于外部认证服务器的认证等。通过使用 Cyrus SASL,开发人员可以将身份验证和安全功能添加到他们的应用程序中,而无须关心底层的网络协议。它为应用程序提供了一致的 API,简化了身份验证和安全功能的实现过程,同时提供了灵活的配置选项,以满足不同的安全需求。Cyrus SASL 广泛应用于各种网络应用程序,如电子邮件服务器、Web 服务器和即时通信软件等。它的可移植性和可扩展性使得它成为开发人员在构建安全性强大的网络应用程序时的理想选择。Cyrus SASL 软件包包含一个简单的认证和安全层实现,这是一种向基于连接的协议添加身份验证支持的方法。要使用 SASL,协议需要包括一个命令,用于向服务器识别和验证用户,并可选地协商后续协议交互的保护。如果协商使用它,那么一个安全层将被插入协议和连接之间。执行如下命令安装 Cyrus SASL,安装了若干程序和库。

```
1 cd $SRC && tar -xf cyrus-sasl-2.1.28.tar.gz && cd cyrus-sasl-2.1.28 &&
2 ./configure --prefix=/usr --sysconfdir=/etc --enable-auth-sasldb --with-dbpath=/var/lib/sasl/sasldb2 \
3    --with-sphinx-build=no --with-saslauthd=/var/run/saslauthd && make -j1 && make install &&
4 install -dm755 /usr/share/doc/cyrus-sasl-2.1.28/html &&
5 install -m644 saslauthd/LDAP_SASLAUTHD /usr/share/doc/cyrus-sasl-2.1.28 &&
6 install -m644 doc/legacy/*.html /usr/share/doc/cyrus-sasl-2.1.28/html && install -dm700 /var/lib/sasl &&
7 cd $SRC/blfs-systemd-units-20220720 && make install-saslauthd && rm $SRC/cyrus-sasl-2.1.28 -rf
```

6. Nettle-3.8.1

Nettle 是一个开源的低级加密库,提供了一套用于加密和哈希函数的算法,例如,DES、AES、RSA 等。它设计的目的是提供高性能的加密操作,并且易于使用,同时也注重安全性和可移植性。Nettle 的算法实现经过优化,以提供最佳的性能。Nettle 库基于现代密码学原理,提供了安全可靠的加密功能。它使用了各种密码学原语和安全协议,例如,块密码、哈希函数、公钥密码等。Nettle 库是用 C 语言编写的,这使得它可以在不同的操作系统和编译器上运行。它提供了一个简单而一致的 API,使得在不同平台上使用相同的代码变得容易。Nettle 库提供了多种算法的实现和配置选项,可以根据实际需求选择不同的加密算法和参数。Nettle 在性能、安全性和可移植性方面都有很好的表现,适合用于开发安全的加密应用程序。执行如下命令安装 Nettle。

```
1 cd $SRC && tar -xf nettle-3.8.1.tar.gz && cd nettle-3.8.1 && ./configure --prefix=/usr --disable-static &&
2 make && make install && chmod 755 /usr/lib/lib{hogweed,nettle}.so && install -m755 -d /usr/share/doc/nettle-3.8.1 &&
3 install -m644 nettle.html /usr/share/doc/nettle-3.8.1 && rm $SRC/nettle-3.8.1 -rf
```

7. libtasn1-4.19.0

libtasn1 是一个开源的 C 库,用于处理 ASN.1 DER 编码数据和 X.509 证书的解析和验证。它提供了解析、生成和验证 ASN.1 DER 数据的功能,包括基本的 ASN.1 类型(如 INTEGER、UTCTime 等)和复杂的数据结构(如 SEQUENCE、SET 等)。并且,它还提供了对 X.509 证书的解析、生成和验证的功能。libtasn1 可以解析和生成 ASN.1 DER 编码数据,使开发者能够读取和修改 ASN.1 数据。libtasn1 提供了对 X.509 证书的解析、生成和验证的功能,包括验证证书的有效性、处理证书链等。libtasn1 支持多种 ASN.1 编码规则,包括基本编码规则(BER)、规范编码规则(CER)和可定制编码规则(DER)。执行如下命令安装 libtasn1,安装了若干程序和库。

```
1 cd $SRC && tar -xf libtasn1-4.19.0.tar.gz && cd libtasn1-4.19.0 && ./configure --prefix=/usr --disable-static &&
2 make && make install && make -C doc/reference install-data-local && rm $SRC/libtasn1-4.19.0 -rf
```

8. libunistring-1.1

libunistring 是一个提供按照 Unicode 标准操作 Unicode 字符串和 C 字符串的函数的库。执行如下命令安装 libunistring。安装的库是 libunistring.so。

```
1 cd $SRC && tar -xf libunistring-1.1.tar.xz && cd libunistring-1.1 && ./configure --prefix=/usr --disable-static \
2    --docdir=/usr/share/doc/libunistring-1.1 && make && make install && rm $SRC/libunistring-1.1 -rf
```

9. libgpg-error-1.46

libgpg-error 软件包包含一个库,它为所有 GnuPG 组件定义了常见的错误值。执行如下命令安装 libgpg-error。

```
1 cd $SRC && tar -xf libgpg-error-1.46.tar.bz2 && cd libgpg-error-1.46 && ./configure --prefix=/usr && make &&
2 make install && install -m644 -D README /usr/share/doc/libgpg-error-1.46/README && rm $SRC/libgpg-error-1.46 -rf
```

安装的程序是 gpg-error、gpgrt-config 和 yat2m。安装的库是 libgpg-error.so。

10. libassuan-2.5.5

libassuan 软件包包含一个进程间通信库,用于一些其他 GnuPG 相关软件包。libassuan 的主要用途是允许客户端与非持久服务器进行交互。然而,libassuan 并不仅限于与 GnuPG 服务器和客户端一起使用。它被设计为足够灵活,以满足许多基于事务的具有非持久性服务器的环境的需求。执行如下命令安装 libassuan。

```
1 cd $SRC && tar -xf libassuan-2.5.5.tar.bz2 && cd libassuan-2.5.5 && ./configure --prefix=/usr &&
2 make && make -C doc html && makeinfo --html --no-split -o doc/assuan_nochunks.html doc/assuan.texi &&
3 makeinfo --plaintext -o doc/assuan.txt doc/assuan.texi &&
4 make install && install -dm755 /usr/share/doc/libassuan-2.5.5/html &&
5 install -m644 doc/assuan.html/* /usr/share/doc/libassuan-2.5.5/html &&
6 install -m644 doc/assuan_nochunks.html /usr/share/doc/libassuan-2.5.5 &&
7 install -m644 doc/assuan.{txt,texi} /usr/share/doc/libassuan-2.5.5 && rm $SRC/libassuan-2.5.5 -rf
```

安装的程序是 libassuan-config。安装的库是 libassuan.so,该库实现了 Assuan 协议。

11. GPGME-1.18.0

GPGME 软件包是一个 C 库,允许向程序添加加密支持。它旨在为应用程序提供更容易访问公钥加密引擎(如 GnuPG 或 GpgSM)的方法。GPGME 为加密、解密、签名、签名验证和密钥管理提供高级加密 API。执行如下命令安装 GPGME,安装了若干程序和库。

```
1 cd $SRC && tar -xf gpgme-1.18.0.tar.bz2 && cd gpgme-1.18.0 && sed -e 's/3\.9/3.11/' -e 's/:3/:4/' -i configure &&
2 patch -Np1 -i ../gpgme-1.18.0-gpg_error_1_46-1.patch && ./configure --prefix=/usr \
3   --disable-gpg-test && make && make install && rm $SRC/gpgme-1.18.0 -rf
```

12. iptables-1.8.9

iptables 是一个用户空间命令行程序,用于配置 Linux 2.4 及更高版本内核的数据包过滤规则集。执行如下命令安装 iptables,安装了若干程序和库,这里需要配置内核。

```
1 cd $SRC && tar -xf iptables-1.8.9.tar.xz && cd iptables-1.8.9 && ./configure --prefix=/usr --disable-nftables \
2   --enable-libipq && make && make install && install -dm755 /etc/systemd/scripts && rm $SRC/iptables-1.8.9 -rf
3 cd $SRC/blfs-systemd-units-20220720 && make install-iptables
```

注意:如果某个软件包的安装说明中指出"需要配置内核",请读者查看本书配套资源中 linux-6.1.11-make-menuconfig.sh 文件里的对应内容。

13. Linux-PAM-1.5.2

Linux-PAM 软件包包含可插拔身份验证模块,由本地系统管理员用于控制应用程序如何对用户进行身份验证。执行如下命令安装 Linux-PAM,安装了若干程序和库。

```
1 cd $SRC && tar -xf Linux-PAM-1.5.2.tar.xz && cd Linux-PAM-1.5.2 &&
2 tar -xf ../Linux-PAM-1.5.2-docs.tar.xz --strip-components=1 &&
3 sed -e 's/dummy elinks/dummy lynx/' -e 's/-no-numbering -no-references/-force-html -nonumbers -stdin/' -i configure &&
4 ./configure --prefix=/usr --sbindir=/usr/sbin --sysconfdir=/etc --libdir=/usr/lib --enable-securedir=/usr/lib/security \
5   --docdir=/usr/share/doc/Linux-PAM-1.5.2 && make && make install && chmod 4755 /usr/sbin/unix_chkpwd &&
6 install -dm755 /etc/pam.d && rm $SRC/Linux-PAM-1.5.2 -rf
```

执行如下命令创建 4 个配置文件。还有一个/etc/pam.d/other 文件,其内容见 slfs-blfs-1.sh。

```
 1 cat > /etc/pam.d/system-account << "EOF"
 2 account    required    pam_unix.so
 3 EOF
 4 cat > /etc/pam.d/system-auth << "EOF"
 5 auth       required    pam_unix.so
 6 EOF
 7 cat > /etc/pam.d/system-session << "EOF"
 8 session    required    pam_unix.so
 9 EOF
10 cat > /etc/pam.d/system-password << "EOF"
11 password   required    pam_unix.so    sha512 shadow try_first_pass    rounds=500000
12 EOF
```

注意:安装和配置 Linux-PAM 后,必须重新安装和重新配置 Shadow-4.13 和 Systemd-252。

14. Shadow-4.13（第 2 次构建）

如果已经安装了 Linux-PAM，则重新安装 Shadow 将允许登录和 su 等程序使用 PAM。执行如下命令安装 Shadow-4.13。

```
1 cd $SRC  && rm shadow-4.13 -rf && tar -xf shadow-4.13.tar.xz && cd shadow-4.13 &&
2 sed -i 's/groups$(EXEEXT) //' src/Makefile.in &&
3 find man -name Makefile.in -exec sed -i 's/groups\.1 / /'    {} \; &&
4 find man -name Makefile.in -exec sed -i 's/getspnam\.3 / /' {} \; &&
5 find man -name Makefile.in -exec sed -i 's/passwd\.5 / /'    {} \; &&
6 sed -e 's@#ENCRYPT_METHOD DES@ENCRYPT_METHOD SHA512@' -e 's@#\(SHA_CRYPT_...ROUNDS 5000\)@\100@' \
7     -e 's@/var/spool/mail@/var/mail@' -e '/PATH=/{s@/sbin:@@;s@/bin:@@}' -i etc/login.defs &&
8 ./configure --sysconfdir=/etc --disable-static --with-group-name-max-length=32 &&
9 make && make exec_prefix=/usr install && make -C man install-man &&
10 install -m644 /etc/login.defs /etc/login.defs.orig &&
11 for FUNCTION in FAIL_DELAY FAILLOG_ENAB LASTLOG_ENAB MAIL_CHECK_ENAB OBSCURE_CHECKS_ENAB \
12                 PORTTIME_CHECKS_ENAB QUOTAS_ENAB CONSOLE MOTD_FILE FTMP_FILE NOLOGINS_FILE \
13                 ENV_HZ PASS_MIN_LEN SU_WHEEL_ONLY CRACKLIB_DICTPATH PASS_CHANGE_TRIES \
14                 PASS_ALWAYS_WARN CHFN_AUTH ENCRYPT_METHOD ENVIRON_FILE
15 do sed -i "s/^${FUNCTION}/# &/" /etc/login.defs; done
```

登录程序 login 目前执行许多 Linux-PAM 模块现在应处理的功能。上面第 15 行的命令将在/etc/login.defs 中注释掉适当的行，防止登录程序 login 执行这些功能。

配置 Linux-PAM 以使其与 Shadow 协同工作。Linux-PAM 有两种配置方法：①基于目录的配置，其中每个程序在/etc/pam.d/目录中都有自己的配置文件；②使用单个/etc/pam.conf 配置文件。本书使用第一种方法。在/etc/pam.d/目录中创建 Linux-PAM 配置文件：login、passwd、su、chpasswd、newusers、chage。这些文件的内容见 slfs-blfs-1.sh。

Linux-PAM 使用 pam_access.so 模块和/etc/security/access.conf 文件来控制对系统的访问，而不是使用/etc/login.access 文件。

Linux-PAM 使用 pam_limits.so 模块和/etc/security/limits.conf 文件来限制系统资源的使用，而不是使用/etc/limits 文件。

15. CrackLib-2.9.8（第 2 次构建）

编译 CrackLib 前要再次编译 Shadow。执行如下命令安装 CrackLib。

```
1 rm /usr/share/dict/cracklib-words -f &&
2 cd $SRC && tar -xf cracklib-2.9.8.tar.bz2 && cd cracklib-2.9.8 && autoreconf -fi && export PYTHON=python3
3 ./configure --prefix=/usr --disable-static --with-default-dict=/usr/lib/cracklib/pw_dict && unset PYTHON
4 make && make install && install -m644 -D ../cracklib-words-2.9.8.bz2 /usr/share/dict/cracklib-words.bz2 &&
5 bunzip2 /usr/share/dict/cracklib-words.bz2 && ln -sf cracklib-words /usr/share/dict/words &&
6 install -m755 -d /usr/lib/cracklib &&
7 create-cracklib-dict /usr/share/dict/cracklib-words /usr/share/dict/cracklib-extra-words
8 rm $SRC/cracklib-2.9.8 -rf
```

16. systemd-252（第 2 次构建）

第 1 次构建 systemd 时，尚未安装 Linux-PAM，因此 systemd 的许多功能未包含在初始安装中。需要重新构建 systemd 软件包以提供工作的 systemd-logind 服务，该服务为依赖软件包提供了许多附加功能。执行如下命令重新构建 systemd。安装的库是 pam_systemd.so,是一个 PAM 模块,用于向 systemd 登录管理器 systemd-logind 注册用户会话。

```
1 cd $SRC && tar -xf systemd-252.tar.gz && cd systemd-252 && patch -Np1 -i ../systemd-252-security_fix-1.patch &&
2 sed -i -e 's/GROUP="render"/GROUP="video"/' -e 's/GROUP="sgx", //' rules.d/50-udev-default.rules.in &&
3 mkdir build && cd build && meson setup --prefix=/usr --buildtype=release -Ddefault-dnssec=no \
4    -Dfirstboot=false -Dinstall-tests=false -Dldconfig=false -Dman=auto -Dsysusers=false \
5    -Drpmmacrosdir=no -Dhomed=false -Duserdb=false -Dmode=release -Dpam=true -Dpamconfdir=/etc/pam.d \
6    -Ddocdir=/usr/share/doc/systemd-252 .. && ninja && ninja install && rm $SRC/systemd-252 -rf
```

需要执行如下命令修改/etc/pam.d/system-session 文件,且新建/etc/pam.d/systemd-user 文件以使 systemd-logind 能够正确工作。

```
1 grep 'pam_systemd' /etc/pam.d/system-session ||
2 cat >> /etc/pam.d/system-session << "EOF"
3 session  required   pam_loginuid.so
4 session  optional   pam_systemd.so
5 EOF
6 cat > /etc/pam.d/systemd-user << "EOF"
7 account  required   pam_access.so
8 account  include    system-account
9 session  required   pam_env.so
10 session  required   pam_limits.so
11 session  required   pam_unix.so
12 session  required   pam_loginuid.so
13 session  optional   pam_keyinit.so force revoke
14 session  optional   pam_systemd.so
15 auth     required   pam_deny.so
16 password required   pam_deny.so
17 EOF
```

17. libcap-2.67 with PAM(第 2 次构建)

第 1 次构建 systemd 时,尚未安装 Linux-PAM。如果需要 Linux-PAM 支持,则必须构建 PAM 模块(在安装 Linux-PAM 之后)。执行如下命令安装 libcap。安装的库是 pam_cap.so。

```
1 cd $SRC && tar -xf libcap-2.67.tar.xz && cd libcap-2.67 && make -C pam_cap &&
2 install -m755 pam_cap/pam_cap.so /usr/lib/security &&
3 install -m644 pam_cap/capability.conf /etc/security && mv /etc/pam.d/system-auth{,.bak} &&
4 cat > /etc/pam.d/system-auth << "EOF"
5 auth      optional   pam_cap.so
6 EOF
7 tail -n +3 /etc/pam.d/system-auth.bak >> /etc/pam.d/system-auth && rm $SRC/libcap-2.67 -rf
```

为了允许 Linux-PAM 根据 POSIX 能力授予权限,需要在/etc/pam.d/system-auth 文件的开头添加 libcap 模块(上面第 4~6 行)。

18. cURL-7.88.1

cURL 包含一个实用程序和一个库,用于通过 URL 语法将文件传输到以下任何协议之一:DICT、FILE、FTP、FTPS、GOPHER、GOPHERS、HTTP、HTTPS、IMAP、IMAPS、

LDAP、LDAPS、MQTT、POP3、POP3S、RTSP、SMB、SMBS、SMTP、SMPTS、TELNET 和 TFTP。它既可以下载又可以上传文件，并可与其他程序合并以支持流媒体等功能。执行如下命令安装 cURL。

```
1 cd $SRC && tar -xf curl-7.88.1.tar.xz && cd curl-7.88.1 &&
2 ./configure --prefix=/usr --disable-static --with-openssl --enable-threaded-resolver \
3   --with-ca-path=/etc/ssl/certs && make && make install && rm -rf docs/examples/.deps &&
4 find docs \( -name Makefile\* -o -name \*.1 -o -name \*.3 \) -exec rm {} \; &&
5 install -d -m755 /usr/share/doc/curl-7.88.1 && cp -R docs/* /usr/share/doc/curl-7.88.1
```

安装的程序是 curl 和 curl-config。curl 是用于带 URL 语法传输文件的命令行工具。curl-config 打印有关最后一次编译的信息，例如，链接到的库和前缀设置。安装的库是 libcurl.so，提供 curl 和其他程序所需的 API 函数。

19. NSPR-4.35（第 1 次构建）

Netscape 可移植运行时（Netscape Portable Runtime，NSPR）提供了一个平台中立的 API，用于系统级别和类 libc 函数。执行如下命令安装 NSPR。

```
1 cd $SRC && tar -xf nspr-4.35.tar.gz && cd nspr-4.35 && cd nspr &&
2 sed -ri '/^RELEASE/s/^/#/' pr/src/misc/Makefile.in && sed -i 's#$(LIBRARY) ##' config/rules.mk &&
3 ./configure --prefix=/usr --with-mozilla --with-pthreads $([ $(uname -m) = x86_64 ] && \
4 echo --enable-64bit) && make && make install && rm $SRC/nspr-4.35 -rf
```

安装的程序是 nspr-config，为使用 NSPR 的其他软件包提供编译器和链接器选项。安装的库是 libnspr4.so、libplc4.so 和 libplds4.so。libnspr4.so 包含提供平台无关性的函数，用于非 GUI 操作系统功能，如线程、线程同步、普通文件和网络 I/O、间隔计时和日历时间、基本内存管理和共享库链接。libplc4.so 包含实现 libnspr4 提供的许多功能的函数。libplds4.so 包含提供数据结构的函数。

20. NSS-3.88.1（第 1 次构建）

网络安全服务（Network Security Services，NSS）软件包是一组库，旨在支持安全启用的客户端和服务器应用程序的跨平台开发。使用 NSS 构建的应用程序可以支持 SSL v2 和 SSL v3、TLS、PKCS♯5、PKCS♯7、PKCS♯11、PKCS♯12、S/MIME、X.509 v3 证书和其他安全标准。这对于将 SSL 和 S/MIME 或其他 Internet 安全标准实现到应用程序中很有用。执行如下命令安装 NSS，安装了若干程序和库。

```
1 cd $SRC && tar -xf nss-3.88.1.tar.gz && cd nss-3.88.1 && patch -Np1 -i ../nss-3.88.1-standalone-1.patch && cd nss &&
2 make BUILD_OPT=1 NSPR_INCLUDE_DIR=/usr/include/nspr USE_SYSTEM_ZLIB=1 ZLIB_LIBS=-lz NSS_ENABLE_WERROR=0 \
3   $([ $(uname -m) = x86_64 ] && echo USE_64=1) $([ -f /usr/include/sqlite3.h ] && echo NSS_USE_SYSTEM_SQLITE=1) &&
4 cd ../dist && install -m755 Linux*/lib/*.so /usr/lib && install -m644 Linux*/lib/{*.chk,libcrmf.a} /usr/lib &&
5 install -m755 -d /usr/include/nss && cp -RL {public,private}/nss/* /usr/include/nss && chmod 644 /usr/include/nss/* &&
6 install -m755 Linux*/bin/{certutil,nss-config,pk12util} /usr/bin &&
7 install -m644 Linux*/lib/pkgconfig/nss.pc /usr/lib/pkgconfig &&
8 ln -sf ./pkcs11/p11-kit-trust.so /usr/lib/libnssckbi.so && rm $SRC/nss-3.88.1 -rf
```

21. liboauth-1.0.3

liboauth 是一个实现 OAuth Core RFC 5849 标准的 POSIX-C 函数集合。Liboauth 提

供了根据 OAuth 规范转义和编码参数的功能，并提供高级功能来签署请求或验证 OAuth 签名及执行 HTTP 请求。执行如下命令安装 liboauth。安装的库是 liboauth.so。

```
1 cd $SRC && tar -xf liboauth-1.0.3.tar.gz && cd liboauth-1.0.3 &&
2 patch -Np1 -i ../liboauth-1.0.3-openssl-1.1.0-3.patch &&
3 ./configure --enable-nss --prefix=/usr --disable-static && make && make install &&
4 install -dm755 /usr/share/doc/liboauth-1.0.3 && rm $SRC/liboauth-1.0.3 -rf
```

22. libpwquality-1.4.5

libpwquality 软件包提供了用于密码质量检查的通用函数。该软件包还提供了一个生成具有良好可读性的随机密码的函数。libpwquality 旨在成为现已过时的 pam_cracklib.so PAM 模块的功能替代品。执行如下命令安装 libpwquality。安装的程序是 pwscore 和 pwmake。安装的库是 pam_pwquality.so 和 libpwquality.so。

```
1 cd $SRC && tar -xf libpwquality-1.4.5.tar.bz2 && cd libpwquality-1.4.5 && ./configure --prefix=/usr --disable-static \
2   --with-securedir=/usr/lib/security --with-python-binary=python3 && make && make install &&
3 mv /etc/pam.d/system-password{,.orig} && rm $SRC/libpwquality-1.4.5 -rf
4 cat > /etc/pam.d/system-password << "EOF"
5 password  required  pam_pwquality.so  authtok_type=UNIX retry=1 difok=1 minlen=8 dcredit=0 ucredit=0  lcredit=0 \
6   ocredit=0 minclass=1 maxrepeat=0 maxsequence=0  maxclassrepeat=0 gecoscheck=0 dictcheck=1 usercheck=1 \
7   enforcing=1 badwords=""  dictpath=/usr/lib/cracklib/pw_dict
8 password  required  pam_unix.so  sha512 shadow use_authtok  rounds=500000
9 EOF
```

23. MIT Kerberos V5-1.20.1

MIT Kerberos V5 是 Kerberos 5 的免费实现。Kerberos 是一种网络身份验证协议。它集中了身份验证数据库，并使用支持 Kerberos 的 kerberized 应用程序与服务器或服务一起工作，从而允许单个登录和加密通信在内部网络或互联网上进行。执行如下命令安装 MIT Kerberos V5，安装了多个程序和库。

```
1 cd $SRC && tar -xf krb5-1.20.1.tar.gz && cd krb5-1.20.1 && cd src &&
2 sed -i -e '/eq 0/{N;s/12 //}' plugins/kdb/db2/libdb2/test/run.test && sed -i '/t_kadm5.py/d' lib/kadm5/Makefile.in &&
3 ./configure --prefix=/usr --sysconfdir=/etc --localstatedir=/var/lib --runstatedir=/run --with-system-et \
4   --with-system-ss --with-system-verto=no --enable-dns-for-realm && make && make install &&
5 install -dm755 /usr/share/doc/krb5-1.20.1 && cp -fr ../doc/* /usr/share/doc/krb5-1.20.1 && rm $SRC/krb5-1.20.1 -rf
6 cd $SRC/blfs-systemd-units-20220720 && make install-krb5
```

24. OpenSSH-9.2p1

OpenSSH 软件包包含 ssh 客户端和 sshd 守护程序。这对于在网络上加密身份验证和后续流量非常有用。ssh 和 scp 命令分别是 telnet 和 rcp 的安全实现。当连接到其他计算机时，OpenSSH 作为两个进程运行。第一个进程是特权进程，并在必要时控制特权的发放。第二个进程与网络通信。执行如下命令安装 OpenSSH。

```
1 cd $SRC && tar -xf openssh-9.2p1.tar.gz && cd openssh-9.2p1 &&
2 install -m700 -d /var/lib/sshd && chown root:sys /var/lib/sshd && groupadd -g 50 sshd &&
3 useradd -c 'sshd PrivSep' -d /var/lib/sshd -g sshd -s /bin/false -u 50 sshd &&
4 ./configure --prefix=/usr --sysconfdir=/etc/ssh --with-privsep-path=/var/lib/sshd \
```

```
5    --with-default-path=/usr/bin --with-superuser-path=/usr/sbin:/usr/bin --with-pid-dir=/run &&
6  make && make install && install -m755 contrib/ssh-copy-id /usr/bin &&
7  install -m644 contrib/ssh-copy-id.1 /usr/share/man/man1 && install -m755 -d /usr/share/doc/openssh-9.2p1 &&
8  install -m644 INSTALL LICENCE OVERVIEW README* /usr/share/doc/openssh-9.2p1 &&
9  echo "PermitRootLogin yes" >> /etc/ssh/sshd_config && echo "PasswordAuthentication yes" >> /etc/ssh/sshd_config &&
10 rm $SRC/openssh-9.2p1 -rf && echo "KbdInteractiveAuthentication no" >> /etc/ssh/sshd_config &&
11 sed 's@d/login@d/sshd@g' /etc/pam.d/login > /etc/pam.d/sshd && chmod 644 /etc/pam.d/sshd &&
12 echo "UsePAM yes" >> /etc/ssh/sshd_config && cd $SRC/blfs-systemd-units-20220720 && make install-sshd
```

安装的程序是 scp、sftp、ssh、ssh-add、ssh-agent、ssh-copy-id、ssh-keygen、ssh-keyscan 和 sshd。

25. p11-kit-0.24.1(第 2 次构建)

执行的命令和第 1 次构建时一样。此时生成了 make-ca-1.12 所需的 trust。

26. make-ca-1.12(第 2 次构建)

执行的命令和第 1 次构建时一样。

27. GnuTLS-3.8.0

GnuTLS 软件包包含提供可靠传输层之上的安全层的库和用户空间工具。目前,GnuTLS 库实现了 IETF TLS 工作组所提出的标准。引用自 TLS 1.3 协议规范:"TLS 允许客户端/服务器应用程序在互联网上进行通信,从而设计出一种防止窃听、篡改和消息伪造的方式"。GnuTLS 支持 TLS 1.3、TLS 1.2、TLS 1.1、TLS 1.0 和(可选)SSL 3.0 协议。它还支持 TLS 扩展,包括服务器名称和最大记录大小。此外,该库支持使用 SRP 协议、X.509 证书和 OpenPGP 密钥进行身份验证,以及对 TLS Pre-Shared-Keys(PSK)扩展、Inner Application(TLS/IA)扩展、X.509 和 OpenPGP 证书处理的支持。执行如下命令安装 GnuTLS。

```
1 cd $SRC && tar -xf gnutls-3.8.0.tar.xz && cd gnutls-3.8.0 && ./configure --prefix=/usr \
2   --docdir=/usr/share/doc/gnutls-3.8.0 --with-default-trust-store-pkcs11="pkcs11:" && make && make install
```

安装的程序是 certtool、danetool、gnutls-cli、gnutls-cli-debug、gnutls-serv、ocsptool、p11tool、psktool 和 srptool。安装的库是 libgnutls.so、libgnutls-dane.so、libgnutlsxx.so 等。

28. duktape-2.7.0

duktape 是一个可嵌入的 JavaScript 引擎,专注于可移植性和紧凑的占用空间。执行如下命令安装 duktape。安装的库是 libduktape.so 和 libduktaped.so。

```
1 cd $SRC && tar -xf duktape-2.7.0.tar.xz && cd duktape-2.7.0 &&
2 sed -i 's/-Os/-02/' Makefile.sharedlibrary && make -f Makefile.sharedlibrary INSTALL_PREFIX=/usr &&
3 make -f Makefile.sharedlibrary INSTALL_PREFIX=/usr install && rm $SRC/duktape-2.7.0 -rf
```

29. PCRE2-10.42

PCRE2(Perl Compatible Regular Expression)软件包包含的库可用于使用与 Perl 相同的语法和语义实现正则表达式模式匹配。执行如下命令安装 PCRE2。

```
1 cd $SRC && tar -xf pcre2-10.42.tar.bz2 && cd pcre2-10.42 && ./configure --prefix=/usr \
2   --docdir=/usr/share/doc/pcre2-10.42 --enable-unicode --enable-jit --enable-pcre2-16 \
3   --enable-pcre2-32 --enable-pcre2grep-libz --enable-pcre2grep-libbz2 --enable-pcre2test-libreadline \
4   --disable-static && make && make install && rm $SRC/pcre2-10.42 -rf
```

安装的程序是 pcre2-config、pcre2gre 等。安装的库是 libpcre2-8.so、libpcre2-16.so、libpcre2-32.so 和 libpcre2-posix.so。

30. libxml2-2.10.3（第 1 次构建）

libxml2 软件包包含用于解析 XML 文件的库和实用工具。执行如下命令安装 libxml2。

```
1 cd $SRC && tar -xf libxml2-2.10.3.tar.xz && cd libxml2-2.10.3 && ./configure --prefix=/usr \
2   --sysconfdir=/etc --disable-static --with-history PYTHON=/usr/bin/python3 \
3   --docdir=/usr/share/doc/libxml2-2.10.3 && make && make install && rm $SRC/libxml2-2.10.3 -rf
```

安装的程序是 xml2-config、xmlcatalog 和 xmllint。安装的库是 libxml2.so。

31. libxslt-1.1.37

libxslt 软件包包含用于扩展 libxml2 库以支持 XSLT 文件的 XSLT 库。执行如下命令安装 libxslt。

```
1 cd $SRC && tar -xf libxslt-1.1.37.tar.xz && cd libxslt-1.1.37 && ./configure --prefix=/usr --disable-static \
2 --docdir=/usr/share/doc/libxslt-1.1.37 PYTHON=/usr/bin/python3 && make && make install && rm $SRC/libxslt-1.1.37 -rf
```

安装的程序是 xslt-config 和 xsltproc。安装的库是 libexslt.so、libxslt.so 等。

32. stunnel-5.68

stunnel 软件包包含一个程序，允许在 SSL（安全套接层）内加密任意 TCP 连接，因此可以通过安全通道与客户端进行通信。stunnel 也可用于通过网络套接字隧道传输 PPP，而无须更改服务器软件包源代码。执行如下命令安装 stunnel。

```
1 cd $SRC && tar -xf stunnel-5.68.tar.gz && cd stunnel-5.68 && groupadd -g 51 stunnel &&
2 useradd -c "stunnel Daemon" -d /var/lib/stunnel -g stunnel -s /bin/false -u 51 stunnel &&
3 ./configure --prefix=/usr --sysconfdir=/etc --localstatedir=/var &&
4 make && make docdir=/usr/share/doc/stunnel-5.68 install &&
5 install -m644 tools/stunnel.service /usr/lib/systemd/system && make cert &&
6 install -m750 -o stunnel -g stunnel -d /var/lib/stunnel/run &&
7 chown stunnel:stunnel /var/lib/stunnel && systemctl enable stunnel && rm $SRC/stunnel-5.68 -rf &&
```

安装的程序是 stunnel 和 stunnel3。安装的库是 libstunnel.so，包含 stunnel 所需的 API 函数。

33. Sudo-1.9.13p1

Sudo 软件包允许系统管理员授予某些用户或用户组以 root 或其他用户身份运行一些（或全部）命令的权限，同时记录命令和参数。执行如下命令安装 Sudo，安装了多个程序和库。

```
1 cd $SRC && tar -xf sudo-1.9.13p1.tar.gz && cd sudo-1.9.13p1 && ./configure --prefix=/usr \
2   --libexecdir=/usr/lib --with-secure-path --with-all-insults --with-env-editor \
3   --docdir=/usr/share/doc/sudo-1.9.13p1 --with-passprompt="[sudo] password for %p: " &&
4 make && make install && ln -sf libsudo_util.so.0.0.0 /usr/lib/sudo/libsudo_util.so.0 &&
5 cat > /etc/sudoers.d/00-sudo << "EOF"
6 #省略若干行
7 EOF
8 cat > /etc/pam.d/sudo << "EOF"
9 #省略若干行
10 EOF
11 chmod 644 /etc/pam.d/sudo && rm $SRC/sudo-1.9.13p1 -rf
```

34. Tripwire-2.4.3.7

Tripwire 包含用于验证给定系统上文件完整性的程序。执行如下命令安装 Tripwire。
安装的程序是 siggen、tripwire、twadmin 和 twprint。

```
1 cd $SRC && tar -xf tripwire-open-source-2.4.3.7.tar.gz && cd tripwire-open-source-2.4.3.7 &&
2 sed -e '/^CLOBBER/s/false/true/' -e 's|TWDB="${prefix}|TWDB="/var|' -e '/TWMAN/ s|${prefix}|/usr/share|' \
3   -e '/TWDOCS/s|${prefix}/doc/tripwire|/usr/share/doc/tripwire-2.4.3.7|' -i installer/install.cfg &&
4 find . -name Makefile.am | xargs sed -i 's/^[[:alpha:]_]*_HEADERS.*=/noinst_HEADERS =/' &&
5 sed '/dist/d' -i man/man?/Makefile.am && autoreconf -fi &&
6 ./configure --prefix=/usr --sysconfdir=/etc/tripwire && make CPPFLAGS=-std=c++11 &&
7 sed -i -e 's@installer/install.sh@& -n -s 111111 -l 111111@' Makefile &&
8 sed '/-t 0/,+3d' -i installer/install.sh && make install &&
9 cp policy/*.txt /usr/share/doc/tripwire-2.4.3.7 && rm $SRC/tripwire-open-source-2.4.3.7 -rf
```

35. libgcrypt-1.10.1

libgcrypt 软件包包含一个基于 GnuPG 代码的通用加密库。该库使用可扩展和灵活的
API 提供了高级别接口来进行密码构建块。执行如下命令安装 libgcrypt。安装的程序是
dumpsexp、hmac256、libgcrypt-config 和 mpicalc。安装的库是 libgcrypt.so。

```
1 cd $SRC && tar -xf libgcrypt-1.10.1.tar.bz2 && cd libgcrypt-1.10.1 && ./configure --prefix=/usr && make &&
2 make -C doc html && makeinfo --html --no-split -o doc/gcrypt_nochunks.html doc/gcrypt.texi &&
3 makeinfo --plaintext -o doc/gcrypt.txt doc/gcrypt.texi &&
4 make install && install -dm755 /usr/share/doc/libgcrypt-1.10.1 &&
5 install -m644 README doc/{README.apichanges,fips*,libgcrypt*} /usr/share/doc/libgcrypt-1.10.1 &&
6 install -dm755 /usr/share/doc/libgcrypt-1.10.1/html &&
7 install -m644 doc/gcrypt.html/* /usr/share/doc/libgcrypt-1.10.1/html &&
8 install -m644 doc/gcrypt_nochunks.html /usr/share/doc/libgcrypt-1.10.1 &&
9 install -m644 doc/gcrypt.{txt,texi} /usr/share/doc/libgcrypt-1.10.1 && rm $SRC/libgcrypt-1.10.1 -rf
```

36. libksba-1.6.3

libksba 软件包包含一个库，用于制作 X.509 证书，以及使 CMS 易于被其他应用程序访
问。这两个规范是 S/MIME 和 TLS 的基本构建块。该库不依赖于另一个加密库，但提供
了易于与 Libgcrypt 集成的钩子。执行如下命令安装 libksba。安装的库是 libksba.so。

```
1 cd $SRC && tar -xf libksba-1.6.3.tar.bz2 && cd libksba-1.6.3 && ./configure --prefix=/usr && make && make install
```

37. NPth-1.6

NPth 软件包包含一个便携式的基于 POSIX/ANSI-C 的库，用于 UNIX 平台上在事件驱动应用程序中为多个执行线程提供非抢占式基于优先级的调度。所有线程都在服务器应用程序的同一地址空间中运行，但每个线程都有其自己的程序计数器、运行时堆栈、信号屏蔽和 errno 变量。执行如下命令安装 NPth。安装的程序是 npth-config。安装的库是 libnpth.so。

```
1 cd $SRC && tar -xf npth-1.6.tar.bz2 && cd npth-1.6 && ./configure --prefix=/usr && make && make install
```

38. GnuPG-2.4.0

GnuPG 是 GNU 的安全通信和数据存储工具，它可用于加密数据和创建数字签名。它包括先进的密钥管理设施，并符合 RFC 2440 中描述的 OpenPGP 互联网标准和多个 RFC 中描述的 S/MIME 标准。GnuPG 2 是集成了对 OpenPGP 和 S/MIME 支持的稳定版本。执行如下命令安装 GnuPG，安装了多个程序。

```
1 cd $SRC && tar -xf gnupg-2.4.0.tar.bz2 && cd gnupg-2.4.0 && mkdir build && cd build &&
2 ../configure --prefix=/usr --localstatedir=/var --sysconfdir=/etc --docdir=/usr/share/doc/gnupg-2.4.0 &&
3 make && makeinfo --html --no-split -I doc -o doc/gnupg_nochunks.html ../doc/gnupg.texi &&
4 makeinfo --plaintext -I doc -o doc/gnupg.txt ../doc/gnupg.texi &&
5 make -C doc html && make install && install -m755 -d /usr/share/doc/gnupg-2.4.0/html &&
6 install -m644 doc/gnupg_nochunks.html /usr/share/doc/gnupg-2.4.0/html/gnupg.html &&
7 install -m644 ../doc/*.texi doc/gnupg.txt /usr/share/doc/gnupg-2.4.0 &&
8 install -m644 doc/gnupg.html/* /usr/share/doc/gnupg-2.4.0/html && rm $SRC/gnupg-2.4.0 -rf
```

6.3　GLib-2.74.5

由于安装 Polkit-122 软件包之前需要先安装 GLib-2.74.5 软件包。而安装 GLib-2.74.5 软件包前又需要安装其他一系列软件包，因此把这些软件包的安装放在本节介绍。

1. docbook-xsl-nons-1.79.2

DocBook XSL 样式表软件包包含 XSL 样式表。这些样式表用于对 XML DocBook 文件执行转换。执行如下命令安装 DocBook XSL。

```
1  cd $SRC && tar -xf docbook-xsl-nons-1.79.2.tar.bz2 && cd docbook-xsl-nons-1.79.2 &&
2  patch -Np1 -i ../docbook-xsl-nons-1.79.2-stack_fix-1.patch &&
3  tar -xf ../docbook-xsl-doc-1.79.2.tar.bz2 --strip-components=1 &&
4  install -m755 -d /usr/share/xml/docbook/xsl-stylesheets-nons-1.79.2 &&
5  cp -R VERSION assembly common eclipse epub epub3 extensions fo highlighting html htmlhelp images \
6      javahelp lib manpages params profiling roundtrip slides template tests tools webhelp website \
7      xhtml xhtml-1_1 xhtml5 /usr/share/xml/docbook/xsl-stylesheets-nons-1.79.2 &&
8  ln -sf VERSION /usr/share/xml/docbook/xsl-stylesheets-nons-1.79.2/VERSION.xsl &&
9  install -m644 -D README /usr/share/doc/docbook-xsl-nons-1.79.2/README.txt &&
10 install -m644 RELEASE-NOTES* NEWS* /usr/share/doc/docbook-xsl-nons-1.79.2 &&
11 cp -R doc/* /usr/share/doc/docbook-xsl-nons-1.79.2 &&
12 if [ ! -d /etc/xml ]; then install -v -m755 -d /etc/xml; fi &&
13 if [ ! -f /etc/xml/catalog ]; then xmlcatalog --noout --create /etc/xml/catalog; fi &&
```

```
14 xmlcatalog --noout --add "rewriteSystem" "https://cdn.docbook.org/release/xsl-nons/1.79.2" \
15           "/usr/share/xml/docbook/xsl-stylesheets-nons-1.79.2" /etc/xml/catalog &&
16 #省略若干行
```

2．itstool-2.0.7

itstool 从 XML 文件中提取消息并输出 PO 模板文件，然后合并 MO 文件中的翻译以创建已翻译的 XML 文件。它使用 W3C 国际化标记集（ITS）确定要翻译的内容，以及如何将其分块为消息。执行如下命令安装 itstool。

```
1 cd $SRC && tar -xf itstool-2.0.7.tar.bz2 && cd itstool-2.0.7 && export PYTHON=/usr/bin/python3 &&
2 ./configure --prefix=/usr && make && make install && unset PYTHON && rm $SRC/itstool-2.0.7 -rf
```

3．xmlto-0.0.28

xmlto 软件包是 XSL 工具链的前端。它选择要进行转换的适当样式表，并使用外部 XSLT 处理器应用它。它还执行任何必要的后处理。执行如下命令安装 xmlto。

```
1 cd $SRC && tar -xf xmlto-0.0.28.tar.bz2 && cd xmlto-0.0.28 && export LINKS="/usr/bin/links" &&
2 ./configure --prefix=/usr && make && make install && unset LINKS && rm $SRC/xmlto-0.0.28 -rf
```

4．sgml-common-0.6.3

SGML Common 包含 install-catalog。它可用于创建和维护集中的 SGML 目录。执行如下命令安装 SGML Common。

```
1 cd $SRC && tar -xf sgml-common-0.6.3.tgz && cd sgml-common-0.6.3 &&
2 patch -Np1 -i ../sgml-common-0.6.3-manpage-1.patch && autoreconf -f -i &&
3 ./configure --prefix=/usr --sysconfdir=/etc && make && make docdir=/usr/share/doc install &&
4 install-catalog --add /etc/sgml/sgml-ent.cat /usr/share/sgml/sgml-iso-entities-8879.1986/catalog &&
5 install-catalog --add /etc/sgml/sgml-docbook.cat /etc/sgml/sgml-ent.cat && rm $SRC/sgml-common-0.6.3 -rf
```

5．UnZip-6.0

UnZip 软件包包含 ZIP 提取实用程序。这些实用程序用于从 ZIP 存档中提取文件。ZIP 存档通常是在 DOS 环境下使用 PKZIP 或 Info-ZIP 实用程序创建的。执行如下命令安装 UnZip。安装的程序是 funzip、unzip、unzipfsx、zipgrep 和 zipinfo。

```
1 cd $SRC && tar -xf unzip60.tar.gz && cd unzip60 &&
2 patch -Np1 -i ../unzip-6.0-consolidated_fixes-1.patch && make -f unix/Makefile generic &&
3 make prefix=/usr MANDIR=/usr/share/man/man1 -f unix/Makefile install && rm $SRC/unzip60 -rf
```

6．docbook-xml-4.5

DocBook-XML DTD 软件包包含针对 DocBook 规则集对 XML 数据文件进行验证的文档类型定义。这些定义对于将书籍和软件文档结构化到标准中非常有用，使用户能够利用已经为该标准编写的转换工具。执行如下命令安装 DocBook XML DTD。

```
1 cd $SRC && unzip docbook-xml-4.5.zip -d docbook-xml-4.5 && cd docbook-xml-4.5 &&
2 install -d -m755 /usr/share/xml/docbook/xml-dtd-4.5 && install -d -m755 /etc/xml &&
3 chown -R root:root . && cp -af docbook.cat *.dtd ent/ *.mod /usr/share/xml/docbook/xml-dtd-4.5 &&
4 if [ ! -e /etc/xml/docbook ]; then xmlcatalog --noout --create /etc/xml/docbook; fi &&
5 xmlcatalog --noout --add "public" "-//OASIS//DTD DocBook XML V4.5//EN" \
6    "http://www.oasis-open.org/docbook/xml/4.5/docbookx.dtd" /etc/xml/docbook &&
7 #省略若干行
```

7. docbook-xml-5.0

DocBook XML DTD 软件包包含针对 DocBook 规则集对 XML 数据文件进行验证的文档类型定义和模式。这些定义对于将书籍和软件文档结构化到标准中非常有用。执行如下命令安装 DocBook XML DTD 和模式。

```
1 cd $SRC && unzip docbook-5.0.zip && cd docbook-5.0 &&
2 install -dm755 /usr/share/xml/docbook/schema/{dtd,rng,sch,xsd}/5.0 &&
3 install -m644  dtd/* /usr/share/xml/docbook/schema/dtd/5.0 &&
4 install -m644  rng/* /usr/share/xml/docbook/schema/rng/5.0 &&
5 install -m644  sch/* /usr/share/xml/docbook/schema/sch/5.0 &&
6 install -m644  xsd/* /usr/share/xml/docbook/schema/xsd/5.0 &&
7 if [ ! -e /etc/xml/docbook-5.0 ]; then xmlcatalog --noout --create /etc/xml/docbook-5.0; fi &&
8 xmlcatalog --noout --add "public" "-//OASIS//DTD DocBook XML 5.0//EN" \
9    "file:///usr/share/xml/docbook/schema/dtd/5.0/docbook.dtd" /etc/xml/docbook-5.0 &&
10 #省略若干行
```

8. docbook-xml-5.1

DocBook XML 软件包包含用于针对 DocBook 规则集验证 XML 数据文件的模式文件和 Schematron 规则。执行如下命令安装 DocBook XML 模式。

```
1 cd $SRC && unzip docbook-v5.1-os.zip -d docbook-v5.1-os && cd docbook-v5.1-os &&
2 install -dm755 /usr/share/xml/docbook/schema/{rng,sch}/5.1 &&
3 install -m644 schemas/rng/* /usr/share/xml/docbook/schema/rng/5.1 &&
4 install -m644 schemas/sch/* /usr/share/xml/docbook/schema/sch/5.1 &&
5 install -m755 tools/db4-entities.pl /usr/bin && install -dm755 /usr/share/xml/docbook/stylesheet/docbook5 &&
6 install -m644 tools/db4-upgrade.xsl /usr/share/xml/docbook/stylesheet/docbook5 &&
7 if [ ! -e /etc/xml/docbook-5.1 ]; then xmlcatalog --noout --create /etc/xml/docbook-5.1; fi &&
8 xmlcatalog --noout --add "uri" "http://www.oasis-open.org/docbook/xml/5.1/rng/docbook.rng" \
9    "file:///usr/share/xml/docbook/schema/rng/5.1/docbook.rng" /etc/xml/docbook-5.1 &&
10 #省略若干行
```

9. GTK-Doc-1.33.2

GTK-Doc 软件包包含一个代码文档工具，它可以从代码中提取特殊格式的注释以创建 API 文档。执行如下命令安装 GTK-Doc，安装了多个程序。

```
1 cd $SRC && tar -xf gtk-doc-1.33.2.tar.xz && cd gtk-doc-1.33.2 && autoreconf -fi &&
2 ./configure --prefix=/usr && make && make install && rm $SRC/gtk-doc-1.33.2 -rf
```

10. OpenSP-1.5.2

OpenSP 软件包包含一个用于使用 SGML/XML 文件的 C++ 库。这对于验证、解析和操作 SGML 和 XML 文档很有用。执行如下命令安装 OpenSP，安装了多个程序，安装的库是 libosp.so。

```
1 cd $SRC && tar -xf OpenSP-1.5.2.tar.gz && cd OpenSP-1.5.2 && sed -i 's/32,/253,/' lib/Syntax.cxx &&
2 sed -i 's/LITLEN           240 /LITLEN           8092/' unicode/{gensyntax.pl,unicode.syn} &&
3 ./configure --prefix=/usr --disable-static --disable-doc-build --enable-http \
4    --enable-default-catalog=/etc/sgml/catalog --enable-default-search-path=/usr/share/sgml &&
5 make pkgdatadir=/usr/share/sgml/OpenSP-1.5.2 &&
6 make pkgdatadir=/usr/share/sgml/OpenSP-1.5.2 docdir=/usr/share/doc/OpenSP-1.5.2 install &&
7 ln -sf onsgmls /usr/bin/nsgmls && ln -sf osgmlnorm /usr/bin/sgmlnorm && ln -sf ospam /usr/bin/spam &&
8 ln -sf ospcat /usr/bin/spcat && ln -sf ospent /usr/bin/spent && ln -sf osx /usr/bin/sx &&
9 ln -sf osx /usr/bin/sgml2xml && ln -sf libosp.so /usr/lib/libsp.so && rm $SRC/OpenSP-1.5.2 -rf
```

11. OpenJade-1.3.2

OpenJade 软件包包含一个 DSSSL 引擎。这对于将 SGML 和 XML 转换为 RTF、TeX、SGML 和 XML 非常有用。执行如下命令安装 OpenJade。第 15 行使用 unset 命令取消环境变量 CXXFLAGS。如果不取消 CXXFLAGS 环境变量，第 8 章编译 JS-102.8.0 时会出错。

```
1 cd $SRC && tar -xf openjade-1.3.2.tar.gz && cd openjade-1.3.2 && patch -Np1 -i ../openjade-1.3.2-upstream-1.patch &&
2 sed -i -e '/getopts/{N;s#&G#g#;s#do .getopts.pl.;##;}' -e '/use POSIX/ause Getopt::Std;' msggen.pl &&
3 export CXXFLAGS="${CXXFLAGS:--O2 -g} -fno-lifetime-dse" &&
4 ./configure --prefix=/usr --mandir=/usr/share/man --enable-http --disable-static \
5    --enable-default-catalog=/etc/sgml/catalog --enable-default-search-path=/usr/share/sgml \
6    --datadir=/usr/share/sgml/openjade-1.3.2 && make && make install && make install-man &&
7 ln -sf openjade /usr/bin/jade && ln -sf libogrove.so /usr/lib/libgrove.so &&
8 ln -sf libospgrove.so /usr/lib/libspgrove.so && ln -sf libostyle.so /usr/lib/libstyle.so &&
9 install -m644 dsssl/catalog /usr/share/sgml/openjade-1.3.2/ &&
10 install -m644 dsssl/*.{dtd,dsl,sgm} /usr/share/sgml/openjade-1.3.2 &&
11 install-catalog --add /etc/sgml/openjade-1.3.2.cat /usr/share/sgml/openjade-1.3.2/catalog &&
12 install-catalog --add /etc/sgml/sgml-docbook.cat /etc/sgml/openjade-1.3.2.cat &&
13 echo "SYSTEM \"http://www.oasis-open.org/docbook/xml/4.5/docbookx.dtd\" \
14    \"/usr/share/xml/docbook/xml-dtd-4.5/docbookx.dtd\"" >> /usr/share/sgml/openjade-1.3.2/catalog &&
15 unset CXXFLAGS && rm $SRC/openjade-1.3.2 -rf
```

12. DocBook-DSSSL-1.79（第 1 次构建）

DocBook DSSSL 样式表软件包包含 DSSSL 样式表。这些样式表被 OpenJade 或其他工具用于转换 SGML 和 XML DocBook 文件。执行如下命令安装 DocBook DSSSL。

```
1 cd $SRC && tar -xf docbook-dsssl-1.79.tar.bz2 && cd docbook-dsssl-1.79 &&
2 install -m755 bin/collateindex.pl /usr/bin && install -m644 bin/collateindex.pl.1 /usr/share/man/man1 &&
3 install -d -m755 /usr/share/sgml/docbook/dsssl-stylesheets-1.79 &&
4 cp -R * /usr/share/sgml/docbook/dsssl-stylesheets-1.79 &&
5 install-catalog --add /etc/sgml/dsssl-docbook-stylesheets.cat /usr/share/sgml/docbook/dsssl-stylesheets-1.79/catalog &&
6 install-catalog --add /etc/sgml/dsssl-docbook-stylesheets.cat \
7    /usr/share/sgml/docbook/dsssl-stylesheets-1.79/common/catalog && rm $SRC/docbook-dsssl-1.79 -rf
8 install-catalog --add /etc/sgml/sgml-docbook.cat /etc/sgml/dsssl-docbook-stylesheets.cat &&
```

13. DocBook-3.1-DTD

DocBook SGML DTD 软件包包含用于根据 DocBook 规则集验证 SGML 数据文件的

文档类型定义。这些对于结构化书籍和软件文档已符合标准,使用户可以利用已经为该标准编写的转换。执行如下命令安装 DocBook-3.1 SGML DTD。

```
1 cd $SRC && unzip docbk31.zip -d docbk31 && cd docbk31 &&
2 sed -i -e '/ISO 8879/d' -e 's|DTDDECL "-//OASIS//DTD DocBook V3.1//EN"|SGMLDECL|g' docbook.cat &&
3 install -d -m755 /usr/share/sgml/docbook/sgml-dtd-3.1 && chown -R root:root . &&
4 install docbook.cat /usr/share/sgml/docbook/sgml-dtd-3.1/catalog &&
5 cp -af *.dtd *.mod *.dcl /usr/share/sgml/docbook/sgml-dtd-3.1 &&
6 install-catalog --add /etc/sgml/sgml-docbook-dtd-3.1.cat /usr/share/sgml/docbook/sgml-dtd-3.1/catalog &&
7 install-catalog --add /etc/sgml/sgml-docbook-dtd-3.1.cat /etc/sgml/sgml-docbook.cat && rm $SRC/docbk31 -rf
8 cat >> /usr/share/sgml/docbook/sgml-dtd-3.1/catalog << "EOF"
9 PUBLIC "-//Davenport//DTD DocBook V3.0//EN" "docbook.dtd"
10 EOF
```

14. DocBook-utils-0.6.14(第 1 次构建)

DocBook-utils 软件包是一组用于转换和分析 SGML 文档的实用程序脚本。这些脚本用于从 DocBook 或其他 SGML 格式转换为传统的文件格式,如 HTML、man、info、RTF 等。还有一个实用程序可以比较两个 SGML 文件并仅显示标记中的差异。这对于比较为不同语言准备的文档非常有用。执行如下命令安装 DocBook-utils,安装了多个程序。

```
1 cd $SRC && tar -xf docbook-utils-0.6.14.tar.gz && cd docbook-utils-0.6.14 &&
2 patch -Np1 -i ../docbook-utils-0.6.14-grep_fix-1.patch && sed -i 's:/html::' doc/HTML/Makefile.in &&
3 ./configure --prefix=/usr --mandir=/usr/share/man && make && make docdir=/usr/share/doc install &&
4 for doctype in html ps dvi man pdf rtf tex texi txt; do
5     ln -sf docbook2$doctype /usr/bin/db2$doctype
6 done && rm $SRC/docbook-utils-0.6.14 -rf
```

15. GLib-2.74.5

GLib 包含用于提供数据结构处理的低层库,以及用于事件循环、线程、动态加载和对象系统等运行时功能的可移植性封装和接口。执行如下命令安装 GLib,安装了多个程序和库。

```
1 cd $SRC && tar -xf glib-2.74.5.tar.xz && cd glib-2.74.5 && patch -Np1 -i ../glib-2.74.5-skip_warnings-1.patch &&
2 mkdir build && cd build && meson setup --prefix=/usr --buildtype=release -Dman=true .. &&
3 ninja && ninja install && mkdir -p /usr/share/doc/glib-2.74.5 &&
4 cp -r ../docs/reference/{gio,glib,gobject} /usr/share/doc/glib-2.74.5 && rm $SRC/glib-2.74.5 -rf
```

6.4 安全 II

1. GObject-Introspection-1.74.0

GObject-Introspection 用于描述程序 API 并将其收集到统一的机器可读格式中。执行如下命令安装 GObject-Introspection,安装了若干程序和库。

```
1 cd $SRC && tar -xf gobject-introspection-1.74.0.tar.xz && cd gobject-introspection-1.74.0 &&
2 mkdir build && cd build && meson setup --prefix=/usr --buildtype=release .. && ninja && ninja install
```

2. Polkit-122

Polkit 是一个用于定义和处理授权的工具包,它被用于允许非特权进程与特权进程通信。执行如下命令安装 Polkit。如果已使用 Linux-PAM 支持构建 Polkit,则需要创建 PAM 配置文件/etc/pam.d/polkit-1,以便默认情况下安装的 Polkit 可以与 BLFS 正常工作。以 root 用户身份执行以下命令创建 Linux-PAM 的配置文件。安装的程序是 pkaction、pkcheck、pkexec、pkttyagent 和 polkitd。安装的库是 libpolkit-agent-1.so 和 libpolkit-gobject-1.so。

```
1 cd $SRC && tar -xf polkit-122.tar.gz && cd polkit-122 && groupadd -fg 27 polkitd &&
2 useradd -c "PolicyKit Daemon Owner" -d /etc/polkit-1 -u 27 -g polkitd -s /bin/false polkitd &&
3 mkdir build && cd build && meson setup --prefix=/usr --buildtype=release -Dman=true \
4   -Dsession_tracking=libsystemd-login -Dtests=true -Djs_engine=duktape .. &&
5 ninja && ninja install && rm $SRC/polkit-122 -rf
6 cat > /etc/pam.d/polkit-1 << "EOF"
7 auth       include         system-auth
8 account    include         system-account
9 password   include         system-password
10 session   include         system-session
11 EOF
```

6.5 文件系统和磁盘管理

本节介绍各种文件系统和磁盘管理相关软件的安装。

1. LZO-2.10

LZO 是一个适用于实时数据解压缩和压缩的数据压缩库。这意味着它偏向于速度而非压缩比。执行如下命令安装 LZO。安装的库是 liblzo2.so。

```
1 cd $SRC && tar -xf lzo-2.10.tar.gz && cd lzo-2.10 && ./configure --prefix=/usr --enable-shared \
2 --disable-static --docdir=/usr/share/doc/lzo-2.10 && make && make install && rm $SRC/lzo-2.10 -rf
```

2. btrfs-progs-6.1.3

btrfs-progs 包含对 B-tree 文件系统(btrfs)进行管理和调试的工具。执行如下命令安装 btrfs-progs。安装的程序是 btrfs、btrfs-convert、btrfs-find-root、btrfs-image、btrfs-map-logical、btrfs-select-super、btrfsck、btrfstune、fsck.btrfs 和 mkfs.btrfs。安装的库是 libbtrfs.so 和 libbtrfsutil.so,这里需要配置内核。

```
1 cd $SRC && tar -xf btrfs-progs-v6.1.3.tar.xz && cd btrfs-progs-v6.1.3 && ./configure --prefix=/usr \
2   --disable-documentation && make && make install && rm $SRC/btrfs-progs-v6.1.3 -rf
```

3. dosfstools-4.2

dosfstools 包含与 FAT 文件系统系列一起使用的各种实用程序。执行如下命令安装

dosfstools。安装的程序是 fatlabel、fsck.fat 和 mkfs.fat,这里需要配置内核。

```
1 cd $SRC && tar -xf dosfstools-4.2.tar.gz && cd dosfstools-4.2 && ./configure --prefix=/usr \
2 --enable-compat-symlinks --mandir=/usr/share/man --docdir=/usr/share/doc/dosfstools-4.2 && make && make install
```

4. FUSE-3.13.1

FUSE(用户空间文件系统)是一个为用户空间程序导出虚拟文件系统到 Linux 内核提供简单接口的工具。FUSE 还旨在为非特权用户提供创建和挂载自己的文件系统实现的安全方法。执行如下命令安装 FUSE。安装的程序是 fusermount3 和 mount.fuse3。安装的库是 libfuse3.so。需要配置内核。

```
1 cd $SRC && tar -xf fuse-3.13.1.tar.xz && cd fuse-3.13.1 && sed -i '/^udev/,$ s/^/#/' util/meson.build &&
2 mkdir build && cd build && meson setup --prefix=/usr --buildtype=release .. && ninja && ninja install &&
3 chmod u+s /usr/bin/fusermount3 && cd .. && install -m755 -d /usr/share/doc/fuse-3.13.1 &&
4 install -m644 doc/{README.NFS,kernel.txt} /usr/share/doc/fuse-3.13.1 &&
5 cp -R doc/html /usr/share/doc/fuse-3.13.1 && rm $SRC/fuse-3.13.1 -rf
```

5. jfsutils-1.1.15

jfsutils 软件包包含 jfs 文件系统的管理和调试工具。执行如下命令安装 jfsutils。安装的程序是 fsck.jfs、jfs_fsck、jfs_mkfs、jfs_tune、mkfs.jfs 等,这里需要配置内核。

```
1 cd $SRC && tar -xf jfsutils-1.1.15.tar.gz && cd jfsutils-1.1.15 &&
2 patch -Np1 -i ../jfsutils-1.1.15-gcc10_fix-1.patch && sed -i "/unistd.h/a#include <sys/types.h>" fscklog/extract.c &&
3 sed -i "/ioctl.h/a#include <sys/sysmacros.h>" libfs/devices.c && ./configure && make && make install
```

6. libaio-0.3.113

libaio 软件包是一个异步 I/O 设施,具有比简单的 POSIX 异步 I/O 设施更丰富的 API 和功能集。该库提供了 Linux 本地的异步 I/O API。POSIX 异步 I/O 设施需要此库以提供内核加速的异步 I/O 功能,而需要 Linux 本地异步 I/O API 的应用程序也需要它。执行如下命令安装 libaio。安装的库是 libaio.so。

```
1 cd $SRC && tar -xf libaio-0.3.113.tar.gz && cd libaio-0.3.113 &&
2 sed -i '/install.*libaio.a/s/^/#/' src/Makefile && make && make install && rm $SRC/libaio-0.3.113 -rf
```

7. LVM2-2.03.18

LVM(Logical Volume Manager,逻辑卷管理)是管理磁盘驱动器的软件。它允许将多个驱动器和分区合并为较大的卷组,通过快照协助进行备份,并允许进行动态卷调整。它还可以提供类似于 RAID 1 阵列的镜像功能。LVM2 软件包是一组管理逻辑分区的工具。它允许跨多个物理磁盘和磁盘分区展开文件系统,并提供动态增长或缩小逻辑分区、镜像和低存储占用的快照功能。执行如下命令安装 LVM2,安装了了多个程序和库,这里需要配置内核。

```
1 cd $SRC && tar -xf LVM2.2.03.18.tgz && cd LVM2.2.03.18 && ./configure --prefix=/usr --enable-cmdlib \
2 --enable-pkgconfig --enable-udev_sync && make && make -C tools install_tools_dynamic && make -C udev install &&
3 make -C libdm install && make install && make install_systemd_units &&
4 sed -e '/locking_dir =/{s/#//;s/var/run/}' -i /etc/lvm/lvm.conf && rm $SRC/LVM2.2.03.18 -rf
```

8. mdadm-4.2

RAID(独立磁盘冗余阵列)将多个物理磁盘组合为一个逻辑单元。这些驱动器通常可以组合以提供数据冗余或扩展逻辑单元的大小,超出物理磁盘的能力或同时实现两者。该技术还允许进行硬件维护而无须关闭系统。mdadm 软件包包含用于软件 RAID 的管理工具。执行如下命令安装 mdadm,这里需要配置内核。

```
1 cd $SRC && tar -xf mdadm-4.2.tar.xz && cd mdadm-4.2 && make && make BINDIR=/usr/sbin install && rm $SRC/mdadm-4.2 -rf
```

9. ntfs-3g-2022.10.3 和 NTFS3

Linux 内核从 5.15 版本开始添加了一个名为 NTFS3 的读写驱动程序,性能比 ntfs-3g 要好得多。如需启用 NTFS3,需要配置内核。为确保 mount 命令对 ntfs 分区使用 NTFS3,执行如下命令创建一个封装脚本。

```
1 cat > /usr/sbin/mount.ntfs << "EOF"
2 #!/bin/sh
3 exec mount -t ntfs3 "$@"
4 EOF
5 chmod 755 /usr/sbin/mount.ntfs
```

本书使用 NTFS3,没有安装 ntfs-3g-2022.10.3。需要创建 NTFS 文件系统时才需要 ntfs-3g。ntfs-3g 软件包包含用于 NTFS 分区的稳定、可读写的开源驱动程序。NTFS 分区是大多数 Microsoft 操作系统使用的。ntfs-3g 允许从 Linux 系统以读写模式挂载 NTFS 分区。它使用 FUSE 内核模块以便能够在用户空间实现 NTFS 支持。该软件包还包含各种有用的实用程序,用于操作 NTFS 分区。

10. popt-1.19

popt 软件包包含用于解析命令行选项的 popt 库,被一些程序使用。执行如下命令安装 popt。安装的库是 libpopt.so。

```
1 cd $SRC && tar -xf popt-1.19.tar.gz && cd popt-1.19 && ./configure --prefix=/usr --disable-static &&
2 make && make install && install -m755 -d /usr/share/doc/popt-1.19 && rm $SRC/popt-1.19 -rf
```

11. gptfdisk-1.0.9

gptfdisk 软件包是用于创建和维护 GUID 分区表(GPT)磁盘驱动器的一组程序。对于大于 2TB 的驱动器,需要使用 GPT 分区磁盘,并且是传统 PC-BIOS 分区磁盘驱动器的替代者,后者使用主引导记录(MBR)。主程序 gdisk 具有类似于经典 fdisk 程序的界面。执行如下命令安装 gptfdisk。安装的程序是 cgdisk、gdisk、fixparts 和 sgdisk。

```
1 cd $SRC && tar -xf gptfdisk-1.0.9.tar.gz && cd gptfdisk-1.0.9 &&
2 patch -Np1 -i ../gptfdisk-1.0.9-convenience-1.patch &&
3 sed -i 's|ncursesw/||' gptcurses.cc && sed -i 's|sbin|usr/sbin|' Makefile &&
4 sed -i '/UUID_H/s/^.*$/#if defined (_UUID_UUID_H) || defined (_UL_LIBUUID_UUID_H)/' guid.cc &&
5 sed -i "/device =/s/= \(.*\);/= strdup(\1);/" gptcl.cc && make && make install && rm $SRC/gptfdisk-1.0.9 -rf
```

12．parted-3.5

parted 软件包是一个磁盘分区和分区调整工具。执行如下命令安装 parted。安装的程序是 parted 和 partprobe。安装的库是 libparted.so 和 libparted-fs-resize.so，这里需要配置内核。

```
1 cd $SRC && tar -xf parted-3.5.tar.xz && cd parted-3.5 &&
2 ./configure --prefix=/usr --disable-static && make && make -C doc html &&
3 makeinfo --html -o doc/html doc/parted.texi && makeinfo --plaintext -o doc/parted.txt doc/parted.texi &&
4 make install && install -m755 -d /usr/share/doc/parted-3.5/html &&
5 install -m644 doc/html/* /usr/share/doc/parted-3.5/html &&
6 install -m644 doc/{FAT,API,parted.{txt,html}} /usr/share/doc/parted-3.5 && rm $SRC/parted-3.5 -rf
```

13．reiserfsprogs-3.6.27

reiserfsprogs 软件包包含用于 Reiser 文件系统的各种实用程序。执行如下命令安装 reiserfsprogs。安装的程序是 debugreiserfs、mkreiserfs、reiserfsck、reiserfstune 和 resize_reiserfs。安装的库是 libreiserfscore.so，这里需要配置内核。

```
1 cd $SRC && tar -xf reiserfsprogs-3.6.27.tar.xz && cd reiserfsprogs-3.6.27 &&
2 sed -i '/parse_time.h/i #define _GNU_SOURCE' lib/parse_time.c && autoreconf -fi &&
3 ./configure --prefix=/usr && make && make install && rm $SRC/reiserfsprogs-3.6.27 -rf
```

14．smartmontools-7.3

smartmontools 软件包包含实用程序（smartctl、smartd），可使用大多数现代 ATA 和 SCSI 磁盘内置的自我监测、分析和报告技术系统（S.M.A.R.T.）来控制/监视存储系统。执行如下命令安装 smartmontools。

```
1 cd $SRC && tar -xf smartmontools-7.3.tar.gz && cd smartmontools-7.3 &&
2 ./configure --prefix=/usr --sysconfdir=/etc --docdir=/usr/share/doc/smartmontools-7.3 &&
3 make && make install && systemctl enable smartd && rm $SRC/smartmontools-7.3 -rf
```

15．Sshfs-3.7.3

Sshfs 软件包包含基于 SSH 文件传输协议的文件系统客户端。这对于将具有 ssh 访问权限的远程计算机挂载为本地文件系统很有用。这使用户可以像在本地计算机上一样拖放文件或运行 Shell 命令来处理远程文件。执行如下命令安装 Sshfs。安装的程序是 sshfs，将 SSH 服务器挂载为本地文件系统。

```
1 cd $SRC && tar -xf sshfs-3.7.3.tar.xz && cd sshfs-3.7.3 && mkdir build && cd build &&
2 meson setup --prefix=/usr --buildtype=release .. && ninja && ninja install && rm $SRC/sshfs-3.7.3 -rf
```

16．inih-56

inih 软件包是一个简单的 C 语言.INI 文件解析器。执行如下命令安装 inih。安装的库是 libinih.so、libINIReader.so。

```
1 cd $SRC && tar -xf inih-r56.tar.gz && cd inih-r56 && mkdir build && cd build &&
2 meson setup --prefix=/usr --buildtype=release .. && ninja && ninja install && rm $SRC/inih-r56 -rf
```

17. liburcu-0.14.0

userspace-rcu 软件包提供了一组用户空间 RCU（读取—复制—更新）库。这些数据同步库提供了读取端访问，其随着核心数量的增加呈线性扩展。它通过允许多个副本同时存在给定的数据结构，并监控数据结构的访问，以便检测宽限期，在该宽限期之后可以进行内存回收。执行如下命令安装 liburcu。

```
1 cd $SRC && tar -xf userspace-rcu-0.14.0.tar.bz2 && cd userspace-rcu-0.14.0 && ./configure --prefix=/usr \
2 --disable-static --docdir=/usr/share/doc/liburcu-0.14.0 && make && make install && rm $SRC/userspace-rcu-0.14.0 -rf
```

18. ICU-72.1

Unicode 国际组件（ICU）软件包是一组成熟、广泛使用的 C/C++ 库，为软件应用程序提供 Unicode 和全球化支持。ICU 可广泛移植，并在所有平台上为应用程序提供相同的结果。执行如下命令安装 ICU，安装了多个程序和库。

```
1 cd $SRC && tar -xf icu4c-72_1-src.tgz && cd icu && cd source && ./configure --prefix=/usr && make && make install
```

19. xfsprogs-6.1.1

xfsprogs 软件包包含 XFS 文件系统的管理和调试工具。执行如下命令安装 xfsprogs，安装了多个程序。安装的库是 libhandle.so，这里需要配置内核。

```
1 cd $SRC && tar -xf xfsprogs-6.1.1.tar.xz && cd xfsprogs-6.1.1 &&
2 make DEBUG=-DNDEBUG INSTALL_USER=root INSTALL_GROUP=root && make PKG_DOC_DIR=/usr/share/doc/xfsprogs-6.1.1 install &&
3 make PKG_DOC_DIR=/usr/share/doc/xfsprogs-6.1.1 install-dev && rm -rf /usr/lib/libhandle.{a,la}
```

6.6 Shells

1. Dash-0.5.12

Dash 是符合 POSIX 标准的 Shell。它可以安装为/bin/sh 或默认 Shell。与 Bash Shell 相比，它依赖的库较少。执行如下命令安装 Dash。

```
1 cd $SRC && tar -xf dash-0.5.12.tar.gz && cd dash-0.5.12 && ./configure --bindir=/bin \
2 --mandir=/usr/share/man && make && make install && echo /bin/dash >> /etc/shells && rm $SRC/dash-0.5.12 -rf
```

2. Tcsh-6.24.07

Tcsh 软件包包含"Berkeley UNIX C Shell（csh）"的增强且完全兼容版本。它可用作交互式 Shell 和脚本处理器。这对于那些喜欢 C 语法而不是 Bash Shell 的人来说是一个有用的备选 Shell，也因为一些程序需要 C Shell 才能执行安装任务。执行如下命令安装 Tcsh。

```
1 cd $SRC && tar -xf tcsh-6.24.07.tar.gz && cd tcsh-6.24.07 && ./configure --prefix=/usr && make &&
2 make install install.man && ln -sf tcsh /bin/csh && ln -sf tcsh.1 /usr/share/man/man1/csh.1 &&
3 echo /bin/tcsh >> /etc/shells && echo /bin/csh >> /etc/shells && rm $SRC/tcsh-6.24.07 -rf
```

3. zsh-5.9

zsh 软件包包含可用作交互式登录 Shell 和 Shell 脚本命令处理器的命令解释器。执行如下命令安装 zsh。

```
1 cd $SRC && tar -xf zsh-5.9.tar.xz && cd zsh-5.9 && tar --strip-components=1 -xf ../zsh-5.9-doc.tar.xz &&
2 ./configure --prefix=/usr --sysconfdir=/etc/zsh --enable-etcdir=/etc/zsh --enable-cap --enable-gdbm &&
3 make && makeinfo Doc/zsh.texi --plaintext -o Doc/zsh.txt && makeinfo Doc/zsh.texi --html -o Doc/html &&
4 makeinfo Doc/zsh.texi --html --no-split --no-headers -o Doc/zsh.html && make install &&
5 make infodir=/usr/share/info install.info && install -m755 -d /usr/share/doc/zsh-5.9/html &&
6 install -m644 Doc/html/* /usr/share/doc/zsh-5.9/html && install -m644 Doc/zsh.{html,txt} /usr/share/doc/zsh-5.9 &&
7 make htmldir=/usr/share/doc/zsh-5.9/html install.html && install -m644 Doc/zsh.dvi /usr/share/doc/zsh-5.9 &&
8 install -m644 Doc/zsh.pdf /usr/share/doc/zsh-5.9 && echo /bin/zsh >> /etc/shells && rm $SRC/zsh-5.9 -rf
```

6.7 Linux 中的构建系统

在 Linux 中，常用的构建系统有以下几种。

1. Make

Make 是一个非常经典且常见的构建系统，使用 Makefile 文件来指定构建规则和依赖关系，通过 make 命令执行构建过程。

2. Autotools

Autotools 是一组自动化构建工具，包括 Autoconf、Automake 和 Libtool，它们提供了一种在不同平台上生成可移植和可配置的构建系统的方法。

3. CMake

CMake 是一个跨平台的构建系统，它使用 CMakeLists.txt 文件来描述构建规则，并能够生成不同平台上对应的构建文件（如 Makefile 或 Visual Studio 的项目文件）。

4. Ninja

Ninja 是一个快速而轻量级的构建系统，使用简单的文本配置文件描述构建规则，相比传统的构建系统（如 Make），其构建速度更快。

5. Meson

Meson 是一个开源的、基于 Python 的构建系统，它专注于构建速度、易用性和可移植性，具有简洁的语法和灵活的配置选项。Meson 适合小型项目或者需要快速构建的场景；而 CMake 功能更加强大，适合大型、复杂的跨平台项目。

6. Rustc 和 Cargo

Rustc 和 Cargo 都与 Rust 语言相关。Rustc 是 Rust 语言的编译器，负责将 Rust 代码编译成底层机器代码，并进行性能优化和错误检查等操作。Cargo 是 Rust 语言的包管理器和构建系统，可以自动处理 Rust 项目的依赖管理、构建和测试等任务。Cargo 提供了简单易用的命令行工具，使得开发者可以方便地创建、构建和发布 Rust 项目。Rustc 和 Cargo 通常一起使用，Rustc 负责编译 Rust 源代码生成可执行文件，而 Cargo 则提供了更高级的构建功能，简化了依赖管理和项目的构建过程。通过 Cargo，开发者可以管理项目的依赖项、构建项目、运行测试和发布软件包等。

这些构建系统在不同场景和项目中有各自的优势，选择适合自己项目的构建系统可提高开发效率和代码组织管理。

第 7 章　通用库和字体库

本章学习目标：
- 掌握通用库软件包的构建过程。
- 掌握图形和字体库软件包的构建过程。

7.1　通用库

库包含经常被多个程序使用的代码。这样做的好处是，每个程序不需要重复编写代码，只需调用系统上安装的库中的函数即可。最明显的一个库集合示例是 Glibc，它包含程序使用的所有 C 库函数。有两种类型的库：静态库（通常为 libXXX.a）和共享库（通常为 libXXX.so）。

1. APR-1.7.2

Apache 可移植运行时（Apache Portable Runtime，APR）是 Apache Web 服务器的支持库。它提供了一组应用程序接口（API），这些 API 映射到底层操作系统。在操作系统不支持特定功能的情况下，APR 将提供模拟。执行如下命令安装 APR。安装的程序是 apr-1-config。安装的库是 libapr-1.so。

```
1 cd $SRC && tar -xf apr-1.7.2.tar.bz2 && cd apr-1.7.2 && sed -e '/^case "$0"/s;$0;$(readlink -f $0);' -i apr-config.in&&
2 ./configure --prefix=/usr --disable-static --with-installbuilddir=/usr/share/apr-1/build && make && make install
```

2. Apr-Util-1.6.3

Apr-Util（Apache 可移植运行时工具库）提供了对底层客户端库接口的可预测和一致的接口。此应用程序接口确保在特定平台上可用哪些库的基础上，具有可预测但不完全相同的行为。执行如下命令安装 Apr-Util。安装的程序是 apu-1-config。安装的库是 libaprutil-1.so。

```
1 cd $SRC && tar -xf apr-util-1.6.3.tar.bz2 && cd apr-util-1.6.3 && ./configure --prefix=/usr --with-apr=/usr \
2   --with-gdbm=/usr --with-openssl=/usr --with-crypto && make && make install && rm $SRC/apr-util-1.6.3 -rf
```

3. Which-2.21

Which 显示在 PATH 中安装的 Shell 命令的完整路径。执行如下命令安装 Which。

```
1 cd $SRC && tar -xf which-2.21.tar.gz && cd which-2.21 && ./configure --prefix=/usr && make && make install
```

4. Aspell-0.60.8

Aspell 软件包包含一个交互式拼写检查程序和 Aspell 库。Aspell 可以作为库或独立的拼写检查器使用。执行如下命令安装 Aspell。安装了多个程序和库。

```
1 cd $SRC && tar -xf aspell-0.60.8.tar.gz && cd aspell-0.60.8 &&
2 ./configure --prefix=/usr && make && make install && ln -sfn aspell-0.60 /usr/lib/aspell &&
3 install -m755 -d /usr/share/doc/aspell-0.60.8/aspell{,-dev}.html &&
4 install -m644 manual/aspell.html/* /usr/share/doc/aspell-0.60.8/aspell.html &&
5 install -m644 manual/aspell-dev.html/* /usr/share/doc/aspell-0.60.8/aspell-dev.html &&
6 install -m 755 scripts/ispell /usr/bin/ && install -m 755 scripts/spell /usr/bin/ &&
7 ./configure && make && make install; rm $SRC/aspell-0.60.8 -rf
```

5. Boost-1.81.0

Boost 是一个由 C++ 社区共同开发和维护的开源库集合，提供了一组高质量、可移植且通用的 C++ 源代码库。它拥有广泛的功能，涵盖了从基本工具和数据结构到高级库和框架的各种组件。Boost 的目标是为 C++ 开发人员提供可靠的、高效的、跨平台的解决方案，以便更轻松地构建复杂的应用程序。它是 C++ 标准的重要补充，其中许多组件已经成为 C++ 标准库的一部分或以其他方式被集成到 C++ 11 之后的标准。Boost 库包含许多常用功能的实现，例如，智能指针、容器、算法、多线程、正则表达式、时间日期处理、网络、文件系统、线性代数、伪随机数生成、图像处理和单元测试等。此外，Boost 还为 C++ 开发引入了一些新的概念和技术，如泛型编程和元编程。Boost 使用简洁、健壮和符合 C++ 标准的代码风格，被广泛认可为 C++ 开发的首选工具之一。它的社区活跃，并定期进行更新和改进，以适应不断变化的 C++ 语言和工具生态系统的需求。Boost 是一个丰富、可靠和高效的 C++ 开源库集合，它为 C++ 开发人员提供了丰富的功能和工具，有助于提高开发效率和代码质量。执行如下命令安装 Boost。

```
1 cd $SRC && tar -xf boost_1_81_0.tar.bz2 && cd boost_1_81_0 &&
2 sed -i '/#include.*phoenix.*tuple.hpp.*/d' boost/phoenix/stl.hpp &&
3 ./bootstrap.sh --prefix=/usr --with-python=python3 && ./b2 stage -j16 threading=multi link=shared &&
4 ./b2 install threading=multi link=shared && rm $SRC/boost_1_81_0 -rf
```

6. libarchive-3.6.2

libarchive 库提供了一个单一的接口，用于读写各种压缩格式。执行如下命令安装 libarchive。安装的程序是 bsdcat、bsdcpio 和 bsdtar。安装的库是 libarchive.so。

```
1 cd $SRC && tar -xf libarchive-3.6.2.tar.xz && cd libarchive-3.6.2 && ./configure --prefix=/usr --disable-static &&
2 make && make install && sed -i "s/iconv //" /usr/lib/pkgconfig/libarchive.pc && rm $SRC/libarchive-3.6.2 -rf
```

7. libuv-1.44.2

libuv 是一个跨平台的开源软件包，专注于提供异步 I/O 功能。它是为 Node.js 而创建的，但也被其他项目广泛使用。libuv 的设计目标是提供跨平台的 API，使开发者可以编写与操作系统无关的异步 I/O 代码。它提供了事件驱动的编程模型，允许开发者通过回调方式处理 I/O 操作和其他事件。libuv 支持多种操作系统，包括 Linux、Windows、macOS 等，为这些操作系统提供了统一的异步 I/O 接口。它的底层实现使用了操作系统提供的事件轮询机制，如 epoll、kqueue 和 IOCP，以实现高性能的事件处理。除了异步 I/O，libuv 还提供了一些其他功能,如定时器、进程管理和线程池等。这些功能可以帮助开发者轻松处理各种任务和事件。由于其跨平台性和高性能,libuv 被广泛应用于各种项目中,尤其是在需要处理大量并发连接和高性能的网络应用中。执行如下命令安装 libuv。安装的库是 libuv.so,包含用于异步 I/O 操作的 API 函数。

```
1 cd $SRC && tar -xf libuv-v1.44.2.tar.gz && cd libuv-v1.44.2 && sh autogen.sh &&
2 ./configure --prefix=/usr --disable-static && make && make install && rm $SRC/libuv-v1.44.2 -rf
```

8. nghttp2-1.52.0

nghttp2 是一个开源的 C 库,用于实现 HTTP/2 协定。它提供一个 API,使得开发者可以轻松地构建基于 HTTP/2 的应用程序或者服务器。nghttp2 库的目标是提供一个高性能、易于使用的 HTTP/2 实现。它支持所有 HTTP/2 的核心特性,包括多路复用、头部压缩、服务器推送等。同时,nghttp2 还提供了一些附加功能,例如,流优先级调整、数据流的取消等。nghttp2 库是使用 C 语言编写的,因此可以很方便地与其他 C/C++ 项目集成。它还有一个命令行工具,可以用来测试 HTTP/2 服务器的性能。nghttp2 库基于 HTTP/2 规范,内部使用了一些高级技术,例如,流量控制和流优先级管理。这些技术使得 nghttp2 具有很好的性能,可以在大量并发连接下提供高吞吐量和低延迟。执行如下命令安装 nghttp2。安装的库是 libnghttp2.so。

```
1 cd $SRC && tar -xf nghttp2-1.52.0.tar.xz && cd nghttp2-1.52.0 && ./configure --prefix=/usr --disable-static \
2 --enable-lib-only --docdir=/usr/share/doc/nghttp2-1.52.0 && make && make install && rm $SRC/nghttp2-1.52.0 -rf
```

9. CMake-3.25.2

CMake 软件包包含一个现代的工具集,用于生成 Makefiles。执行如下命令安装 CMake。

```
1 cd $SRC && tar -xf cmake-3.25.2.tar.gz && cd cmake-3.25.2 && sed -i '/"lib64"/s/64//' Modules/GNUInstallDirs.cmake &&
2 ./bootstrap --prefix=/usr --system-libs --mandir=/share/man --no-system-jsoncpp --no-system-librhash \
3 --docdir=/share/doc/cmake-3.25.2 && make && make install && rm $SRC/cmake-3.25.2 -rf
```

10. Brotli-1.0.9

Brotli 提供了一种通用的无损压缩算法,它使用现代变体的 LZ77 算法、哈夫曼编码和二阶上下文建模的组合来压缩数据。其库尤其用于网页上的 WOFF2 字体。执行如下命令安装 Brotli。安装的程序是 brotli。安装了多个库。

```
1 cd $SRC && tar -xf brotli-1.0.9.tar.gz && cd brotli-1.0.9 && sed -i 's@-R..libdir.@@' scripts/*.pc.in && mkdir out &&
2 cd out && cmake -DCMAKE_INSTALL_PREFIX=/usr -DCMAKE_BUILD_TYPE=Release .. && make && make install && cd .. &&
3 pip3 wheel -w dist --no-build-isolation --no-deps $PWD &&
4 pip3 install --no-index --find-links dist --no-cache-dir --no-user Brotli && rm $SRC/brotli-1.0.9 -rf
```

11. CLucene-2.3.3.4

CLucene 是 Lucene 的 C++ 版本,是一款高性能文本搜索引擎。执行如下命令安装

CLucene。安装的库是 libclucene-contribs-lib.so、libclucene-core.so 和 libclucene-shared.so。

```
1 cd $SRC && tar -xf clucene-core-2.3.3.4.tar.gz && cd clucene-core-2.3.3.4 &&
2 patch -Np1 -i ../clucene-2.3.3.4-contribs_lib-1.patch &&
3 sed -i '/Misc.h/a #include <ctime>' src/core/CLucene/document/DateTools.cpp && mkdir build &&
4 cd build && cmake -DCMAKE_INSTALL_PREFIX=/usr -DBUILD_CONTRIBS_LIB=ON .. && make && make install
```

12. D-Bus-1.14.6（第 1 次安装）

D-Bus(Desktop Bus)是一个允许不同应用程序之间进行通信和交互的消息总线系统。它提供了一种简单、高效的进程间通信机制,使得应用程序之间能够相互传送消息和调用方法。D-Bus 的设计目标是在不同应用程序和组件之间提供可靠的通信机制,以促进系统的集成和扩展性。它可以用于在桌面环境中的各组件之间进行通信,如窗口管理器、文件管理器、网络管理器等。在 D-Bus 中,进程可以通过连接到 D-Bus 守护程序和注册自己的服务来参与通信。一旦连接,进程可以通过发送消息(如信号和方法调用)与其他进程进行交互。这些消息可以包含不同的数据类型,并且可以通过 D-Bus 允许的多种消息传递机制进行传送。D-Bus 提供了一种灵活的结构,使应用程序能够根据需要创建自己的对象(称为接口)和方法。这样,其他应用程序可以通过调用这些方法与该应用程序进行交互。D-Bus 还支持事件和订阅机制,允许进程订阅其他进程发送的特定消息。D-Bus 为 Linux 上的应用程序和组件提供了一个标准化、可靠的进程间通信(IPC)机制,使得系统更加模块化、灵活和可扩展。它已经被广泛应用于 Linux 桌面环境和一些系统服务中。执行如下命令安装 D-Bus。

```
1 cd $SRC && tar -xf dbus-1.14.6.tar.xz && cd dbus-1.14.6 && ./configure --prefix=/usr --sysconfdir=/etc \
2   --localstatedir=/var --runstatedir=/run --enable-user-session --disable-doxygen-docs --disable-xml-docs \
3   --disable-static --docdir=/usr/share/doc/dbus-1.14.6 --with-system-socket=/run/dbus/system_bus_socket &&
4 make && make install && rm $SRC/dbus-1.14.6 -rf
```

13. dbus-glib-0.112

dbus-glib 是 D-Bus 通信系统的一个 GLib 绑定库。D-Bus 是一种高级的系统总线,用于进程间通信,可以在不同进程之间传递消息和调用方法。dbus-glib 提供了 GLib 库的包装器和工具,使开发人员能够更轻松地使用 D-Bus 进行进程间通信。dbus-glib 库提供了许多有用的功能,包括对象系统、信号处理、错误处理和线程安全。它还可以与 GLib 的事件循环和主循环集成,以实现异步通信和处理 D-Bus 消息。dbus-glib 库还提供了一个代码生成器,可以从 D-Bus 接口规范文件自动生成相关的代码,以简化开发过程。开发人员只需要定义接口的方法和信号,然后使用代码生成器生成包装器函数和结构体,从而减少了手动编写烦琐的代码的工作量。dbus-glib 包含与 D-Bus API 交互的 GLib 接口。执行如下命令安装 dbus-glib。

```
1 cd $SRC && tar -xf dbus-glib-0.112.tar.gz && cd dbus-glib-0.112 && ./configure --prefix=/usr \
2   --sysconfdir=/etc --disable-static && make && make install && rm $SRC/dbus-glib-0.112 -rf
```

14. Double-conversion-3.2.1

Double-conversion 包含一个库,用于为 IEEE 双精度提供二进制到十进制和十进制到二进制转换例程。执行如下命令安装 Double-conversion。安装的库是 libdouble-conversion.so。

```
1 cd $SRC && tar -xf double-conversion-3.2.1.tar.gz && cd double-conversion-3.2.1 && mkdir build &&
2 cd build && cmake -DCMAKE_INSTALL_PREFIX=/usr -DBUILD_SHARED_LIBS=ON -DBUILD_TESTING=ON .. && make && make install
```

15. enchant-2.3.3

enchant 是一个开源的软件包,它提供了一个通用的界面来访问各种拼写检查和语法检查库。它的设计目标是为多个不同的拼写检查引擎提供统一的 API,从而使开发人员能够轻松地在各种编程语言中使用拼写检查功能。enchant 支持多种语言,包括 C、C++、Python、Ruby 等,使得开发人员可以方便地在他们熟悉的语言中使用拼写检查功能。它还可以与其他文本处理工具集成,如文本编辑器、自动化脚本等。使用 enchant,开发人员可以轻松地实现拼写纠正、自动补全、语法检查等功能。它还提供了一个简单的接口,允许开发人员定制拼写检查的行为,如添加自定义词典、设置特定语言的语法规则等。执行如下命令安装 enchant。安装的程序是 enchant-2 和 enchant-lsmod-2。安装的库是 libenchant-2.so。

```
1 cd $SRC && tar -xf enchant-2.3.3.tar.gz && cd enchant-2.3.3 && ./configure --prefix=/usr \
2   --disable-static && make && make install && rm $SRC/enchant-2.3.3 -rf
```

16. Exempi-2.6.3

Exempi 是 XMP(Adobe 的可扩展元数据平台)的实现。执行如下命令安装 Exempi。安装的程序是 exempi。安装的库是 libexempi.so,是一个用于解析 XMP 元数据的库。

```
1 cd $SRC && tar -xf exempi-2.6.3.tar.xz && cd exempi-2.6.3 && sed -i -r '/^\s?testadobesdk/d' exempi/Makefile.am &&
2 autoreconf -fi && ./configure --prefix=/usr --disable-static && make && make install && rm $SRC/exempi-2.6.3 -rf
```

17. FFTW-3.3.10

FFTW(Fastest Fourier Transform in the West)是一个用于计算快速傅里叶变换(FFT)的开源库。它是一个高性能的数值计算库,被广泛应用于科学计算、信号处理、图像处理和数据压缩等领域。FFTW 使用了多种优化技术,包括基于傅里叶变换的算法、分治法和 CPU 特定优化等,以提供非常高的计算性能。FFTW 支持计算多维 FFT,可以处理一维、二维和三维及更高维度的输入数据。它还支持实数和复数输入、浮点和定点运算。FFTW 提供了简单且易于使用的 API,可以方便地进行 FFT 的计算和使用。FFTW 有助于提高计算效率,加快数据处理速度,从而满足各种复杂计算需求。运行下面的命令为不同的数字精度在不同的库中构建了 3 次 FFTW。执行第 1~2 行的命令构建双精度,执行第 3~4 行的命令构建单精度,执行第 5~6 行的命令构建更高精度的 long double。安装了若干程序和库。

```
1 cd $SRC && tar -xf fftw-3.3.10.tar.gz && cd fftw-3.3.10 && ./configure --prefix=/usr --enable-shared \
2   --disable-static --enable-threads --enable-sse2 --enable-avx --enable-avx2 && make && make install &&
3 make clean && ./configure --prefix=/usr --enable-shared --disable-static --enable-threads \
4   --enable-sse2 --enable-avx --enable-avx2 --enable-float && make && make install &&
5 make clean && ./configure --prefix=/usr --enable-shared --disable-static --enable-threads \
6   --enable-long-double && make && make install && rm $SRC/fftw-3.3.10 -rf
```

18. libsigc++ -2.12.0

libsigc++ 软件包实现了一个类型安全的回调系统,供标准 C++ 使用。执行如下命令安装 libsigc++。安装的库是 libsigc-2.0.so,包含 libsigc++ 的 API 函数。

```
1 cd $SRC && tar -xf libsigc++-2.12.0.tar.xz && cd libsigc++-2.12.0 && mkdir bld && cd bld &&
2 meson setup --prefix=/usr --buildtype=release .. && ninja && ninja install && rm $SRC/libsigc++-2.12.0 -rf
```

19. GLibmm-2.66.5

GLibmm 是一个基于 GLib 库的 C++ 绑定集,它提供了对 GLib 中基础功能的面向对象的 C++ 接口。GLibmm 库是一个用于开发 C++ 程序的强大工具,它可以帮助开发人员更轻松地编写高效、可靠的代码。GLibmm 库提供了许多现代 C++ 风格的封装类和接口,简化了对 GLib 功能的使用。它包含对线程、内存管理、类型系统、I/O 连通性、国际化支持、进程间通信和信号处理等方面的封装。GLibmm 提供了一个用于处理数据类型的框架,其中包括类型转换、自定义信号和槽机制等功能。它使用 C++ 的模板和元编程技术,使得类型的处理更加灵活和高效。GLibmm 通过封装 GLib 库的功能为 C++ 开发人员提供了高层次的面向对象的接口。这使得开发人员可以更方便地使用 GLib 的功能,而不需要考虑底层的实现细节。GLibmm 提供了对 GLib 功能的面向对象的封装,使开发人员能够更轻松地开发高质量的 C++ 应用程序。执行如下命令安装 GLibmm。安装的库是 libgiomm-2.4.so、libglibmm-2.4.so 和 libglibmm_generate_extra_defs-2.4.so。

```
1 cd $SRC && tar -xf glibmm-2.66.5.tar.xz && cd glibmm-2.66.5 && mkdir bld && cd bld &&
2 meson setup --prefix=/usr --buildtype=release .. && ninja && ninja install && rm $SRC/glibmm-2.66.5 -rf
```

20. GMime-3.2.7

GMime 软件包包含一组工具,用于使用适用的 RFC 定义的多用途互联网邮件扩展(MIME)解析和创建消息。执行如下命令安装 GMime。安装的库是 libgmime-3.0.so。

```
1 cd $SRC && tar -xf gmime-3.2.7.tar.xz && cd gmime-3.2.7 &&
2 ./configure --prefix=/usr --disable-static && make && make install && rm $SRC/gmime-3.2.7 -rf
```

21. GSL-2.7.1

GSL(GNU Scientific Library)是一个为 C 和 C++ 程序员提供的数值库,它提供了各种数学例程,如随机数生成器、特殊函数和最小二乘拟合。执行如下命令安装 GSL。

```
1 cd $SRC && tar -xf gsl-2.7.1.tar.gz && cd gsl-2.7.1 &&
2 ./configure --prefix=/usr --disable-static && make && make install && rm $SRC/gsl-2.7.1 -rf
```

22. Intel-gmmlib-22.3.4

Intel-gmmlib 是英特尔的一款图形内存管理库,用于在英特尔处理器上管理和操作图形内存。它提供了一组 API 和工具,用于开发图形驱动程序和应用程序,以实现高性能的图形处理和图形显示。Intel-gmmlib 广泛应用于各种图形应用和驱动程序的开发中,如游戏、图形设计和工程模拟等。它为开发人员提供了一种简单、高效和可靠的方式来管理和操作图形内存,从而实现更好的图形性能和用户体验。执行如下命令安装 Intel-gmmlib。安装的库是 libigdgmm.so。

```
1 cd $SRC && tar -xf intel-gmmlib-22.3.4.tar.gz && cd gmmlib-intel-gmmlib-22.3.4 && mkdir build && cd build &&
2 cmake -DCMAKE_INSTALL_PREFIX=/usr -DBUILD_TYPE=Release -Wno-dev .. && make && make install
```

23. Jansson-2.14

Jansson 软件包包含一个用于编码、解码和操作 JSON 数据的库。执行如下命令安装 Jansson。安装的库是 libjansson.so。

```
1 cd $SRC && tar -xf jansson-2.14.tar.bz2 && cd jansson-2.14 &&
2 sed -e "/DT/s;| sort;| sed 's/@@libjansson.*//' &;" -i test/suites/api/check-exports &&
3 ./configure --prefix=/usr --disable-static && make && make install && rm $SRC/jansson-2.14 -rf
```

24. LLVM-15.0.7(第 1 次构建)

LLVM 软件包包含一系列模块化和可重用的编译器及工具链技术。LLVM 核心库提供了一个现代化的源码和目标独立的优化器,同时还支持许多流行 CPU 的代码生成。这些库围绕着一种被称为 LLVM 中间表示(LLVM IR)的规范化的代码表达方式建立。Clang 为 LLVM 提供了新的 C、C++、Objective-C 和 Objective-C++ 前端,如果要使用系统 LLVM 构建 rust,则必须安装 Clang。Compiler RT 软件包为那些使用 Clang 和 LLVM 的开发人员提供运行时的内存错误检测和性能分析库。执行如下命令安装 LLVM。安装了众多的程序和库。

```
 1 cd $SRC && tar -xf llvm-15.0.7.src.tar.xz && cd llvm-15.0.7.src && tar -xf ../llvm-cmake-15.0.7.src.tar.xz &&
 2 sed '/LLVM_COMMON_CMAKE_UTILS/s@../cmake@cmake-15.0.7.src@' -i CMakeLists.txt &&
 3 tar -xf ../clang-15.0.7.src.tar.xz -C tools && mv tools/clang-15.0.7.src tools/clang &&
 4 tar -xf ../compiler-rt-15.0.7.src.tar.xz -C projects && mv projects/compiler-rt-15.0.7.src projects/compiler-rt &&
 5 grep -rl '#!.*python' | xargs sed -i '1s/python$/python3/' &&
 6 patch -Np2 -d tools/clang <../clang-15.0.7-enable_default_ssp-1.patch &&
 7 mkdir build && cd build && export CC=gcc CXX=g++ &&
 8 cmake -DCMAKE_INSTALL_PREFIX=/usr -DLLVM_ENABLE_FFI=ON -DCMAKE_BUILD_TYPE=Release \
 9     -DLLVM_BUILD_LLVM_DYLIB=ON -DLLVM_LINK_LLVM_DYLIB=ON -DLLVM_ENABLE_RTTI=ON \
10     -DLLVM_TARGETS_TO_BUILD="host;AMDGPU;BPF" -DLLVM_BINUTILS_INCDIR=/usr/include \
11     -DLLVM_INCLUDE_BENCHMARKS=OFF -DCLANG_DEFAULT_PIE_ON_LINUX=ON -Wno-dev -G Ninja .. &&
12 ninja && ninja install && cp bin/FileCheck /usr/bin && unset CC CXX && rm $SRC/llvm-15.0.7.src -rf
```

25. Rustc-1.67.1(第 1 次构建)

Rust 编程语言旨在成为一种安全、并发和实用的语言。执行如下命令安装 Rust。

```
1 cd $SRC && tar -xf rustc-1.67.1-src.tar.xz && cd rustc-1.67.1-src &&
2 mkdir -p /opt/rustc-1.67.1 && ln -sfn rustc-1.67.1 /opt/rustc &&
3 cat > config.toml << "EOF"
4 #省略若干行
5 EOF
6 { [ ! -e /usr/include/libssh2.h ] || export LIBSSH2_SYS_USE_PKG_CONFIG=1; } && python3 ./x.py build &&
```

```
 7 python3 ./x.py install && unset LIBSSH2_SYS_USE_PKG_CONFIG && rm $SRC/rustc-1.67.1-src -rf
 8 cat > /etc/profile.d/rustc.sh << "EOF"
 9 pathprepend /opt/rustc/bin          PATH
10 pathappend  /opt/rustc/share/man    MANPATH
11 EOF
12 source /etc/profile.d/rustc.sh
```

26. JS-102.8.0

JS 是 Mozilla 的 JavaScript 和 WebAssembly 引擎,用 C++ 和 Rust 编写。在 BLFS 中,JS 的源代码取自 Firefox。执行如下命令安装 JS。安装的程序是 js102 和 js102-config。js102 提供了一个 JavaScript 引擎的命令行界面。js102-config 用于查找 JS 编译器和链接器标志。安装的库是 libmozjs-102.so,包含 Mozilla JavaScript API 函数。

```
1 mountpoint -q /dev/shm || mount -t tmpfs devshm /dev/shm && export SHELL=/bin/sh && cd $SRC &&
2 tar -xf firefox-102.8.0esr.source.tar.xz && cd firefox-102.8.0 && grep -rl \"rU\" | xargs sed -i 's/"rU"/"r"/' &&
3 mkdir obj && cd obj && sh ../js/src/configure.in --prefix=/usr --with-intl-api --with-system-zlib --with-system-icu \
4    --disable-jemalloc --disable-debug-symbols --enable-readline &&
5 rm -f /usr/lib/libmozjs-102.so && make && make install && rm /usr/lib/libjs_static.ajs &&
6 sed -i '/@NSPR_CFLAGS@/d' /usr/bin/js102-config && unset SHELL && rm $SRC/firefox-102.8.0 -rf
```

27. JSON-C-0.16

JSON-C 实现了一个引用计数对象模型,允许在 C 中构造 JSON 对象,将它们作为 JSON 格式的字符串输出,并将 JSON 格式的字符串解析回 JSON 对象的 C 表示。执行如下命令安装 JSON-C。安装的库是 libjson-c.so,包含 JSON-C API 函数。

```
1 cd $SRC && tar -xf json-c-0.16.tar.gz && cd json-c-0.16 && mkdir build && cd build &&
2 cmake -DCMAKE_INSTALL_PREFIX=/usr -DCMAKE_BUILD_TYPE=Release -DBUILD_STATIC_LIBS=OFF .. && make && make install
```

28. JSON-GLib-1.6.6

JSON-GLib 软件包是一个库,为 RFC 4627 描述的 JavaScript 对象表示法(JSON)格式提供了序列化和反序列化支持。执行如下命令安装 JSON-GLib。安装的程序是 json-glib-format 和 json-glib-validate。json-glib-format 用于格式化 JSON 数据。json-glib-validate 用于验证 JSON 数据。安装的库是 libjson-glib-1.0.so,包含 JSON-GLib API 函数。

```
1 cd $SRC && tar -xf json-glib-1.6.6.tar.xz && cd json-glib-1.6.6 && mkdir build && cd build &&
2 meson setup --prefix=/usr --buildtype=release .. && ninja && ninja install && rm $SRC/json-glib-1.6.6 -rf
```

29. cryptsetup-2.4.3

cryptsetup 用于使用内核加密 API 对块设备进行透明加密。执行如下命令安装 cryptsetup。安装了若干程序和库,这里需要配置内核。

```
1 cd $SRC && tar -xf cryptsetup-2.4.3.tar.xz && cd cryptsetup-2.4.3 &&
2 ./configure --prefix=/usr --disable-ssh-token && make && make install && rm $SRC/cryptsetup-2.4.3 -rf
```

30. keyutils-1.6.1

keyutils 是一个工具集,用于管理 Linux 内核中的密钥保留设施。它提供了一组命令行工具,用于生成、管理和操作密钥,以及与密钥保留设施进行交互。keyutils 提供了用于生成和管理密钥的工具。用户可以创建新密钥、列出已存在的密钥、删除和更新密钥等。keyutils 支持多种密钥类型,如对称密钥、公钥和私钥等。用户可以使用 keyutils 来操作这些不同类型的密钥,例如,导入和导出密钥、加密和解密数据、签名和验证数据等。keyutils 还支持密钥环的概念,密钥环可以看作一个密钥的集合。用户可以创建、访问和操作密钥环,例如,将密钥添加到密钥环中、从密钥环中提取密钥等。keyutils 提供了一组功能,用于验证密钥的有效性,以及对密钥进行访问控制。用户可以使用这些功能来验证密钥的签名、检查密钥的访问权限等。keyutils 可以被文件系统、块设备等使用,以获取和保留执行安全操作所需的授权和加密密钥。执行如下命令安装 keyutils。

```
1 cd $SRC && tar -xf keyutils-1.6.1.tar.bz2 && cd keyutils-1.6.1 &&
2 sed -i 's:$(LIBDIR)/$(PKGCONFIG_DIR):/usr/lib/pkgconfig:' Makefile && make &&
3 make NO_ARLIB=1 LIBDIR=/usr/lib BINDIR=/usr/bin SBINDIR=/usr/sbin install && rm $SRC/keyutils-1.6.1 -rf
```

31. libatasmart-0.19

libatasmart 软件包是一个磁盘报告库。它只支持 ATA S.M.A.R.T.功能的子集。执行如下命令安装 libatasmart。安装的程序是 skdump 和 sktest。安装的库是 libatasmart.so。

```
1 cd $SRC && tar -xf libatasmart-0.19.tar.xz && cd libatasmart-0.19 && ./configure --prefix=/usr \
2 --disable-static && make && make docdir=/usr/share/doc/libatasmart-0.19 install && rm $SRC/libatasmart-0.19 -rf
```

32. libatomic_ops-7.6.14

libatomic_ops 提供了多种体系结构上的原子内存更新操作实现。执行如下命令安装 libatomic_ops。安装的库是 libatomic_ops.so 和 libatomic_ops_gpl.so。

```
1 cd $SRC && tar -xf libatomic_ops-7.6.14.tar.gz && cd libatomic_ops-7.6.14 && ./configure --prefix=/usr \
2  --enable-shared --disable-static --docdir=/usr/share/doc/libatomic_ops-7.6.14 && make && make install
```

33. Pygments-2.14.0

Pygments 是一个用 Python 编写的通用语法高亮器,支持超过 300 种编程语言。执行如下命令安装 Pygments。

```
1 cd $SRC && tar -xf Pygments-2.14.0.tar.gz && cd Pygments-2.14.0 &&
2 pip3 wheel -w dist --no-build-isolation --no-deps $PWD &&
3 pip3 install --no-index --find-links dist --no-cache-dir --no-user Pygments && rm $SRC/Pygments-2.14.0 -rf
```

34. Six-1.16.0

Six 是一个 Python 2 到 Python 3 的兼容性库。执行如下命令安装 Six。

```
1 cd $SRC && tar -xf six-1.16.0.tar.gz && cd six-1.16.0 &&
2 pip3 wheel -w dist --no-build-isolation --no-deps $PWD &&
3 pip3 install --no-index --find-links dist --no-cache-dir --no-user six && rm $SRC/six-1.16.0 -rf
```

35. libbytesize-2.7

libbytesize 软件包是一个库,用于方便地处理字节大小的常见读/写操作。执行如下命令安装 libbytesize。

```
1 cd $SRC && tar -xf libbytesize-2.7.tar.gz && cd libbytesize-2.7 && ./configure --prefix=/usr && make && make install
```

36. libdaemon-0.14

libdaemon 软件包是一个轻量级的 C 库,简化了 UNIX 守护进程的编写。执行如下命令安装 libdaemon。安装的库是 libdaemon.so,包含 libdaemon API 函数。

```
1 cd $SRC && tar -xf libdaemon-0.14.tar.gz && cd libdaemon-0.14 && ./configure --prefix=/usr \
2 --disable-static && make && make docdir=/usr/share/doc/libdaemon-0.14 install && rm $SRC/libdaemon-0.14 -rf
```

37. libgsf-1.14.50

libgsf 软件包包含一个库,用于为结构化文件格式提供可扩展的输入/输出抽象层。执行如下命令安装 libgsf。安装的程序是 gsf、gsf-office-thumbnailer 等。安装的库是 libgsf-1.so。

```
1 cd $SRC && tar -xf libgsf-1.14.50.tar.xz && cd libgsf-1.14.50 &&
2 ./configure --prefix=/usr --disable-static && make && make install && rm $SRC/libgsf-1.14.50 -rf
```

38. libgudev-237

libgudev 提供了与 libudev 库的 GObject 绑定。libudev 是一个 Linux 内核设备管理库,用于检测和管理与设备相关的事件。libgudev 为开发者提供了一个使用 GObject 的简单而直观的界面,用于监听和处理设备事件。它提供了与 libudev 库的全面绑定,允许开发者使用类似于 Glib 的事件循环和信号机制来处理设备的插入、移除等事件。使用 libgudev,开发者可以轻松地编写应用程序来监视和控制系统中的设备。它提供了一些方便的功能,如获取设备属性、遍历设备列表、监视设备的添加和删除等。libgudev 使开发者能够轻松地监听和处理系统中的设备事件,以及管理和操作设备属性。它为开发设备管理和监控的应用程序提供了一个方便且易于使用的接口。执行如下命令安装 libgudev。

```
1 cd $SRC && tar -xf libgudev-237.tar.xz && cd libgudev-237 && mkdir build && cd build &&
2 meson setup --prefix=/usr --buildtype=release .. && ninja && ninja install && rm $SRC/libgudev-237 -rf
```

39. Graphviz-7.1.0(第 1 次构建)

Graphviz 软件包包含图形可视化软件。图形可视化是一种将结构信息表示为抽象图形和网络的图表的方式。Graphviz 具有几个主要的图形布局程序。它还具有 Web 和交互式图形界面、辅助工具、库和语言绑定。执行如下命令安装 Graphviz。安装了众多的程序和库。

```
1 cd $SRC && tar -xf graphviz-7.1.0.tar.bz2 && cd graphviz-7.1.0 && sed -i '/LIBPOSTFIX="64"/s/64//' configure.ac &&
2 ./autogen.sh && ./configure --prefix=/usr --docdir=/usr/share/doc/graphviz-7.1.0 &&
3 sed -i "s/0/$(date +%Y%m%d)/" builddate.h && make && make install && rm $SRC/graphviz-7.1.0 -rf
```

40. Vala-0.56.4（第 1 次构建）

Vala 是一种新的编程语言，旨在为 GNOME 开发人员带来现代编程语言特性，而不会对应用程序和库使用与 C 相比不同的 ABI，并且不会强制运行时需求。执行如下命令安装 Vala。

```
1 cd $SRC && tar -xf vala-0.56.4.tar.xz && cd vala-0.56.4 && ./configure --prefix=/usr && make && make install
```

41. libical-3.0.16

libical 包含 iCalendar 协议和数据格式的实现。执行如下命令安装 libical。

```
1 cd $SRC && tar -xf libical-3.0.16.tar.gz && cd libical-3.0.16 && mkdir build && cd build &&
2 cmake -DCMAKE_INSTALL_PREFIX=/usr -DCMAKE_BUILD_TYPE=Release -DSHARED_ONLY=yes -DICAL_BUILD_DOCS=false \
3   -DGOBJECT_INTROSPECTION=true -DICAL_GLIB_VAPI=true .. && make -j1 && make install && rm $SRC/libical-3.0.16 -rf
```

42. libcloudproviders-0.3.1

libcloudproviders 软件包包含一个库，提供了一个 D-Bus API，允许云存储同步客户端公开其服务。执行如下命令安装 libcloudproviders。

```
1 cd $SRC && tar -xf libcloudproviders-0.3.1.tar.xz && cd libcloudproviders-0.3.1 && mkdir build && cd build &&
2 meson setup --prefix=/usr --buildtype=release .. && ninja && ninja install && rm $SRC/libcloudproviders-0.3.1 -rf
```

43. libidn-1.41

libidn 是一个基于 Stringprep、Punycode 和 IDNA 规范的包，用于国际化字符串处理，这些规范由互联网工程任务组（IETF）国际化域名（IDN）工作组定义，用于国际化域名。这对于将数据从系统的本地表示转换为 UTF-8，将 Unicode 字符串转换为 ASCII 字符串，允许应用程序使用特定的 ASCII 名称标签（以特殊前缀开头）来表示非 ASCII 名称标签，并将整个域名转换为 ASCII 兼容编码（ACE）形式非常有用。执行如下命令安装 libidn。

```
1 cd $SRC && tar -xf libidn-1.41.tar.gz && cd libidn-1.41 && ./configure --prefix=/usr --disable-static &&
2 make && make install && find doc -name "Makefile*" -delete && rm -rf doc/{gdoc,idn.1,stamp-vti,man,texi} &&
3 mkdir -p /usr/share/doc/libidn-1.41 && cp -r doc/* /usr/share/doc/libidn-1.41 && rm $SRC/libidn-1.41 -rf
```

44. libidn2-2.3.4

libidn2 是一个基于 IETF 的 IDN 工作组标准设计的包，用于国际化字符串处理，旨在处理国际化域名。执行如下命令安装 libidn2。

```
1 cd $SRC && tar -xf libidn2-2.3.4.tar.gz && cd libidn2-2.3.4 &&
2 ./configure --prefix=/usr --disable-static && make && make install && rm $SRC/libidn2-2.3.4 -rf
```

45. liblinear-245

liblinear 是一种用于大规模线性分类和回归的开源软件包。它使用了线性支持向量机 (SVM)的算法,并支持 L1 和 L2 正则化方法。liblinear 提供了简单易用的接口,适用于许多不同的机器学习应用领域。liblinear 使用了一种高效的工作集方法来处理大规模数据集。它能够快速训练模型并进行预测。liblinear 支持不同的线性模型和损失函数,包括线性 SVM、逻辑回归和线性回归。liblinear 支持 L1 和 L2 正则化方法,可以控制模型的稀疏性和复杂度。liblinear 可以处理多种不同的数据格式,包括稠密矩阵、稀疏矩阵和特征向量文件。liblinear 提供了多种编程语言的接口,包括 C/C++ 、Java、Python 和 MATLAB。liblinear 软件包提供了一个用于大规模应用程序学习线性分类器的库。执行如下命令安装 liblinear。

```
1 cd $SRC && tar -xf liblinear-245.tar.gz && cd liblinear-245 && make lib && install -m644 linear.h /usr/include &&
2 install -m755 liblinear.so.5 /usr/lib && ln -sf liblinear.so.5 /usr/lib/liblinear.so && rm $SRC/liblinear-245 -rf
```

46. libmbim-1.26.4

libmbim 是一个 MBIM(Mobile Broadband Interface Model)协议的实现库。MBIM 是一种用于管理和控制移动宽带设备的协议,它定义了设备和主机之间的命令和消息格式,允许主机与设备之间进行通信。libmbim 库提供了一个 API,使开发人员能够通过 MBIM 协议与支持该协议的移动宽带设备通信。它提供了一些基本的功能,如设备的打开和关闭、发送和接收消息、获取设备信息等。使用 libmbim 库,开发人员可以轻松地开发移动宽带设备的管理和控制应用程序。他们可以通过该库实现对设备的短信发送和接收、数据连接的建立和终止、信任配置的更新等功能。libmbim 软件包包含一个基于 GLib 的库,用于与支持 MBIM 协议的 WWAN 调制解调器和设备进行通信。执行如下命令安装 libmbim。

```
1 cd $SRC && tar -xf libmbim-1.26.4.tar.xz && cd libmbim-1.26.4 &&
2 ./configure --prefix=/usr --disable-static && make && make install && rm $SRC/libmbim-1.26.4 -rf
```

安装的程序是 mbimcli 和 mbim-network。mbimcli 是用于控制 MBIM 设备的实用程序。mbim-network 是用于 MBIM 设备的简单网络管理的实用程序。安装的库是 libmbim-glib.so。

47. libpaper-1.1.24+nmu5

libpaper 是一个软件包,用于在 Linux 系统上管理打印机和纸张尺寸。它提供了一个简单的接口,允许开发人员编程设置纸张尺寸、方向和边距等打印机参数。libpaper 可以被用于各种不同的应用,例如,打印文档、图像、照片等。它支持多种不同的纸张尺寸,包括标准尺寸和自定义尺寸。用户可以根据自己的需求定义新的纸张尺寸,并将其添加到系统中。libpaper 还提供了一些工具和命令行界面,用于管理和配置打印机和纸张。用户可以使用这些工具来列出可用的纸张尺寸、配置默认打印机、设置打印选项等。执行如下命令安装

libpaper。

```
1 cd $SRC && tar -xf libpaper_1.1.24+nmu5.tar.gz && cd libpaper-1.1.24+nmu5 && autoreconf -fi &&
2 ./configure --prefix=/usr --sysconfdir=/etc --disable-static && make && make install &&
3 mkdir -p /etc/libpaper.d && echo a4 > /etc/papersize && rm $SRC/libpaper-1.1.24+nmu5 -rf
```

安装的程序是 paperconf、paperconfig、run-parts。paperconf 打印纸张配置信息。paperconfig 配置系统默认纸张大小。安装的库是 libpaper.so,包含查询纸张库的函数。

48. libptytty-2.0

libptytty 是一个用于创建伪终端的软件包,它提供了一个简单的 API 来创建和管理伪终端,在 Linux 和 UNIX 系统上使用。伪终端是一种虚拟终端,它允许通过程序进行输入和输出,就像在真实终端设备上一样。通过 libptytty,开发人员可以在自己的程序中创建和管理伪终端,用于执行命令、交互式 Shell 会话等。libptytty 可以与各种编程语言一起使用,包括 C 和 C++ 。执行如下命令安装 libptytty。安装的库是 libptytty.so。

```
1 cd $SRC && tar -xf libptytty-2.0.tar.gz && cd libptytty-2.0 && mkdir build && cd build &&
2 cmake -DCMAKE_INSTALL_PREFIX=/usr -DCMAKE_BUILD_TYPE=Release -DPT_UTMP_FILE:STRING=/run/utmp .. &&
3 make && make install && rm $SRC/libptytty-2.0 -rf
```

49. libqalculate-4.5.1

libqalculate 软件包包含一个库,提供了一个多功能计算器的功能。执行如下命令安装 libqalculate。安装的程序是 qalc,是一个功能强大且易于使用的命令行计算器。安装的库是 libqalculate.so,包含 libqalculate 的 API 函数。

```
1 cd $SRC && tar -xf libqalculate-4.5.1.tar.gz && cd libqalculate-4.5.1 && ./configure --prefix=/usr \
2 --disable-static --docdir=/usr/share/doc/libqalculate-4.5.1 && make && make install && rm $SRC/libqalculate-4.5.1 -rf
```

50. libqmi-1.30.8

libqmi 是一个开源库,用于与 QMI(Qualcomm MSM Interface)设备进行通信。QMI 是由 Qualcomm 定义的一种协议,用于与移动设备上的无线调制解调器(如 LTE、4G、3G 等)进行通信。libqmi 库提供了一组 API,使开发者可以通过 QMI 协议与支持 QMI 接口的调制解调器进行通信。开发者可以使用 libqmi 来执行各种操作,如获取设备信息、激活/停用数据连接、发送/接收 SMS 消息等。libqmi 基于 GLib 库,因此它能够充分利用 GLib 提供的功能,如内存管理、字符串处理、事件循环等,这使得 libqmi 易于使用和集成到各种应用程序中。除了 libqmi 库本身外,libqmi 还提供了一些附加工具,用于与 QMI 设备进行交互。例如,qmicli 是一个命令行工具,可以执行各种 QMI 操作,并显示结果。执行如下命令安装 libqmi。

```
1 cd $SRC && tar -xf libqmi-1.30.8.tar.xz && cd libqmi-1.30.8 && export PYTHON=python3 && ./configure \
2  --prefix=/usr --disable-static && make && make install && unset PYTHON && rm $SRC/libqmi-1.30.8 -rf
```

安装的程序是 qmicli、qmi-firmware-update 和 qmi-network。安装的库是 libqmi-glib.so。

51. libseccomp-2.5.4

libseccomp 软件包提供了一个易于使用且独立于平台的接口，用于 Linux 内核的系统调用过滤机制。执行如下命令安装 libseccomp。安装的程序是 scmp_sys_resolver，用于解析应用程序的系统调用。安装的库是 libseccomp.so，包含用于转换系统调用的 API 函数。

```
1 cd $SRC && tar -xf libseccomp-2.5.4.tar.gz && cd libseccomp-2.5.4 && ./configure --prefix=/usr \
2   --disable-static && make && make install && rm $SRC/libseccomp-2.5.4 -rf
```

52. libsigsegv-2.14

libsigsegv 是一个用于在用户模式下处理页错误的库。当程序尝试访问当前不可用的内存区域时，将发生页错误。捕获和处理页面错误是一种实现可分页虚拟内存、对持久数据库进行内存映射访问、生成式垃圾收集器、堆栈溢出处理程序和分布式共享内存的有用技术。执行如下命令安装 libsigsegv。安装的库是 libsigsegv.so。

```
1 cd $SRC && tar -xf libsigsegv-2.14.tar.gz && cd libsigsegv-2.14 && ./configure --prefix=/usr \
2   --enable-shared --disable-static && make && make install && rm $SRC/libsigsegv-2.14 -rf
```

53. libssh2-1.10.0

libssh2 软件包是一个实现 SSH2 协议的客户端 C 库。执行如下命令安装 libssh2。

```
1 cd $SRC && tar -xf libssh2-1.10.0.tar.gz && cd libssh2-1.10.0&& patch -Np1 -i ../libssh2-1.10.0-upstream_fix-1.patch &&
2 ./configure --prefix=/usr --disable-static && make && make install && rm $SRC/libssh2-1.10.0 -rf
```

54. libstatgrab-0.92.1

libstatgrab 是一个用于获取系统统计信息的开源库。它提供了跨平台的接口，能够获取诸如 CPU 使用率、内存使用率、磁盘空间使用率、网络传输速度等系统信息。libstatgrab 可以通过简单的 API 调用来获取系统统计信息，提供了丰富的函数和数据结构。它具有高效的性能和可靠的稳定性，能够在高并发的环境下工作。执行如下命令安装 libstatgrab。

```
1 cd $SRC && tar -xf libstatgrab-0.92.1.tar.gz && cd libstatgrab-0.92.1 && ./configure --prefix=/usr --disable-static \
2   --docdir=/usr/share/doc/libstatgrab-0.92.1 && make && make install && rm $SRC/libstatgrab-0.92.1 -rf
```

安装的程序是 saidar、statgrab、statgrab-make-mrtg-config 和 statgrab-make-mrtg-index。saidar 是一个基于 curses 的查看系统统计信息的工具。statgrab 是一个 sysctl 式的系统统计接口。statgrab-make-mrtg-config 生成 MRTG 配置。statgrab-make-mrtg-index 从 MRTG 配置文件或 stdin 生成 XHTML 索引页面。安装的库是 libstatgrab.so，包含 libstatgrab 的 API 函数。

55. libunwind-1.6.2

libunwind 是一个跨平台的库，用于获取在程序中发生的错误和异常时的堆栈跟踪信息。简单来说，它可以让开发者在程序出错时查看函数调用的历史记录，以便更好地理解问题的根源。该软件包提供了一组函数,可以让开发者在程序中捕获堆栈跟踪信息,并将其格式化输出。它还提供了一些高级功能,如动态调试信息解析和函数调用编码及解码等。libunwind 的使用方式相对简单,开发者只需包含相应的头文件,并调用适当的函数即可。它可以与其他调试工具和库集成使用,如 Valgrind 和 gdb 等。libunwind 软件包包含一个可移植和高效的 C 应用程序接口(API),用于确定程序的调用链。该 API 还提供了操作每个调用帧的保存(被调用者保存)状态并在调用链中的任何点上恢复执行(非本地转移)的手段。该 API 支持本地(同一进程)和远程(跨进程)操作。执行如下命令安装 libunwind。

```
1 cd $SRC && tar -xf libunwind-1.6.2.tar.gz && cd libunwind-1.6.2 && ./configure --prefix=/usr \
2   --disable-static && make && make install && rm $SRC/libunwind-1.6.2 -rf
```

56. libusb-1.0.26

libusb 是一个跨平台的用户态 USB 驱动库,它提供了一个 API,允许开发人员在用户态程序中进行 USB 设备的访问和控制。libusb 提供了一组函数,可以用来枚举已连接的 USB 设备、打开设备、发送和接收数据,以及控制设备的各种功能。执行如下命令安装 libusb。安装的库是 libusb-1.0.so,包含用于访问 USB 硬件的 API 函数。需要配置内核。

```
1 cd $SRC && tar -xf libusb-1.0.26.tar.bz2 && cd libusb-1.0.26 && ./configure --prefix=/usr \
2   --disable-static && make && make install && rm $SRC/libusb-1.0.26 -rf
```

57. libwacom-2.6.0

libwacom 软件包包含一个用于识别 Wacom 平板电脑及其型号特定功能的库。执行如下命令安装 libwacom。安装了多个程序。安装的库是 libwacom.so。

```
1 cd $SRC && tar -xf libwacom-2.6.0.tar.xz && cd libwacom-2.6.0 && mkdir build && cd build &&
2 meson setup --prefix=/usr --buildtype=release -Dtests=disabled .. && ninja && ninja install
```

58. libyaml-0.2.5

YAML(YAML Ain't Markup Language)是一种人类友好的数据序列化格式,常用于配置文件、数据交换和存储。YAML 的设计目标是易读性和可写性,采用了简洁的语法结构,使其对人类用户更加友好。它采用了类似于 Python 的缩进风格,并使用冒号加空格的键值对表示方式。它可以表示简单的数据类型如字符串、数字、布尔值等,也可以表示复杂的数据结构如列表、字典。此外,YAML 还支持注释、引用、多行文本等功能,方便用户编写和维护。YAML 在许多编程语言中都有相应的库或模块进行解析和生成。在 Python 中,yaml 软件包是一个常用的库,提供了处理 YAML 数据的功能。它可以将 YAML 格式的数据解析为 Python 对象,也可以将 Python 对象转换为 YAML 格式的数据。通过 yaml 软件包,开发人员可以方便地读取和编写 YAML 文件,与其他应用程序进行数据交换,并实现配置的灵活性和可定制性。yaml 软件包含一个用于解析和生成 YAML 代码的 C 库。执行如下命令安装 libyaml。安装的库是 libyaml.so。

```
1 cd $SRC && tar -xf yaml-0.2.5.tar.gz && cd yaml-0.2.5 && ./configure --prefix=/usr \
2   --disable-static && make && make install && rm $SRC/yaml-0.2.5 -rf
```

59. mtdev-1.1.6

mtdev 软件包提供了一个多点触控协议转换库（Multitouch Protocol Translation Library）。该库的主要目的是将不同的触控协议转换为一个统一的协议，以便在不同的硬件设备上使用。mtdev 库支持多种触控协议，包括 Linux 内核中的 MT 协议、BOSCH 电容触摸芯片协议及其他一些常见的触控协议。它通过解析原始输入数据，并转换为标准的多点触控事件，使开发者能够更方便地处理和使用这些事件。使用 mtdev 库，开发者可以编写适用于各种多点触控设备的应用程序，无须关心底层硬件的差异性。该库还提供了一些辅助功能，如事件合并和事件延迟，以提高触摸事件的响应性能。执行如下命令安装mtdev。安装的程序是 mtdev-test。安装的库是 libmtdev.so。

```
1 cd $SRC && tar -xf mtdev-1.1.6.tar.bz2 && cd mtdev-1.1.6 && ./configure --prefix=/usr \
2   --disable-static && make && make install && rm $SRC/mtdev-1.1.6 -rf
```

60. c-ares-1.19.0

c-ares 是用于异步 DNS 请求的 C 库。执行如下命令安装 c-ares。安装的程序是 acountry、adig 和 ahost。acountry 打印 IPv4 地址或主机所在的国家。adig 从 DNS 服务器查询信息。ahost 打印与主机名或 IP 地址关联的 A 或 AAAA 记录。安装的库是 libcares.so。

```
1 cd $SRC && tar -xf c-ares-1.19.0.tar.gz && cd c-ares-1.19.0 && mkdir build && cd build &&
2 cmake -DCMAKE_INSTALL_PREFIX=/usr .. && make && make install && rm $SRC/c-ares-1.19.0 -rf
```

61. Node.js-18.14.1

Node.js 是基于 Chrome 的 V8 JavaScript 引擎构建的 JavaScript 运行时。执行如下命令安装 Node.js。安装的程序是 corepack、node、npm 和 npx。corepack 是一个实验性工具，用于帮助管理软件包管理器的版本。node 是服务器端 JavaScript 运行时。npm 是 Node.js 包管理器。

```
1 cd $SRC && tar -xf node-v18.14.1.tar.xz && cd node-v18.14.1 && ./configure --prefix=/usr --shared-cares \
2   --shared-libuv --shared-openssl --shared-nghttp2 --shared-zlib --with-intl=system-icu && make &&
3 make install && ln -sf node /usr/share/doc/node-18.14.1 && rm $SRC/node-v18.14.1 -rf
```

62. PCRE-8.45

PCRE 是一个开源的正则表达式库，完全兼容 Perl 的正则表达式语法。PCRE 代表 Perl Compatible Regular Expressions，它提供了一个功能强大且高度灵活的正则表达式引擎，可以用于各种编程语言和环境中。PCRE 是一个非常流行的正则表达式库，被广泛用于文本解析、模式匹配、数据提取和替换等任务。它具有高性能、可移植性和可靠性，并且支持广泛的正则表达式功能，包括字符类、重复和限定符、分组、反向引用及零宽断言等。PCRE 提供了丰富的 API 接口，可以使用 C、C++、Java、Python 等多种编程语言进行调用和集成。它还支持字符串搜索和替换、模式匹配和分割等基本操作，以及更高级的功能，如捕获组、正向匹配和反向匹配等。执行如下命令安装 PCRE。安装的程序是 pcregrep、pcretest 和 pcre-config。pcregrep 是一个理解 Perl 兼容正则表达式的 grep。pcretest 可以测试 Perl 兼容的正则表达式。pcre-config 用于链接到 PCRE 库的程序的编译过程中。安装的库是 libpcre.so、libpcre16.so、libpcre32.so、libpcrecpp.so 和 libpcreposix.so。

```
1 cd $SRC && tar -xf pcre-8.45.tar.bz2 && cd pcre-8.45 && ./configure --prefix=/usr --docdir=/usr/share/doc/pcre-8.45 \
2 --enable-unicode-properties --enable-pcre16 --enable-pcre32 --enable-pcregrep-libz --enable-pcregrep-libbz2 \
3 --enable-pcretest-libreadline --disable-static && make && make install && rm $SRC/pcre-8.45 -rf
```

63. Pth-2.0.7

Pth 软件包包含一个非常便携的基于 POSIX/ANSI-C 的库，用于 UNIX 平台，在事件驱动的应用程序中提供多线程的非抢占式基于优先级的调度。所有线程都在服务器应用程序的同一地址空间中运行，但每个线程都有自己的独立程序计数器、运行时堆栈、信号掩码和 errno 变量。执行如下命令安装 Pth。安装的程序是 pth-config。安装的库是 libpth.so。

```
1 cd $SRC && tar -xf pth-2.0.7.tar.gz && cd pth-2.0.7 &&
2 sed -i 's#$(LOBJS): Makefile#$(LOBJS): pth_p.h Makefile#' Makefile.in && ./configure --prefix=/usr --disable-static \
3 --mandir=/usr/share/man && make && make install && install -m755 -d /usr/share/doc/pth-2.0.7 &&
4 install -m644 README PORTING SUPPORT TESTS /usr/share/doc/pth-2.0.7 && rm $SRC/pth-2.0.7 -rf
```

64. Talloc-2.4.0

Talloc 是一个开源的 C 语言内存池库，提供了一种分层、引用计数的内存管理方案。它的设计目标是使用简单、高效、灵活，并允许针对不同的场景进行定制。Talloc 的基本思想是将内存分配和释放分离开来，通过引用计数的方式来管理内存的生命周期。它使用树状的结构来组织内存分配和释放的关系，每个节点都可以有一个父节点和多个子节点。这种组织结构使得可以很方便地跟踪和管理内存的使用情况。Talloc 提供了丰富的 API，包括分配内存、释放内存、复制内存、遍历内存树等功能。其中一个比较有用的特性是可以为每个分配的内存块关联一个析构函数，当内存块被释放时，这个析构函数会自动被调用，可以用来释放资源或执行其他清理工作。Talloc 还支持内存上下文的概念，可以为多个内存块创建一个上下文，并在释放上下文时自动释放相关的内存块。这种方式简化了内存管理的逻辑，可以有效避免内存泄漏。Talloc 是 Samba 中使用的核心内存分配器。执行如下命令安装 Talloc。安装了若干库，其中，libtalloc.so 包含一个用于替代 Glibc 中 malloc 函数的版本。

```
1 cd $SRC && tar -xf talloc-2.4.0.tar.gz && cd talloc-2.4.0 && ./configure --prefix=/usr && make && make install
```

65. telepathy-glib-0.24.2

telepathy-glib 是一个基于 GLib 和 D-Bus 的电信协议框架。它提供了一个方便的 API 和工具来创建和管理与远程用户进行通信的电信应用程序。telepathy-glib 支持多种协议，包括 Jabber/XMPP、IRC、SIP 和 MSN 等。telepathy-glib 提供了用于处理电信协议的简单和易于使用的 API。开发人员可以使用 telepathy-glib 快速构建功能丰富的电信应用程序。

telepathy-glib 支持多种电信协议和功能,包括即时消息、音频/视频通话、桌面共享等。它还提供了一些高级功能,如文件传输、联系人管理、群组聊天等。telepathy-glib 支持模块化和可扩展的设计,开发人员可以轻松地添加新的协议和功能。执行如下命令安装 telepathy-glib。

```
1 cd $SRC && tar -xf telepathy-glib-0.24.2.tar.gz && cd telepathy-glib-0.24.2 &&
2 sed -i 's%/usr/bin/python%%3%' tests/all-errors-documented.py && export PYTHON=/usr/bin/python3 &&
3 ./configure --prefix=/usr --enable-vala-bindings --disable-static && make && make install && unset PYTHON
```

66. Uchardet-0.0.8

Uchardet 是一个开源的编码检测库,它用于自动检测给定文本的字符编码。这个软件包是由 Mozilla Firefox 浏览器的团队开发的,旨在解决多语言编码检测的问题。Uchardet 基于 Chardet 库进行了改进,并增加了对更多语言和编码的支持。它可以识别常见的字符编码,包括 ASCII、UTF-8、ISO-8859 等,同时也支持检测一些较少使用的编码,如 Big5、Shift_JIS、GBK 等。使用 Uchardet 非常简单,只需传入待检测的文本数据,就可以得到该文本的最可能的字符编码。它是一个跨平台的库,因此可以在多个操作系统上使用,并具有高性能和准确的检测能力。Uchardet 可以作为其他应用程序的一部分使用,例如,文本编辑器、网络爬虫、数据处理工具等,以便更好地处理不同编码的文本数据。执行如下命令安装 Uchardet。安装的程序是 uchardet,检测文件中使用的字符集。安装的库是 libuchardet.so。

```
1 cd $SRC && tar -xf uchardet-0.0.8.tar.xz && cd uchardet-0.0.8 && mkdir build && cd build &&
2 cmake -DCMAKE_INSTALL_PREFIX=/usr -DBUILD_STATIC=OFF -Wno-dev .. && make && make install && rm $SRC/uchardet-0.0.8 -rf
```

67. libpcap-1.10.3

libpcap 是一种底层的网络数据包捕获库,用于在计算机网络中截获和分析数据包。它提供了许多功能强大且灵活的工具,可以在多个操作系统和编程语言中使用。libpcap 支持从网络接口、文件、存储设备等多种来源捕获数据包,并可以基于过滤器对捕获的数据包进行选择。它提供了对数据包头部和负载的访问、解析和操作功能,从而允许开发人员实施各种网络协议的分析和监视。libpcap 是一个非常受欢迎的库,被广泛用于网络安全、网络监控、网络调试等领域。它支持多种编程语言,如 C、C++、Python 等,并且有大量的文档和示例代码可供参考。libpcap 提供了用于用户级数据包捕获的函数,用于低级网络监控。执行如下命令安装 libpcap。安装的程序是 pcap-config,提供 libpcap 的配置信息。安装的库是 libpcap.so,用于用户级数据包捕获。

```
1 cd $SRC && tar -xf libpcap-1.10.3.tar.gz && cd libpcap-1.10.3 && ./configure --prefix=/usr && make && make install
```

68. Umockdev-0.17.16

Umockdev 是一个用于模拟硬件设备接口的软件包。它提供了一些工具和库,可以在用户空间模拟各种硬件设备的接口,如网络接口卡、串口、USB 等。Umockdev 可用于开发和测试需要与硬件设备交互的软件。它可以帮助开发人员在没有真实硬件设备的情况下进行测试和调试,从而提高开发效率。Umockdev 的工作原理是通过在用户空间模拟内核的设备接口。它在底层使用了 libudev 和 ioctl 等实现与内核设备接口的交互,并提供了一些命令行工具和 C 库函数供开发人员使用。使用 Umockdev 可以模拟各种硬件设备的行为,如发送和接收网络数据包、读写串口数据、发送和接收 USB 数据等。它还支持模拟设备的插拔和属性变化,并可以通过标准的系统调用接口与其他软件进行交互。Umockdev 提供了一种方便和灵活的方式来模拟硬件设备接口,简化了开发和测试的过程。执行如下命令安装 Umockdev。安装的程序是 umockdev-record、umockdev-run 和 umockdev-wrapper。安装的库是 libumockdev-preload.so 和 libumockdev.so。

```
1 cd $SRC && tar -xf umockdev-0.17.16.tar.xz && cd umockdev-0.17.16 && mkdir build && cd build &&
2 meson setup --prefix=/usr --buildtype=release .. && ninja && ninja install && rm $SRC/umockdev-0.17.16 -rf
```

69. libgusb-0.4.5

libgusb 软件包包含 libusb-1.0 的 GObject 封装器。它提供了在使用 libusb 时更容易使用的 API,并与 GObject 系统紧密集成。libusb 是一个跨平台的用户态 USB 库,允许开发人员通过 USB 接口与 USB 设备进行通信。但是,libusb 的 API 是基于 C 语言的,对于使用 GObject 系统的开发人员来说可能不够方便。libgusb 的目标是为那些希望在使用 libusb 时利用 GObject 系统提供的功能的开发人员提供简化的 API。它使用 GObject 的特性,如信号和属性,为 USB 设备和接口提供了表示和操作的对象。通过 libgusb,开发人员可以更轻松地使用 GObject 系统的优势,如信号连接和事件处理。它还提供了一些辅助函数和工具,以简化与 USB 设备的交互。libgusb 为使用 libusb 进行 USB 通信的开发人员提供了更便捷的 API,并充分利用了 GObject 系统的功能。执行如下命令安装 libgusb。安装的程序是 gusbcmd,是 libgusb 库的调试工具。安装的库是 libgusb.so,libgusb.so 包含 libgusb API 函数。

```
1 cd $SRC && tar -xf libgusb-0.4.5.tar.xz && cd libgusb-0.4.5 && mkdir build && cd build &&
2 meson setup --prefix=/usr --buildtype=release -Ddocs=false .. && ninja && ninja install && rm $SRC/libgusb-0.4.5 -rf
```

70. Wayland-1.21.0

Wayland 是一个基于协议的图形显示服务器,用于在 Linux 系统上替代 X Window System。它的目标是提供更好的性能、更低的延迟和更高的安全性。Wayland 的设计思路是将显示服务器和客户端进行解耦,每个程序都是 Wayland 的客户端,它们可以直接与 Wayland 服务器交互。服务器负责管理硬件资源、窗口管理和事件处理等任务,而客户端负责绘制图形和处理用户输入。这种解耦的设计可以减少不必要的中间层,提高系统的性能和响应速度。与 X Window System 相比,Wayland 的一个显著优势是减少了图形处理的延迟。在 X 系统中,应用程序需要通过 X 服务器将图形数据传输到显示设备上,而在 Wayland 中,应用程序直接与显示设备进行通信,省去了中间的复杂处理过程,从而提供更快的响应时间和更流畅的图形显示。Wayland 是一个现代的显示服务器协议,它用于在 Linux 和其他操作系统上实现图形显示和窗口管理。Wayland 提供一个更简洁、更高效、更安全的显示服务器解决方案。执行如下命令安装 Wayland。安装的程序是 wayland-

scanner。安装的库是 libwayland-client.so、libwayland-cursor.so、libwayland-egl.so 和
libwayland-server.so。

```
1 cd $SRC && tar -xf wayland-1.21.0.tar.xz && cd wayland-1.21.0 && mkdir build && cd build && meson setup --prefix=/usr \
2   --buildtype=release -Ddocumentation=false && ninja && ninja install && rm $SRC/wayland-1.21.0 -rf
```

71. Wayland-Protocols-1.31

Wayland-Protocols 软件包是 Wayland 项目的一部分,用于定义和描述 Wayland 协议。
Wayland 协议是一种用于图形显示和用户输入设备的底层通信协议,用于取代 X Window
System。Wayland-Protocols 软件包包含一系列的协议定义文件,描述了 Wayland 协议中
各种功能和接口的使用方法。使用 Wayland-Protocols 软件包,开发人员可以根据自己的
需求来定义和实现自己的 Wayland 协议扩展。这些扩展可以用于增加 Wayland 的功能,例
如,支持新的图形效果、提供额外的输入设备支持等。Wayland-Protocols 软件包还提供了
一些默认的 Wayland 协议定义,用于描述常见的图形显示和用户输入操作,例如,窗口管
理、键盘输入、鼠标输入等。执行如下命令安装 Wayland-protocols。

```
1 cd $SRC && tar -xf wayland-protocols-1.31.tar.xz && cd wayland-protocols-1.31 && mkdir build && cd build &&
2 meson setup --prefix=/usr --buildtype=release && ninja && ninja install && rm $SRC/wayland-protocols-1.31 -rf
```

72. libpng-1.6.39

libpng 是一个用于处理 PNG(可移植网络图形)图像格式的库。PNG 是一种无损压缩
的图像格式,广泛用于互联网上的图像传输和存储。libpng 提供了一组 API 函数,使开发
人员可以读取、写入和操作 PNG 图像。它支持各种颜色格式(包括灰度、灰度＋α 通道、
RGB、RGB＋α 通道和调色板)和位深度(从 1 位到 16 位)。除了基本的图像处理功能,
libpng 还提供了高级功能,如伸缩和旋转图像、gamma 校正、颜色类型和位深度转换、通道
分离和合并等。PNG 格式被设计为 GIF 和 TIFF 的替代者,具有许多改进和扩展,并且没
有专利问题。执行如下命令安装 libpng。

```
1 cd $SRC && tar -xf libpng-1.6.39.tar.xz && cd libpng-1.6.39 && gzip -cd ../libpng-1.6.39-apng.patch.gz | \
2 patch -p1 && ./configure --prefix=/usr --disable-static && make && make install &&
3 mkdir -p /usr/share/doc/libpng-1.6.39 && cp README libpng-manual.txt /usr/share/doc/libpng-1.6.39
```

73. wv-1.2.9

wv 是一个开源软件包,用于从 MS Word 文档中读取信息。它提供了一套工具,可以
将 Word 文档转换为其他格式(如 HTML、文本或 PDF),还可以从文档中提取出各种内容,
如文本、图像、表格等。wv 可以作为一个命令行工具使用,也可以在其他程序中作为库使
用。它支持多种 Word 文档格式,包括.doc 和.docx。使用 wv 可以方便地获取 Word 文档
的内容,并在需要的情况下将其转换为其他格式进行处理或展示。这对于需要处理大量
Word 文档的应用程序或系统非常有用。执行如下命令安装 wv。

```
1 cd $SRC && tar -xf wv-1.2.9.tar.gz && cd wv-1.2.9 &&
2 ./configure --prefix=/usr --disable-static && make && make install && rm $SRC/wv-1.2.9 -rf
```

74. Xapian-1.4.22

Xapian 是一种全文搜索引擎库,它可用于快速索引和搜索大量文本数据。它支持高效的全文搜索、短语搜索、拼写纠错、近似搜索和过滤等功能。Xapian 可以通过 C++、Python、Java、Perl 和其他几种编程语言进行使用,使得开发人员可以根据自己的喜好和项目需求进行选择。Xapian 使用倒排索引的方式来快速索引和搜索文本数据。它能够处理大型数据集,并提供高性能的搜索结果。Xapian 支持丰富的查询语法,包括布尔操作、短语搜索、通配符搜索、近似搜索和排序等。它还支持搜索结果的排名和高亮显示。执行如下命令安装 Xapian。安装了若干程序和库。

```
1 cd $SRC && tar -xf xapian-core-1.4.22.tar.xz && cd xapian-core-1.4.22 && ./configure --prefix=/usr \
2 --disable-static --docdir=/usr/share/doc/xapian-core-1.4.22 && make && make install && rm $SRC/xapian-core-1.4.22 -rf
```

7.2　图形和字体库

1. AAlib-1.4rc5

AAlib 是一个开源软件库,提供了一种抽象的 ASCII 图形接口。它可以将任何图像或动画转换成 ASCII 码表示,以便在终端或文本界面中显示。AAlib 可以通过使用不同的字符和颜色来生成各种效果,如阴影、模糊和渐变。它还支持动画和鼠标交互,可以在文本界面中创建有趣的视觉效果。该库还提供了一系列的 API 函数,使开发者可以更灵活地使用 AAlib 功能。它可以与 C 语言和 C++ 等编程语言一起使用。执行如下命令安装 AAlib。安装的程序是 aafire、aainfo、aalib-config、aasavefont 和 aatest。安装的库是 libaa.so。

```
1 cd $SRC && tar -xf aalib-1.4rc5.tar.gz && cd aalib-1.4.0 &&
2 sed -i -e '/AM_PATH_AALIB,/s/AM_PATH_AALIB/[&]/' aalib.m4 &&
3 ./configure --prefix=/usr --infodir=/usr/share/info --mandir=/usr/share/man \
4   --with-ncurses=/usr --disable-static && make && make install && rm $SRC/aalib-1.4.0 -rf
```

2. Exiv2-0.27.6

Exiv2 是一款开源的图像元数据库和工具集,使用 C++ 编写。它可以读取和修改各种图像文件的元数据,包括 Exif、IPTC 和 XMP 格式的数据。Exiv2 支持多种图像文件格式,包括 JPEG、TIFF、PNG、GIF 和 CR2 等。Exiv2 提供了一个命令行工具,可以用于查看、修改和删除图像文件的元数据。用户可以使用命令行工具来批量处理图像文件的元数据,例如,添加水印,改变摄影日期等操作。Exiv2 提供了一个 C++ 编程接口,可以在自己的应用程序中使用 Exiv2 库来读取和修改图像文件的元数据。开发者可以根据自己的需求使用 Exiv2 库来处理图像文件的元数据。执行如下命令安装 Exiv2。安装的程序是 exiv2。安装的库是 libexiv2.so 和 libexiv2-xmp.a。

```
1 cd $SRC && tar -xf exiv2-0.27.6-Source.tar.gz && cd exiv2-0.27.6-Source && mkdir build && cd build &&
2 cmake -DCMAKE_INSTALL_PREFIX=/usr -DCMAKE_BUILD_TYPE=Release -DEXIV2_ENABLE_VIDEO=yes \
3   -DEXIV2_ENABLE_WEBREADY=yes -DEXIV2_ENABLE_CURL=yes -DEXIV2_BUILD_SAMPLES=no -G "Unix Makefiles" .. &&
4 make && make install && rm $SRC/exiv2-0.27.6-Source -rf
```

3. FreeType-2.13.0（第 1 次构建）

FreeType 是一个用于处理和呈现字体的开源软件库。它提供了一套实现字体渲染和字体文件处理的 API，可以在各种操作系统和平台上使用。FreeType 支持多种字体格式，包括 TrueType、OpenType、Type 1 和 CID 字体。它可以解析字体文件，并提供了对字体轮廓、度量、字符编码和渲染的功能。FreeType 使用先进的算法来处理字体渲染，可以产生高质量的渲染效果。FreeType 提供了一套灵活的字体管理和缓存系统，可以高效地加载和使用字体。FreeType 的 API 设计简单易用，提供了丰富的功能和详细的文档。执行如下命令安装 FreeType。安装的程序是 freetype-config。安装的库是 libfreetype.so。

```
1 cd $SRC && tar -xf freetype-2.13.0.tar.xz && cd freetype-2.13.0 && tar -xf ../freetype-doc-2.13.0.tar.xz \
2   --strip-components=2 -C docs && sed -ri "s:.*(AUX_MODULES.*valid):\1:" modules.cfg &&
3 sed -r "s:.*(#.*SUBPIXEL_RENDERING) .*:\1:" -i include/freetype/config/ftoption.h &&
4 ./configure --prefix=/usr --enable-freetype-config --disable-static && make && make install &&
5 install -m755 -d /usr/share/doc/freetype-2.13.0 && cp -R docs/* /usr/share/doc/freetype-2.13.0 &&
6 rm /usr/share/doc/freetype-2.13.0/freetype-config.1 && rm $SRC/freetype-2.13.0 -rf
```

4. Fontconfig-2.14.2

Fontconfig 是一个字体配置库，用于自动处理字体的选择和渲染。它提供了一个统一的接口，使得应用程序可以轻松地获取系统中的字体信息，并根据需要选择适合的字体进行渲染。Fontconfig 可以处理多种常见的字体格式，包括 TrueType、OpenType、Type 1 等。Fontconfig 可以根据应用程序的需求，自动选择合适的字体进行渲染。它提供了一套灵活的匹配规则，可以根据字体的字族、风格、权重等属性进行匹配。Fontconfig 会自动管理系统中的字体缓存，它会扫描系统中的字体目录，获取所有可用的字体信息，并将其缓存起来。这样，应用程序可以更快地获取字体信息，提高渲染效率。Fontconfig 在字体选择和渲染方面有良好的多语言支持。它可以根据语言环境的不同，选择适合的字体进行渲染，确保文字在不同语言环境下的显示效果。执行如下命令安装 Fontconfig。

```
1 cd $SRC && tar -xf fontconfig-2.14.2.tar.xz && cd fontconfig-2.14.2 && ./configure --prefix=/usr \
2   --sysconfdir=/etc --localstatedir=/var --disable-docs --docdir=/usr/share/doc/fontconfig-2.14.2 &&
3 make && make install && install -dm755 /usr/share/{man/man{1,3,5},doc/fontconfig-2.14.2/fontconfig-devel} &&
4 install -m644 fc-*/*.1 /usr/share/man/man1 && install -m644 doc/*.3 /usr/share/man/man3 &&
5 install -m644 doc/fonts-conf.5 /usr/share/man/man5 &&
6 install -m644 doc/fontconfig-devel/* /usr/share/doc/fontconfig-2.14.2/fontconfig-devel &&
7 install -m644 doc/*.{pdf,sgml,txt,html} /usr/share/doc/fontconfig-2.14.2 && rm $SRC/fontconfig-2.14.2 -rf
```

安装的程序是 fc-cache、fc-cat、fc-conflist、fc-list、fc-match、fc-pattern、fc-query、fc-scan 和 fc-validate。fc-cache 用于创建字体信息缓存。fc-cat 用于读取字体信息缓存。fc-conflist 显示系统上规则集文件的信息。fc-list 用于创建字体列表。fc-match 用于匹配可用字体或查找与给定模式匹配的字体。fc-pattern 用于解析模式（默认为空模式）并展示解析结果。fc-query 用于查询字体文件并打印出结果模式。fc-scan 用于扫描字体文件和目录，并打印出结果模式。fc-validate 用于验证字体文件。安装的库是 libfontconfig.so。

5. FriBidi-1.0.12

FriBidi 包是 Unicode 双向算法（BIDI）的实现。这对于支持其他软件包中的阿拉伯语和希伯来语字母非常有用。执行如下命令安装 FriBidi。安装的程序是 fribidi,是安装的库 libfribidi.so 的命令行接口,可用于将逻辑字符串转换为可视输出。

```
1 cd $SRC && tar -xf fribidi-1.0.12.tar.xz && cd fribidi-1.0.12 && mkdir build && cd build &&
2 meson setup --prefix=/usr --buildtype=release .. && ninja && ninja install && rm $SRC/fribidi-1.0.12 -rf
```

6. giflib-5.2.1

giflib 是一个开源的 GIF 图像文件处理库,用于读取、写入和操作 GIF 图像文件。它提供了一组简单易用的 API 函数,可以在 C 语言环境下使用。giflib 可以在各种操作系统上运行,并且具有高度可移植性。giflib 可以读取 GIF 图像文件,并将其解码为像素数据,以便在程序中进行进一步处理或显示。giflib 可以将像素数据编码为 GIF 图像,并将其写入 GIF 图像文件中。giflib 提供了一些 API 函数,用于操作 GIF 图像,如改变颜色表、调整尺寸、旋转和翻转等。giflib 支持透明色和动画,可以处理包含透明像素或动画帧的 GIF 图像。giflib 适用于开发需要读取、写入或处理 GIF 图像的应用程序。它在许多开源项目和应用程序中广泛使用,如 Web 浏览器、图像编辑器和动画工具等。执行如下命令安装 giflib。安装的程序是 gif2rgb、gifbuild、gifclrmp、giffix 等。安装的库是 libgif.so。

```
1 cd $SRC && tar -xf giflib-5.2.1.tar.gz && cd giflib-5.2.1 && make && make PREFIX=/usr install &&
2 rm -f /usr/lib/libgif.a && find doc \( -name Makefile\* -o -name \*.1 -o -name \*.xml \) -exec rm -v {} \; &&
3 install -dm755 /usr/share/doc/giflib-5.2.1 && cp -R doc/* /usr/share/doc/giflib-5.2.1 && rm $SRC/giflib-5.2.1 -rf
```

7. GLM-0.9.9.8

GLM(OpenGL Mathematics)是一个基于 OpenGL 着色语言(GLSL)规范的头文件 C++ 数学库,用于图形软件。此软件包与其他软件包不同,因为它将其功能包含在头文件中。只需将它们复制到相应位置即可。安装的目录是/usr/include/glm。

```
1 cd $SRC && tar -xf glm-0.9.9.8.tar.gz && cd glm-0.9.9.8 &&
2 cp -r glm /usr/include/ && cp -r doc /usr/share/doc/glm-0.9.9.8 && rm $SRC/glm-0.9.9.8 -rf
```

8. Graphite2-1.3.14

Graphite2 是用于 graphite 字体的渲染引擎。这些是带有智能渲染信息的附加表格的 TrueType 字体,最初是为支持复杂的非罗马书写系统而开发的。它们可以包含例如连字、字形替换、字距调整、对齐规则等规则。这使它们即使在使用罗马书写系统(如英语)编写的文本中也很有用。Firefox 默认提供 graphite 引擎的内部副本,并且不能使用系统版本(尽管现在可以打补丁以使用它),但它也应该受益于 graphite 字体的可用性。执行如下命令安装 Graphite2。安装的程序是 gr2fonttest,是用于 graphite 字体的诊断控制台工具。安装的库是 libgraphite2.so,是用于 graphite 字体的渲染引擎。

```
1 cd $SRC && tar -xf graphite2-1.3.14.tgz && cd graphite2-1.3.14 && sed -i '/cmptest/d' tests/CMakeLists.txt &&
2 mkdir build && cd build && cmake -DCMAKE_INSTALL_PREFIX=/usr .. && make && make install && rm $SRC/graphite2-1.3.14 -rf
```

9. libjpeg-turbo-2.1.5.1

libjpeg-turbo 是一个用于处理 JPEG 图像格式的软件库,它提供了高度优化的 JPEG 编码和解码功能。它是基于原始 libjpeg 库的一个增强版本,通过使用 SIMD 指令集和其他优化技术,提供了更快的 JPEG 图像处理速度。libjpeg 是一个实现 JPEG 图像编码、解码和转码的库。libjpeg-turbo 使用了多种加速技术,包括 SSE、SSE2、NEON 和 AltiVec 等,可以在各种平台上获得较高的性能。由于其高性能和可移植性,libjpeg-turbo 被广泛应用于计算机视觉、嵌入式系统、网络传输和数字媒体等领域。执行如下命令安装 libjpeg-turbo。安装的程序是 cjpeg、djpeg、jpegtran、rdjpgcom 等。安装的库是 libjpeg.so 和 libturbojpeg.so。

```
1 cd $SRC && tar -xf libjpeg-turbo-2.1.5.1.tar.gz && cd libjpeg-turbo-2.1.5.1 &&
2 mkdir build && cd build && cmake -DCMAKE_INSTALL_PREFIX=/usr -DCMAKE_BUILD_TYPE=RELEASE \
3   -DENABLE_STATIC=FALSE -DCMAKE_INSTALL_DOCDIR=/usr/share/doc/libjpeg-turbo-2.1.5.1 \
4   -DCMAKE_INSTALL_DEFAULT_LIBDIR=lib .. && make && make install && rm $SRC/libjpeg-turbo-2.1.5.1 -rf
```

10. Pixman-0.42.2

Pixman 软件包是一个开放源代码的像素操作库,主要用于对图像进行低级别的像素操作,如读取、写入、复制、合成和变换等。Pixman 广泛用于图形渲染引擎和窗口系统等应用中。Pixman 软件包提供了高效的算法和函数,能够在不同平台上实现快速的像素操作。它支持多种像素格式,包括 ARGB32、RGB24、A8 等,并提供了丰富的像素操作函数,如填充、绘制线条、绘制弧线、绘制多边形等。Pixman 软件包还提供了图像合成函数,用于实现像素的透明度混合、算术混合、叠加等效果。同时,它还支持图像的平铺和重复,以及像素的变换和平移等操作。这些功能使得 Pixman 软件包在图形渲染和图像处理领域有着广泛的应用。执行如下命令安装 Pixman。安装的库是 libpixman-1.so,包含提供低级像素操作功能的函数。

```
1 cd $SRC && tar -xf pixman-0.42.2.tar.gz && cd pixman-0.42.2 && mkdir build && cd build &&
2 meson setup --prefix=/usr --buildtype=release && ninja && ninja install && rm $SRC/pixman-0.42.2 -rf
```

11. HarfBuzz-7.0.0

HarfBuzz 是一个集成了复杂文本处理和字体渲染功能的开源软件包。它主要用于为计算机上的各种应用程序提供高质量的、准确的文本布局和渲染支持。HarfBuzz 支持 OpenType 和 TrueType 等多种字体格式,并且可以处理复杂的文本排版需求,如文字方向、字符重排、连字处理等。它还提供了一系列的 API 和工具,方便开发者在自己的应用程序中集成和使用。HarfBuzz 的设计目标是提供一个具有高性能、可定制性和可移植性的文本排版解决方案。它被广泛应用于各种应用程序,包括桌面软件、移动应用、Web 浏览器等。HarfBuzz 的使用可以大幅提升文本渲染的质量和效率,确保文字在各种环境中都能够以最佳的方式呈现给用户。执行如下命令安装 HarfBuzz。安装的程序是 hb-info、hb-ot-shape-closure、hb-shape、hb-subset。安装了若干库。

```
1 cd $SRC && tar -xf harfbuzz-7.0.0.tar.xz && cd harfbuzz-7.0.0 && mkdir build && cd build && meson setup \
2 --prefix=/usr --buildtype=release -Dgraphite2=enabled && ninja && ninja install && rm $SRC/harfbuzz-7.0.0 -rf
```

12. FreeType-2.13.0(第 2 次构建)

安装 HarfBuzz-7.0.0 后再次构建 FreeType-2.13.0。执行的命令和第 1 次构建时一样。

13. JasPer-4.0.0

JasPer 是一种用于压缩和解压缩图像数据的软件库。它是一种开源的 JPEG-2000 编解码器,支持高效的无损和有损压缩。JasPer 提供了一个简单易用的 API,使开发人员能够轻松地集成 JasPer 功能到应用程序中。它支持多种编程语言,包括 C、C++ 和 Java,并提供了一系列实用工具和示例代码。JasPer 是一个功能强大且易于使用的图像压缩和解压缩库,适用于各种应用领域,包括数字图像处理、医学图像、无线网络等。执行如下命令安装JasPer。安装的程序是 imgcmp、imginfo、jasper 和 jiv。安装的库是 libjasper.so。

```
1 cd $SRC && tar -xf jasper-4.0.0.tar.gz && cd jasper-version-4.0.0 && mkdir BUILD && cd BUILD &&
2 cmake -DCMAKE_INSTALL_PREFIX=/usr -DCMAKE_BUILD_TYPE=Release -DCMAKE_SKIP_INSTALL_RPATH=YES \
3   -DJAS_ENABLE_DOC=NO -DCMAKE_INSTALL_DOCDIR=/usr/share/doc/jasper-4.0.0 .. && make && make install
```

14. libexif-0.6.24

libexif 是一个用于解析和处理照片的元数据(EXIF)的软件包。EXIF 是嵌入在 JPEG 和 TIFF 等图像文件中的信息,如拍摄日期、相机型号、光圈值等。libexif 提供了一组函数和工具,用于读取、写入和编辑照片中的 EXIF 数据。libexif 是用 C 语言编写的,并提供了一个清晰的 API,使开发者可以轻松地在他们的应用程序中集成 EXIF 解析和处理功能。libexif 支持解析几乎所有常见的 EXIF 标签,并提供了方便的函数来访问和操作这些标签的值。它还提供了一些实用的功能,如计算图像的方向、转换日期和时间格式,以及添加、删除和修改 EXIF 标签。通过使用 libexif,开发者可以轻松地获取和处理照片中的元数据,以实现各种功能,如图像的自动排序、检索和分享。它还可以用于构建图像处理工具、相册管理器和图像编辑应用程序等。libexif 软件包包含用于解析、编辑和保存 EXIF 数据的库。大多数数码相机会产生 EXIF 文件,这些文件是带有额外标签的 JPEG 文件,其中包含图像的有关信息。执行如下命令安装 libexif。安装的库是 libexif.so。

```
1 cd $SRC && tar -xf libexif-0.6.24.tar.bz2 && cd libexif-0.6.24 && ./configure --prefix=/usr --disable-static \
2   --with-doc-dir=/usr/share/doc/libexif-0.6.24 && make && make install && rm $SRC/libexif-0.6.24 -rf
```

15. libmng-2.0.3

libmng 库(Multiple-image Network Graphics Library)是一个用于处理多图像网络图形(Multiple-image Network Graphics,MNG)格式的开源库。MNG 是一种用于存储和传输动画和其他多图像图形的文件格式,它是 PNG(Portable Network Graphics)格式的扩展。libmng 库提供了一组功能强大且易于使用的 API,用于读取、创建和编辑 MNG 格式文件。它支持多种图像处理操作,包括缩放、旋转、颜色转换和透明度处理等。此外,libmng 还提供了对 MNG 格式文件的压缩和解压缩能力。使用 libmng 库,开发人员可以轻松地将 MNG 图像集成到应用程序中,以创建动画、图形转换和其他多图像图形效果。执行如下命令安装 libmng。安装的库是 libmng.so。

```
1 cd $SRC && tar -xf libmng-2.0.3.tar.xz && cd libmng-2.0.3 && ./configure --prefix=/usr --disable-static &&
2 make && make install && install -m755 -d /usr/share/doc/libmng-2.0.3 &&
3 install -m644 doc/*.txt /usr/share/doc/libmng-2.0.3 && rm $SRC/libmng-2.0.3 -rf
```

16. libmypaint-1.6.1

libmypaint 是一个自由的、开源的数字绘画软件包，它提供了一系列用于绘图的 API。它最初是为了 GIMP(GNU Image Manipulation Program)绘图工具而开发的，但现在已经作为一个独立的软件包，可以被其他应用程序使用。libmypaint 使用先进的绘画引擎，能够产生逼真、高质量的绘画效果。libmypaint 提供了许多绘画工具，如铅笔、毛笔、橡皮擦等，可以满足各种绘画需求。libmypaint 具有一个功能强大的笔刷系统，可以根据绘画者的动作调整笔刷的绘画效果，使绘画过程更加自然。libmypaint 具有良好的扩展性，可以轻松地添加新的笔刷工具和特效，以满足用户的需求。执行如下命令安装 libmypaint。安装的库是 libmypaint.so。

```
1 cd $SRC && tar -xf libmypaint-1.6.1.tar.xz && cd libmypaint-1.6.1 &&
2 ./configure --prefix=/usr && make && make install && rm $SRC/libmypaint-1.6.1 -rf
```

17. libraw-0.21.1

libraw 用于读取和处理原始(RAW)图像文件。它为开发人员提供了一个方便的接口，用于访问原始图像的像素数据和元数据。libraw 支持多种原始图像格式，包括 Canon CRW 和 CR2 文件、Nikon NEF 文件、Sony ARW 文件等。它还提供了一些图像处理功能，如解析和处理白平衡、去噪、色彩校正等。libraw 的设计目标是提供一个高效、可移植的 RAW 文件处理库。它被广泛应用于图像处理软件、相机驱动程序和其他相关应用中。libraw 是使用 C++ 编写的，但也提供了 C 接口，使开发人员可以使用多种编程语言来使用它。libraw 是一个用于读取数字照相机(CRW/CR2、NEF、RAF、DNG 等)获取的 RAW 文件的库。执行如下命令安装 libraw。安装了若干程序和库。

```
1 cd $SRC && tar -xf LibRaw-0.21.1.tar.gz && cd LibRaw-0.21.1 && autoreconf -fi &&
2 ./configure --prefix=/usr --enable-jpeg --enable-jasper --enable-lcms --disable-static \
3   --docdir=/usr/share/doc/libraw-0.21.1 && make && make install && rm $SRC/LibRaw-0.21.1 -rf
```

18. libspiro-20220722

libspiro 提供了一种将 Spiro 控制点转换为一系列贝塞尔样条曲线的算法。贝塞尔样条曲线是由一系列控制点和节点(节点是连接相邻控制点的直线段)组成的曲线。Spiro 样条曲线是一种通过指定一组控制点来定义的平滑曲线。执行如下命令安装 libspiro。安装的库是 libspiro.so。

```
1 cd $SRC && tar -xf libspiro-dist-20220722.tar.gz && cd libspiro-20220722 &&
2 ./configure --prefix=/usr --disable-static && make && make install && rm $SRC/libspiro-20220722 -rf
```

19. libtiff-4.5.0

libtiff 是一个用于读取和写入 TIFF(Tagged Image File Format)图像文件的开源软件库。它提供了一组函数和工具，使开发人员可以在他们的应用程序中处理和操作 TIFF 文件。libtiff 提供了一个简单的接口，可以读取和写入各种压缩和非压缩的 TIFF 图像文件。

它支持各种色彩空间和像素格式,包括灰度、RGB 和 CMYK。libtiff 还提供了一套功能强大的图像处理函数,可以进行图像缩放、旋转、裁剪和转换等操作。libtiff 提供了许多附加功能,如图像格式转换、TIFF 图像的元数据读取和写入等。libtiff 已经成为许多图像处理软件和应用程序的标准组件,如 Adobe Photoshop、GIMP 和 ImageMagick 等。它还被广泛应用于科学研究、医学影像和地理信息系统(GIS)等领域。执行如下命令安装 libtiff。安装了多个程序和库。

```
1 cd $SRC && tar -xf tiff-4.5.0.tar.gz && cd tiff-4.5.0 && mkdir -p libtiff-build && cd libtiff-build && cmake \
2 -DCMAKE_INSTALL_DOCDIR=/usr/share/doc/libtiff-4.5.0 -DCMAKE_INSTALL_PREFIX=/usr -G Ninja .. && ninja && ninja install
```

20. libwebp-1.3.0

libwebp 软件包是一个用于处理 WebP 图像格式的开源软件库。WebP 是 Google 开发的一种先进的图片格式,它可以提供比 JPEG 和 PNG 更小的文件大小,同时保持更高的图像质量。libwebp 软件包提供了一系列的图像编解码函数和工具,可以将 WebP 图像转换为其他格式,如 JPEG、PNG 等,并将其他格式的图像转换为 WebP 格式。它还提供了用于压缩和解压缩 WebP 图像的各种选项和参数。除了图像处理功能外,libwebp 还提供了一些辅助函数和工具,用于处理 WebP 图像的特定特性,如动画和透明度。它还支持多线程编码和解码,以提高处理速度。libwebp 可以与其他图像处理工具和应用程序集成,以提供对 WebP 图像的处理和转换能力。执行如下命令安装 libwebp。安装了若干程序和库。

```
1 cd $SRC && tar -xf libwebp-1.3.0.tar.gz && cd libwebp-1.3.0 && ./configure --prefix=/usr \
2   --enable-libwebpmux --enable-libwebpdemux --enable-libwebpdecoder --enable-libwebpextras \
3   --enable-swap-16bit-csp --disable-static && make && make install && rm $SRC/libwebp-1.3.0 -rf
```

21. mypaint-brushes-1.3.1

mypaint-brushes 软件包是一个开源的绘图工具包,用于创建数字绘画和动画。它提供了多种不同类型的绘画刷子,帮助用户实现各种绘画效果,包括画笔、颜料刷子、特殊效果刷子等。mypaint-brushes 软件包还支持自定义刷子,用户可以根据自己的需要创建和调整刷子的属性。这个软件包适用于艺术家、设计师和动画师等专业用户,以及对数字绘画有兴趣的普通用户。它具有简单易用的界面和丰富的功能,能够满足用户的各种绘画需求。执行如下命令安装 mypaint-brushes。此软件包只包含数据文件,用于提供给使用了 libmypaint 的软件包所需的画笔。安装目录是/usr/share/mypaint-data。

```
1 cd $SRC && tar -xf mypaint-brushes-1.3.1.tar.xz && cd mypaint-brushes-1.3.1 &&
2 ./configure --prefix=/usr && make && make install && rm $SRC/mypaint-brushes-1.3.1 -rf
```

22. slang-2.3.3

slang(S-Lang)是一种解释型语言,可以嵌入应用程序中,使应用程序具有可扩展性。它提供了交互式应用程序所需的设施,如显示/屏幕管理、键盘输入和键位映射。执行如下命令安装 slang。安装的程序是 slsh,是一个解释 slang 脚本的简单程序。安装的库是libslang.so 和多个支持模块。

```
1 cd $SRC && tar -xf slang-2.3.3.tar.bz2 && cd slang-2.3.3 &&
2 ./configure --prefix=/usr --sysconfdir=/etc --with-readline=gnu && make -j1 &&
3 make install_doc_dir=/usr/share/doc/slang-2.3.3 SLSH_DOC_DIR=/usr/share/doc/slang-2.3.3/slsh install &&
4 chmod 755 /usr/lib/slang/v2/modules/*.so && rm $SRC/slang-2.3.3 -rf
```

23. Newt-0.52.23

Newt 是一个用于彩色文本模式、基于小部件的用户界面的编程库。它可以用于在文本模式用户界面中添加堆叠窗口、输入小部件、复选框、单选按钮、标签、纯文本字段、滚动条等。Newt 基于 S-Lang 库。执行如下命令安装 Newt。安装的程序是 whiptail,从 Shell 脚本中显示对话框。安装的库是 libnewt.so、whiptcl.so 和/usr/lib/python3.11/site-packages/_snack.so。libnewt.so 是彩色文本模式、基于小部件的用户界面的库。

```
1 cd $SRC && tar -xf newt-0.52.23.tar.gz && cd newt-0.52.23 &&
2 sed -e '/install -m 644 $(LIBNEWT)/ s/^/#/' -e '/$(LIBNEWT):/,/rv/ s/^/#/' \
3    -e 's/$(LIBNEWT)/$(LIBNEWTSH)/g' -i Makefile.in && ./configure --prefix=/usr --with-gpm-support \
4 --with-python=python3.11 && make && make install && rm $SRC/newt-0.52.23 -rf
```

24. Little CMS-1.19

Little CMS 库被其他程序用于提供颜色管理功能。执行如下命令安装 Little CMS。安装的程序是 icc2ps、icclink、icctrans、wtpt、jpegicc、tiffdiff 和 tifficc。安装的库是 liblcms.so。

```
1 cd $SRC && tar -xf lcms-1.19.tar.gz && cd lcms-1.19 && patch -Np1 -i ../lcms-1.19-cve_2013_4276-1.patch &&
2 ./configure --prefix=/usr --disable-static && make && make install && install -m755 -d /usr/share/doc/lcms-1.19 &&
3 install -m644 README.1ST doc/* /usr/share/doc/lcms-1.19 && rm $SRC/lcms-1.19 -rf
```

25. Little CMS2-2.14

Little CMS2 是一个小型的颜色管理引擎,特别关注准确性和性能。它使用国际色彩联盟标准(ICC),这是现代颜色管理的标准。执行如下命令安装 Little CMS2。安装的程序是 jpgicc、linkicc、psicc、tificc 和 transicc。安装的库是 liblcms2.so。

```
1 cd $SRC && tar -xf lcms2-2.14.tar.gz && cd lcms2-2.14 &&
2 sed '/BufferSize < TagSize/,+1 s/goto Error/TagSize = BufferSize/' -i src/cmsio0.c &&
3 ./configure --prefix=/usr --disable-static && make && make install && rm $SRC/lcms2-2.14 -rf
```

26. opencv-4.7.0

opencv 软件包包含计算机视觉图形库。执行如下命令安装 opencv。安装了多个程序和库。

```
1 cd $SRC && tar -xf opencv-4.7.0.tar.gz && cd opencv-4.7.0 && tar -xf ../opencv_contrib-4.7.0.tar.gz && mkdir build &&
2 cd build && cmake -DCMAKE_INSTALL_PREFIX=/usr -DCMAKE_BUILD_TYPE=Release -DENABLE_CXX11=ON -DBUILD_PERF_TESTS=OFF \
3    -DWITH_XINE=ON -DBUILD_TESTS=OFF -DENABLE_PRECOMPILED_HEADERS=OFF -DCMAKE_SKIP_RPATH=ON \
4    -DBUILD_WITH_DEBUG_INFO=OFF -Wno-dev .. && make && make install && rm $SRC/opencv-4.7.0 -rf
```

27. OpenJPEG-2.5.0

OpenJPEG 是 JPEG-2000 标准的开源实现。OpenJPEG 完全遵守 JPEG-2000 规范,可

以压缩/解压无损 16 位图像。执行如下命令安装 OpenJPEG。安装的程序是 opj_compress、opj_decompress 和 opj_dump。安装的库是 libopenjp2.so。

```
1 cd $SRC && tar -xf openjpeg-2.5.0.tar.gz && cd openjpeg-2.5.0 && mkdir build && cd build &&
2 cmake -DCMAKE_BUILD_TYPE=Release -DCMAKE_INSTALL_PREFIX=/usr -DBUILD_STATIC_LIBS=OFF .. && make && make install &&
3 pushd ../doc && for man in man/man?/* ; do install -D -m 644 $man /usr/share/$man; done && popd
```

28. Poppler-23.02.0（第 1 次构建）

Poppler 软件包包含一个 PDF 渲染库和命令行工具，用于操作 PDF 文件。这对于提供 PDF 渲染功能作为共享库非常有用。执行如下命令安装 Poppler。

```
1 cd $SRC && tar -xf poppler-23.02.0.tar.xz && cd poppler-23.02.0 && mkdir build && cd build &&
2 cmake -DCMAKE_BUILD_TYPE=Release -DCMAKE_INSTALL_PREFIX=/usr -DTESTDATADIR=$PWD/testfiles \
3 -DENABLE_UNSTABLE_API_ABI_HEADERS=ON .. && make && make install && install -m755 -d /usr/share/doc/poppler-23.02.0 &&
4 cp -r ../glib/reference/html /usr/share/doc/poppler-23.02.0 && tar -xf ../../poppler-data-0.4.12.tar.gz &&
5 cd poppler-data-0.4.12 && make prefix=/usr install && rm $SRC/poppler-23.02.0 -rf
```

29. Potrace-1.16

Potrace 是一种将位图（PBM、PGM、PPM 或 BMP 格式）转换为多种矢量文件格式的工具。执行如下命令安装 Potrace。

```
1 cd $SRC && tar -xf potrace-1.16.tar.gz && cd potrace-1.16 &&
2 ./configure --prefix=/usr --disable-static --docdir=/usr/share/doc/potrace-1.16 --enable-a4 \
3   --enable-metric --with-libpotrace && make && make install && rm $SRC/potrace-1.16 -rf
```

安装的程序是 mkbitmap、potrace。mkbitmap 使用缩放和过滤将图像转换为位图。potrace 将位图转换为矢量图形。安装的库是 libpotrace.so，是一种用于将位图转换为矢量图形的库。

30. Qpdf-11.2.0

Qpdf 软件包包含命令行程序和一个库，可对 PDF 文件进行结构化、内容保持的转换。执行如下命令安装 Qpdf。安装的程序是 fix-qdf、qpdf 和 zlib-flate。fix-qdf 在编辑后用于修复 QDF 形式的 PDF 文件。Qpdf 用于将一个 PDF 文件转换为另一个等价的 PDF 文件。zlib-flate 是一个原始的 zlib 压缩程序。安装的库是 libqpdf.so，包含 Qpdf API 函数。

```
1 cd $SRC && tar -xf qpdf-11.2.0.tar.gz && cd qpdf-11.2.0 && mkdir build && cd build &&
2 cmake -DCMAKE_INSTALL_PREFIX=/usr -DCMAKE_BUILD_TYPE=Release -DBUILD_STATIC_LIBS=OFF \
3 -DCMAKE_INSTALL_DOCDIR=/usr/share/doc/qpdf-11.2.0 .. && make && make install && rm $SRC/qpdf-11.2.0 -rf
```

31. qrencode-4.1.1

qrencode 是一个快速、紧凑的库，可将数据编码成 QR Code 符号，QR Code 是一种二维符号，可以通过手持终端（如带有 CCD 传感器的手机）进行扫描。执行如下命令安装 qrencode。安装的程序是 qrencode，将输入数据编码为 QR Code 并将其保存为 PNG 或 EPS 图像。安装的库是 libqrencode.so，包含将数据编码为 QR Code 符号的功能。

```
1 cd $SRC && tar -xf qrencode-4.1.1.tar.bz2 && cd qrencode-4.1.1 && ./configure --prefix=/usr && make && make install
```

32. SassC-3.6.2

SassC 是围绕 CSS 预处理器语言 libsass 的一个封装器。执行如下命令安装 SassC。安装的程序是 sassc，提供到 libsass 库的命令行接口。安装的库是 libsass.so。

```
1 cd $SRC && tar -xf sassc-3.6.2.tar.gz && cd sassc-3.6.2 && tar -xf ../libsass-3.6.5.tar.gz && pushd libsass-3.6.5 &&
2 autoreconf -fi && ./configure --prefix=/usr --disable-static && make && make install && popd &&
3 autoreconf -fi && ./configure --prefix=/usr && make && make install && rm $SRC/sassc-3.6.2 -rf
```

33. WOFF2-1.0.2

WOFF2 库用于将字体从 TTF 格式转换为 WOFF 2.0 格式。它还允许从 WOFF 2.0 解压缩到 TTF。执行如下命令安装 WOFF2。安装了若干库。

```
1 cd $SRC && tar -xf woff2-1.0.2.tar.gz && cd woff2-1.0.2 && mkdir out && cd out &&
2 cmake -DCMAKE_INSTALL_PREFIX=/usr -DCMAKE_BUILD_TYPE=Release .. && make && make install && rm $SRC/woff2-1.0.2 -rf
```

第 8 章   工   具

本章学习目标：
- 掌握通用工具软件包的构建过程。
- 掌握系统工具软件包的构建过程。
- 掌握编程工具软件包的构建过程。

8.1   通用工具

1. Ruby-3.2.1（第 1 次构建）

Ruby 软件包包含 Ruby 开发环境，这对于面向对象的脚本编写非常有用。执行如下命令安装 Ruby。安装的程序是 bundle、bundler、erb、gem、irb、racc、rake、rbs、rdbg、rdoc、ri、ruby 和 typeprof。安装的库是 libruby.so。

```
1 cd $SRC && tar -xf ruby-3.2.1.tar.xz && cd ruby-3.2.1 && ./configure --prefix=/usr --enable-shared \
2 --without-valgrind --docdir=/usr/share/doc/ruby-3.2.1 && make && make capi && make install && rm $SRC/ruby-3.2.1 -rf
```

2. Asciidoctor-2.0.18

Asciidoctor 是一种用于转换 AsciiDoc 文档格式的软件包。AsciiDoc 是一种纯文本文档格式，旨在简化撰写、阅读和转换到多种输出格式的文件。Asciidoctor 提供了一个转换引擎，可以将 AsciiDoc 文档转换为 HTML5、DocBook、PDF 和其他格式。它具有丰富的功能，包括表格、图像、交互式注释等，可以使文档更具可读性和可交互性。Asciidoctor 还支持插件系统，可以通过插件扩展其功能。执行如下命令安装 Asciidoctor。

```
1 cd $SRC && tar -xf asciidoctor-2.0.18.tar.gz && cd asciidoctor-2.0.18 && gem build asciidoctor.gemspec &&
2 gem install asciidoctor-2.0.18.gem && install -m644 man/asciidoctor.1 /usr/share/man/man1
```

3. Compface-1.5.2

Compface 是一个用于处理 X-Face 图片的软件包。X-Face 是一种基于文本的图像表示格式，用于在电子邮件和其他文本之间传输和显示图像。Compface 软件包提供了一组工具和库，用于创建、编码、解码和显示 X-Face 图片。Compface 软件包在各种 UNIX-like 操作系统上可用，并且广泛用于电子邮件客户端和服务器程序中。Compface 提供了用于转换 X-Face 格式的实用程序和库，该格式是一种 48×48 位图格式，用于在邮件头中携带电子邮件作者的缩略图。执行如下命令安装 Compface。安装的程序是 compface、uncompface 和 xbm2xface.pl。安装的库是 libcompface.{so,a}。

```
1 cd $SRC && tar -xf compface-1.5.2.tar.gz && cd compface-1.5.2 && ./configure --prefix=/usr --mandir=/usr/share/man &&
2 make && make install && install -m755 xbm2xface.pl /usr/bin && rm $SRC/compface-1.5.2 -rf
```

4. desktop-file-utils-0.26

desktop-file-utils 是一个用于处理桌面文件(.desktop 文件)的实用工具集。.desktop 文件是一种用于存储应用程序信息的文本文件,它包含应用程序名称、图标、执行命令等元数据。desktop-file-utils 提供了一组命令行工具,可以用来查找、安装、编辑、验证和运行.desktop文件。desktop-file-utils 工具集中最常用的命令是 desktop-file-install 和 desktop-file-validate。desktop-file-install 用于将.desktop 文件安装到指定的位置,并在菜单中创建相应的快捷方式。desktop-file-validate 用于验证一个.desktop 文件的语法和规范是否符合标准。除了这些基本的命令,desktop-file-utils 还提供了其他一些命令,用于获取.desktop 文件的信息、编辑.desktop 文件、更新桌面环境的缓存等。desktop-file-utils 工具集旨在简化管理和使用.desktop 文件的过程,使用户能够轻松地添加、删除和修改应用程序的快捷方式。

desktop-file-utils 软件包包含的实用程序被桌面环境和其他应用程序用于操作 MIME 类型应用程序数据库,并帮助遵守桌面条目规范。执行如下命令安装 desktop-file-utils。安装的程序是 desktop-file-edit、desktop-file-install、desktop-file-validate 和 update-desktop-database。desktop-file-edit 用于修改现有的桌面文件条目。desktop-file-install 用于安装新的桌面文件条目。它也用于重建或修改 MIME 类型应用程序数据库。desktop-file-validate 用于验证桌面文件的完整性。update-desktop-database 用于更新 MIME 类型应用程序数据库。

```
1 cd $SRC && tar -xf desktop-file-utils-0.26.tar.xz && cd desktop-file-utils-0.26 && mkdir build && cd build &&
2 meson setup --prefix=/usr --buildtype=release .. && ninja && ninja install && install -dm755 /usr/share/applications &&
3 update-desktop-database /usr/share/applications && rm $SRC/desktop-file-utils-0.26 -rf
```

5. dos2unix-7.4.4

dos2unix 是一个用于将文本文件由 DOS 格式转换为 UNIX 格式的软件包。在 DOS 操作系统中,文本文件的行结束标志是由回车符(CR)和换行符(LF)组成的"\r\n",而在 UNIX 操作系统中,行结束标志只有换行符"\n"。dos2unix 可以将 DOS 格式的文本文件转换为 UNIX 格式,即将所有的回车符替换为换行符。这对于在 UNIX 系统上编辑、处理和显示 DOS 格式的文本文件非常有用。dos2unix 还可以进行一些其他操作,如删除文件开头的 BOM(Byte Order Mark)和删除行末尾的空格等。dos2unix 软件包包含到任意文本格式的转换器。执行如下命令安装 dos2unix。安装的程序是 dos2unix、mac2unix、unix2dos 和 unix2mac。

```
1 cd $SRC && tar -xf dos2unix-7.4.4.tar.gz && cd dos2unix-7.4.4 && make && make install && rm $SRC/dos2unix-7.4.4 -rf
```

6. Graphviz-7.1.0(第 2 次构建)

执行的命令和第 1 次构建时一样。

7. Vala-0.56.4(第 2 次构建)

执行的命令和第 1 次构建时一样。

8. GTK-Doc-1.33.2

GTK-Doc 软件包中包含一个代码文档生成工具。它可以从代码中提取特殊格式的注释以创建 API 文档。执行如下命令安装 GTK-Doc。安装了多个程序。

```
1 cd $SRC && tar -xf gtk-doc-1.33.2.tar.xz && cd gtk-doc-1.33.2 &&
2 autoreconf -fi && ./configure --prefix=/usr && make && make install && rm $SRC/gtk-doc-1.33.2 -rf
```

9. ISO Codes-4.12.0

ISO Codes 软件包包含一个国家、语言和货币名称列表,用作访问这些数据的中央数据库。执行如下命令安装 ISO Codes。已安装目录是/usr/share/iso-codes、/usr/share/xml/iso-codes。

```
1 cd $SRC && tar -xf iso-codes_4.12.0.orig.tar.xz && cd iso-codes-4.12.0 &&
2 ./configure --prefix=/usr && make && make install && rm $SRC/iso-codes-4.12.0 -rf
```

10. libtirpc-1.3.3

libtirpc 是一个在 UNIX 系统上实现基于 TCP/IP 的 RPC(Remote Procedure Call,远程过程调用)协议的库。libtirpc 提供了一组 API,用于在客户端和服务器之间进行 RPC 通信。它支持异步和同步调用,并提供了一些辅助函数来处理数据类型和错误处理。libtirpc 库适用于构建分布式系统和网络应用程序。它提供了丰富的功能和简洁的 API,简化了 RPC 通信的开发和管理。执行如下命令安装 libtirpc。安装的库是 libtirpc.so。

```
1 cd $SRC && tar -xf libtirpc-1.3.3.tar.bz2 && cd libtirpc-1.3.3 && ./configure --prefix=/usr \
2 --sysconfdir=/etc --disable-static --disable-gssapi && make && make install && rm $SRC/libtirpc-1.3.3 -rf
```

11. lsof-4.95.0

lsof 软件包用于列出正在运行进程打开的文件。执行如下命令安装 lsof。需要配置内核。

```
1 cd $SRC && tar -xf lsof_4.95.0.linux.tar.bz2 && cd lsof_4.95.0.linux && ./Configure -n linux && make &&
2 install -m4755 -o root -g root lsof /usr/bin && install lsof.8 /usr/share/man/man8 && rm $SRC/lsof_4.95.0.linux -rf
```

12. mandoc-1.14.6

mandoc 是一种格式化手册页的实用工具。执行如下命令安装 mandoc。

```
1 cd $SRC && tar -xf mandoc-1.14.6.tar.gz && cd mandoc-1.14.6 && ./configure && make mandoc &&
2 install -m755 mandoc /usr/bin && install -m644 mandoc.1 /usr/share/man/man1 && rm $SRC/mandoc-1.14.6 -rf
```

13. pinentry-1.2.1

pinentry 是一个用于密码输入界面的软件包,它允许用户以统一的方式输入密码和加密密钥。它主要与加密软件,如 GnuPG(GNU 隐私保护协议)一起使用,以便在加密和解密过程中需要输入密码时提供一个交互界面。pinentry 软件包提供了多种密码输入界面，包括命令行界面、图形界面和基于文本的界面。pinentry 具有很高的安全性，它使用加密算法和协议来保护用户输入的密码和密钥。它还通过预防钓鱼攻击和其他恶意行为来保护用户的隐私和数据安全。pinentry 用于提供安全的密码和密钥输入界面，以加强加密软件的安全性和易用性。执行如下命令安装 pinentry。安装了多个程序。

```
1 cd $SRC && tar -xf pinentry-1.2.1.tar.bz2 && cd pinentry-1.2.1 &&
2 ./configure --prefix=/usr --enable-pinentry-tty && make && make install && rm $SRC/pinentry-1.2.1 -rf
```

14. Screen-4.9.0

Screen 是一个终端复用器，可以在单个物理基于字符的终端上运行多个单独的进程（通常是交互式 Shell）。每个虚拟终端模拟一个 DEC VT100 加上几个 ANSI X3.64 和 ISO 2022 函数，并提供可配置的输入和输出转换、串口支持、可配置的日志记录、多用户支持和许多字符编码，包括 UTF-8。执行如下命令安装 Screen。

```
1 cd $SRC && tar -xf screen-4.9.0.tar.gz && cd screen-4.9.0 && sh autogen.sh && ./configure --prefix=/usr \
2   --infodir=/usr/share/info --mandir=/usr/share/man --with-socket-dir=/run/screen --with-pty-group=5 \
3   --with-sys-screenrc=/etc/screenrc && sed -i -e "s%/usr/local/etc/screenrc%/etc/screenrc%" {etc,doc}/* &&
4 make && make install && install -m 644 etc/etcscreenrc /etc/screenrc && rm $SRC/screen-4.9.0 -rf
```

15. shared-mime-info-2.2

shared-mime-info 软件包包含一个 MIME 数据库。这允许为所有支持的应用程序集中更新 MIME 信息。执行如下命令安装 shared-mime-info。安装的程序是 update-mime-database，协助向数据库添加 MIME 数据。

```
1 cd $SRC && tar -xf shared-mime-info-2.2.tar.gz && cd shared-mime-info-2.2 && tar -xf ../xdgmime.tar.xz &&
2 make -C xdgmime && mkdir build && cd build && meson setup --prefix=/usr --buildtype=release \
3 -Dupdate-mimedb=true .. && ninja && ninja install && rm $SRC/shared-mime-info-2.2 -rf
```

16. Sharutils-4.15.2

Sharutils 是一个软件包，用于创建和处理 Shell 档案（Shell archives），以及用于文件拆分和合并的工具。Shell 档案是一种文本格式的档案，旨在用于在网络上或通过电子邮件发送文件。执行如下命令安装 Sharutils。安装的程序是 shar、unshar、uudecode 和 uuencode。

```
1 cd $SRC && tar -xf sharutils-4.15.2.tar.xz && cd sharutils-4.15.2 &&
2 sed -i 's/BUFSIZ/rw_base_size/' src/unshar.c && sed -i '/program_name/s/^/extern /' src/*opts.h &&
3 sed -i 's/IO_ftrylockfile/IO_EOF_SEEN/' lib/*.c && echo "#define _IO_IN_BACKUP 0x100" >> \
4 lib/stdio-impl.h && ./configure --prefix=/usr && make && make install && rm $SRC/sharutils-4.15.2 -rf
```

17. telepathy-mission-control-5.16.6

telepathy-mission-control 是用于 Telepathy 框架的账户管理器，允许用户界面和其他客户端共享实时通信服务的连接而不产生冲突。执行如下命令安装 telepathy-mission-control。安装的程序是 mc-tool、mc-wait-for-name、mission-control-5，库是 libmissioncontrol-plugins.so。

```
1 cd $SRC && tar -xf telepathy-mission-control-5.16.6.tar.gz && cd telepathy-mission-control-5.16.6 &&
2 export PYTHON=python3 && ./configure --prefix=/usr --disable-static &&
3 make && make install && unset PYTHON && rm $SRC/telepathy-mission-control-5.16.6 -rf
```

18. tidy-html5-5.8.0

tidy-html5 是一个包含命令行工具和库的软件包,用于读取 HTML、XHTML 和 XML 文件并编写清理后的标记。它会检测和纠正许多常见的编码错误,并努力生成在视觉上等效且符合 W3C 标准及兼容大多数浏览器的标记。执行如下命令安装 tidy-html5。

```
1 cd $SRC && tar -xf tidy-html5-5.8.0.tar.gz && cd tidy-html5-5.8.0 && cd build/cmake &&
2 cmake -DCMAKE_INSTALL_PREFIX=/usr -DCMAKE_BUILD_TYPE=Release -DBUILD_TAB2SPACE=ON ../.. && make && make install &&
3 rm -f /usr/lib/libtidy.a && install -m755 tab2space /usr/bin && rm $SRC/tidy-html5-5.8.0 -rf
```

安装的程序是 tab2space、tidy。tab2space 是一个实用程序,用于扩展制表符并确保一致的行尾。Tidy 验证、纠正和美化 HTML 文件。安装的库是 libtidy.so。

19. Time-1.9

Time 实用工具是一个用于测量其他程序使用的许多 CPU 资源(如时间和内存)的程序。GNU 版本可以使用 printf 风格的格式字符串以包括各种资源测量来格式化输出。执行如下命令安装 Time。安装的程序是 time,报告有关已执行命令的各种统计信息。

```
1 cd $SRC && tar -xf time-1.9.tar.gz && cd time-1.9 && ./configure --prefix=/usr && make && make install
```

20. tree-2.1.0

tree 应用程序用于显示目录树的内容,包括文件、目录和链接。执行如下命令安装 tree。

```
1 cd $SRC && tar -xf tree-2.1.0.tgz && cd tree-2.1.0 && make && make PREFIX=/usr MANDIR=/usr/share/man \
2 install && chmod 644 /usr/share/man/man1/tree.1 && rm $SRC/tree-2.1.0 -rf
```

21. unixODBC-2.3.11

unixODBC 软件包是用于 Linux、macOS X 和 UNIX 的开放源代码 ODBC(Open DataBase Connectivity)子系统和 ODBC SDK。ODBC 是一种开放规范,为应用程序开发人员提供 API,用于访问数据源。数据源包括可选的 SQL 服务器和任何具有 ODBC 驱动程序的数据源。unixODBC 包含以下组件,用于帮助操作 ODBC 数据源:驱动程序管理器、安装器库及其对应的命令行工具,用于帮助安装驱动程序并与 SQL 进行操作的命令行工具驱动程序和驱动程序设置库。执行如下命令安装 unixODBC。安装了若干程序和库。

```
1 cd $SRC && tar -xf unixODBC-2.3.11.tar.gz && cd unixODBC-2.3.11 && ./configure --prefix=/usr \
2 --sysconfdir=/etc/unixODBC && make && make install && find doc -name "Makefile*" -delete &&
3 chmod 644 doc/{lst,ProgrammerManual/Tutorial}/* && install -m755 -d /usr/share/doc/unixODBC-2.3.11 &&
4 cp -R doc/* /usr/share/doc/unixODBC-2.3.11 && rm $SRC/unixODBC-2.3.11 -rf
```

22. Xdg-user-dirs-0.18

Xdg-user-dirs 是一个在 Linux 系统中使用的实用工具,用于管理用户的常用文件夹的位置和名称。它的作用是将这些文件夹的默认位置统一化,使得用户可以在不同的桌面环境或文件管理器中使用相同的路径访问这些文件夹。默认情况下,Xdg-user-dirs 会根据用户的语言环境和国家设置来自动创建和命名这些文件夹。通过 Xdg-user-dirs,用户可以方便地更改文件夹的位置和名称,以适应个人的需求。这对于那些希望重新组织文件系统布局或根据个人偏好自定义文件夹的用户来说特别有用。Xdg-user-dirs 遵循 XDG Base Directory 规范,这是一个定义了用户数据存储位置的标准,旨在提供一致的文件系统布局和数据管理方式。通过使用 Xdg-user-dirs,用户可以更好地管理和访问他们的个人文件和数据。执行如下命令安装 Xdg-user-dirs。安装的程序是 xdg-user-dir、xdg-user-dirs-update。

```
1 cd $SRC && tar -xf xdg-user-dirs-0.18.tar.gz && cd xdg-user-dirs-0.18 &&
2 ./configure --prefix=/usr --sysconfdir=/etc && make && make install && rm $SRC/xdg-user-dirs-0.18 -rf
```

8.2 系统工具

1. AccountsService-22.08.8

AccountsService 是一个 Linux 系统服务,它的功能是提供用户账户管理相关的服务。AccountsService 通过一个 D-Bus 接口,提供了一组用于管理用户账户的方法。它可以用于创建、修改和删除用户账户,以及查询用户账户的信息。此外,AccountsService 还可以管理用户组和访客账户。AccountsService 可以与各种桌面环境集成,如 GNOME、KDE 等,这样就可以使用桌面环境的用户管理界面来管理系统中的用户账户。执行如下命令安装 AccountsService。安装的程序是 accounts-daemon,是 AccountsService 守护进程。安装的库是 libaccountsservice.so。

```
1 cd $SRC && tar -xf accountsservice-22.08.8.tar.xz && cd accountsservice-22.08.8 && mkdir build &&
2 cd build && meson setup --prefix=/usr --buildtype=release -Dadmin_group=adm .. && ninja &&
3 ninja install && systemctl enable accounts-daemon && rm $SRC/accountsservice-22.08.8 -rf
```

执行以下命令将 adm 组中的用户列为管理员。

```
1 cat > /etc/polkit-1/rules.d/40-adm.rules << "EOF"
2 polkit.addAdminRule(function(action, subject) {
3     return ["unix-group:adm"];
4     });
5 EOF
```

2. acpid-2.0.34

acpid 是一个守护进程,它在 Linux 系统中用于监听和处理 ACPI(高级配置和电源接口)事件。ACPI 是一种开放标准,用于操作系统对电源管理、硬件配置和设备控制进行统一管理和控制。acpid 的主要功能是监听 ACPI 事件，并根据配置文件定义的规则来执行相应的操作。例如，当系统进入休眠状态或唤醒时，acpid 可以执行预定义的操作，如发送信号、执行脚本、改变亮度等。通过配置文件，可以实现诸如关闭笔记本电脑盖子时自动睡眠、按下电源键时执行关机操作等功能。acpid 能够帮助用户更方便地管理和控制系统的电源管理和设备控制。执行如下命令安装 acpid。安装的程序是 acpid、acpi_listen、kacpimon。

```
1 cd $SRC && tar -xf acpid-2.0.34.tar.xz && cd acpid-2.0.34 && ./configure --prefix=/usr \
2 --docdir=/usr/share/doc/acpid-2.0.34 && make && make install && install -m755 -d /etc/acpi/events &&
3 cp -r samples /usr/share/doc/acpid-2.0.34 && rm $SRC/acpid-2.0.34 -rf
4 cat > /etc/acpi/events/lid << "EOF"
5 event=button/lid
6 action=/etc/acpi/lid.sh
7 EOF
8 cat > /etc/acpi/lid.sh << "EOF"
9 #!/bin/sh
10 /bin/grep -q open /proc/acpi/button/lid/LID/state && exit 0
11 /usr/sbin/pm-suspend
12 EOF
13 chmod +x /etc/acpi/lid.sh && cd $SRC/blfs-systemd-units-20220720 && make install-acpid
```

3. rpcsvc-proto-1.4.3

rpcsvc-proto 是一个远程过程调用（RPC）协议库，用于在分布式系统中进行跨网络的通信。它提供了一组函数和数据结构，用于定义和处理 RPC 消息的编码和解码。rpcsvc-proto 实现了 RFC 1831 中定义的 RPC 协议，它使得不同的计算机或进程可以通过网络进行通信和调用远程过程。它支持多种消息格式，包括 XDR（External Data Representation）和 JSON（JavaScript Object Notation），并提供了一致的接口来处理不同的消息格式。rpcsvc-proto 还提供了一些高级功能，如身份验证和安全通信。它支持基于密钥的身份验证和传输层安全性协议（TLS），以确保通信的机密性和完整性。rpcsvc-proto 可以帮助开发人员轻松地实现远程过程调用，并提供安全的通信机制。rpcsvc-proto 软件包包含 rcpsvc 协议文件和头文件，以及 rpcgen 程序。执行如下命令安装 rpcsvc-proto。安装的程序是 rpcgen，生成用于实现 RPC 协议的 C 代码。

```
1 cd $SRC && tar -xf rpcsvc-proto-1.4.3.tar.xz && cd rpcsvc-proto-1.4.3 &&
2 ./configure --sysconfdir=/etc && make && make install && rm $SRC/rpcsvc-proto-1.4.3 -rf
```

4. autofs-5.1.8

autofs 是一个用于自动挂载文件系统的工具。它允许在需要访问时由守护进程 automount 自动挂载文件系统，并在不再需要时自动卸载。autofs 提供了一种简单的方式来管理文件系统的挂载和卸载。它通过配置文件来定义挂载点和对应的文件系统，并根据需要自动挂载和卸载这些文件系统。在 autofs 启动后，它会读取配置文件并根据其中的定义自动挂载文件系统。当一个文件系统被访问时，autofs 会自动挂载该文件系统并提供对其中文件的访问。当不再有进程访问文件系统时，autofs 会自动卸载该文件系统。通过使用 autofs，管理员可以实现动态挂载和卸载文件系统，从而提高系统的效率和安全性。此外,autofs 还可以减少对系统资源的占用,因为只有当文件系统被访问时才会进行挂载。执行如下命令安装 autofs。安装的程序是 automount。安装了多个库。需要配置内核。

```
1 cd $SRC && tar -xf autofs-5.1.8.tar.xz && cd autofs-5.1.8 && grep -rl linux/fs modules | xargs sed -i "/linux\/fs/d" &&
2 ./configure --prefix=/usr --with-mapdir=/etc/autofs --with-libtirpc --with-systemd \
3   --without-openldap --mandir=/usr/share/man && make && make install && make install_samples &&
4 mv /etc/autofs/auto.master /etc/autofs/auto.master.bak && rm $SRC/autofs-5.1.8 -rf
```

```
1 cat > /etc/autofs/auto.master << "EOF"
2 /media/auto  /etc/autofs/auto.misc  --ghost
3 #/home       /etc/autofs/auto.home
4 EOF
```

5. BlueZ-5.66

BlueZ 是 Linux 操作系统的一个蓝牙协议栈。它是一个开放源代码项目,旨在提供一个完整且稳定的蓝牙解决方案,可以用于嵌入式设备和桌面系统。BlueZ 支持蓝牙传输协议(Bluetooth Core Specification),包括蓝牙低功耗(Bluetooth Low Energy)和经典蓝牙(Classic Bluetooth)。它提供了许多蓝牙协议的实现,如蓝牙主机和从机角色、SDP(Service Discovery Protocol)、RFCOMM(Radio Frequency Communication)等。BlueZ 还提供了一组工具和库,用于在 Linux 系统上开发蓝牙应用程序。它的 API 允许开发人员访问蓝牙功能,如设备发现、设备配对、数据传输等。BlueZ 具有高度可定制性,可以根据特定应用程序和设备需求进行配置和调整。它还支持蓝牙规范的最新版本,以确保与其他蓝牙设备的兼容性。运行以下命令以安装 BlueZ。安装的程序是 bluemoon、bluetoothctl、bluetoothd、btattach、btmon、hex2hcd、l2ping、l2test、mpris-proxy 和 rctest。安装的库是 libbluetooth.so。如果使用 systemctl 命令启用了 Bluetooth,只有在系统检测到蓝牙设备时,Systemd 才会启动 Bluetooth 守护进程。需要配置内核。

```
1 cd $SRC && tar -xf bluez-5.66.tar.xz && cd bluez-5.66 && ./configure --prefix=/usr --sysconfdir=/etc \
2   --localstatedir=/var --disable-manpages --enable-library && make && make install &&
3 ln -sf ../libexec/bluetooth/bluetoothd /usr/sbin && install -dm755 /etc/bluetooth &&
4 install -m644 src/main.conf /etc/bluetooth/main.conf && install -dm755 /usr/share/doc/bluez-5.66 &&
5 install -m644 doc/*.txt /usr/share/doc/bluez-5.66 && rm $SRC/bluez-5.66 -rf
```

6. Bubblewrap-0.7.0

Bubblewrap 是一个开源的 Linux 命令行工具,用于创建和管理轻量级容器。它提供了对使用 Linux 内核的命名空间、控制组和只读根文件系统等容器特性的支持。Bubblewrap 提供了一个简单而直观的命令行接口,使用户可以轻松地创建和管理容器。Bubblewrap 采用严格的安全策略,确保容器中的进程无法访问主机系统上的敏感资源。Bubblewrap 使用 Linux 的命名空间和控制组功能,实现进程、文件系统、网络和用户等方面的隔离。Bubblewrap 支持文件系统映射、环境变量设置、网络配置和用户权限设置等一系列功能,使容器能够满足不同场景的需求。Bubblewrap 的设计允许用户自定义和扩展容器配置,以满足特定的使用场景。Bubblewrap 利用 Linux 内核的轻量级容器特性,提供了高性能的容器创建和管理能力。Bubblewrap 可以在多种 Linux 发行版上运行,并且兼容容器管理工具如 Podman 和 Docker。

Bubblewrap 是一种用户命名空间或隔离技术的 setuid 实现，提供对内核用户命名空间功能子集的访问。Bubblewrap 允许用户拥有的进程在被限制访问底层文件系统的隔离环境中运行。运行以下命令以安装 Bubblewrap。安装的程序是 bwrap，为要运行的程序生成一个沙盒。

```
1 cd $SRC && tar -xf bubblewrap-0.7.0.tar.xz && cd bubblewrap-0.7.0 && mkdir build && cd build &&
2 meson setup --prefix=/usr --buildtype=release .. && ninja && ninja install && rm $SRC/bubblewrap-0.7.0 -rf
```

7. Fcron-3.2.1

Fcron 是一个基于 cron 的定时任务管理器。它提供了一种更简单和更灵活的方式来执行定时任务。Fcron 允许用户以分、小时、天、星期、月和年为单位设置定时任务。它还支持更高级的定时任务设置，如每隔一段时间执行一次。Fcron 使用安全账户运行定时任务，这样可以降低潜在的安全风险。同时，Fcron 还提供了限制处理器和内存使用情况的功能，以防止任务占用过多资源。Fcron 可以记录定时任务的执行情况，包括成功与失败的信息，以便用户随时查看。Fcron 可以帮助用户有效地管理和调度定时任务。执行如下命令安装 Fcron。安装的程序是 fcron、fcrondyn、fcronsighup 和 fcrontab。fcron 是调度守护进程。fcrondyn 是一个用户工具，旨在与运行中的 fcron 守护进程进行交互。fcronsighup 指示 fcron 重新读取 Fcron 表。fcrontab 用于安装、编辑、列出和删除 fcron 使用的表。Fcron 相关配置文件的创建见 slfs-blfs-2.sh 文件。

```
1 cd $SRC && tar -xf fcron-3.2.1.src.tar.gz && cd fcron-3.2.1 &&
2 groupadd -g 22 fcron && useradd -d /dev/null -c "Fcron User" -g fcron -s /bin/false -u 22 fcron &&
3 find doc -type f -exec sed -i 's:/usr/local::g' {} \; &&
4 ./configure --prefix=/usr --sysconfdir=/etc --localstatedir=/var --without-sendmail \
5   --with-piddir=/run --with-boot-install=no && make && make install && rm $SRC/fcron-3.2.1 -rf
```

8. GPM-1.20.7

GPM(General Purpose Mouse)是一个在 Linux 系统中用于支持鼠标的守护进程软件包。它允许在终端窗口中操作鼠标，并为终端用户提供类似于图形用户界面的鼠标功能。GPM 通过读取鼠标设备的输入来捕捉鼠标事件，并将其传递给终端程序。这意味着用户可以在没有图形界面的情况下使用鼠标来浏览文本、选择文本、复制粘贴等操作。它特别适用于在服务器和嵌入式系统等没有图形界面的环境下进行工作。GPM 提供了多种鼠标模式，包括 text 模式（使用鼠标移动光标）、exntended 模式（支持多按钮鼠标）、best-fit 模式（根据鼠标类型自动选择最佳模式）等。它还支持通过配置文件进行自定义设置，可以修改鼠标按键的功能，设置鼠标敏感度等。GPM 在 Linux 系统中使用广泛，并且是许多终端应用程序的基础。它被认为是一个功能强大且可靠的鼠标支持解决方案，为用户提供了更好的终端使用体验。GPM 软件包包含一个用于控制台和 xterm 的鼠标服务器。它不仅通常提供剪切和粘贴支持，而且其库组件还被各种软件使用，例如，Links 可以将鼠标支持提供给应用程序。在两个控制台窗口之间剪切和粘贴通常比手动输入要容易得多。执行如下命令安装 GPM。需要配置内核。

```
1 cd $SRC && tar -xf gpm-1.20.7.tar.bz2 && cd gpm-1.20.7 && patch -Np1 -i ../gpm-1.20.7-consolidated-1.patch &&
2 ./autogen.sh && ./configure --prefix=/usr --sysconfdir=/etc && make && make install &&
3 install-info --dir-file=/usr/share/info/dir /usr/share/info/gpm.info && rm -f /usr/lib/libgpm.a &&
4 ln -sf libgpm.so.2.1.0 /usr/lib/libgpm.so && install -m644 conf/gpm-root.conf /etc &&
5 install -m755 -d /usr/share/doc/gpm-1.20.7/support &&
6 install -m644 doc/support/* /usr/share/doc/gpm-1.20.7/support &&
7 install -m644 doc/{FAQ,HACK_GPM,README*} /usr/share/doc/gpm-1.20.7 && rm $SRC/gpm-1.20.7 -rf
8 cd $SRC/blfs-systemd-units-20220720 && make install-gpm
```

安装的程序是 disable-paste、display-buttons、display-coords、get-versions、gpm、gpm-root、hltest、mev 和 mouse-test。disable-paste 是用于禁用粘贴缓冲区的安全机制。display-buttons 是一个简单程序,报告鼠标按下和释放的按钮。display-coords 是一个简单程序,报告鼠标坐标。get-versions 用于报告 GPM 库和服务器版本。gpm 是一个虚拟控制台的剪切和粘贴实用程序和鼠标服务器。gpm-root 是 gpm 的默认处理程序。它用于在根窗口上绘制菜单。hltest 是使用高级库的简单示例应用程序,旨在供试图使用高级库的程序员阅读。mev 是一个报告鼠标事件的程序。mouse-test 是一个用于确定鼠标类型和连接设备的工具。安装的库是 libgpm.so,包含访问 GPM 守护进程的 API 函数。

9. Hdparm-9.65

Hdparm 是一个用于控制和诊断 IDE 和 SATA 硬盘的实用工具。它可以在 Linux 系统中使用,并且具有广泛的功能。Hdparm 的主要功能包括:①查看硬盘的参数和状态,可以显示硬盘的型号、序列号、容量、固件版本等信息,并且可以查看硬盘的当前状态。②设置硬盘参数,可以修改硬盘的各种设置,例如,禁用或启用硬盘的缓存、设置硬盘的传输模式等。③测试硬盘性能,可以通过使用不同的选项进行性能测试,例如,读取速度、缓存速度等。Hdparm 还可以执行其他一些操作,如安全擦除硬盘数据、冻结或解冻硬盘等。Hdparm 是一个强大的工具,对硬盘进行不当的设置可能会导致数据丢失或硬件损坏。执行如下命令安装 Hdparm。安装的程序是 hdparm,为各种硬盘 ioctls 提供了一个命令行界面,这些 ioctls 由 Linux ATA/IDE 设备驱动程序子系统支持。

```
1 cd $SRC && tar -xf hdparm-9.65.tar.gz &&cd hdparm-9.65 && make && make binprefix=/usr install &&rm $SRC/hdparm-9.65 -rf
```

10. LSB-Tools-0.10

LSB-Tools 是一个用于 Linux 标准基础(LSB)的工具集。LSB 是由 Linux 基金会定义的一套标准,旨在提供一个稳定的 API 和 ABI,以便于软件开发者在不同的 Linux 发行版之间进行移植和兼容。LSB-Tools 包含一系列命令和脚本,用于帮助开发者检查和验证其应用程序是否符合 LSB 标准。LSB-Tools 的主要目标是帮助开发者确保其应用程序在不同的 Linux 发行版上的一致性和兼容性。它可用于开发者检查其应用程序是否符合 LSB 标准,以便于在 LSB 兼容的发行版上进行部署。执行如下命令安装 LSB-Tools。安装的程序是 lsb_release、install_initd 和 remove_initd。

```
1 cd $SRC && tar -xf LSB-Tools-0.10.tar.gz && cd LSB-Tools-0.10 &&
2 python3 setup.py build && python3 setup.py install --optimize=1 && rm $SRC/LSB-Tools-0.10 -rf
```

11. Lm-sensors-3-6-0

Lm-sensors 是一个用于监视计算机硬件传感器的工具集。它能够提供有关计算机硬件的各种信息,如温度、风扇速度和电压等。Lm-sensors 包含一组用户空间工具和一个内核模块,用于与硬件进行通信并解析传感器数据。用户可以使用这些工具来查看和监视硬件的各种指标,以便及时发现并解决潜在的问题。Lm-sensors 还支持通过配置文件自定义传感器的名称和特性,使用户可根据自己的需要进行定制。Lm-sensors 可帮助用户监视和管理计算机硬件,提高系统的稳定性和性能。Lm_sensors 软件包为 Linux 内核中的硬件监控驱动程序提供了用户空间支持。这对于监视 CPU 温度并调整某些硬件(如散热风扇)的性能非常有用。执行如下命令安装 Lm-sensors。安装了若干程序。安装的库是 libsensors.so。需要配置内核。

```
1 cd $SRC && tar -xf lm-sensors-3-6-0.tar.gz && cd lm-sensors-3-6-0 &&
2 make PREFIX=/usr BUILD_STATIC_LIB=0 MANDIR=/usr/share/man &&
3 make PREFIX=/usr BUILD_STATIC_LIB=0 MANDIR=/usr/share/man install &&
4 install -m755 -d /usr/share/doc/lm_sensors-3-6-0 &&
5 cp -r README INSTALL doc/* /usr/share/doc/lm_sensors-3-6-0 && rm $SRC/lm-sensors-3-6-0 -rf
```

12. Logrotate-3.21.0

Logrotate 是一个用于管理系统日志文件的工具。它可以自动轮转、归档、删除和压缩日志文件,以帮助管理日志文件的大小和保持系统的良好性能。Logrotate 具有灵活的配置选项,可以根据特定的需求来创建自定义的日志文件管理方案。它支持按时间、大小或达到特定条件时轮转日志文件。此外,Logrotate 还可以配置压缩和归档规则,以保留旧的日志文件备份。除了日志文件的管理外,Logrotate 还可以执行额外的操作,如重新启动相关的服务或发送通知,以确保日志轮转过程不会中断系统的正常运行。Logrotate 可以帮助系统管理员有效地管理和维护系统的日志文件。执行如下命令安装 Logrotate。Logrotate 相关配置文件的创建见 slfs-blfs-2.sh 文件。

```
1 cd $SRC && tar -xf logrotate-3.21.0.tar.xz && cd logrotate-3.21.0 && ./configure --prefix=/usr && make && make install
```

13. MC-4.8.29

MC(Midnight Commander)是一个全屏文件管理器,具有类似于 Norton Commander 的双列界面。MC 可以在 UNIX、Linux 和其他类 UNIX 系统上运行。MC 提供了许多功能,使文件管理更加方便和高效。它可以用于文件的复制、移动、删除和重命名。用户可以使用键盘快捷键来执行这些操作,以提高工作效率。MC 还支持文件的打包和解压缩,可以方便地处理压缩文件。它还提供了内置的文本编辑器,允许用户在文件管理器中直接编辑文件。MC 还支持多标签页功能,用户可以在一个窗口中打开多个文件夹。它还允许用户自定义界面,包括更改颜色方案和布局。MC 使文件管理变得更加简单和高效。执行如下命令安装 MC。安装的程序是 mc、mcdiff、mcedit 和 mcview。

```
1 cd $SRC && tar -xf mc-4.8.29.tar.xz && cd mc-4.8.29 && ./configure --prefix=/usr \
2 --sysconfdir=/etc --enable-charset && make && make install && rm $SRC/mc-4.8.29 -rf
```

14. ModemManager-1.18.12

ModemManager 是一个用于管理调制解调器的软件,旨在提供一个统一的接口来管理和控制各种类型的调制解调器设备,包括 4G/3G/2G 移动宽带调制解调器、固定宽带调制解调器和嵌入式模块。它提供了一套 API 和 CLI 工具,可以与调制解调器进行通信并执行各种操作,例如,建立数据连接、发送短信、获取信号强度等。ModemManager 使用 D-Bus作为与调制解调器设备通信的机制。这种通信方式简化了开发过程,并提供了更好的灵活性和可扩展性。ModemManager 支持各种类型的调制解调器,包括 GSM/UMTS 调制解调器、CDMA/EVDO 调制解调器和 LTE 调制解调器。它还支持多个 SIM 卡和多种网络技术。ModemManager 提供了一个功能丰富的 API,可以轻松地与调制解调器设备进行交互。它具有一套完整的函数和方法,用于执行各种操作,如连接管理、信号质量测量、短信发送和接收等。ModemManager 可以帮助用户轻松地管理和控制各种类型的调制解调器设备。它具有丰富的功能和灵活的接口,适用于各种应用场景,如移动网络连接、物联网设备等。执行如下命令安装 ModemManager。安装的程序是 mmcli 和 ModemManager。mmcli 是一个用于控制和监视 ModemManager 的实用程序。ModemManager 是一个用于与调制解调器通信的 D-Bus 服务。安装的库是 libmm-glib.so。

```
1 cd $SRC && tar -xf ModemManager-1.18.12.tar.xz && cd ModemManager-1.18.12 &&
2 ./configure --prefix=/usr --sysconfdir=/etc --localstatedir=/var --disable-static \
3   --disable-maintainer-mode --with-systemd-journal --with-systemd-suspend-resume &&
4 make && make install && systemctl enable ModemManager && rm $SRC/ModemManager-1.18.12 -rf
```

15. p7zip-17.04

p7zip 是一个用于解压缩和压缩文件的开源软件。它是 7-Zip 软件的命令行版本,支持多种压缩格式,包括 7z、XZ、BZIP2、GZIP、TAR、ZIP 等。这个版本的 p7zip 是在 2017 年 4月发布的版本,它带来了一些改进和修复了一些已知的问题,提高了软件的性能和稳定性。执行如下命令安装 p7zip。安装的程序是 7z、7za 和 7zr。

```
1 cd $SRC && tar -xf p7zip-17.04.tar.gz && cd p7zip-17.04 && sed '/^gzip/d' -i install.sh &&
2 sed -i '160a if(_buffer == nullptr || _size == _pos) return E_FAIL;' CPP/7zip/Common/StreamObjects.cpp && make all3 &&
3 make DEST_HOME=/usr DEST_MAN=/usr/share/man DEST_SHARE_DOC=/usr/share/doc/p7zip-17.04 install &&rm $SRC/p7zip-17.04 -rf
```

16. Pax-20201030

Pax 是一个归档实用程序,用于将文件和目录归档为单个文件。它通过将多个文件和目录打包到一个归档文件中,以便更方便地传输、备份或存档数据。Pax 支持多种压缩格式,包括 tar 格式和 gzip 压缩。通过使用这些格式,用户可以将文件和目录以较小的文件尺寸进行归档,并在需要时进行解压缩。此外,Pax 还提供了一些高级功能,例如,可以选择性地归档文件、排除特定文件或目录、保留文件权限和时间戳等。执行如下命令安装 Pax。

```
1 cd $SRC && tar -xf paxmirabilis-20201030.tgz && cd pax && bash Build.sh &&
2 install pax /usr/bin && install -m644 pax.1 /usr/share/man/man1 && rm $SRC/pax -rf
```

17. pciutils-3.9.0

pciutils 是一个开源的工具包,用于与计算机的 PCI 设备进行交互。它包含一系列命令行工具,可以查询和配置 PCI 设备的信息。pciutils 可以用于获取 PCI 设备的详细信息,如设备 ID、厂商 ID、设备类别等。它还可以用于查询设备的资源分配情况,如内存地址、中断号等。pciutils 还提供了一些配置 PCI 设备的工具。用户可以通过这些工具更改设备的一些属性,如开启或关闭设备、修改设备的中断分配等。pciutils 可以帮助用户了解并配置计算机中的 PCI 设备。执行如下命令安装 pciutils。安装的程序是 lspci、setpci 和 update-pciids。lspci 用于显示系统中 PCI 总线和连接到它们的所有设备信息。setpci 用于查询和配置 PCI 设备。update-pciids 获取当前版本的 PCI ID 列表。安装的库是 libpci.so。相关配置文件的创建见 slfs-blfs-2.sh 文件。

```
1 cd $SRC && tar -xf pciutils-3.9.0.tar.gz && cd pciutils-3.9.0 &&
2 make PREFIX=/usr SHAREDIR=/usr/share/hwdata SHARED=yes &&
3 make PREFIX=/usr SHAREDIR=/usr/share/hwdata SHARED=yes install install-lib &&
4 chmod 755 /usr/lib/libpci.so && rm $SRC/pciutils-3.9.0 -rf
```

18. pm-utils-1.4.1

pm-utils(电源管理实用程序)是一个用于管理电源操作和事件的工具集合。它提供了一组命令行工具和脚本,用于控制系统的电源管理行为。pm-utils 的功能包括:①电源管理功能,包括挂起、休眠和关机等操作。用户可以使用 pm-suspend、pm-hibernate 和 pm-poweroff 等命令来执行这些操作。②事件管理功能,pm-utils 提供了一套事件处理脚本,用于在特定事件发生时执行一些操作。例如,在系统挂起之前执行一些特定的脚本或命令。③电源状态管理功能,pm-utils 允许用户查询当前系统的电源状态,以及配置和调整相应的电源管理策略。④扩展功能,pm-utils 还提供了一些额外的功能和插件,用于扩展和定制电源管理行为。执行如下命令安装 pm-utils。安装的程序是 on_ac_power、pm-hibernate、pm-is-supported、pm-powersave、pm-suspend 和 pm-suspend-hybrid,这里需要配置内核。

```
1 cd $SRC && tar -xf pm-utils-1.4.1.tar.gz && cd pm-utils-1.4.1 && ./configure --prefix=/usr --sysconfdir=/etc \
2   --docdir=/usr/share/doc/pm-utils-1.4.1 && make && make install && install -m644 man/*.1 /usr/share/man/man1 &&
3 install -m644 man/*.8 /usr/share/man/man8 && ln -fs pm-action.8 /usr/share/man/man8/pm-suspend.8 &&
4 ln -sf pm-action.8 /usr/share/man/man8/pm-hibernate.8 &&
5 ln -sf pm-action.8 /usr/share/man/man8/pm-suspend-hybrid.8 && rm $SRC/pm-utils-1.4.1 -rf
```

19. Raptor-2.0.15

Raptor 是一个 C 库,提供了一组解析器和串行化器,用于处理 RDF(Resource Description Framework)数据的解析和序列化。RDF 是一种用于描述资源的框架,常用于表示知识图谱、语义网等领域。Raptor 库支持多种 RDF 格式,包括 RDF/XML、Turtle、N-Triples、N-Quads、TriG、GRDDL 等。它能够将这些格式的数据解析为通用的 RDF 模型,提供对资源、属性和关系的抽象表示,便于进一步处理和查询。除了解析 RDF 数据,Raptor 还支持将 RDF 模型序列转换为各种 RDF 格式。这使得用户可以将内存中的 RDF 数据导出到磁盘,或者将其他格式的数据转换为 RDF。Raptor 还提供了一些额外的功能,如命名空间管理、URI 解析和合并等,方便用户进行 RDF 数据的处理和转换。Raptor 是 RDF 相关软件开发的重要工具之一,被广泛应用于知识图谱构建、语义网开发和各种 RDF 数据处理任务中。执行如下命令安装 Raptor。安装的程序是 rapper,是一个 RDF 解析和串行化实用程序。安装的库是 libraptor2.so,包含 Raptor API 函数。

```
1 cd $SRC && tar -xf raptor2-2.0.15.tar.gz && cd raptor2-2.0.15 &&
2 patch -Np1 -i ../raptor-2.0.15-security_fixes-1.patch &&
3 ./configure --prefix=/usr --disable-static && make && make install && rm $SRC/raptor2-2.0.15 -rf
```

20. Rasqal-0.9.33

Rasqal 是一个用于处理资源描述框架(RDF)的 C 库。它提供了一个用于执行 RDF 查询的 API,支持 SPARQL 查询语言,以及用于解析和序列化 RDF 数据的函数。Rasqal 提供了一个功能强大的查询引擎,可以执行 SPARQL 1.1 查询语言。它支持查询模式、图搜索、过滤器、聚合函数等高级特性,可以处理复杂的 RDF 查询需求。Rasqal 可以通过提供的解析器和序列化器函数,从不同的数据格式(如 Turtle、RDF/XML、N-Triples 等)中解析 RDF 数据,或将 RDF 数据序列化为不同的格式,这使得开发人员可以方便地处理 RDF 数据的输入和输出。Rasqal 是一个轻量级的 C 库,其设计注重效率和性能。它使用了一些优化技术,如语法分析器生成器、查询计划优化等,以提高查询的执行速度。执行如下命令安装 Rasqal。安装的程序是 rasqal-config 和 roqet。安装的库是 librasqal.so。

```
1 cd $SRC && tar -xf rasqal-0.9.33.tar.gz && cd rasqal-0.9.33 &&
2 ./configure --prefix=/usr --disable-static && make && make install && rm $SRC/rasqal-0.9.33 -rf
```

21. Redland-1.0.17

Redland 是一个开源的、跨平台的资源描述框架,用于处理和存储语义数据。它是一组功能丰富的库,提供了对 RDF(资源描述框架)及其各种相关标准的支持。Redland 可以用于创建、查询和操作 RDF 数据,使开发人员能够轻松地处理语义信息。Redland 提供了一组用于解析和序列化 RDF 数据的库,并支持各种 RDF 三元组的存储和检索。它支持多种 RDF 序列化格式,如 RDF/XML、Turtle、N-Triples 等,并且可以方便地将这些格式进行互相转换。Redland 还提供了一个灵活的查询语言接口,可以使用多种查询语言(如 SPARQL)查询 RDF 数据。它还支持 RDF 模式验证和推理功能,可以根据定义的规则进行自动推理和验证。Redland 提供了使用多种编程语言访问其功能的接口,如 C、C++、Java、Perl、PHP、Python 和 Ruby 等。这使得开发人员可以在自己喜欢的编程环境中使用 Redland,并针对特定的应用进行定制开发。Redland 为开发人员提供了处理和操作 RDF 数据的丰富工具集。它是一个灵活、可扩展且跨平台的解决方案,适用于各种语义 Web 和知识图谱应用。执行如下命令安装 Redland。安装的程序是 rdfproc、redland-config 和 redland-db-upgrade。安装的库是 librdf.so 和/usr/lib/redland/librdf_storage_*.so。

```
1 cd $SRC && tar -xf redland-1.0.17.tar.gz && cd redland-1.0.17 &&
2 ./configure --prefix=/usr --disable-static && make && make install && rm $SRC/redland-1.0.17 -rf
```

22. sg3_utils-1.47

sg3_utils 是一个用于操作 SCSI 设备的工具集。它提供了一组命令行工具，用于执行各种 SCSI 操作，如发送 SCSI 命令、查询设备信息、配置 SCSI 选项等。它还包含一些用于开发和调试 SCSI 驱动程序的库和示例代码。sg3_utils 支持绝大多数现代 SCSI 设备，包括硬盘驱动器、磁带驱动器、光盘驱动器、磁盘阵列等。它可以帮助用户执行各种操作，如格式化磁带、擦除硬盘、读取光盘信息、检查设备错误等。sg3_utils 还提供了一些高级功能，如扫描 SCSI 总线、模拟 SCSI 设备、测试 SCSI 命令等，这些功能对于 SCSI 驱动程序的开发和调试非常有用。sg3_utils 软件包包含用于使用 SCSI 命令集的设备的低级实用程序。执行如下命令安装 sg3_utils。安装了多个 scsi_*、sg_* 程序。安装的库是 libsgutils2.so。

```
1 cd $SRC && tar -xf sg3_utils-1.47.tar.xz && cd sg3_utils-1.47 &&
2 ./configure --prefix=/usr --disable-static && make && make install && rm $SRC/sg3_utils-1.47 -rf
```

23. Sysstat-12.7.2

Sysstat 软件包包含用于监视系统性能和使用活动的实用程序。Sysstat 包含许多商业 UNIX 常见的 sar 实用程序，以及可以通过 cron 定时收集和记录性能和活动数据的工具。执行如下命令安装 Sysstat。安装的程序是 cifsiostat、iostat、mpstat、pidstat、sadf、sar 和 tapestat。cifsiostat 显示有关对 CIFS 文件系统进行读取和写入操作的统计信息。iostat 报告设备和分区的 CPU 统计信息和输入/输出统计信息。mpstat 编写每个可用处理器的活动。pidstat 用于监视当前由 Linux 内核管理的各个任务。sadf 用于显示 sar 命令创建的数据文件的内容，但与 sar 不同，sadf 可以将其数据写入许多不同的格式。sar 用于显示操作系统中选定的累计活动计数器的内容。tapestat 用于监视连接到系统的磁带驱动器的活动。

```
1 cd $SRC && tar -xf sysstat-12.7.2.tar.xz && cd sysstat-12.7.2 &&
2 export sa_lib_dir=/usr/lib/sa sa_dir=/var/log/sa conf_dir=/etc/sysconfig && ./configure --prefix=/usr \
3     --disable-file-attr && make && make install && unset sa_lib_dir sa_dir conf_dir &&
4 install -m644 sysstat.service /usr/lib/systemd/system/sysstat.service &&
5 install -m644 cron/sysstat-collect.service /usr/lib/systemd/system/sysstat-collect.service &&
6 install -m644 cron/sysstat-collect.timer /usr/lib/systemd/system/sysstat-collect.timer &&
7 install -m644 cron/sysstat-summary.service /usr/lib/systemd/system/sysstat-summary.service &&
8 install -m644 cron/sysstat-summary.timer /usr/lib/systemd/system/sysstat-summary.timer &&
9 sed -i "/^Also=/d" /usr/lib/systemd/system/sysstat.service && rm $SRC/sysstat-12.7.2 -rf
```

24. UnRar-6.2.6

UnRar 是一种用于解压 RAR 文件的软件包。RAR 是一种常见的归档文件格式，通常用于压缩和打包大量文件。UnRar 软件包中包含用于解压 RAR 文件的命令行工具和库文件。用户可以使用这些工具在命令行或脚本中解压 RAR 文件，并将其中的文件提取到指定的目录中。UnRar 软件包支持解压包含密码保护的 RAR 文件，并能够解压包含分卷的 RAR 文件。UnRar 软件包是开源的，可在多个操作系统上使用，包括 Windows、Linux 和 macOS。它的简单易用和高效稳定的特性使其成为许多用户首选的 RAR 解压工具。执行如下命令安装 UnRar。安装的程序是 unrar，解压缩 RAR 存档。

```
1 cd $SRC && tar -xf unrarsrc-6.2.6.tar.gz && cd unrar && make -f makefile && install -m755 unrar /usr/bin
```

25. UPower-1.90.0

UPower 软件包是一个为 Linux 系统提供供电管理的软件包。它是由 Richard Hughes 发起的，最初是作为一种统一的电源管理接口，让应用程序可以方便地获取和管理系统的电源信息。随着电池技术的发展，UPower 也发展成为一个功能丰富的电源管理工具，可以监测电池状态、估计剩余使用时间、处理电池充电和放电等功能。UPower 提供了一个 D-Bus 接口，通过这个接口，应用程序可以获取有关电源管理的信息，如电池电量、充电状态、充电器类型等。通过 UPower，开发者可以编写出兼容不同 Linux 发行版的电源管理应用程序。UPower 软件包还提供了一系列命令行工具，如 upower、upowerd 和 upower-ctl，用于监控和管理电源。它还可与其他桌面管理工具集成，如 GNOME 和 KDE 桌面环境，用于显示电池状态、控制电源和显示剩余电量等。执行如下命令安装 UPower。安装的程序是 upower，是 UPower 命令行工具。安装的库是 libupower-glib.so，这里需要配置内核。

```
1 cd $SRC && tar -xf upower-v1.90.0.tar.bz2 && cd upower-v1.90.0 &&
2 sed '/parse_version/d' -i src/linux/integration-test.py && mkdir build && cd build &&
3 meson setup --prefix=/usr --buildtype=release -Dgtk-doc=false -Dman=false .. &&
4 ninja && ninja install && rm $SRC/upower-v1.90.0 -rf && systemctl enable upower
```

26. usbutils-015

usbutils 是一个用于 USB 设备管理的工具软件。它包含一组命令行工具，可以帮助用户查看和管理连接到计算机的 USB 设备。usbutils 提供了一系列命令，可以显示 USB 设备的详细信息，包括设备的供应商 ID、产品 ID、设备类别、设备速度等。通过这些信息，用户可以了解到连接到计算机上的 USB 设备的特性和性能。usbutils 提供了一些实用的工具命令，如 usb-devices、lsusb 等。这些命令可以帮助用户列出已连接的 USB 设备、显示 USB 设备的详细信息、检查 USB 设备的驱动程序等。执行如下命令安装 usbutils。安装的程序是 lsusb、lsusb.py、usb-devices、usbhid-dump。

```
1 cd $SRC && tar -xf usbutils-015.tar.gz && cd usbutils-015 && autoreconf -fi &&
2 ./configure --prefix=/usr --datadir=/usr/share/hwdata && make && make install &&
3 install -dm755 /usr/share/hwdata/ && cp ../usb.ids /usr/share/hwdata/ && rm $SRC/usbutils-015 -rf
```

27. Zip-3.0

Zip 是一种压缩工具。执行如下命令安装 Zip。安装的程序是 zip、zipcloak、zipnote、zipsplit。

```
1 cd $SRC && tar -xf zip30.tar.gz && cd zip30 && make -f unix/Makefile generic_gcc &&
2 make prefix=/usr MANDIR=/usr/share/man/man1 -f unix/Makefile install && rm $SRC/zip30 -rf
```

28. Systemd-252（第 3 次构建）

执行的命令和第 2 次构建时一样。

8.3　编程工具

1. Autoconf 2.13

Autoconf 是一个 GNU 软件，用于自动生成软件包的配置脚本。它是一个非常重要的工具，用于检测系统的特性和功能，生成适合各种不同平台的配置文件。Autoconf 使用 M4 宏来简化和自动化配置过程，使得开发人员能够更容易地将软件包移植到不同的操作系统和编译器上。Autoconf 2.13 是一个相对较老的版本，但仍然具有一些重要的功能和特性，这个旧版本接受一些在较新版本中无效的开关。它提供了一套简单而强大的规则和工具，帮助开发人员自动检测和配置系统的特性和功能。它还提供了一个丰富的宏库，以帮助开发人员更轻松地编写和管理配置脚本。Autoconf 2.13 使用一种叫作 configure.ac 的配置文件来生成配置脚本。开发人员可以在该文件中使用 Autoconf 提供的宏来描述软件包需要的特性和依赖项。Autoconf 会根据这些信息生成一个名为 configure 的脚本，该脚本可以根据用户的操作系统和编译器进行相应的配置。执行如下命令安装 Autoconf。安装了若干程序。

```
1 cd $SRC && tar -xf autoconf-2.13.tar.gz && cd autoconf-2.13 &&
2 patch -Np1 -i ../autoconf-2.13-consolidated_fixes-1.patch && mv autoconf.texi autoconf213.texi &&
3 rm autoconf.info && ./configure --prefix=/usr --program-suffix=2.13 && make && make install &&
4 install -m644 autoconf213.info /usr/share/info &&
5 install-info --info-dir=/usr/share/info autoconf213.info && rm $SRC/autoconf-2.13 -rf
```

2. Cbindgen-0.24.3

Cbindgen 是一个用于生成绑定 C 语言库的 Rust 代码的工具。它可以自动分析 C 头文件，然后根据这些头文件生成 Rust 代码，以便在 Rust 中调用 C 语言库。Cbindgen 还提供了一些参数和选项，可以用于调整生成的 Rust 代码的样式和行为。使用 Cbindgen 可以大大简化将 C 语言库绑定到 Rust 的过程，使得 Rust 开发人员可以更轻松地使用 C 语言库和现有的 C 代码。它提供了一个简单而强大的方式来集成 Rust 和 C 代码，以便在 Rust 项目中使用 C 库的功能。通过使用 Cbindgen，开发人员可以使用 Rust 的语言特性，如强类型、所有权和生命周期，同时仍然可以利用 C 语言库的功能。这大大简化了跨语言开发的任务，同时提供了更好的类型安全和内存管理。执行如下命令安装 Cbindgen。安装过程中如果出错，应再次执行第 2 行的 cargo 命令。原因是 GitHub 有时能访问，有时不行。

```
1 cd $SRC && tar -xf cbindgen-0.24.3.tar.gz && cd cbindgen-0.24.3 &&
2 cargo build --release && install -Dm755 target/release/cbindgen /usr/bin/ && rm $SRC/cbindgen-0.24.3 -rf
```

3. Clisp-2.48

GNU Clisp 是一个包括解释器、编译器、调试器和许多扩展的 Common Lisp 实现，它遵循 ANSI Common Lisp 标准。Clisp 旨在提供一个快速、稳定和易于使用的开发环境,可用于开发大型的、跨平台的应用程序。Clisp 具有许多特性,包括动态类型检查、自动内存管理、高级对象系统、多线程支持和异常处理机制。它还提供了大量的标准库和扩展库,可以帮助开发人员更轻松地编写各种类型的应用程序。Clisp 还具有交互式开发环境,可以在命令行界面或图形用户界面中使用。它提供了交互式解释器,可以用于快速测试和调试代码。Clisp 还支持将代码编译为可执行文件,以便在没有 Clisp 解释器的系统上部署应用程序。执行如下命令安装 Clisp。安装的程序是 clisp、clisp-link。clisp 是一个 ANSI Common Lisp 编译器、解释器和调试器。clisp-link 用于将外部模块链接到 clisp。安装的库在/usr/lib/clisp-2.48/base/。

```
1 cd $SRC && tar -xf clisp-2.48.tar.bz2 && cd clisp-2.48 &&
2 sed -i -e '/socket/d' -e '/"streams"/d' tests/tests.lisp && mkdir build && cd build &&
3 ../configure --srcdir=../ --prefix=/usr --docdir=/usr/share/doc/clisp-2.48 \
4 --with-libsigsegv-prefix=/usr && ulimit -s 32768 && make -j1 && make install && rm $SRC/clisp-2.48 -rf
```

4. Asciidoc-10.2.0

Asciidoctor 是一种用于转换 AsciiDoc 文件的软件包。AsciiDoc 是一种简单易读的文本格式,可以用于编写技术文档和书籍。Asciidoctor 软件包提供了一个命令行工具,可以将 AsciiDoc 文件转换为 HTML、PDF、EPUB、man 页等格式。它还提供了一些扩展功能,如语法高亮、目录生成等。Asciidoctor 是技术作者和写作人员的首选工具之一,因为它既简单易用又功能强大。执行如下命令安装 AsciiDoc。安装的程序是 a2x、asciidoc。

```
1 cd $SRC && tar -xf asciidoc-10.2.0.tar.gz && cd asciidoc-10.2.0 &&
2 pip3 wheel -w dist --no-build-isolation --no-deps $PWD &&
3 pip3 install --no-index --find-links dist --no-cache-dir --no-user asciidoc && rm $SRC/asciidoc-10.2.0 -rf
```

5. Git-2.39.2

Git 是一个分布式版本控制系统,旨在以快速和高效的方式处理从小型到非常大型的项目。安装 Git 前需要先安装 Asciidoc。执行如下命令安装 Git。安装了若干程序。

```
1  cd $SRC && tar -xf git-2.39.2.tar.xz && cd git-2.39.2 &&
2  ./configure --prefix=/usr --with-gitconfig=/etc/gitconfig --with-python=python3 && make &&
3  make html && make man && make perllibdir=/usr/lib/perl5/5.36/site_perl install &&
4  make install-man && make htmldir=/usr/share/doc/git-2.39.2 install-html &&
5  tar -xf ../git-manpages-2.39.2.tar.xz -C /usr/share/man --no-same-owner --no-overwrite-dir &&
6  tar -xf ../git-htmldocs-2.39.2.tar.xz -C /usr/share/doc/git-2.39.2 --no-same-owner --no-overwrite-dir &&
7  find /usr/share/doc/git-2.39.2 -type d -exec chmod 755 {} \; &&
8  find /usr/share/doc/git-2.39.2 -type f -exec chmod 644 {} \; &&
9  mkdir -p /usr/share/doc/git-2.39.2/man-pages/{html,text} &&
10 mv /usr/share/doc/git-2.39.2/{git*.txt,man-pages/text} && mv /usr/share/doc/git-2.39.2/{git*.,index.,man-pages/}html&&
11 mkdir -p /usr/share/doc/git-2.39.2/technical/{html,text} && mv /usr/share/doc/git-2.39.2/technical/{*.txt,text} &&
12 mv /usr/share/doc/git-2.39.2/technical/{*.,}html && mkdir -p /usr/share/doc/git-2.39.2/howto/{html,text} &&
13 mv /usr/share/doc/git-2.39.2/howto/{*.txt,text} && mv /usr/share/doc/git-2.39.2/howto/{*.,}html &&
14 sed -i '/^<a href/s/|howto/|&html/|' /usr/share/doc/git-2.39.2/howto-index.html &&
15 sed -i '/^\* link:/s/|howto/|&html/|' /usr/share/doc/git-2.39.2/howto-index.txt && rm $SRC/git-2.39.2 -rf
```

6. Doxygen-1.9.6

Doxygen 是一种流行的文档生成工具,它可以从代码注释中自动生成详细的文档。它支持多种编程语言,如 C++、Java、Python 等。Doxygen 可以根据代码中的注释信息生成类、函数、变量的详细说明,包括参数、返回值、用法示例等。生成的文档可以以多种格式呈现,如 HTML、PDF 和 LaTeX。Doxygen 还支持生成类关系图、调用图和类继承图等图形化展示。它是开源免费的,并且在许多软件项目中被广泛应用于生成高质量的代码文档。执行如下命令安装 Doxygen。安装的程序是 doxygen。

```
1 cd $SRC && tar -xf doxygen-1.9.6.src.tar.gz && cd doxygen-1.9.6 && mkdir build && cd build &&
2 cmake -G "Unix Makefiles" -DCMAKE_BUILD_TYPE=Release -DCMAKE_INSTALL_PREFIX=/usr -Wno-dev .. &&
3 make && make install && install -m644 ../doc/*.1 /usr/share/man/man1 && rm $SRC/doxygen-1.9.6 -rf
```

7. GCC-12.2.0(第 4 次构建)

执行如下命令安装 GCC。安装了若干程序和库。

```
1 cd $SRC && tar -xf gcc-12.2.0.tar.xz && cd gcc-12.2.0 && sed -i.orig '/m64=/s/lib64/lib/' gcc/config/i386/t-linux64 &&
2 mkdir build && cd build && ../configure --prefix=/usr --disable-multilib --with-system-zlib --enable-default-pie \
3   --enable-default-ssp --enable-languages=c,c++,fortran,go,objc,obj-c++ && make && make install &&
4 mkdir -p /usr/share/gdb/auto-load/usr/lib && rm $SRC/gcc-12.2.0 -rf &&
5 mv /usr/lib/*gdb.py /usr/share/gdb/auto-load/usr/lib &&
6 chown -R root:root /usr/lib/gcc/*linux-gnu/12.2.0/include{,-fixed} && ln -sf ../usr/bin/cpp /lib &&
7 ln -sf gcc /usr/bin/cc && install -dm755 /usr/lib/bfd-plugins &&
8 ln -sf ../../libexec/gcc/$(gcc -dumpmachine)/12.2.0/liblto_plugin.so /usr/lib/bfd-plugins/
```

8. GC-8.2.2

垃圾回收器(Garbage Collection,GC)是一种自动化的内存管理技术,用于在程序运行过程中自动回收无法再被使用的内存空间,以避免内存泄漏和内存碎片的问题。GC 垃圾回收器工具是实现垃圾回收功能的软件组件。它可以在程序运行过程中监测内存的使用情况,并根据一定的策略来判断哪些内存可以被回收。一旦确定了可回收的内存,GC 垃圾回收器就会释放这些内存空间,使其可以被再次使用。GC 垃圾回收器工具通常被用于编程语言或虚拟机中,如 Java、C♯ 等。GC 垃圾回收器工具的主要优点是可以自动管理内存,减少程序员手动操作内存的工作量,提高开发效率。同时,它还可以避免一些内存相关的错误,如内存泄漏,保证程序的稳定性和可靠性。GC 垃圾回收器工具并非完美无缺,它的运行会占用一定的系统资源,可能会对程序的性能产生影响。所以,在使用 GC 垃圾回收器工具时,需要根据具体情况权衡取舍,对其进行合理的配置和管理。执行如下命令安装 GC。安装的库是 libcord.so、libgc.so、libgccpp.so 和 libgctba.so。

```
1 cd $SRC && tar -xf gc-8.2.2.tar.gz && cd gc-8.2.2 &&
2 ./configure --prefix=/usr --enable-cplusplus --disable-static --docdir=/usr/share/doc/gc-8.2.2 &&
3 make && make install && install -m644 doc/gc.man /usr/share/man/man3/gc_malloc.3 && rm $SRC/gc-8.2.2 -rf
```

9. GDB-13.1

GDB 是 GNU 调试器。执行如下命令安装 GDB。安装的程序是 gcore、gdb 和 gdbserver。

```
1 cd $SRC && tar -xf gdb-13.1.tar.xz && cd gdb-13.1 && mkdir build && cd build && ../configure --prefix=/usr \
2 --with-system-readline --with-python=/usr/bin/python3 && make && make -C gdb/doc doxy && make -C gdb install &&
3 install -d /usr/share/doc/gdb-13.1 && rm -rf gdb/doc/doxy/xml && cp -R gdb/doc/doxy /usr/share/doc/gdb-13.1
```

10. Guile-3.0.9

Guile 软件包是一个可扩展的解释型编程语言和运行时系统。它是 GNU 项目的一部分，旨在为编程社区提供一个灵活、强大且可定制的编程环境。Guile 的设计目标是提供一个通用的编程语言，它具有强大的语言扩展能力和动态类型系统，可以用于构建各种类型的应用程序。它支持面向过程编程、函数式编程和面向对象编程等多种编程范式。Guile 的核心是一个解释器，它可以读取和执行 Guile 语言的源代码。除此之外，Guile 还提供了一系列标准库和扩展 API，用于编写和组织 Guile 程序。Guile 还具有一些特色功能，如垃圾回收、动态代码加载、模块系统和协程等，这些功能使得 Guile 成为一个适用于构建复杂应用程序的强大工具。Guile 还包含一个独立的 Scheme 解释器。执行如下命令安装 Guile。安装的程序是 guild、guile、guile-config、guile-snarf 和 guile-tools。安装的库是 libguile-3.0.so 和 guile-readline.so。

```
1 cd $SRC && tar -xf guile-3.0.9.tar.xz && cd guile-3.0.9 && ./configure --prefix=/usr --disable-static --docdir=/usr\
2 /share/doc/guile-3.0.9 && make && make html && makeinfo --plaintext -o doc/r5rs/r5rs.txt doc/r5rs/r5rs.texi &&
3 makeinfo --plaintext -o doc/ref/guile.txt doc/ref/guile.texi && make install && make install-html && mkdir -p /usr\
4 /share/gdb/auto-load/usr/lib && mv /usr/lib/libguile-*-gdb.scm /usr/share/gdb/auto-load/usr/lib &&
5 mv /usr/share/doc/guile-3.0.9/{guile.html,ref} && mv /usr/share/doc/guile-3.0.9/r5rs{.html,} &&
6 find examples -name "Makefile*" -delete && cp -R examples /usr/share/doc/guile-3.0.9 &&
7 for DIRNAME in r5rs ref; do install -m644  doc/${DIRNAME}/*.txt /usr/share/doc/guile-3.0.9/${DIRNAME}; done &&
8 unset DIRNAME && rm $SRC/guile-3.0.9 -rf
```

11. librep-0.92.7

librep 是一个自由和开放源代码的软件包，提供了一个完整的 Lisp 系统，包括解释器、编译器和运行时环境，这对于脚本编写或者可能使用 Lisp 解释器作为扩展语言的应用程序非常有用。librep 提供了强大的脚本化和编程能力，可以与其他技术和语言集成。执行如下命令安装 librep。安装了若干程序和库。

```
1 cd $SRC && tar -xf librep_0.92.7.tar.xz && cd librep_0.92.7 && ./configure --prefix=/usr \
2 --disable-static && make && sed -i '5043,5044 d' libtool && make install && rm $SRC/librep_0.92.7 -rf
```

12. Lua-5.4.4

Lua 是一种轻量级的编程语言，主要用于嵌入式系统、游戏开发和脚本编程。它是一种解释型的语言，可以与其他编程语言（如 C、C++ 、Java）进行互动。Lua 的设计目标是简单、高效、可扩展和可嵌入，因此它被广泛应用于各种领域。Lua 可以与其他编程语言无缝集成，拥有丰富的功能和扩展性。Lua 实现为一组 C 函数库，使用 ANSI C 编写。执行如下命令安装 Lua-5.4.4。安装的程序是 lua-5.4.4 和 luac-5.4.4。安装的库是 liblua.so。

```
1 cd $SRC && tar -xf lua-5.4.4.tar.gz && cd lua-5.4.4 &&
2 cat > lua.pc << "EOF"
3 V=5.4
4 #省略若干行
5 EOF
6 patch -Np1 -i ../lua-5.4.4-shared_library-2.patch && make linux && make INSTALL_TOP=/usr INSTALL_DATA="cp -d" \
7 INSTALL_MAN=/usr/share/man/man1 TO_LIB="liblua.so liblua.so.5.4 liblua.so.5.4.4" install &&
8 mkdir -p /usr/share/doc/lua-5.4.4 && cp doc/*.{html,css,gif,png} /usr/share/doc/lua-5.4.4 &&
9 install -m644 -D lua.pc /usr/lib/pkgconfig/lua.pc && rm $SRC/lua-5.4.4 -rf
```

13. Lua-5.2.4

执行如下命令安装 Lua-5.2.4。安装的程序是 lua5.2.4 和 luac5.2.4。安装的库是 liblua5.2.so。

```
1 cd $SRC && tar -xf lua-5.2.4.tar.gz && cd lua-5.2.4 &&
2 cat > lua.pc << "EOF"
3 V=5.2
4 #省略若干行
5 EOF
6 patch -Np1 -i ../lua-5.2.4-shared_library-1.patch &&
7 sed -i '/#define LUA_ROOT/s:/usr/local/:/usr/:' src/luaconf.h &&
8 sed -r -e '/^LUA_(SO|A|T)=/ s/lua/lua5.2/' -e '/^LUAC_T=/ s/luac/luac5.2/' -i src/Makefile &&
9 make MYCFLAGS="-fPIC" linux && make TO_BIN='lua5.2 luac5.2' TO_LIB="liblua5.2.so liblua5.2.so.5.2 liblua5.2.so.5.2.4" \
10     INSTALL_DATA="cp -d" INSTALL_TOP=$PWD/install/usr INSTALL_INC=$PWD/install/usr/include/lua5.2 \
11     INSTALL_MAN=$PWD/install/usr/share/man/man1 install &&
12 install -Dm644 lua.pc install/usr/lib/pkgconfig/lua52.pc && mkdir -p install/usr/share/doc/lua-5.2.4 &&
13 cp doc/*.{html,css,gif,png} install/usr/share/doc/lua-5.2.4 && ln -sf liblua5.2.so install/usr/lib/liblua.so.5.2 &&
14 ln -sf liblua5.2.so install/usr/lib/liblua.so.5.2.4 && mv install/usr/share/man/man1/{lua.1,lua5.2.1} &&
15 mv install/usr/share/man/man1/{luac.1,luac5.2.4} && chown -R root:root install && cp -a install/* /
```

14. docutils-0.19

docutils 是一个用于处理和生成结构化文档的模块集合。它提供了一种简洁的语法，用于编写类似于标记语言的文本，并可以将其转换为多种格式，如 HTML、LaTeX、XML 等。docutils 具有灵活的插件系统，可以扩展其功能。执行如下命令安装 docutils。安装了多个程序。

```
1 cd $SRC && tar -xf docutils-0.19.tar.gz && cd docutils-0.19 &&
2 pip3 wheel -w dist --no-build-isolation --no-deps $PWD &&
3 pip3 install --no-index --find-links dist --no-cache-dir --no-user docutils &&
4 for f in /usr/bin/rst*.py; do ln -sf $(basename $f) /usr/bin/$(basename $f .py); done &&
5 rm -rf /usr/bin/__pycache__ && rm $SRC/docutils-0.19 -rf
```

15. Mercurial-6.3.2

Mercurial 是一种分布式源代码管理工具，用于跟踪和管理软件项目中的源代码变更。它类似于 Git，是一种版本控制系统，可以帮助团队协作开发和管理代码。Mercurial 提供了许多功能和工具，使得代码的版本控制和管理变得更加简单和高效。它支持跟踪文件的修改历史、回滚到指定版本、创建和合并分支、查看和比较不同版本之间的代码差异等操作。同时，Mercurial 还提供了集成的图形用户界面和命令行界面，使得开发者可以根据自己的喜好选择合适的工具进行操作。Mercurial 是用 Python 编写的,并被像 Mozilla 为 Firefox 和 Thunderbird 等项目所使用。执行如下命令安装 Mercurial。安装的程序是 hg。安装的库是在/usr/lib/python3.11/site-packages/mercurial 下的多个内部模块。

```
1 cd $SRC && tar -xf mercurial-6.3.2.tar.gz && cd mercurial-6.3.2 && make build && make doc &&
2 make PREFIX=/usr install-bin && make PREFIX=/usr install-doc && rm $SRC/mercurial-6.3.2 -rf
```

16. NASM-2.16.01

NASM(Netwide Assembler)是一种用于 x86 和 x86-64 平台的汇编语言编译器。NASM 支持许多不同的输出格式,包括可执行文件、动态链接库和目标文件。NASM 提供了一些高级的汇编语言特性,如宏、条件编译指令和结构体等。它还支持大量的指令集,包括基本的数学和逻辑操作、字符串处理,以及对特定硬件功能(如浮点运算和 SIMD 指令)的支持。执行如下命令安装 NASM。安装的程序是 nasm(汇编器)和 ndisasm(反汇编器)。

```
1 cd $SRC && tar -xf nasm-2.16.01.tar.xz && cd nasm-2.16.01 && tar -xf ../nasm-2.16.01-xdoc.tar.xz --strip-components=1&&
2 ./configure --prefix=/usr && make && make install && install -m755 -d /usr/share/doc/nasm-2.16.01/html &&
3 cp doc/html/*.html /usr/share/doc/nasm-2.16.01/html && cp doc/*.{txt,ps,pdf} /usr/share/doc/nasm-2.16.01
```

17. patchelf-0.17.2

patchelf 是一个用于修改和查询 Linux ELF 可执行文件的工具。ELF(Executable and Linkable Format)是 Linux 中可执行文件和共享库的标准格式。使用 patchelf 可修改可执行文件或共享库的运行时特性,如修改依赖库路径、修改 RPATH(运行时库搜索路径)、修改运行时符号表和版本等。此外,还可查询可执行文件或共享库的属性和信息,如查询依赖库、版本信息、动态符号表等。patchelf 被广泛应用于软件打包、制作容器镜像、交叉编译等场景中,以便正确地配置和管理可执行文件和共享库的运行环境。执行如下命令安装 patchelf。

```
1 cd $SRC && tar -xf patchelf-0.17.2.tar.gz && cd patchelf-0.17.2 && ./configure --prefix=/usr \
2 --docdir=/usr/share/doc/patchelf-0.17.2 && make && make install && rm $SRC/patchelf-0.17.2 -rf
```

18. Python-2.7.18

执行如下命令安装 Python。安装的程序是 pydoc、python2、python2-config、python2.7、python2.7-config、smtpd.py 和 idle。安装的库是 libpython2.7.so。

```
1 cd $SRC && tar -xf Python-2.7.18.tar.xz && cd Python-2.7.18 && sed -i '/2to3/d' ./setup.py &&
2 patch -Np1 -i ../Python-2.7.18-security_fixes-1.patch && ./configure --prefix=/usr --enable-shared \
3 --with-system-expat --with-system-ffi --enable-unicode=ucs4 && make && make altinstall &&
4 ln -sf python2.7 /usr/bin/python2 && ln -sf python2.7-config /usr/bin/python2-config &&
5 chmod 755 /usr/lib/libpython2.7.so.1.0 && install -dm755 /usr/share/doc/python-2.7.18 &&
6 tar --strip-components=1 --no-same-owner --directory /usr/share/doc/python-2.7.18 \
7     -xf ../python-2.7.18-docs-html.tar.bz2 &&
8 find /usr/share/doc/python-2.7.18 -type d -exec chmod 0755 {} \; &&
9 find /usr/share/doc/python-2.7.18 -type f -exec chmod 0644 {} \; && rm $SRC/Python-2.7.18 -rf
```

19. libxml2-2.10.3（第 2 次构建）

执行如下命令再次安装 libxml2。为了构建 Perl Modules，再次构建 Python-2 和
libxml2。

```
1 cd $SRC && tar -xf libxml2-2.10.3.tar.xz && cd libxml2-2.10.3 && ./configure PYTHON=python2 &&
2 cd python && python2 setup.py build && python2 setup.py install --optimize=1 && rm $SRC/libxml2-2.10.3 -rf
```

20. Perl Modules 和 Perl Modules Dependencies

Perl Modules 软件包向 Perl 语言添加了有用的对象（共 102 个模块），还有 43 个其他模
块的依赖模块，具体安装过程见 slfs-blfs-2.sh 文件。

21. Python-3.11.2（第 3 次构建）

执行如下命令第 3 次安装 Python-3.11.2。

```
1 cd $SRC && tar -xf Python-3.11.2.tar.xz && cd Python-3.11.2 && export CXX="/usr/bin/g++" &&
2 ./configure --prefix=/usr --enable-shared --with-system-expat --with-system-ffi --enable-optimizations &&
3 make && make install && unset CXX && install -dm755 /usr/share/doc/python-3.11.2/html &&
4 tar --strip-components=1 --no-same-owner --no-same-permissions -C /usr/share/doc/python-3.11.2/html \
5 -xf ../python-3.11.2-docs-html.tar.bz2 && ln -sfn python-3.11.2 /usr/share/doc/python-3 && rm $SRC/Python-3.11.2 -rf
```

22. Python Modules

Python Modules 包为 Python 语言添加有用的对象。通常使用 pip3 构建和安装
Python 3 模块。默认情况下，pip3 install 命令不会重新安装已安装的模块。要使用 pip3
install 命令升级模块，需要在命令行中加入选项--upgrade。若要降级模块或出于某种原因
重新安装相同版本的模块，要在命令行中加入选项--force-reinstall。共安装 58 个模块，具
体命令见 slfs-blfs-2.sh 文件。

23. Ruby-3.2.1（第 2 次构建）

执行的命令和第 1 次构建时一样。

24. SCons-4.4.0

SCons 是一个用 Python 实现的构建软件（和其他文件）的工具。执行如下命令安装
SCons。安装的程序是 scons、scons-configure-cache、sconsign。

```
1 cd $SRC && tar -xf SCons-4.4.0.tar.gz && cd SCons-4.4.0 &&
2 sed -i 's/env python/&3/' SCons/Utilities/*.py && python3 setup.py install --prefix=/usr --optimize=1 &&
3 mv /usr/lib/python3.11/site-packages/SCons-4.4.0-py3.11.egg/*.1 /usr/share/man/man1 && rm $SRC/SCons-4.4.0 -rf
```

25. SWIG-4.1.1

SWIG（Simplified Wrapper and Interface Generator）是一个开源的用于连接 C/C++ 和
其他高级编程语言的工具。它可以自动生成用于其他编程语言的接口代码，以便其他语言

的程序员可以使用 C/C++ 的功能。SWIG 可以将 C/C++ 代码转换为可在诸如 Python、Java、C♯、Ruby 和 Perl 等语言中使用的接口代码。它提供了一种简化在不同语言之间进行交互的方法，使得开发人员可以通过使用熟悉的高级编程语言编写应用程序，并利用 C/C++ 库的功能。SWIG 具有广泛的功能，可以自动生成代码来处理各种数据结构、函数和类。它还支持处理指针、多重继承和异常处理等 C/C++ 特性。使用 SWIG 生成的接口代码可以与原始的 C/C++ 代码无缝集成，从而提供一种优雅且高效的方式进行跨语言开发。SWIG 是一个非常强大和灵活的工具，可以大大简化跨语言开发的过程。它已经被广泛应用于各种领域，包括科学计算、图形界面开发和网络编程等。由于其开源性质，开发人员可以根据自己的需要对其进行定制和扩展。SWIG 可以简化不同语言与 C/C++ 语言的交互。SWIG 以 C/C++ 的声明为输入，创建从其他语言如 Perl、Python、Tcl、Ruby、Guile、Java 等可直接访问这些声明的封装代码。执行如下命令安装 SWIG。安装的程序是 swig 和 ccache-swig。swig 采用包含 C/C++ 声明和 SWIG 特殊指令的接口文件，并生成构建扩展模块所需的相应封装代码。ccache-swig 是一个编译器缓存，可加速重新编译 C/C++ / SWIG 代码。

```
1 cd $SRC && tar -xf swig-4.1.1.tar.gz && cd swig-4.1.1 && ./configure --prefix=/usr --without-javascript \
2    --without-maximum-compile-warnings && make && make install &&
3 install -m755 -d /usr/share/doc/swig-4.1.1 && cp -R Doc/* /usr/share/doc/swig-4.1.1 && rm $SRC/swig-4.1.1 -rf
```

26. Valgrind-3.20.0

Valgrind 是一个用于内存错误检测、内存泄漏检测和性能分析的开源工具集。它提供了一系列的工具，用于帮助开发人员识别和修复 C/C++ 程序中的内存错误和性能问题。Valgrind 的核心组件是一个虚拟处理器，它能够将被测试程序的机器指令翻译成可执行的代码，并对其进行动态分析。Valgrind 通过解释和重新执行代码，可以捕获程序在运行时产生的内存错误，例如，访问未初始化的内存、访问已释放的内存及数组越界等。此外，Valgrind 还可以检测内存泄漏，即程序未能释放动态分配的内存。Valgrind 还包含其他几个有用的工具，如 Cachegrind 用于缓存分析、Callgrind 用于函数调用分析、Massif 用于堆栈分析。这些工具可帮助开发人员识别和改进程序的性能瓶颈。Valgrind 是一个功能强大且广泛使用的工具，特别适用于 C/C++ 程序的调试和性能优化。它的使用简单灵活，可以在 Linux 平台上进行安装和运行。执行如下命令安装 Valgrind。安装了若干程序。

```
1 cd $SRC && tar -xf valgrind-3.20.0.tar.bz2 && cd valgrind-3.20.0 &&
2 sed -i 's|/doc/valgrind||' docs/Makefile.in && ./configure --prefix=/usr \
3 --datadir=/usr/share/doc/valgrind-3.20.0 && make && make install && rm $SRC/valgrind-3.20.0 -rf
```

27. Yasm-1.3.0

Yasm 是 NASM-2.16.01 汇编器的完全重写版本。它支持 x86 和 AMD64 指令集，接受 NASM 和 GAS 汇编语法，并输出二进制、ELF32 和 ELF64 对象格式。执行如下命令安装 Yasm。安装的程序是 yasm。安装的库是 libyasm.a，提供所有 Yasm 的核心功能。

```
1 cd $SRC && tar -xf yasm-1.3.0.tar.gz && cd yasm-1.3.0 && sed -i 's#) ytasm.*#)#' Makefile.in &&
2 ./configure --prefix=/usr && make && make install && rm $SRC/yasm-1.3.0 -rf
```

28. LLVM-15.0.7（第 2 次构建）

执行的命令和第 1 次构建时一样。

29. Rustc-1.67.1（第 2 次构建）

执行的命令和第 1 次构建时一样。

第 9 章　网络和服务器

本章学习目标：

- 掌握网络程序软件包的构建过程。
- 掌握网络工具软件包的构建过程。
- 掌握网络库软件包的构建过程。
- 掌握文本 Web 浏览器软件包的构建过程。
- 掌握邮件/新闻客户端软件包的构建过程。
- 掌握主要服务器软件包的构建过程。
- 掌握邮件服务器软件包的构建过程。
- 掌握数据库软件包的构建过程。
- 掌握其他服务器软件包的构建过程。

9.1　网络程序

1. bridge-utils-1.7.1

bridge-utils 是一个 Linux 上的网络工具，用于配置和管理 Linux 桥接。它提供了一组命令行工具，可以用于创建、配置和管理网络桥接，使得多个网络接口卡能够以透明的方式连接在一起工作。通过使用 bridge-utils，用户可以创建复杂的网络拓扑，并实现各种不同的网络配置需求，如构建虚拟网络、实现网络分段等。bridge-utils 支持使用网桥将不同的网络接口卡连接在一起，形成一个逻辑上的网络交换机。用户可以对这些网络接口卡进行配置，使得它们可以透明地交换和转发网络数据包，从而实现各种网络连接和通信方式。bridge-utils 特别适用于构建和管理复杂的网络拓扑和配置需求。它提供了灵活、可扩展和可定制的网络配置选项，可以满足不同用户和场景的需求。bridge-utils 软件包包含创建和管理桥接设备所需的实用程序。执行如下命令安装 bridge-utils。安装的程序是 brctl，用于设置、维护和检查 Linux 内核中以太网桥，这里需要配置内核。

```
1 cd $SRC && tar -xf bridge-utils-1.7.1.tar.xz && cd bridge-utils-1.7.1 &&
2 autoconf && ./configure --prefix=/usr && make && make install && rm $SRC/bridge-utils-1.7.1 -rf
```

2. cifs-utils-7.0

cifs-utils 是 Linux 系统中的一个软件包，用于支持 CIFS（Common Internet File System）协议。CIFS 是一个用于在计算机网络中共享文件和打印资源的协议，它基于 TCP/IP，允许在不同操作系统之间共享文件。cifs-utils 包含一系列命令行工具，用于管理和操作 SMB/CIFS 共享文件系统，如 mount.cifs 和 umount.cifs，用于挂载和卸载远程共享目录。它还提供了一些配置文件和库，可以实现与 CIFS 服务器的通信和文件访问。通过

cifs-utils，用户可以在 Linux 系统中通过 CIFS 协议访问远程 Windows 共享目录，实现文件的读取、写入和共享。它提供了简单易用的命令行界面，使用户可以方便地管理和操作远程共享资源。

执行如下命令安装 cifs-utils。安装的程序是 cifs.idmap、cifs.upcall、cifscreds、getcifsacl、mount.cifs、mount.smb3、setcifsacl、smb2-quota 和 smbinfo，这里需要配置内核。

```
1 cd $SRC && tar -xf cifs-utils-7.0.tar.bz2 && cd cifs-utils-7.0 &&
2 ./configure --prefix=/usr --disable-pam && make && make install && rm $SRC/cifs-utils-7.0 -rf
```

3. libnl-3.7.0

libnl 软件包包含一组库，提供了用于基于 Netlink 协议的 Linux 内核接口的 API。执行如下命令安装 libnl。安装了多个程序和库。

```
1 cd $SRC && tar -xf libnl-3.7.0.tar.gz && cd libnl-3.7.0 && ./configure --prefix=/usr --sysconfdir=/etc \
2    --disable-static && make && make install && mkdir -p /usr/share/doc/libnl-3.7.0 &&
3 tar -xf ../libnl-doc-3.7.0.tar.gz --strip-components=1 --no-same-owner -C /usr/share/doc/libnl-3.7.0
```

4. iw-5.19

iw 是一个基于 nl80211 的 CLI 配置实用程序，显示/操作无线设备及其配置。它支持所有最近添加到内核中的新驱动程序。执行如下命令安装 iw。需要配置内核。

```
1 cd $SRC && tar -xf iw-5.19.tar.xz && cd iw-5.19 && sed -i "/INSTALL.*gz/s/.gz//" Makefile && make && make install
```

5. NcFTP-3.2.6

NcFTP 软件包包含一个强大且灵活的接口，可以用于 Internet 标准文件传输协议。它旨在替代或补充默认的 FTP 程序。执行如下命令安装 NcFTP。安装的程序是 ncftp、ncftpbatch、ncftpbookmarks、ncftpget、ncftpls、ncftpput 和 ncftpspooler。安装的库是 libncftp.so。

```
1 cd $SRC && tar -xf ncftp-3.2.6-src.tar.xz && cd ncftp-3.2.6 &&
2 sed -i 's/^Bookmark/extern Bookmark/' sh_util/gpshare.c && ./configure --prefix=/usr --sysconfdir=/etc &&
3 make -C libncftp shared && make && make -C libncftp soinstall && make install &&
4 ./configure --prefix=/usr --sysconfdir=/etc && make && make install && rm $SRC/ncftp-3.2.6 -rf
```

6. Net-tools-2.10

Net-tools 是一个 Linux 网络工具包，提供了一组用于网络配置和诊断的命令行工具。它包含一些常用的网络工具，例如 ifconfig、route、arp 等，可以帮助用户管理和监控网络连接。Net-tools 软件包已经成为 Linux 系统中广泛使用的网络工具集之一，不仅可以提供基本的网络管理功能，还可以用于网络故障排除和调试。然而，随着 Linux 发行版的更新和发展，许多 Linux 发行版已经使用 iproute2 代替 Net-tools，因为 iproute2 提供了更强大和灵活的网络管理功能。因此，在一些新的 Linux 发行版中，可能不再默认安装 Net-tools 软件包。执行如下命令安装 Net-tools。安装的程序是 arp、ipmaddr、iptunnel、mii-tool、nameif、 netstat、plipconfig、rarp、route 和 slattach。

```
1 cd $SRC && tar -xf net-tools-2.10.tar.xz && cd net-tools-2.10 && export BINDIR='/usr/bin' SBINDIR='/usr/bin' &&
2 yes "" | make -j1 && make DESTDIR=$PWD/install -j1 install && rm install/usr/bin/{nis,yp}domainname &&
3 rm install/usr/bin/{hostname,dnsdomainname,domainname,ifconfig} &&
4 rm -r install/usr/share/man/man1 && rm install/usr/share/man/man8/ifconfig.8 &&
5 unset BINDIR SBINDIR && chown -R root:root install && cp -a install/* / && rm $SRC/net-tools-2.10 -rf
```

7. rpcbind-1.2.6

rpcbind 软件包提供了远程过程调用（RPC）绑定程序的实现。RPC 是一种用于在计算机之间进行通信的技术，它允许进程通过网络在远程计算机上执行操作。rpcbind 提供了一个注册表，用于存储正在运行的 RPC 服务的信息，包括服务的端口号和版本号。它还负责监听传入的 RPC 请求，并将它们路由到适当的服务。rpcbind 是在 UNIX-like 操作系统上通过通用网络文件系统（NFS）协议进行 RPC 通信的标准方式。rpcbind 程序是 portmap 的替代者。执行如下命令安装 rpcbind。安装的程序是 rpcbind 和 rpcinfo。

```
1 cd $SRC && tar -xf rpcbind-1.2.6.tar.bz2 && cd rpcbind-1.2.6 && groupadd -g 28 rpc &&
2 useradd -c "RPC Bind Daemon Owner" -d /dev/null -g rpc -s /bin/false -u 28 rpc &&
3 sed -i "/servname/s:rpcbind:sunrpc:" src/rpcbind.c && patch -Np1 -i ../rpcbind-1.2.6-vulnerability_fixes-1.patch &&
4 ./configure --prefix=/usr --bindir=/usr/sbin --enable-warmstarts --with-rpcuser=rpc && make && make install &&
5 systemctl enable rpcbind && rm $SRC/rpcbind-1.2.6 -rf
```

8. NFS-Utils-2.6.2

NFS-Utils 包包含必要的用户空间服务器和客户端工具，用于使用内核的 NFS 功能。NFS 是一种允许在网络上共享文件系统的协议。执行如下命令安装 NFS-Utils。安装的程序是 exportfs、mountstats、mount.nfs、nfsconf、nfsstat、rpc.mountd、rpc.nfsd、rpc.statd、showmount 等。NFS 服务器的配置文件/etc/exports 包含 NFS 服务器上导出的目录。需要配置内核。

```
1 cd $SRC && tar -xf nfs-utils-2.6.2.tar.xz && cd nfs-utils-2.6.2 && ./configure --prefix=/usr \
2   --sysconfdir=/etc --sbindir=/usr/sbin --disable-nfsv4 --disable-gss && make && make install &&
3 chmod u+w,go+r /usr/sbin/mount.nfs && chown nobody.nogroup /var/lib/nfs && rm $SRC/nfs-utils-2.6.2 -rf
4 cd $SRC/blfs-systemd-units-20220720 && make install-nfsv4-server && make install-nfs-client
```

9. ntp-4.2.8p15

ntp 软件包包含客户端和服务器，用于在网络上计算机之间同步时间。该软件包是 NTP 协议的官方参考实现。执行如下命令安装 ntp。配置文件为/etc/ntp.conf。安装了多个程序。

```
1 cd $SRC && tar -xf ntp-4.2.8p15.tar.gz && cd ntp-4.2.8p15 && groupadd -g 87 ntp &&
2 useradd -c "Network Time Protocol" -d /var/lib/ntp -u 87 -g ntp -s /bin/false ntp &&
3 sed -e 's/"(\\S+)"/"?([^\\s]+)"?/' -i scripts/update-leap/update-leap.in &&
4 sed -e 's/#ifndef __sun/#if !defined(__sun) \&\& !defined(__GLIBC__)/' -i libntp/work_thread.c &&
5 ./configure --prefix=/usr --bindir=/usr/sbin --sysconfdir=/etc --enable-linuxcaps \
6   --with-lineeditlibs=readline --docdir=/usr/share/doc/ntp-4.2.8p15 && make &&
7 make install && install -o ntp -g ntp -d /var/lib/ntp && rm $SRC/ntp-4.2.8p15 -rf
8 cd $SRC/blfs-systemd-units-20220720 && make install-ntpd
```

10. rsync-3.2.7

rsync 是一个非常常用的文件同步工具,它可以在本地或者远程系统之间快速、安全地同步文件和目录。rsync 通过比较源文件和目标文件的差异,只复制有变动的部分,而不是简单地替换整个文件,这意味着它可以节省大量的时间和网络资源。rsync 还支持对文件的压缩和加密传输,以确保数据的安全性。执行如下命令安装 rsync。配置文件为/etc/rsyncd.conf。

```
1 cd $SRC && tar -xf rsync-3.2.7.tar.gz && cd rsync-3.2.7 && groupadd -g 48 rsyncd &&
2 useradd -c "rsyncd Daemon" -m -d /home/rsync -g rsyncd -s /bin/false -u 48 rsyncd &&
3 ./configure --prefix=/usr --disable-lz4 --disable-xxhash --without-included-zlib && make && make install &&
4 install -m755 -d /usr/share/doc/rsync-3.2.7/api && install -m644 dox/html/* /usr/share/doc/rsync-3.2.7/api &&
5 cd $SRC/blfs-systemd-units-20220720 && make install-rsyncd && rm $SRC/rsync-3.2.7 -rf
```

11. LMDB-0.9.29

LMDB(Lightning Memory-Mapped Database)是一个高效的嵌入式键值存储库,它提供了快速的读写性能和低延迟的访问。LMDB 设计用于高效地处理大量数据,并且能够在多线程环境下进行并发访问。LMDB 使用内存映射技术,将数据存储在内存中,并通过将数据映射到磁盘文件来持久化数据。这种设计使得 LMDB 能够实现高速的读写操作,同时还能够保持数据的一致性和持久性。容量仅受虚拟地址空间大小的限制。执行如下命令安装 LMDB。安装的程序是 mdb_copy、mdb_dump、mdb_load 和 mdb_stat。安装的库是 liblmdb.so。

```
1 cd $SRC && tar -xf LMDB_0.9.29.tar.gz && cd lmdb-LMDB_0.9.29 && cd libraries/liblmdb &&
2 make && sed -i 's| liblmdb.a||' Makefile && make prefix=/usr install && rm $SRC/lmdb-LMDB_0.9.29 -rf
```

12. OpenLDAP-2.6.4

OpenLDAP 软件包提供了轻量级目录访问协议(LDAP)的开源实现。执行如下命令安装 OpenLDAP。安装了多个程序和库。

```
 1 cd $SRC && tar -xf openldap-2.6.4.tgz && cd openldap-2.6.4 && groupadd -g 83 ldap &&
 2 useradd  -c "OpenLDAP Daemon Owner" -d /var/lib/openldap -u 83 -g ldap -s /bin/false ldap &&
 3 patch -Np1 -i ../openldap-2.6.4-consolidated-1.patch && autoconf &&
 4 ./configure --prefix=/usr --sysconfdir=/etc --localstatedir=/var --libexecdir=/usr/lib --disable-static \
 5     --enable-versioning=yes --disable-debug --with-tls=openssl --with-cyrus-sasl --without-systemd \
 6     --enable-dynamic --enable-crypt --enable-spasswd --enable-slapd --enable-modules --enable-rlookups \
 7     --enable-backends=mod --disable-sql --disable-wt --enable-overlays=mod && make depend && make &&
 8 make install && sed -e "s/\.la/.so/" -i /etc/openldap/slapd.{conf,ldif}{,.default} &&
 9 install -dm700 -o ldap -g ldap /var/lib/openldap && install -dm700 -o ldap -g ldap /etc/openldap/slapd.d &&
10 chmod 640 /etc/openldap/slapd.{conf,ldif} && chown root:ldap /etc/openldap/slapd.{conf,ldif} &&
11 install -dm755 /usr/share/doc/openldap-2.6.4 && cp -fr doc/{drafts,rfc,guide} /usr/share/doc/openldap-2.6.4 &&
12 cd $SRC/blfs-systemd-units-20220720 && make install-slapd && rm $SRC/openldap-2.6.4 -rf
```

13. Samba-4.17.5

Samba 软件包为 SMB/CIFS 客户端提供文件和打印服务,并为 Linux 客户端提供

Windows 网络。执行如下命令安装 Samba。安装了多个程序和库。

```
1 cd $SRC && tar -xf samba-4.17.5.tar.gz && cd samba-4.17.5 && python3 -m venv pyvenv &&
2 ./pyvenv/bin/pip3 install cryptography pyasn1 iso8601 &&
3 export PYTHON=$PWD/pyvenv/bin/python3 CPPFLAGS="-I/usr/include/tirpc" LDFLAGS="-ltirpc" &&
4 ./configure --prefix=/usr --sysconfdir=/etc --localstatedir=/var --with-piddir=/run/samba \
5     --with-pammodulesdir=/usr/lib/security --enable-fhs --without-ad-dc --enable-selftest && make &&
6 sed '1s@^.*$@#!/usr/bin/python3@' -i ./bin/default/source4/scripting/bin/samba-gpupdate.inst &&
7 rm -rf /usr/lib/python3.11/site-packages/samba && rm /etc/samba /var/lock -rf && make install &&
8 install -m644 examples/smb.conf.default /etc/samba && unset PYTHON CPPFLAGS LDFLAGS &&
9 sed -e "s;log file =.*;log file = /var/log/samba/%m.log;" \
10    -e "s;path = /usr/spool/samba;path = /var/spool/samba;" -i /etc/samba/smb.conf.default &&
11 mkdir -pv /etc/openldap/schema && install -m644 examples/LDAP/samba* /etc/openldap/schema &&
12 install -m644 examples/LDAP/README /etc/openldap/schema/README.LDAP &&
13 install -m755 examples/LDAP/{get*,ol*} /etc/openldap/schema && rm $SRC/samba-4.17.5 -rf &&
14 install -dm 755 /usr/lib/cups/backend && ln -sf /usr/bin/smbspool /usr/lib/cups/backend/smb &&
15 cd $SRC/blfs-systemd-units-20220720 && make install-samba && make install-winbindd
```

14. Wireless Tools-29

Wireless Tools 软件包是一个用于无线网络配置和监测的工具集合。它提供了一些命令行工具,可用于管理和配置无线接口、扫描附近的无线网络、收集无线网络的信息等。执行如下命令安装 Wireless Tools。安装的程序是 ifrename、iwconfig、iwevent、iwgetid、iwlist、iwpriv 和 iwspy。iwconfig 用于配置无线接口的工具,可以设置接口的一些参数,如频率、传输速率、加密方式等。iwlist 用于扫描附近的无线网络,可以列出可用的网络、信号强度、加密方式等信息。iwpriv 用于配置和管理无线接口的私有参数。iwspy 用于监测无线网络的工具,可以获取网络的节点信息和信号质量等。安装的库是 libiw.so。如果修改了/etc/ld.so.conf,要以 root 用户身份执行 ldconfig 以更新/etc/ld.so.cache。

```
1 cd $SRC && tar -xf wireless_tools.29.tar.gz && cd wireless_tools.29 &&
2 patch -Np1 -i ../wireless_tools-29-fix_iwlist_scanning-1.patch &&
3 make && make PREFIX=/usr INSTALL_MAN=/usr/share/man install && echo /usr/lib >> /etc/ld.so.conf && ldconfig
```

15. wpa_supplicant-2.10

wpa_supplicant 是一种开源的 WPA/WPA2 和 IEEE 802.1X 协议的实现。它是一个跨平台的软件,可以在多种操作系统上运行,包括 Linux、Windows 和 FreeBSD 等。wpa_supplicant 提供了一个用户空间的守护进程程序,用于和无线设备驱动程序进行通信,并管理无线网络的连接。wpa_supplicant 能够支持多种不同类型的无线网络,包括基于基础设施的网络和自组织网络(ad-hoc 网络)。它能够处理各种认证和加密方案,包括 WPA-PSK、WPA-EAP 和 WPA2 等。与 Wireless Tools 一起使用,它能够提供一个完整的无线网络配置和管理工具。使用 wpa_supplicant 可以方便地连接到各种无线网络,包括家庭网络、企业网络和公共网络等。它支持命令行界面和配置文件方式进行配置,并提供了一些可选的图形界面工具用于简化配置过程。wpa_supplicant 是一个强大的无线网络管理工具,使用户能够轻松连接到各种无线网络,同时提供了灵活的配置和管理选项。执行如下命令安装 wpa_supplicant。安装的程序是 wpa_gui、wpa_supplicant、wpa_passphrase 和 wpa_cli,这里需要配置内核。

```
1  cd $SRC && tar -xf wpa_supplicant-2.10.tar.gz && cd wpa_supplicant-2.10 &&
2  cat > wpa_supplicant/.config << "EOF"
3  CONFIG_BACKEND=file
4  #省略若干行
5  EOF
6  cat >> wpa_supplicant/.config << "EOF"
7  CONFIG_CTRL_IFACE_DBUS=y
8  CONFIG_CTRL_IFACE_DBUS_NEW=y
9  CONFIG_CTRL_IFACE_DBUS_INTRO=y
10 EOF
11 cd wpa_supplicant && make BINDIR=/usr/sbin LIBDIR=/usr/lib &&
12 install -m755 wpa_{cli,passphrase,supplicant} /usr/sbin/ &&
13 install -m644 doc/docbook/wpa_supplicant.conf.5 /usr/share/man/man5/ &&
14 install -m644 doc/docbook/wpa_{cli,passphrase,supplicant}.8 /usr/share/man/man8/ &&
15 install -m644 systemd/*.service /usr/lib/systemd/system/ &&
16 install -m644 dbus/fi.w1.wpa_supplicant1.service /usr/share/dbus-1/system-services/ &&
17 install -d -m755 /etc/dbus-1/system.d &&
18 install -m644 dbus/dbus-wpa_supplicant.conf /etc/dbus-1/system.d/wpa_supplicant.conf &&
19 systemctl enable wpa_supplicant && rm $SRC/wpa_supplicant-2.10 -rf
```

9.2 网络工具

1. BIND Utilities-9.18.12

BIND Utilities 并不是一个独立的软件包，它是随 BIND-9.18.12 一起提供的客户端程序集合。BIND 软件包包括客户端程序 nslookup、dig 和 host。如果已经安装了 BIND 服务器，则这些程序将自动安装。如果没有安装 BIND 服务器，但需要这些客户端应用程序，则执行如下命令安装 BIND Utilities。安装的程序是 dig、host 和 nslookup。

```
1  cd $SRC && tar -xf bind-9.18.12.tar.xz && cd bind-9.18.12 && ./configure --prefix=/usr &&
2  make -C lib/isc && make -C lib/dns && make -C lib/ns && make -C lib/isccfg && make -C lib/bind9 &&
3  make -C lib/irs && make -C bin/dig && make -C doc && make -C lib/isc install && make -C lib/dns install &&
4  make -C lib/ns install && make -C lib/isccfg install && make -C lib/bind9 install &&
5  make -C lib/irs install && make -C bin/dig install && cp doc/man/{dig.1,host.1,nslookup.1} /usr/share/man/man1
```

2. Nmap-7.93

Nmap（网络映射器）是一款网络扫描和安全评估工具。它旨在帮助管理员发现网络上的主机、服务、开放端口和漏洞等信息。Nmap 具有强大的功能，可以用于网络发现、端口扫描、服务和操作系统检测、漏洞扫描等。Nmap 使用原始 IP 数据包发送并接收网络数据，以确定网络上的主机和活动的服务。它能够提供广泛的扫描技术，包括 TCP 扫描、UDP 扫描、SYN 扫描、FIN 扫描、Xmas 扫描等。Nmap 还支持漏洞扫描，可以检测并报告目标系统上已知的安全漏洞。执行如下命令安装 Nmap。安装的程序是 ncat、ndiff、nmap、nping 等。

```
1  cd $SRC && tar -xf nmap-7.93.tar.bz2 && cd nmap-7.93 && ./configure --prefix=/usr && make && make install
```

3. Traceroute-2.1.2

Traceroute 软件包包含的程序用于显示数据包到达指定主机的网络路由。这是一个标准的网络故障排除工具。执行如下命令安装 Traceroute。安装的程序是 traceroute 和 traceroute6。

```
1 cd $SRC && tar -xf traceroute-2.1.2.tar.gz && cd traceroute-2.1.2 && make && make prefix=/usr install &&
2 ln -sf traceroute /usr/bin/traceroute6 && ln -sf traceroute.8 /usr/share/man/man8/traceroute6.8 &&
3 rm -f /usr/share/man/man1/traceroute.1 && rm $SRC/traceroute-2.1.2 -rf
```

4. Whois-5.4.3

Whois 是一个客户端应用程序,它查询 whois 目录服务以获取有关特定域名的信息。执行如下命令安装 Whois。安装的程序是 whois 和 mkpasswd。

```
1 cd $SRC && tar -xf whois-5.4.3.tar.gz && cd whois-5.4.3 && make && make prefix=/usr install-whois &&
2 make prefix=/usr install-mkpasswd && make prefix=/usr install-pos && rm $SRC/whois-5.4.3 -rf
```

9.3 网络库

1. ldns-1.8.3

ldns 是一个 C 库,用于处理 DNS(域名系统)协议。它提供了一个简便的接口,使开发人员能够创建、解析和修改 DNS 报文。ldns 库的主要功能包括:①DNS 报文的解析和构建。ldns 可以解析原始的 DNS 报文,将其转换为容易操作的格式,以便于进一步处理。同时,它也可以根据用户的指令构建新的 DNS 报文,并将其发送到目标服务器。②DNS 记录的查询和管理。ldns 支持各种类型的 DNS 记录,如 A、MX、TXT 等。开发人员可以使用 ldns 来查询和管理这些记录,例如,获取某个域名的 A 记录或 MX 记录,或者添加、修改和删除某个记录。③DNSSEC(DNS 安全扩展)的支持。ldns 对 DNSSEC 提供了广泛的支持。开发人员可以使用 ldns 来验证 DNSSEC 签名,生成和管理 DNSSEC 密钥对,以及签名和验证 DNSSEC 资源记录。④DNS 传输协议的支持。ldns 支持多种 DNS 传输协议,包括 UDP 和 TCP。开发人员可以使用 ldns 来发送和接收 DNS 报文,并进行相应的处理。

ldns 库提供了丰富的功能和易于使用的接口,旨在简化 DNS 编程,并允许开发人员轻松创建符合当前 RFC 和 Internet 草案的软件。执行如下命令安装 ldns。安装的程序是 drill 和 ldns-config。drill 类似于 BIND Utilities-9.18.12 中的 dig 工具,旨在从 DNS 中获取各种信息。ldns-config 显示用于 ldns 的编译器和链接器标志。安装的库是 libldns.so。

```
1 cd $SRC && tar -xf ldns-1.8.3.tar.gz && cd ldns-1.8.3 && ./configure --prefix=/usr --sysconfdir=/etc \
2     --disable-static --with-drill && make && make install && rm $SRC/ldns-1.8.3 -rf
```

2. libevent-2.1.12

libevent 是一个开源的事件通知库,它提供了一种可移植且高效的事件驱动编程接口。libevent 可以帮助开发者编写可扩展的网络服务器和其他事件驱动的应用程序。它支持多种操作系统和网络后端,包括 Linux、Windows 和其他 UNIX-like 系统,以及 TCP/IP、UDP 和 SSL 等网络协议。libevent 的主要特点包括:①高效的事件处理,libevent 使用事件驱动的方式,避免了常规的轮询方式,提供了高效的事件处理机制;②可移植性,libevent 提供了高度可移植的 API,使得开发者可以轻松地将其应用程序移植到不同的操作系统和平台上;③多种网络后端支持,libevent 支持多种网络后端,包括 select、poll、epoll、kqueue 等,以适应不同的操作系统和网络环境;④SSL 支持,libevent 提供了对 SSL/TLS 加密协议的支持,可以处理安全的网络通信;⑤高度并发的支持,libevent 可以同时管理多个事件,使得应用程序可以处理并发的网络连接和请求;⑥可扩展性,libevent 可以通过插件机制实现功能的扩展,开发者可以自定义事件处理逻辑。

libevent 是一个功能丰富且高性能的异步事件通知软件库,适用于开发网络服务器和其他事件驱动的应用程序。libevent API 提供了一种机制,在文件描述符上发生特定事件或超时后执行回调函数。此外,libevent 还支持由信号或定期超时引起的回调。执行如下命令安装 libevent。安装的程序是 event_rpcgen.py。安装的库是 libevent_core.so、libevent_extra.so、libevent_openssl.so、libevent_pthreads.so 和 libevent.so。

```
1 cd $SRC && tar -xf libevent-2.1.12-stable.tar.gz&& cd libevent-2.1.12-stable&& sed -i 's/python/&3/' event_rpcgen.py &&
2 ./configure --prefix=/usr --disable-static && make && make install && rm $SRC/libevent-2.1.12-stable -rf
```

3. libmnl-1.0.5

libmnl 是一个用于与 Linux 内核 Netlink 套接字接口进行交互的 C 库。Netlink 是 Linux 内核提供的一种用于内核与用户空间进程之间通信的机制。libmnl 库提供了一组功能丰富的 API,用于创建、发送和接收 Netlink 消息,以及解析和操作其中的数据。它提供了比直接操作 Netlink 套接字更加简单和方便的方式。libmnl 库可以用于开发各种网络管理和配置工具,如网络诊断工具、网络监控工具和网络配置工具等。它在很多 Linux 发行版的软件包管理系统中都有提供,并且得到了广泛的使用和支持。libmnl 库提供了方便的 API 和功能,用于开发各种网络管理和配置工具。libmnl 使开发者能够更容易地处理 Netlink 消息,并减少错误和重复代码的产生。执行如下命令安装 libmnl。安装的库是 libmnl.so。

```
1 cd $SRC && tar -xf libmnl-1.0.5.tar.bz2 && cd libmnl-1.0.5 && ./configure --prefix=/usr && make && make install
```

4. libnsl-2.0.0

libnsl(Network Services Library)是一个在网络编程中提供网络服务功能的库。它是一个 C 库,主要用于实现客户端和服务器之间的网络通信。它取代了以前在 glibc 中的 NIS 库。它包含一组函数,用于处理网络通信、域名解析、网络地址转换等操作。libnsl 库提供了与网络套接字相关的函数,如 socket、bind、listen、accept 等,在网络编程中经常使用。它还提供了与域名解析相关的函数,如 gethostbyname、gethostbyaddr 等,用于查询 DNS 服务器,解析主机名和 IP 地址之间的关系。libnsl 库还提供了一些其他函数,用于处理网络地址的转换,如 inet_ntoa、inet_aton 等,用于将 IP 地址和网络地址之间进行相互转换。libnsl 库可以帮助开发者进行网络通信、域名解析和地址转换等操作。执行如下命令安装 libnsl。

```
1 cd $SRC && tar -xf libnsl-2.0.0.tar.xz && cd libnsl-2.0.0 &&
2 ./configure --sysconfdir=/etc --disable-static && make && make install && rm $SRC/libnsl-2.0.0 -rf
```

5. libslirp-4.7.0

libslirp 是一个可靠、高效的用户空间网络协议栈库,为虚拟机和容器环境提供了网络连接服务。libslirp 提供了一种轻量级的网络解决方案,它能够在用户空间中模拟网络设备和协议栈的功能。它不需要特权级访问权限,因此可以方便地在虚拟化环境中使用。通过 libslirp,虚拟机或容器可以获得一组虚拟的网络设备,可以进行网络通信、接收和发送数据包,以及实现与宿主机或其他网络设备的连接。它支持众多的网络协议,包括 IPv4、IPv6、TCP、UDP 等。执行如下命令安装 libslirp。安装的库是 libslirp.so,包含用户模式 TCP-IP 仿真函数。

```
cd $SRC && tar -xf libslirp-v4.7.0.tar.bz2 && cd libslirp-v4.7.0 && mkdir build && cd build &&
meson setup --prefix=/usr --buildtype=release .. && ninja && ninja install && rm $SRC/libslirp-v4.7.0 -rf
```

6. libndp-1.8

libndp 是一个开源的库,用于处理 IPv6 邻居发现协议(NDP)。它提供了一组函数,用于解析和构建 NDP 消息,以及管理和查询 IPv6 邻居表。执行如下命令安装 libndp。

```
cd $SRC && tar -xf libndp-1.8.tar.gz && cd libndp-1.8 && ./configure --prefix=/usr \
--sysconfdir=/etc --localstatedir=/var --disable-static && make && make install && rm $SRC/libndp-1.8 -rf
```

7. glib-networking-2.74.0

glib-networking 是一个使用 C 语言编写的基于 Glib 库的网络通信库,提供了一系列方便地操作网络通信的 API,包括 HTTP、HTTPS、FTP、DNS 等协议的支持。它的主要目标是简化网络通信的开发过程,并提供高度可靠和高性能的网络通信功能。glib-networking 支持多种常用的网络协议,包括 HTTP、HTTPS、FTP、DNS 等,可以方便地进行网络通信操作。glib-networking 提供了一系列高级的网络操作功能,如连接管理、数据传输、错误处理等,可以帮助开发者更方便地进行网络通信。glib-networking 经过大量的测试和优化,具有高度可靠和高性能的特点,可以在复杂的网络环境中保证数据传输的准确性和稳定性。glib-networking 还提供了对 TLS/SSL 的支持,可以用于建立安全的加密通信连接。glib-networking 库可以帮助开发者快速实现各种网络通信功能,提高开发效率和程序性能。执行如下命令安装 glib-networking。安装的库是 libgiognutls.so、libgioenvironmentproxy.so(在/usr/lib/gio/modules 中)。

```
cd $SRC && tar -xf glib-networking-2.74.0.tar.xz && cd glib-networking-2.74.0 && mkdir build && cd build &&
meson setup --prefix=/usr --buildtype=release && ninja && ninja install && rm $SRC/glib-networking-2.74.0 -rf
```

8. libpsl-0.21.2

libpsl 是一个用于处理公共后缀列表(Public Suffix List,PSL)的开源 C 库。PSL 是一个维护了顶级域名、二级域名及其他公共后缀的列表,它用于判断一个域名是否为一个顶级域名。libpsl 库提供了一系列用于解析和处理域名的函数,包括确定一个域名是否为一个顶级域名、获取一个域名的顶级域名、获取一个域名的父域名等。它还支持加载自定义的 PSL 文件,以便用户可以使用特定的列表。libpsl 非常高效且易于使用,可以在各种编程语言中使用,包括 C、C++、Python 等。它还提供了命令行工具 psl,用于对域名进行检测和解析。libpsl 是一个广泛使用的库,特别适用于网络应用程序和安全工具,可以帮助用户有效地处理域名和验证域名的有效性。执行如下命令安装 libpsl。安装的程序是 psl。安装的库是 libpsl.so。

```
1 cd $SRC && tar -xf libpsl-0.21.2.tar.gz && cd libpsl-0.21.2 && sed -i 's/env python/&3/' src/psl-make-dafsa &&
2 ./configure --prefix=/usr --disable-static PYTHON=python3 && make && make install && rm $SRC/libpsl-0.21.2 -rf
```

9. SQLite-3.40.1

SQLite 是一个开源的嵌入式关系数据库管理系统,实现了自给自足的、无服务器的、零配置的、事务性的 SQL 数据库引擎。SQLite 是一个软件库,提供了一个轻量级的磁盘数据库,不需要单独的服务器进程,并且允许直接访问数据库文件。它在嵌入式设备上非常流行,也被广泛应用于桌面和移动平台。SQLite 不需要任何独立的服务器进程或配置,数据库文件可以直接访问。SQLite 足够小,可以以静态链接方式处理,使它可以在资源受限的设备上运行,如移动手机和嵌入式设备。SQLite 支持原子提交和回滚事务,以保持数据的完整性和一致性。SQLite 使用了自定义的 B 树数据结构,以及一系列优化技术,提供高性能的访问和查询速度。SQLite 被广泛用于各种应用中,包括移动应用程序、桌面应用程序、Web 浏览器、嵌入式系统等。它的简洁和高性能使得它成为一个受欢迎的轻量级数据库选择。执行如下命令安装 SQLite。安装的程序是 sqlite3。安装的库是 libsqlite3.so。

```
1 cd $SRC && tar -xf sqlite-autoconf-3400100.tar.gz && cd sqlite-autoconf-3400100 && unzip -q ../sqlite-doc-3400100.zip &&
2 ./configure --prefix=/usr --disable-static --enable-fts5 CPPFLAGS="-DSQLITE_ENABLE_FTS3=1 -DSQLITE_ENABLE_FTS4=1 \
3   -DSQLITE_ENABLE_COLUMN_METADATA=1 -DSQLITE_ENABLE_UNLOCK_NOTIFY=1 -DSQLITE_ENABLE_DBSTAT_VTAB=1 \
4   -DSQLITE_SECURE_DELETE=1 -DSQLITE_ENABLE_FTS3_TOKENIZER=1" && make && make install &&
5 install -m755 -d /usr/share/doc/sqlite-3.40.1 && cp -R sqlite-doc-3400100/* /usr/share/doc/sqlite-3.40.1
```

10. libsoup-2.74.3

libsoup 是一个基于 GObject 库的 HTTP 客户端/服务器库。它提供了一套方便的 API,用于创建和发送 HTTP 请求、处理 HTTP 响应及实现 HTTP 服务器。libsoup 支持 HTTP 1.1 协议,可以处理持久连接、分块编码和身份验证等特性。它还提供了异步操作的支持,可以方便地进行非阻塞的网络通信。libsoup 被广泛应用于 GNOME 桌面环境中的网络相关应用程序,例如,Web 浏览器 Epiphany 和 Electron 框架。它是一个跨平台的库,可以在 Linux、Windows 和 macOS X 等操作系统上使用。由于其强大的功能和易于使用的 API,libsoup 被广泛认可并被许多开发者使用。执行如下命令安装 libsoup 软件包。安装的库是 libsoup-gnome-2.4.so 和 libsoup-2.4.so。libsoup-2.4.so 提供异步 HTTP 连接函数。libsoup-gnome-2.4.so 提供 GNOME 特定功能。

```
1 cd $SRC && tar -xf libsoup-2.74.3.tar.xz && cd libsoup-2.74.3 && mkdir build && cd build &&
2 meson setup --prefix=/usr --buildtype=release -Dapi=enabled -Dgssapi=disabled \
3     -Dsysprof=disabled .. && ninja && ninja install && rm $SRC/libsoup-2.74.3 -rf
```

11. libsoup-3.2.2

libsoup 是一个用于 GNOME 的 HTTP 客户端/服务器库。它使用 GObject 和 GLib

主循环与 GNOME 应用程序集成,还具有用于线程化应用程序的异步 API。

执行如下命令安装 libsoup。安装的库是 libsoup-3.0.so,提供异步 HTTP 连接函数。

```
1 cd $SRC && tar -xf libsoup-3.2.2.tar.xz && cd libsoup-3.2.2 &&
2 sed 's/apiversion/soup_version/' -i docs/reference/meson.build && mkdir build && cd build &&
3 meson setup --prefix=/usr --buildtype=release -Dapi=enabled -Dgssapi=disabled \
4   -Dsysprof=disabled --wrap-mode=nofallback .. && ninja && ninja install && rm $SRC/libsoup-3.2.2 -rf
```

12. neon-0.32.5

neon 是一个开源的网络通信库,提供了对 HTTP 和 WebDAV 协议的支持,具有 C 接口。它主要用于与远程服务器进行通信,并实现文件的上传、下载、管理等操作。neon 为程序提供了与远程服务器进行 HTTP 和 WebDAV 通信的能力,使程序能够实现与服务器的文件交互和管理。执行如下命令安装 neon。安装的程序是 neon-config。安装的库是 libneon.so。

```
1 cd $SRC && tar -xf neon-0.32.5.tar.gz && cd neon-0.32.5 && ./configure --prefix=/usr --with-ssl \
2   --enable-shared --disable-static && make && make docs && make install && rm $SRC/neon-0.32.5 -rf
```

13. Serf-1.3.9

Serf 软件包是一个基于 Apache Portable Runtime(APR)库构建的 C 语言 HTTP 客户端库。它多路复用连接,异步运行读/写通信。内存复制和转换尽可能减少,以提供高性能操作。

执行如下命令安装 Serf。安装的库是 libserf-1.so。

```
1 cd $SRC && tar -xf serf-1.3.9.tar.bz2 && cd serf-1.3.9 && patch -Np1 -i ../serf-1.3.9-openssl3_fixes-1.patch &&
2 sed -i "/Append/s:RPATH=libdir,::" SConstruct && sed -i "/Default/s:lib_static,::" SConstruct &&
3 sed -i "/Alias/s:install_static,::" SConstruct && sed -i "/  print/{s/print/print(/; s/$/)/}" SConstruct &&
4 sed -i "/get_contents()/s/,/.decode()&/" SConstruct && scons PREFIX=/usr && scons PREFIX=/usr install
```

14. uhttpmock-0.5.3

uhttpmock 是一个用于测试 HTTP 请求和响应的库,它提供了一些功能来模拟 HTTP 请求和生成假数据。它是基于 Python 的 http.server 库实现的,可以与任何支持 HTTP 的库一起使用,如 requests、http.client 等。uhttpmock 软件包是一个用于模拟使用 HTTP 或 HTTPS 的 Web 服务 API 的库。执行如下命令安装 uhttpmock。安装的库是 libuhttpmock-0.0.so。

```
1 cd $SRC && tar -xf uhttpmock-0.5.3.tar.xz && cd uhttpmock-0.5.3 &&
2 ./configure --prefix=/usr --disable-static && make && make install && rm $SRC/uhttpmock-0.5.3 -rf
```

15. libgrss-0.7.0

libgrss 库是一个跨平台的开源库,用于解析和处理 RSS(简易信息聚合)和 Atom(XML 的一种应用)订阅源。它提供了一系列 API 和工具,可以帮助开发人员轻松地从 RSS 和 Atom 源中提取数据。libgrss 库具有简单易用的界面,可以解析和读取 RSS 和

Atom 源的内容，并提供了快速、高效的方法来处理和操作这些数据。它支持多种编程语言，包括 C、C++、Python 等。使用 libgrss 库，开发人员可以快速地开发基于 RSS 和 Atom 的应用程序，如新闻阅读器、博客聚合器等。它提供了丰富的功能，如下载和解析 RSS 和 Atom 源、提取文章标题和内容、处理日期和时间等。libgrss 库可以帮助开发人员简化 RSS 和 Atom 源的处理和解析，并提供丰富的功能来处理这些数据。执行如下命令安装 libgrss。安装的库是 libgrss.so。

```
1 cd $SRC && tar -xf libgrss-0.7.0.tar.xz && cd libgrss-0.7.0 && patch -Np1 -i ../libgrss-0.7.0-bugfixes-2.patch &&
2 autoreconf -f && ./configure --prefix=/usr --disable-static && make && make install && rm $SRC/libgrss-0.7.0 -rf
```

16. Colord-1.4.6

Colord 是一个系统服务，可以轻松管理、安装和生成颜色配置文件。它主要由 GNOME Color Manager 用于系统集成和在没有用户登录时使用。

执行如下命令安装 Colord。安装了若干程序和库。

```
1 cd $SRC && tar -xf colord-1.4.6.tar.xz && cd colord-1.4.6 && groupadd -g 71 colord &&
2 useradd -c "Color Daemon Owner" -d /var/lib/colord -u 71 -g colord -s /bin/false colord &&
3 sed '/cmsUnregisterPluginsTHR/d' -i lib/colord/cd-context-lcms.c && mkdir build && cd build &&
4 meson setup --prefix=/usr --buildtype=release -Ddaemon_user=colord -Dvapi=true -Dsystemd=true \
5     -Dlibcolordcompat=true -Dargyllcms_sensor=false -Dbash_completion=false -Ddocs=false \
6     -Dman=false .. && ninja && ninja install && rm $SRC/colord-1.4.6 -rf
```

17. PHP-8.2.3

PHP 主要用于动态网站，在其中它允许直接将编程代码嵌入 HTML 标记中，同时作为通用的脚本语言也非常有用。执行如下命令安装 PHP。安装了若干程序和库。

```
1 cd $SRC && tar -xf php-8.2.3.tar.xz&& cd php-8.2.3&& ./configure --prefix=/usr --sysconfdir=/etc --localstatedir=/var \
2    --datadir=/usr/share/php --mandir=/usr/share/man --enable-fpm --without-pear --with-fpm-user=apache
3    --with-fpm-group=apache --with-fpm-systemd --with-config-file-path=/etc --with-zlib --enable-bcmath --with-bz2 \
4    --enable-calendar --enable-dba=shared --with-gdbm --with-gmp --enable-ftp --with-gettext --enable-mbstring \
5    --disable-mbregex --with-readline && make && make install &&
6 install -m644 php.ini-production /etc/php.ini && install -m755 -d /usr/share/doc/php-8.2.3 &&
7 install -m644 CODING_STANDARDS* EXTENSIONS NEWS README* UPGRADING* /usr/share/doc/php-8.2.3 &&
8 if [ -f /etc/php-fpm.conf.default ]; then mv /etc/php-fpm.conf{.default,} && mv /etc/php-fpm.d/www.conf{.default,}; fi
9 install -m644 ../php_manual_en.html.gz /usr/share/doc/php-8.2.3 && gunzip /usr/share/doc/php-8.2.3/php_manual_en.html.gz
10 tar -xf ../php_manual_en.tar.gz -C /usr/share/doc/php-8.2.3 --no-same-owner && rm $SRC/php-8.2.3 -rf
11 cd $SRC/blfs-systemd-units-20220720 && make install-php-fpm
```

18. Subversion-1.14.2

Subversion 是一个版本控制系统软件包，用于管理和跟踪文件和目录的变化。它允许多个用户同时工作在同一个项目上，并能够记录每个版本的变化历史。Subversion 提供了许多功能，包括版本控制、文件和目录的复制、重命名和删除、分支和合并等。它还支持网络访问，可以通过 HTTP、HTTPS、SVN 和 SVN＋SSH 协议进行远程访问。Subversion 使用一个集中式的仓库来存储文件和目录的变化历史，并提供了命令行工具和图形化界面来管理和操作这个仓库。它的操作简单方便，而且具有较强的稳定性和安全性。执行如下命令安装 Subversion。安装了若干程序和库。

```
1 cd $SRC && tar -xf subversion-1.14.2.tar.bz2 && cd subversion-1.14.2 &&
2 grep -rl '^#!.*python$' | xargs sed -i '1s/python/&3/' &&
3 sed -e 's/File.exists?/File.exist?/' -i subversion/bindings/swig/ruby/svn/util.rb \
4     subversion/bindings/swig/ruby/test/test_wc.rb && export PYTHON=python3 && ./configure --prefix=/usr \
5 --disable-static --with-apache-libexecdir --with-lz4=internal --with-utf8proc=internal && unset PYTHON &&
6 make && make install && install -m755 -d /usr/share/doc/subversion-1.14.2 &&
7 cp -R doc/* /usr/share/doc/subversion-1.14.2 && rm $SRC/subversion-1.14.2 -rf
```

9.4 文本 Web 浏览器

1. Links-2.28

Links 是一种文本和图形模式的 Web 浏览器。它包括支持呈现表格和框架,支持后台下载,可以显示颜色,并具有许多其他功能。执行如下命令安装 Links。

```
1 cd $SRC && tar -xf links-2.28.tar.bz2 && cd links-2.28 && ./configure --prefix=/usr \
2     --mandir=/usr/share/man && make && make install && install -d -m755 /usr/share/doc/links-2.28 &&
3 install -m644 doc/links_cal/* KEYS BRAILLE_HOWTO /usr/share/doc/links-2.28 && rm $SRC/links-2.28 -rf
```

2. Lynx-2.8.9rel.1

Lynx 是一种基于文本的 Web 浏览器。执行如下命令安装 Lynx。安装的程序是 lynx。

```
1 cd $SRC && tar -xf lynx2.8.9rel.1.tar.bz2&& cd lynx2.8.9rel.1&& patch -p1 -i ../lynx-2.8.9rel.1-security_fix-1.patch &&
2 ./configure --prefix=/usr --sysconfdir=/etc/lynx --datadir=/usr/share/doc/lynx-2.8.9rel.1 \
3     --with-zlib --with-bzlib --with-ssl --with-screen=ncursesw --enable-locale-charset &&
4 make && make install-full && chgrp -R root /usr/share/doc/lynx-2.8.9rel.1/lynx_doc &&
5 sed -e '/#LOCALE/      a LOCALE_CHARSET:TRUE'     -i /etc/lynx/lynx.cfg &&
6 sed -e '/#DEFAULT_ED/ a DEFAULT_EDITOR:vi'       -i /etc/lynx/lynx.cfg &&
7 sed -e '/#PERSIST/    a PERSISTENT_COOKIES:TRUE' -i /etc/lynx/lynx.cfg && rm $SRC/lynx2.8.9rel.1 -rf
```

9.5 邮件/新闻客户端

邮件客户端可以帮助用户检索、分类、阅读和撰写回复电子邮件。

新闻客户端也可以帮助用户检索、分类、阅读和撰写回复,但这些消息通过网络新闻传输协议(NNTP),经由全球公告牌系统(USENET)进行传递。

1. Procmail-3.22

Procmail 软件包包含一个自治的邮件处理器,用于过滤和排序传入的电子邮件。执行如下命令安装 Procmail。安装的程序是 formail、lockfile、mailstat 和 procmail。

```
1 cd $SRC && tar -xf procmail-3.22.tar.gz && cd procmail-3.22 && sed -i 's/getline/get_line/' src/*.[ch] &&
2 patch -Np1 -i ../procmail-3.22-consolidated_fixes-1.patch && make LOCKINGTEST=/tmp \
3 MANDIR=/usr/share/man install && make install-suid && rm $SRC/procmail-3.22 -rf
```

2. Fetchmail-6.4.36

Fetchmail 软件包包含一个邮件检索程序。它从远程邮件服务器中检索邮件并将其转发到本地(客户端)机器的传递系统中,以便可以使用普通的邮件用户代理程序进行阅读。执行如下命令安装 Fetchmail。安装的程序是 fetchmail 和 fetchmailconf。

```
1 cd $SRC && tar -xf fetchmail-6.4.36.tar.xz && cd fetchmail-6.4.36 &&
2 useradd -c "Fetchmail User" -d /dev/null -g nogroup -s /bin/false -u 38 fetchmail &&
3 export PYTHON=python3 && ./configure --prefix=/usr --enable-fallback=procmail &&
4 make && make install && unset PYTHON && chown fetchmail:nogroup /usr/bin/fetchmail
```

3. mailx-12.5

Heirloom mailx 软件包(以前称为 Nail 软件包)包含 mailx,这是一个命令行邮件用户代理程序,由伯克利邮件(Berkeley Mail)衍生而来。它旨在提供 POSIX mailx 命令的功能,并增加了对 MIME 消息、IMAP(包括缓存)、POP3、SMTP、S/MIME、消息线程/排序、评分和过滤等的支持。Heirloommailx 特别适用于编写脚本和批处理。执行如下命令安装 Heirloom mailx。安装的程序是 mail、mailx 和 nail。

```
1 cd $SRC && tar -xf heirloom-mailx_12.5.orig.tar.gz && cd heirloom-mailx-12.5 &&
2 patch -Np1 -i ../heirloom-mailx-12.5-fixes-1.patch &&
3 sed 's@<openssl@<openssl-1.0/openssl@' -i openssl.c fio.c makeconfig &&
4 make -j1 LDFLAGS+="-L /usr/lib/openssl/" SENDMAIL=/usr/sbin/sendmail &&
5 make PREFIX=/usr UCBINSTALL=/usr/bin/install install && ln -sf mailx /usr/bin/mail &&
6 ln -sf mailx /usr/bin/nail && install -m755 -d /usr/share/doc/heirloom-mailx-12.5 &&
7 install -m644 README /usr/share/doc/heirloom-mailx-12.5 && rm $SRC/heirloom-mailx-12.5 -rf
8 echo "set PAGER=<more|less>" >> /etc/nail.rc && echo "set PAGER=<more|less>" >> ~/.mailrc &&
9 echo "set EDITOR=<vim|nano|...>" >> /etc/nail.rc && echo "set MAILDIR=Maildir" >> /etc/nail.rc
```

4. Mutt-2.2.9

Mutt 软件包包含一个邮件用户代理程序。它可用于读取、编写、回复、保存和删除电子邮件。执行如下命令安装 Mutt。安装的程序是 flea、mutt、mutt_dotlock、muttbug、pgpewrap、mutt_pgpring 和 smime_keys。

```
1 cd $SRC && tar -xf mutt-2.2.9.tar.gz && cd mutt-2.2.9 && chgrp mail /var/mail &&
2 sed -e 's/ -with_backspaces//' -e 's/elinks/links/' -e 's/-no-numbering -no-references//' -i doc/Makefile.in &&
3 ./configure --prefix=/usr --sysconfdir=/etc --with-docdir=/usr/share/doc/mutt-2.2.9 --with-ssl \
4    --enable-external-dotlock --enable-pop --enable-imap --enable-hcache --enable-sidebar && make &&
5 make install && cat /usr/share/doc/mutt-2.2.9/samples/gpg.rc >> ~/.muttrc && rm $SRC/mutt-2.2.9 -rf
```

9.6 主要服务器

1. Apache-2.4.55

Apache HTTPD 软件包包含一个开源的 HTTP 服务器。它适用于创建本地 Intranet 网站或运行大型 Web 服务操作。执行如下命令安装 Apache HTTPD。安装的程序是 ab、 apachectl、apxs、checkgid、dbmmanage、fcgistarter、htcacheclean、htdbm、htdigest、htpasswd、httpd、httxt2dbm、logresolve 和 rotatelogs。安装的库是/usr/lib/httpd/modules 目录中的若干库。

```
1 cd $SRC && tar -xf httpd-2.4.55.tar.bz2 && cd httpd-2.4.55 && groupadd -g 25 apache &&
2 useradd -c "Apache Server" -d /srv/www -g apache -s /bin/false -u 25 apache &&
3 patch -Np1 -i ../httpd-2.4.55-blfs_layout-1.patch && sed '/dir.*CFG_PREFIX/s@^@#@' -i support/apxs.in &&
4 sed -e '/HTTPD_ROOT/s:${ap_prefix}:/etc/httpd:' -e '/SERVER_CONFIG_FILE/s:${rel_sysconfdir}/::' \
5   -e '/AP_TYPES_CONFIG_FILE/s:${rel_sysconfdir}/::' -i configure && ./configure --enable-authnz-fcgi \
6  --enable-layout=BLFS --enable-mods-shared="all cgi" --enable-mpms-shared=all --enable-suexec=shared \
7  --with-apr=/usr/bin/apr-1-config --with-apr-util=/usr/bin/apu-1-config --with-suexec-bin=/usr/lib/httpd/suexec \
8  --with-suexec-caller=apache --with-suexec-docroot=/srv/www --with-suexec-logfile=/var/log/httpd/suexec.log \
9  --with-suexec-uidmin=100 --with-suexec-userdir=public_html && make && make install &&
10 mv /usr/sbin/suexec /usr/lib/httpd/suexec && chgrp apache /usr/lib/httpd/suexec && chmod 4754 /usr/lib/httpd/suexec &&
11 chown -R apache:apache /srv/www && cd $SRC/blfs-systemd-units-20220720&& make install-httpd&& rm $SRC/httpd-2.4.55 -rf
```

2. BIND-9.18.12

BIND 软件包提供了一个 DNS 服务器和客户端实用程序。执行如下命令安装 BIND。安装了多个程序和库。

```
1 cd $SRC && tar -xf bind-9.18.12.tar.xz && cd bind-9.18.12 && ./configure --prefix=/usr --sysconfdir=/etc \
2  --localstatedir=/var --mandir=/usr/share/man --disable-static && make && make install && groupadd -g 20 named &&
3 useradd -c "BIND Owner" -g named -s /bin/false -u 20 named && install -d -m770 -o named -g named /srv/named &&
4 mkdir -p /srv/named && cd /srv/named && mkdir -p dev etc/named/{slave,pz} usr/lib/engines var/run/named &&
5 mknod /srv/named/dev/null c 1 3 && mknod /srv/named/dev/urandom c 1 9 && chmod 666 /srv/named/dev/{null,urandom} &&
6 cp /etc/localtime etc && rndc-confgen -a -b 512 -t /srv/named && rm $SRC/bind-9.18.12 -rf
7 chown -R named:named /srv/named && cd $SRC/blfs-systemd-units-20220720 && make install-named
```

3. ProFTPD-1.3.8

ProFTPD 软件包包含一个安全的、高度可配置的 FTP 守护程序,这对于通过网络提供大型文件存档非常有用。执行如下命令安装 ProFTPD。安装的程序是 ftpasswd、ftpcount、ftpdctl、ftpmail、ftpquota、ftpscrub、ftpshut、ftptop 等。

```
1 cd $SRC && tar -xf proftpd-1.3.8.tar.gz && cd proftpd-1.3.8 && groupadd -g 46 proftpd &&
2 useradd -c proftpd -d /srv/ftp -g proftpd -s /usr/bin/proftpdshell -u 46 proftpd &&
3 install -d -m775 -o proftpd -g proftpd /srv/ftp && ln -sf /usr/bin/false /usr/bin/proftpdshell &&
4 echo /usr/bin/proftpdshell >> /etc/shells && ./configure --prefix=/usr --sysconfdir=/etc --localstatedir=/run &&
5 make && make install && install -d -m755 /usr/share/doc/proftpd-1.3.8 && cp -R doc/* /usr/share/doc/proftpd-1.3.8 &&
6 cd $SRC/blfs-systemd-units-20220720 && make install-proftpd && rm $SRC/proftpd-1.3.8 -rf
```

4. vsftpd-3.0.5

vsftpd(Very Secure FTP Daemon)是一个使用 C 语言编写的 FTP 服务器软件包,旨在提供一个安全、稳定、高效的 FTP 服务器。vsftpd 是一个非常流行的 FTP 服务器软件包。vsftpd 采用了安全的设计和功能,包括支持 SSL/TLS 加密传输、支持 IPv6、支持防火墙、支持限制用户访问权限等。它还具有防止常见的 FTP 服务器安全威胁的内置保护机制。vsftpd 具有良好的稳定性和可靠性,经过多年的开发和测试,已被广泛用于各种网络环境中。它能够处理大量的 FTP 连接和高并发访问,同时能够有效地管理内存和系统资源。vsftpd 被设计为高效的 FTP 服务器,具有优化的文件传输速度和性能。它能够根据网络条件和客户端的需求,自动调整传输速度和连接数,以提供最佳的性能。vsftpd 允许管理员自定义和配置各种功能和参数,以适应不同的需求和环境。它提供了丰富的配置选项,可以控制用户访问权限、限制传输速度、启用日志记录等。执行如下命令安装 vsftpd。

```
1 cd $SRC && tar -xf vsftpd-3.0.5.tar.gz && cd vsftpd-3.0.5 && install -d -m 0755 /usr/share/vsftpd/empty &&
2 install -d -m 0755 /home/ftp && groupadd -g 47 vsftpd && groupadd -g 45 ftp && useradd -c "vsftpd User" -d /dev/null \
3 -g vsftpd -s /bin/false -u 47 vsftpd && useradd -c anonymous_user -d /home/ftp -g ftp -s /bin/false -u 45 ftp &&
4 sed -e "s/kVSFSysStrOpenUnknown;/(enum EVSFSysUtilOpenMode)&/" -i sysstr.c && make &&
5 install -m 755 vsftpd /usr/sbin/vsftpd && install -m 644 vsftpd.8 /usr/share/man/man8 &&
6 install -m 644 vsftpd.conf.5 /usr/share/man/man5 && install -m 644 vsftpd.conf /etc &&
7 cd $SRC/blfs-systemd-units-20220720 && make install-vsftpd && rm $SRC/vsftpd-3.0.5 -rf
```

9.7 邮件服务器

MTA(Mail Transfer Agents)是将电子邮件从一台计算机传输到另一台计算机的程序。传统的 MTA 是 Sendmail,不过现在有很多其他选择。除了 SMTP 服务器之外,还有一个 POP 服务器和一个 IMAP 服务器。

1. Dovecot-2.3.20

Dovecot 是一个为安全而设计的 Internet 邮件访问协议(IMAP)和邮局协议(POP)服务器。Dovecot 旨在轻巧、快速、易于设置、高度可配置且易于通过插件进行扩展。执行如下命令安装 Dovecot。安装的程序是 doveadm、doveconf、dovecot、dovecot-sysreport 和 dsync。安装的库是/usr/lib/dovecot 目录中的各种内部插件。

```
1 cd $SRC && tar -xf dovecot-2.3.20.tar.gz && cd dovecot-2.3.20 && groupadd -g 42 dovecot &&
2 useradd -c "Dovecot unprivileged user" -d /dev/null -u 42 -g dovecot -s /bin/false dovecot &&
3 groupadd -g 43 dovenull && useradd -c "Dovecot login user" -d /dev/null -u 43 -g dovenull -s /bin/false dovenull &&
4 patch -Np1 -i ../dovecot-2.3.20-openssl3_fixes-1.patch && patch -Np1 -i ../dovecot-2.3.20-security_fix-1.patch &&
5 export CPPFLAGS="-I/usr/include/tirpc" LDFLAGS+=" -ltirpc" && ./configure --prefix=/usr --sysconfdir=/etc \
6 --localstatedir=/var --docdir=/usr/share/doc/dovecot-2.3.20 --disable-static && make && make install &&
7 cp -r /usr/share/doc/dovecot-2.3.20/example-config/* /etc/dovecot && unset CPPFLAGS LDFLAGS &&
8 sed -i '/^\!include / s/^/#/' /etc/dovecot/dovecot.conf && chmod 1777 /var/mail && systemctl enable dovecot
```

2. Exim-4.96

Exim 软件包包含由剑桥大学编写的邮件传输代理。执行如下命令安装 Exim。安装了多个程序。如果需要再次安装 Exim,则要先执行 rm /usr/sbin/exim-4.96-2 命令。

```
1 cd $SRC && tar -xf exim-4.96.tar.xz && cd exim-4.96 &&
2 groupadd -g 31 exim && useradd -d /dev/null -c "Exim Daemon" -g exim -s /bin/false -u 31 exim &&
3 sed -e 's,^BIN_DIR.*$,BIN_DIRECTORY=/usr/sbin,' -e 's,^CONF.*$,CONFIGURE_FILE=/etc/exim.conf,' \
4   -e 's,^EXIM_USER.*$,EXIM_USER=exim,' -e '/# SUPPORT_TLS=yes/s,^#,,' -e '/# USE_OPENSSL/s,^#,,' \
5   -e 's,^EXIM_MONITOR,#EXIM_MONITOR,' src/EDITME > Local/Makefile &&
6 printf "USE_GDBM = yes\nDBMLIB = -lgdbm\n" >> Local/Makefile &&
7 sed -i '/# SUPPORT_PAM=yes/s,^#,,' Local/Makefile && echo "EXTRALIBS=-lpam" >> Local/Makefile &&
8 make && make install && install -m644 doc/exim.8 /usr/share/man/man8 &&
9 install -d -m755 /usr/share/doc/exim-4.96 && install -m644 doc/* /usr/share/doc/exim-4.96;
10 ln -sf exim /usr/sbin/sendmail && install -dm750 -o exim -g exim /var/spool/exim && chmod a+wt /var/mail &&
11 cd $SRC/blfs-systemd-units-20220720 && make install-exim && rm $SRC/exim-4.96 -rf
```

3. Berkeley DB-5.3.28

Berkeley DB 软件包包含许多其他应用程序在数据库相关功能中使用的程序和工具。执行如下命令安装 Berkeley DB。安装的程序是 db_archive、db_checkpoint、db_deadlock、db_dump 等。安装的库是 libdb.so、libdb_cxx.so 和 libdb_tcl.so。

```
1 cd $SRC && tar -xf db-5.3.28.tar.gz && cd db-5.3.28 &&
2 sed -i 's/\(__atomic_compare_exchange\)/\1_db/' src/dbinc/atomic.h && cd build_unix &&
3 ../dist/configure --prefix=/usr --enable-compat185 --enable-dbm --disable-static --enable-cxx &&
4 make && make docdir=/usr/share/doc/db-5.3.28 install && chown -R root:root /usr/bin/db_* \
5 /usr/include/db{,_185,_cxx}.h /usr/lib/libdb*.{so,la} /usr/share/doc/db-5.3.28 && rm $SRC/db-5.3.28 -rf
```

4. Bogofilter-1.2.5

Bogofilter 应用程序是一个邮件过滤器,通过对消息的标头和内容(正文)进行统计分析,将邮件分类为垃圾邮件或正常邮件。执行如下命令安装 Bogofilter。安装的程序是 bf_compact、bf_copy、bf_tar、bogofilter 等。

```
1 cd $SRC && tar -xf bogofilter-1.2.5.tar.xz && cd bogofilter-1.2.5 && ./configure --prefix=/usr \
2    --sysconfdir=/etc/bogofilter && make && make install && rm $SRC/bogofilter-1.2.5 -rf
```

5. Postfix-3.7.4

Postfix 是一个邮件传输代理(MTA)软件包。执行如下命令安装 Postfix。安装的程序是 mailq、newaliases、postalias、postcat、postconf、postdrop、postfix 等。

```
1 cd $SRC && tar -xf postfix-3.7.4.tar.gz && cd postfix-3.7.4 && groupadd -g 32 postfix && groupadd -g 33 postdrop &&
2 useradd -c "Postfix Daemon User" -d /var/spool/postfix -g postfix -s /bin/false -u 32 postfix &&
3 chown postfix:postfix /var/mail && sed -i 's/.\x08//g' README_FILES/* && sed -i 's/Linux..345/&6/' makedefs &&
4 sed -i 's/LINUX2/LINUX6/' src/util/sys_defs.h && make CCARGS="-DNO_NIS -DUSE_TLS -I/usr/include/openssl/ \
5   -DUSE_SASL_AUTH -DUSE_CYRUS_SASL -I/usr/include/sasl" AUXLIBS="-lssl -lcrypto -lsasl2" makefiles && make &&
6 sh postfix-install -non-interactive daemon_directory=/usr/lib/postfix manpage_directory=/usr/share/man \
7   html_directory=/usr/share/doc/postfix-3.7.4/html readme_directory=/usr/share/doc/postfix-3.7.4/readme &&
8 cd $SRC/blfs-systemd-units-20220720 && make install-postfix && rm $SRC/postfix-3.7.4 -rf
```

6. ghostscript-10.00.0

Ghostscript 是一个多用途的处理 PostScript 数据的处理器,具有呈现 PostScript 到不同目标的能力。它是 cups 打印堆栈的必备部分。执行如下命令安装 Ghostscript。安装了多个程序。安装的库是 libgs.so。

```
1 cd $SRC && tar -xf ghostscript-10.0.0.tar.xz && cd ghostscript-10.0.0&& rm freetype lcms2mt jpeg libpng openjpeg -rf &&
2 rm -rf zlib && ./configure --prefix=/usr --disable-compile-inits --with-system-libtiff && make && make so &&
3 make install&& make soinstall&& install -m644 base/*.h /usr/include/ghostscript&& ln -sfn ghostscript /usr/include/ps&&
4 mv /usr/share/doc/ghostscript/10.00.0 /usr/share/doc/ghostscript-10.00.0 &&
5 rm -rf /usr/share/doc/ghostscript && cp -r examples/ /usr/share/ghostscript/10.00.0/ &&
6 tar -xf ../ghostscript-fonts-std-8.11.tar.gz -C /usr/share/ghostscript --no-same-owner &&
7 tar -xf ../gnu-gs-fonts-other-6.0.tar.gz    -C /usr/share/ghostscript --no-same-owner &&
8 fc-cache -v /usr/share/ghostscript/fonts/ && rm $SRC/ghostscript-10.0.0 -rf
```

7. sendmail-8.17.1

sendmail 软件包包含一个邮件传输代理（MTA）。安装 sendmail-8.17.1 前需要先安装 ghostscript-10.00.0。执行如下命令安装 sendmail。安装了多个程序。

```
1 cd $SRC && tar -xf sendmail.8.17.1.tar.gz && cd sendmail-8.17.1 && groupadd -g 26 smmsp &&
2 useradd -c "Sendmail Daemon" -g smmsp -d /dev/null -s /bin/false -u 26 smmsp &&
3 chmod 1777 /var/mail && install -m700 -d /var/spool/mqueue &&
4 cat >> devtools/Site/site.config.m4 << "EOF"
5 #省略若干行
6 EOF
7 cat >> devtools/Site/site.config.m4 << "EOF"
8 #省略若干行
9 EOF
10 sed -i 's|/usr/man/man|/usr/share/man/man|' devtools/OS/Linux && cd sendmail && sh Build && cd ../cf/cf &&
11 cp generic-linux.mc sendmail.mc && sh Build sendmail.cf && install -d -m755 /etc/mail && sh Build install-cf &&
12 cd ../.. && sh Build install && install -m644 cf/cf/{submit,sendmail}.mc /etc/mail && cp -R cf/* /etc/mail &&
13 install -m755 -d /usr/share/doc/sendmail-8.17.1/{cf,sendmail} &&
14 install -m644 CACerts FAQ KNOWNBUGS LICENSE PGPKEYS README RELEASE_NOTES /usr/share/doc/sendmail-8.17.1 &&
15 install -m644 sendmail/{README,SECURITY,TRACEFLAGS,TUNING} /usr/share/doc/sendmail-8.17.1/sendmail &&
16 install -m644 cf/README /usr/share/doc/sendmail-8.17.1/cf &&
17 for manpage in sendmail editmap mailstats makemap praliases smrsh
18    do install -m644 $manpage/$manpage.8 /usr/share/man/man8; done &&
19 install -m644 sendmail/aliases.5 /usr/share/man/man5 && install -m644 sendmail/mailq.1 /usr/share/man/man1 &&
20 install -m644 sendmail/newaliases.1 /usr/share/man/man1 && install -m644 vacation/vacation.1 /usr/share/man/man1 &&
21 cd doc/op && sed -i 's/groff/GROFF_NO_SGR=1 groff/' Makefile && make op.txt op.pdf &&
22 install -d -m755 /usr/share/doc/sendmail-8.17.1 &&
23 install -m644 op.ps op.txt op.pdf /usr/share/doc/sendmail-8.17.1 && cd ../.. &&
24 cd $SRC/blfs-systemd-units-20220720 && make install-sendmail && rm $SRC/sendmail-8.17.1 -rf
```

8. at-3.2.5

at 软件包提供了延迟作业执行和批处理功能。它是 Linux 标准基础（LSB）一致性的必要组件。执行如下命令安装 at。安装的程序是 at、atd、atq、atrm、atrun、batch。

```
1 useradd -d /dev/null -c "atd daemon" -g atd -s /bin/false -u 17 atd &&
2 ./configure --with-daemon_username=atd --with-daemon_groupname=atd SENDMAIL=/usr/sbin/sendmail \
3    --with-atspool=/var/spool/atspool --with-systemdsystemunitdir=/lib/systemd/system \
4    --with-jobdir=/var/spool/atjobs && make -j1 && make install docdir=/usr/share/doc/at-3.2.5 \
5 atdocdir=/usr/share/doc/at-3.2.5 && systemctl enable atd && rm $SRC/at-3.2.5 -rf
```

9.8 数据库

1. MariaDB-10.6.12

MariaDB 是一个由社区开发的 MySQL 关系型数据库管理系统的替代者。执行如下命令安装 MariaDB。安装了多个程序和库。

```
1 cd $SRC && tar -xf mariadb-10.6.12.tar.gz && cd mariadb-10.6.12 && groupadd -g 40 mysql &&
2 useradd -c "MySQL Server" -d /srv/mysql -g mysql -s /bin/false -u 40 mysql && mkdir build && cd build &&
3 cmake -DCMAKE_BUILD_TYPE=Release -DCMAKE_INSTALL_PREFIX=/usr -DGRN_LOG_PATH=/var/log/groonga.log \
```

```
 4      -DINSTALL_DOCDIR=share/doc/mariadb-10.6.12 -DINSTALL_DOCREADMEDIR=share/doc/mariadb-10.6.12 \
 5      -DINSTALL_MANDIR=share/man -DINSTALL_MYSQLSHAREDIR=share/mysql -DINSTALL_SBINDIR=sbin \
 6      -DINSTALL_MYSQLTESTDIR=share/mysql/test -DINSTALL_PAMDIR=lib/security -DINSTALL_SCRIPTDIR=bin \
 7      -DINSTALL_PAMDATADIR=/etc/security -DINSTALL_PLUGINDIR=lib/mysql/plugin \
 8      -DINSTALL_SQLBENCHDIR=share/mysql/bench -DINSTALL_SUPPORTFILESDIR=share/mysql -DSKIP_TESTS=ON \
 9      -DMYSQL_DATADIR=/srv/mysql -DMYSQL_UNIX_ADDR=/run/mysqld/mysqld.sock -DWITH_EXTRA_CHARSETS=complex \
10      -DWITH_EMBEDDED_SERVER=ON -DTOKUDB_OK=0 .. && make && make install && install -dm 755 /etc/mysql &&
11 cat > /etc/mysql/my.cnf << "EOF"
12 #省略若干行
13 EOF
14 mysql_install_db --basedir=/usr --datadir=/srv/mysql --user=mysql && chown -R mysql:mysql /srv/mysql &&
15 install -m755 -o mysql -g mysql -d /run/mysqld && rm $SRC/mariadb-10.6.12 -rf
16 cd $SRC/blfs-systemd-units-20220720 && make install-mysqld
```

2. PostgreSQL-15.2

PostgreSQL 是一种高级对象关系数据库管理系统（ORDBMS），源自 Berkeley Postgres 数据库管理系统。执行如下命令安装 PostgreSQL。安装了多个程序和库。如果需要再次安装 PostgreSQL，先要执行 rm /srv/pgsql/ -rf 命令。

```
1 cd $SRC && tar -xf postgresql-15.2.tar.bz2 && cd postgresql-15.2 && groupadd -g 41 postgres &&
2 useradd -c "PostgreSQL Server" -g postgres -d /srv/pgsql/data -u 41 postgres &&
3 sed -i '/DEFAULT_PGSOCKET_DIR/s@/tmp@/run/postgresql@' src/include/pg_config_manual.h &&
4 ./configure --prefix=/usr --enable-thread-safety --docdir=/usr/share/doc/postgresql-15.2 &&
5 make && make install && make install-docs && install -dm700 /srv/pgsql/data &&
6 install -dm755 /run/postgresql && chown -Rv postgres:postgres /srv/pgsql /run/postgresql &&
7 su - postgres -c '/usr/bin/initdb -D /srv/pgsql/data' && rm $SRC/postgresql-15.2 -rf
8 cd $SRC/blfs-systemd-units-20220720 && make install-postgresql
```

9.9 其他服务器

1. Unbound-1.17.1

Unbound 是一个验证、递归和缓存 DNS 解析器。它被设计为一组模块化组件，包括现代功能，如加强安全（DNSSEC）验证、IPv6 以及作为架构的重要组成部分的客户端解析器库 API。执行如下命令安装 Unbound。安装的程序是 unbound、unbound-anchor、unbound-checkconf、unbound-control、unbound-control-setup 和 unbound-host。安装的库是 libunbound.so。libunbound.so 向程序提供 Unbound API 函数。

```
1 cd $SRC && tar -xf unbound-1.17.1.tar.gz && cd unbound-1.17.1 && groupadd -g 88 unbound &&
2 useradd -c "Unbound DNS Resolver" -d /var/lib/unbound -u 88 -g unbound -s /bin/false unbound &&
3 ./configure --prefix=/usr --sysconfdir=/etc --disable-static --with-pidfile=/run/unbound.pid && make &&
4 make install && mv /usr/sbin/unbound-host /usr/bin/ && rm $SRC/unbound-1.17.1 -rf
5 cd $SRC/blfs-systemd-units-20220720 && make install-unbound
```

2. Python-3.11.2（第 4 次构建）

执行的命令和第 3 次构建时一样。

第 10 章　图 形 组 件

本章学习目标：

- 了解 X11 和 Wayland 的作用。
- 掌握图形环境软件包的构建过程。
- 掌握图形环境库软件包的构建过程。

10.1　图形环境

10.1.1　图形环境简介

Linux 图形环境指的是 Linux 操作系统中用于提供图形用户界面(GUI)的软件组件和工具。在 Linux 系统中有多个图形环境可供选择，常见的包括以下几个。

1. X Window System

X Window System 是一种图形用户界面协议和软件套件。X11 是 X Window System 的第 11 个版本，也被称为 X 协议或 X11 协议。X11 是 X Window System 的最新版本，它是目前使用广泛的版本。因此，X Window System 和 X11 可以认为是同一个含义。

X11 是 Linux 图形环境最基本的部分，用于管理图形界面的显示和用户输入。它提供了窗口系统、窗口管理器、X 服务器等功能，并允许多个应用程序同时运行在同一个屏幕上。

2. GNOME

GNOME 是 Linux 中最受欢迎的图形环境之一，它提供了直观的用户界面和一系列的工具和应用程序。GNOME 采用了面向对象的设计理念，拥有可定制的外观和功能，并支持各种语言开发的应用程序。

3. KDE

KDE 是另一个流行的 Linux 图形环境，它提供了类似于 Windows 的用户界面，并有丰富的自定义选项。KDE 使用 Qt 框架开发，拥有许多应用程序和工具，包括文件管理器、文本编辑器、图形绘制工具等。

4. Xfce

Xfce 是一个轻量级的图形环境，它注重节省系统资源和提高性能，适用于老旧的硬件或较低配置的设备。尽管功能相对较少，但 Xfce 提供了简单的用户界面和一些基本的应用程序。

5. LXDE

LXDE 是另一个轻量级的图形环境，目标是提供快速、节省资源和简单的用户界面。它使用 Openbox 窗口管理器，并提供了一组基本应用程序，如文件管理器、终端仿真器等。

此外，还有其他一些图形环境可供选择，如 Cinnamon、MATE、Pantheon 等。这些图形环境的选择主要取决于个人偏好、硬件配置和使用场景。不同的图形环境在视觉效果、性能和功能方面可能有所差异，用户可以根据自己的需求选择合适的图形环境。

10.1.2　X11 和 Wayland

X11 和 Wayland 是两种用于 Linux 系统上显示图形的协议。下面是它们之间的一些区别。

1. 架构

X11 是一个基于客户端/服务器架构的协议，它将应用程序（客户端）和显示服务器（X 服务器）分开。长期以来，唯一可用于 GNU/Linux 的图形环境是 X11，允许编写完全独立于图形硬件的应用程序。这具有缺点，即访问现代硬件加速困难。Wayland 采用了一种更加简化的架构，它将应用程序直接与显示服务器（Wayland 服务器端）进行通信，省略了中间的 X 服务器。

2. 性能

Wayland 相较于 X11 在性能上更为优越。X11 的架构在进行图形渲染时存在一些额外的开销和延迟，而 Wayland 的直接通信方式可减少这些开销和延迟，提供更加流畅的图形显示。

3. 安全性

由于 X11 采用了客户端/服务器架构，应用程序可以通过 X 服务器之间进行通信。这可能导致一些安全隐患，例如，恶意应用程序可以窃取其他应用程序的屏幕截图。Wayland 通过应用程序之间直接的通信，提供了更好的隔离性和安全性。

4. 兼容性

X11 是一个非常成熟和广泛使用的协议，绝大多数的 Linux 桌面环境和应用程序都支持 X11。Wayland 还比较新，并且不是所有的应用程序都能够完全兼容它。然而，Wayland 的兼容性在不断改进，并且很多常用的应用程序已经开始支持它。

总的来说，Wayland 相较于 X11 在性能和安全性方面有很大的优势。Wayland 正在取代 X11 成为 Linux 系统上主流的图形协议。

10.1.3　设置环境变量

执行如下第 1～5 行的命令创建/etc/profile.d/xorg.sh 文件，设置环境变量 XORG_

PREFIX 和 XORG_CONFIG。由于已安装 Sudo-1.9.13p1，执行第 6~9 行的命令创建/etc/sudoers.d/xorg 文件确保环境变量 XORG_PREFIX 和 XORG_CONFIG 在 sudo 环境中可用。第 10 行的 source 命令导出环境变量 XORG_PREFIX 和 XORG_CONFIG，这样后续的构建过程中可用。

```
1 cat > /etc/profile.d/xorg.sh << "EOF"
2 XORG_PREFIX="/usr"
3 XORG_CONFIG="--prefix=/usr --sysconfdir=/etc --localstatedir=/var --disable-static"
4 export XORG_PREFIX XORG_CONFIG
5 EOF
6 cat > /etc/sudoers.d/xorg << "EOF"
7 Defaults env_keep += XORG_PREFIX
8 Defaults env_keep += XORG_CONFIG
9 EOF
10 chmod 644 /etc/profile.d/xorg.sh && source /etc/profile.d/xorg.sh && echo $XORG_PREFIX $XORG_CONFIG
```

10.1.4 Xorg 相关软件包

Xorg 是一个实现 X11 协议的开放源代码的 X 服务器软件，提供了显示硬件（鼠标、键盘和视频显示器）和桌面环境之间的客户端/服务器接口，同时还提供窗口基础架构和标准化应用程序接口（API），向应用程序提供了图形显示的功能。本章提供了 X11 的基本组件，需要安装 100 多个软件包。开发人员为 Xorg 分配了一个版本号，即 Xorg-7。

1. util-macros-1.20.0

util-macros 包含所有 Xorg 软件包使用的 m4 宏。执行如下命令安装 util-macros。安装的目录是 $XORG_PREFIX/share/pkgconfig 和 $XORG_PREFIX/share/util-macros。

```
1 cd $SRC && tar -xf util-macros-1.20.0.tar.xz && cd util-macros-1.20.0 && ./configure $XORG_CONFIG && make install
```

2. xorgproto-2022.2

xorgproto 软件包提供了构建 X Window 系统所需的头文件，并允许其他应用程序针对已安装的 X Window 系统进行构建。执行如下命令安装 xorgproto。安装的目录是 $XORG_PREFIX/include/{GL,X11}、$XORG_PREFIX/share/doc/xorgproto-2022.2。

```
1 cd $SRC && tar -xf xorgproto-2022.2.tar.xz && cd xorgproto-2022.2 && mkdir build && cd build &&
2 meson setup --prefix=$XORG_PREFIX -Dlegacy=true .. && ninja && ninja install &&
3 mv $XORG_PREFIX/share/doc/xorgproto{,-2022.2} && rm $SRC/xorgproto-2022.2 -rf
```

3. libXau-1.0.11

libXau 软件包包含实现 X11 授权协议的库。这对于限制客户端访问显示器非常有用。执行如下命令安装 libXau。安装的库是 libXau.so，是 X 权限数据库例程的库。

```
1 cd $SRC && tar -xf libXau-1.0.11.tar.xz && cd libXau-1.0.11 && ./configure $XORG_CONFIG && make && make install
```

4. libXdmcp-1.1.4

libXdmcp 软件包包含实现 X 显示管理器控制协议的库。这对于允许客户端与 X 显示管理器进行交互非常有用。执行如下命令安装 libXdmcp。安装的库是 libXdmcp.so。

```
1 cd $SRC && tar -xf libXdmcp-1.1.4.tar.xz && cd libXdmcp-1.1.4 && ./configure $XORG_CONFIG \
2 --docdir=/usr/share/doc/libXdmcp-1.1.4 && make && make install && rm $SRC/libXdmcp-1.1.4 -rf
```

5. xcb-proto-1.15.2

xcb-proto 软件包提供了 libxcb 用来生成大部分代码和 API 的 XML-XCB 协议描述。执行如下命令安装 xcb-proto。

```
1 cd $SRC && tar -xf xcb-proto-1.15.2.tar.xz && cd xcb-proto-1.15.2 && export PYTHON=python3 &&
2 ./configure $XORG_CONFIG && make install && unset PYTHON && rm $SRC/xcb-proto-1.15.2 -rf
```

6. libxcb-1.15

libxcb 软件包提供了与 X Window 系统协议的接口，该接口替代了当前的 Xlib 接口。Xlib 还可以使用 XCB 作为传输层，使软件可以同时进行请求和接收响应。执行如下命令安装 libxcb。安装了多个库。

```
1 cd $SRC && tar -xf libxcb-1.15.tar.xz && cd libxcb-1.15 && export PYTHON=python3 && ./configure $XORG_CONFIG \
2 --without-doxygen --docdir='${datadir}'/doc/libxcb-1.15 && make && make install && unset PYTHON
```

7. Xorg Libraries

Xorg 库提供了在所有 X Window 应用程序中使用的库例程。

执行如下命令下载 Xorg Libraries。创建要下载的文件列表 lib-7.md5。下载完成时，该文件也将用于验证下载的完整性。

注意：读者可以直接使用本书配套资源提供的软件包。

```
1 mkdir $SRC/Xorg && cd $SRC/Xorg && cat > lib-7.md5 << "EOF"
2 ce2fb8100c6647ee81451ebe388b17ad  xtrans-1.4.0.tar.bz2
3 #省略若干行
4 faa74f7483074ce7d4349e6bdc237497  libxshmfence-1.3.2.tar.xz
5 EOF
6 mkdir $SRC/Xorg/lib && cd $SRC/Xorg/lib &&
7 grep -v '^#' ../lib-7.md5 | awk '{print $2}' | wget -i- -c -B https://www.x.org/pub/individual/lib/ &&
8 md5sum -c ../lib-7.md5
```

首先，执行下面第 1 行的 bash -e 命令启动一个在出现构建错误时会退出的子 Shell，防止环境变量污染父 Shell。然后执行第 2～14 行的命令安装$SRC/Xorg 中的 32 个软件包。安装了多个程序和库。第 15 行的命令退出子 Shell。

```
1 cd $SRC/Xorg/lib && bash -e
2 for package in $(grep -v '^#' ../lib-7.md5 | awk '{print $2}')
3 do
4   packagedir=${package%.tar.?z*} && tar -xf $package && pushd $packagedir &&
5   docdir="--docdir=$XORG_PREFIX/share/doc/$packagedir"
```

```
 6  case $packagedir in
 7    libXfont2-[0-9]* ) ./configure $XORG_CONFIG $docdir --disable-devel-docs ;;
 8    libXt-[0-9]* ) ./configure $XORG_CONFIG $docdir --with-appdefaultdir=/etc/X11/app-defaults ;;
 9    libXpm-[0-9]* ) sed -i '/TestAll.*TRUE/s|^|//|' test/TestAllFiles.h
10      ./configure $XORG_CONFIG $docdir --disable-open-zfile ;;
11    * ) ./configure $XORG_CONFIG $docdir ;;
12  esac
13  make && make install && popd && rm -rf $packagedir && /sbin/ldconfig
14 done
15 exit
```

8. dbus-1.14.6（第 2 次构建）

执行的命令和第 1 次构建时一样。

9. Tk-8.6.13

Tk 软件包包含一个 TCL GUI 工具包。执行如下命令安装 Tk。安装的程序是 wish
和 wish8.6。安装的库是 libtk8.6.so 和 libtkstub8.6.a。

```
1 cd $SRC && tar -xf tk8.6.13-src.tar.gz && cd tk8.6.13 && cd unix && ./configure --prefix=/usr \
2   --mandir=/usr/share/man $([ $(uname -m) = x86_64 ] && echo --enable-64bit) && make &&
3 sed -e "s@^\(TK_SRC_DIR='\).*@\1/usr/include'@" -e "/TK_B/s@='\(-L\)\?.*unix@='\1/usr/lib@" -i tkConfig.sh&&
4 make install && make install-private-headers && ln -sf wish8.6 /usr/bin/wish && chmod 755 /usr/lib/libtk8.6.so
```

10. libxcvt-0.1.2

libxcvt 是一个开源的 C++ 库,用于进行数据类型转换和格式化。它提供了一系列函
数,可以将不同的数据类型、编码和格式相互转换,并支持各种数据格式的输出和格式
化。libxcvt 可以用于处理各种常见的数据类型,包括整型、浮点型、布尔型、字符串、日期
和时间等。它还支持各种常见的数据编码格式,如 ASCII、UTF-8、UTF-16 等。libxcvt 的
主要功能包括将数据类型转换为字符串或其他数据类型,将字符串解析为其他数据类
型,以及对数据进行格式化输出。它提供了一些常用的格式化选项,如数字的精度、日期
时间的格式、字符串的对齐等。执行如下命令安装 libxcvt。安装的程序是 cvt。安装的库
是 libxcvt.so。

```
1 cd $SRC && tar -xf libxcvt-0.1.2.tar.xz && cd libxcvt-0.1.2 && mkdir build && cd build && meson setup \
2   --prefix=$XORG_PREFIX --buildtype=release .. && ninja && ninja install && rm $SRC/libxcvt-0.1.2 -rf
```

11. xcb-util-0.4.1

xcb-util 是一个用于 XCB 库的 C 语言实用工具库。XCB(X C Bindings)是一个用于 X
Window 系统的库,它提供了一种高效的方式来与 X 服务器进行通信。xcb-util 库扩展了
XCB 库的功能,提供了一些方便的工具和辅助函数,使开发者更容易使用 XCB 库来开发 X
Window 应用程序。执行如下命令安装 xcb-util。

```
1 cd $SRC && tar -xf xcb-util-0.4.1.tar.xz && cd xcb-util-0.4.1 && ./configure $XORG_CONFIG && make && make install
```

12．xcb-util-image-0.4.1

xcb-util-image 是一个用于 XCB 协议的工具库，为 XCB 库提供了额外的扩展，用于加载和存储图像。它提供了一系列的函数和数据类型，用于将图像数据从文件或内存加载到 XCB 图像对象中，或将图像数据从 XCB 图像对象保存到文件或内存中。执行如下命令安装 xcb-util-image。安装的库是 libxcb-image.so，是 Xlib 的 XImage 和 XShmImage 函数的接口。

```
1 cd $SRC && tar -xf xcb-util-image-0.4.1.tar.xz && cd xcb-util-image-0.4.1 &&
2 ./configure $XORG_CONFIG && make && make install && rm $SRC/xcb-util-image-0.4.1 -rf
```

13．xcb-util-keysyms-0.4.1

xcb-util-keysyms 是一个用于 XCB 库的扩展库，它提供了对 X11 键符号的映射和查询功能，使开发者能够更方便地处理键盘输入。执行如下命令安装 xcb-util-keysyms。安装的库是 libxcb-keysyms.so。

```
1 cd $SRC && tar -xf xcb-util-keysyms-0.4.1.tar.xz && cd xcb-util-keysyms-0.4.1 &&
2 ./configure $XORG_CONFIG && make && make install && rm $SRC/xcb-util-keysyms-0.4.1 -rf
```

14．xcb-util-renderutil-0.3.10

xcb-util-renderutil 是一个基于 XCB 库的实用程序库，为 XCB 库提供了额外的扩展，用于简化和增强 X Rendering 扩展的使用。X Rendering 扩展提供了在 X Window 系统上进行高级绘图和图形合成的功能。xcb-util-renderutil 通过提供一系列方便的函数和结构来简化对 X Rendering 扩展的操作。执行如下命令安装 xcb-util-renderutil。安装的库是 libxcb-render-util.so。

```
1 cd $SRC && tar -xf xcb-util-renderutil-0.3.10.tar.xz && cd xcb-util-renderutil-0.3.10 &&
2 ./configure $XORG_CONFIG && make && make install && rm $SRC/xcb-util-renderutil-0.3.10 -rf
```

15．xcb-util-wm-0.4.2

xcb-util-wm 是一个 C 语言编写的 X Window System 窗口管理器辅助库。它是基于 XCB 库的扩展，提供了一些实用的辅助功能，方便开发者开发和管理窗口管理器。xcb-util-wm 主要包含 3 个模块：①ewmh 实现了 EWMH（Extended Window Manager Hints）规范，提供了一些函数和数据结构，用于处理窗口管理器的一些基本功能，如窗口标题、窗口图标、任务栏等；②icccm 实现了 ICCCM（Inter-Client Communication Conventions Manual）规范，提供了一些函数和数据结构，用于处理窗口的属性和事件，例如，窗口移动、大小调整、窗口聚焦等；③util 提供了一些与窗口管理器相关的公共函数和数据结构，包括窗口的遍历、属性的设置与获取，以及与其他 xcb-util 库的交互等。xcb-util-wm 库的设计目标是提供简单、高效、可靠的窗口管理器辅助工具，同时尽量遵循 X Window System 的协议和规范。它在多个窗口管理器项目中得到了广泛应用，包括 Openbox、EWMH 独立桌面环境等。执行如下命令安装 xcb-util-wm。安装的库是 libxcb-ewmh.so 和 libxcb-icccm.so。

```
1 cd $SRC && tar -xf xcb-util-wm-0.4.2.tar.xz && cd xcb-util-wm-0.4.2 && ./configure $XORG_CONFIG && make && make install
```

16. xcb-util-cursor-0.1.4

xcb-util-cursor 是一个用于创建和加载 XCB 光标库的实用工具库。它是基于 XCB 库的一个附加库,提供了一些方便的函数来创建和加载 XCB 光标。它还提供了一些预定义的光标样式,并支持自定义光标。xcb-util-cursor 使用 C 语言编写,可以与任何使用 XCB 库的应用程序一起使用。它是一个轻量级的库,易于使用,功能丰富。执行如下命令安装 xcb-util-cursor。安装的库是 libxcb-cursor.so。

```
1 cd $SRC && tar -xf xcb-util-cursor-0.1.4.tar.xz && cd xcb-util-cursor-0.1.4 &&
2 ./configure $XORG_CONFIG && make && make install && rm $SRC/xcb-util-cursor-0.1.4 -rf
```

17. Libdrm-2.4.115

libdrm 是一个用户空间库,该库为应用程序和图形驱动程序之间提供了一个接口,用于在支持 ioctl 接口的操作系统上对内核的 DRM(Direct Rendering Manager)子系统进行访问和控制。它为应用程序开发人员提供了与图形硬件交互的 API,使它们能够更好地通过 DRM 子系统利用 GPU 硬件的性能和功能。libdrm 库的功能包括:①设备管理,libdrm 提供了用于打开和关闭 DRM 设备的函数,以及查询设备信息的函数;②显卡驱动程序加载,libdrm 可以加载和卸载显卡驱动程序,使其可用于应用程序;③显存管理,libdrm 提供了用于分配和释放显存的函数;④缓冲区管理,libdrm 允许应用程序在显卡上创建和管理缓冲区;⑤2D/3D 加速,libdrm 提供了与加速渲染相关的函数,以实现 2D 和 3D 图形加速。

libdrm 是一个低级库,通常由图形驱动程序(如 Mesa DRI 驱动程序、X 驱动程序、libva 和类似项目)使用,以实现完整的图形栈。它在 Linux 系统中被广泛使用,特别是在开源显卡驱动程序(如 Mesa 的开源显卡驱动程序)的开发中。执行如下命令安装 libdrm。安装的库是 libdrm_amdgpu.so、libdrm_intel.so、libdrm_nouveau.so、libdrm_radeon.so 和 libdrm.so。

```
1 cd $SRC && tar -xf libdrm-2.4.115.tar.xz && cd libdrm-2.4.115 && mkdir build && cd build && meson setup \
2   --prefix=$XORG_PREFIX --buildtype=release -Dudev=true -Dvalgrind=disabled && ninja && ninja install
```

18. Mesa-22.3.5

Mesa 是一个强大而灵活的 3D 图形库,适用于各种计算机图形应用程序的开发。它被广泛用于游戏开发、计算机辅助设计和科学可视化等领域。它提供了一套 API,用于在计算机图形应用程序中实现高效的图形和渲染效果。Mesa 图形库最初是在 OpenGL 的基础上开发的,因此它与 OpenGL API 的设计和功能非常相似。尽管 Mesa 不是 OpenGL 的官方实现,但它在很大程度上与 OpenGL 兼容,并且可以通过软件来实现硬件加速。Mesa 支持多种 2D 和 3D 图形效果,包括点、线、多边形、纹理映射、光照、透明度和雾等。它还提供了一系列的几何转换和矩阵操作,以便在图形应用程序中进行对象的平移、旋转和缩放操作。Mesa 图形库的代码被分为核心库和多个驱动程序模块。核心库包含图形渲染管线、着色器和状态管理等基本功能。驱动程序模块用于与不同的硬件和操作系统进行交互,并提供底层硬件加速的功能。除了基本的图形功能,Mesa 还提供了一些附加模块,如图像处理和图形编程工具。这些模块可以帮助开发人员更轻松地实现复杂的图形效果和算法。执行如下命令安装 Mesa。安装的程序是 glxgears 和 glxinfo。安装了多个库。

```
1 cd $SRC && tar -xf mesa-22.3.5.tar.xz && cd mesa-22.3.5 && patch -Np1 -i ../mesa-22.3.5-add_xdemos-1.patch &&
2 mkdir build && cd build && meson setup --prefix=$XORG_PREFIX --buildtype=release -Dplatforms=x11,wayland \
3   -Dgallium-drivers=auto -Dvulkan-drivers="" -Dvalgrind=disabled -Dlibunwind=disabled .. && ninja && ninja install &&
4 install -dm755 /usr/share/doc/mesa-22.3.5 && cp -rf ../docs/* /usr/share/doc/mesa-22.3.5 && rm $SRC/mesa-22.3.5 -rf
```

19. xbitmaps-1.1.2

xbitmaps 是 X Window System 中一种简单、高效的位图图像格式。它是在位图图像的每个像素上,使用 X Window 系统的颜色映射表中的索引来表示图像的一种格式。xbitmaps 通常以.xbm 作为文件扩展名。xbitmaps 格式是一种简单和节省存储空间的图像表示方法,适用于需要在 X 窗口系统中显示小尺寸、简单形状的图标或图像。xbitmaps 可直接用于 XBM 文件和一些工具来生成和处理位图图像。由于 xbitmaps 格式使用颜色索引,它可与 X 窗口系统的颜色管理机制无缝地集成,从而实现动态、可变的颜色显示。执行如下命令安装 xbitmaps。

```
1 cd $SRC && tar -xf xbitmaps-1.1.2.tar.bz2 && cd xbitmaps-1.1.2 && ./configure $XORG_CONFIG && make install
```

20. Xorg Applications

Xorg Applications 提供了先前 X Window 实现中可用的预期应用程序。

执行如下命令下载 Xorg Applications。创建要下载的文件列表 app-7.md5。下载完成时,该文件也将用于验证下载的完整性。

注意:读者可以直接使用本书配套资源提供的软件包。

```
1 cat > $SRC/Xorg/app-7.md5 << "EOF"
2 5d3feaa898875484b6b340b3888d49d8   iceauth-1.0.9.tar.xz
3 #省略若干行
4 5ff5dc120e8e927dc3c331c7fee33fc3   xwud-1.0.6.tar.xz
5 EOF
6 mkdir $SRC/Xorg/app && cd $SRC/Xorg/app && grep -v '^#' ../app-7.md5 | awk '{print $2}' | wget -i- -c \
7     -B https://www.x.org/pub/individual/app/ && md5sum -c ../app-7.md5
```

首先,执行下面第 1 行的 bash -e 命令启动一个在出现构建错误时会退出的子 Shell,防止环境变量污染父 Shell。然后执行第 2～12 行的命令安装$SRC/Xorg 中的 36 个软件包。安装了多个程序。第 13 行的命令退出子 Shell。

```
1 cd $SRC/Xorg/app && bash -e
2 for package in $(grep -v '^#' ../app-7.md5 | awk '{print $2}'
3 do
4   packagedir=${package%.tar.?z*} && tar -xf $package &&
5   pushd $packagedir
6     case $packagedir in
7       luit-[0-9]* ) sed -i -e "/D_XOPEN/s/5/6/" configure ;;
8     esac
9     ./configure $XORG_CONFIG && make && make install
10  popd
11  rm -rf $packagedir
12 done
13 exit
```

21. xcursor-themes-1.0.6

xcursor-themes 是一个用于改变鼠标指针主题的工具。它提供了一系列各种不同样式和设计的光标主题,可以让用户根据个人偏好进行选择和更改。用户可以通过简单的命令来安装和应用不同的主题,从而改变整个系统的鼠标指针外观。xcursor-themes 提供了许多不同的主题选择,包括经典的箭头指针、动画指针和自定义的创意指针等。它可以让用户的桌面界面更加个性化和有趣。xcursor-themes 软件包包含 redglass 和 whiteglass 动画光标主题。执行如下命令安装 xcursor-themes。

```
1 cd $SRC && tar -xf xcursor-themes-1.0.6.tar.bz2 && cd xcursor-themes-1.0.6 &&
2 ./configure --prefix=/usr && make && make install && rm $SRC/xcursor-themes-1.0.6 -rf
```

22. Xorg Fonts

Xorg 字体包提供了一些可伸缩字体和支持 Xorg 应用程序的软件包。

执行如下命令下载 Xorg Fonts。创建要下载的文件列表 font-7.md5。下载完成时,该文件也将用于验证下载的完整性。

注意:读者可以直接使用本书配套资源提供的软件包。

```
1 cat > $SRC/Xorg/font-7.md5 << "EOF"
2 ec6cea7a46c96ed6be431dfbbb78f366   font-util-1.4.0.tar.xz
3 #省略若干行
4 3eeb3fb44690b477d510bbd8f86cf5aa   font-xfree86-type1-1.0.4.tar.bz2
5 EOF
6 mkdir $SRC/Xorg/font && cd $SRC/Xorg/font && grep -v '^#' ../font-7.md5 | awk '{print $2}' \
7     | wget -i- -c -B https://www.x.org/pub/individual/font/ && md5sum -c ../font-7.md5
```

首先,执行下面第 1 行的 bash -e 命令启动一个在出现构建错误时会退出的子 Shell,防止环境变量污染父 Shell。然后执行第 2～9 行的命令安装$SRC/Xorg 中的 9 个软件包。安装的程序是 bdftruncate 和 ucs2any。bdftruncate 从 ISO 10646-1 编码的 BDF 字体生成截断的 BDF 字体。ucs2any 从 ISO 10646-1 编码的 BDF 字体生成任何编码的 BDF 字体。第 10 行的命令退出子 Shell。

```
 1 cd $SRC/Xorg/font && bash -e
 2 for package in $(grep -v '^#' ../font-7.md5 | awk '{print $2}')
 3 do
 4   packagedir=${package%.tar.?z*} && tar -xf $package
 5   pushd $packagedir
 6     ./configure $XORG_CONFIG && make && make install
 7   popd
 8   rm -rf $packagedir
 9 done
10 exit
```

23. XKeyboardConfig-2.38

XKeyboardConfig 是一个用于配置 X Window 系统键盘布局的工具。它提供了一个图形界面,让用户轻松地选择和配置不同的键盘布局,以适应不同的地区和语言。XKeyboardConfig 还允许用户自定义键盘布局，以满足个人需求。通过使用 XKeyboardConfig，用户可以快速、方便地设置自己喜欢的键盘布局，从而提高工作效率和舒适度。XKeyboardConfig 软件包包含 X Window System 的键盘配置数据库。执行如下命令安装 XKeyboardConfig。

```
1 cd $SRC && tar -xf xkeyboard-config-2.38.tar.xz && cd xkeyboard-config-2.38 && mkdir build &&
2 cd build && meson setup --prefix=$XORG_PREFIX --buildtype=release .. && ninja && ninja install
```

24. libxkbcommon-1.5.0

libxkbcommon 是一个为处理键盘映射和处理键盘事件而设计的库。它提供了一个通用的抽象层，用于处理不同操作系统和引擎之间的差异。libxkbcommon 提供了一套 API，可用于查找、加载和处理键盘映射，以及处理来自键盘的事件。libxkbcommon 的主要目标是提供一个跨平台的键盘处理解决方案，使开发人员能够编写与操作系统和引擎无关的键盘逻辑。它可以用于构建键盘布局编辑器、输入法和其他与键盘有关的应用程序。执行如下命令安装 libxkbcommon。安装的程序是 xkbcli，提供 XKB 键映射的调试器和编译器。安装的库是 libxkbcommon.so、libxkbcommon-x11.so 和 libxkbregistry.so。

```
1 cd $SRC && tar -xf libxkbcommon-1.5.0.tar.xz && cd libxkbcommon-1.5.0 && mkdir build && cd build &&
2 meson setup --prefix=/usr --buildtype=release -Denable-docs=false .. && ninja && ninja install
```

25. libwpe-1.14.1

libwpe 是一个轻量级的 Web 引擎 API 库，用于嵌入 Web 内容到应用程序中。它提供了一组简单的 C 语言 API，可用于高性能、低延迟地呈现 Web 内容。libwpe 基于 Wayland 协议，并支持 WebKit 渲染引擎。libwpe 的设计目标是提供一种简单、高效的方式将 Web 内容集成到应用程序中，以实现更灵活的用户界面设计。它可以用于构建嵌入式系统、游戏引擎、电视等各种应用场景。执行如下命令安装 libwpe。安装的库是 libwpe-1.0.so，包含提供 WPE WebKit 和 WPE Renderer 通用库的函数。

```
1 cd $SRC && tar -xf libwpe-1.14.1.tar.xz && cd libwpe-1.14.1 && mkdir build && cd build &&
2 meson setup --prefix=/usr --buildtype=release .. && ninja && ninja install && rm $SRC/libwpe-1.14.1 -rf
```

26. libepoxy-1.5.10

libepoxy 是一个开源的跨平台图形库，它提供了一种方便的方法来使用 OpenGL 及其扩展，使开发者可以更容易地编写具有高性能图形效果的应用程序。libepoxy 提供了一组 API，可以方便地查询和加载 OpenGL 扩展。此外，libepoxy 还提供了一些方便的功能，如在运行时选择 OpenGL 版本和配置多重缓冲等。执行如下命令安装 libepoxy。安装的库是 libepoxy.so，包含用于处理 OpenGL 函数指针管理的 API 函数。

```
1 cd $SRC && tar -xf libepoxy-1.5.10.tar.xz && cd libepoxy-1.5.10 && mkdir build && cd build &&
2 meson setup --prefix=/usr --buildtype=release .. && ninja && ninja install && rm $SRC/libepoxy-1.5.10 -rf
```

27. Xwayland-22.1.8

Xwayland 是一个为了兼容 Wayland 协议的 X 服务器的实现。Wayland 是一个现代的显示服务器协议,旨在替代 X 协议。Xwayland 使得在 Wayland 上运行传统的 X 应用程序成为可能,同时保留了 X 应用程序的功能。它是通过将 X 协议转换为 Wayland 协议来实现的。Xwayland 运行在 Wayland 的会话管理器中,并且负责将 X 客户端(如 X 应用程序)与 Wayland 协议进行通信。Xwayland 提供了一个虚拟的 X 服务器,允许 X 客户端向其发送 X 协议请求,并将其转发给 Wayland 服务器进行处理。它还负责将 Wayland 服务器发送的渲染请求转发给 X 客户端进行处理。Xwayland 的目标是提供对现有 X 应用程序的透明支持,同时逐步过渡到 Wayland。这意味着用户可以在 Wayland 会话中运行他们喜欢的 X 应用程序,而无须对应用程序进行修改。总的来说,Xwayland 是一个在 Wayland 上运行 X 应用程序的桥梁,使得用户可以在现代的 Wayland 环境中使用传统的 X 应用程序的功能。执行如下命令安装 Xwayland。安装的程序是 Xwayland,允许 X 客户端在 Wayland 上运行。

```
1 cd $SRC && tar -xf xwayland-22.1.8.tar.xz && cd xwayland-22.1.8 && sed -i '/install_man/,$d' meson.build &&
2 mkdir build && cd build && meson setup --prefix=$XORG_PREFIX --buildtype=release -Dxkb_output_dir=/var/lib/xkb .. &&
3 ninja && ninja install && rm $SRC/xwayland-22.1.8 -rf
```

28. Xorg-Server-21.1.7

Xorg-Server 是一个开源的 X Window 系统实现,提供了在 UNIX/Linux 操作系统上运行图形界面的基础设施。Xorg-Server 支持多种窗口管理器和桌面环境,并提供了一系列 X Window 系统的核心功能,如窗口管理、键盘鼠标输入、图形渲染、多显示器支持等。它使用 X11 协议来与应用程序进行通信,并提供了一套 X Window 系统的 API 供开发者使用。Xorg-Server 的特点包括:①可扩展性,Xorg-Server 支持多个图形驱动程序和输入设备驱动程序,并且可以在运行时动态加载和卸载这些驱动程序,从而提供了更高的灵活性和可扩展性;②显示服务器,Xorg-Server 负责管理显示设备、渲染图像和接受用户输入,从而提供了一个完整的图形界面;③安全性,Xorg-Server 提供了一些安全机制,如权限管理、安全套接字和用户身份验证,以保护系统和用户数据的安全;④跨平台支持,Xorg-Server 可以运行在多种 UNIX/Linux 操作系统上,并且可以支持多种硬件平台。

执行如下命令安装 Xorg Server。安装的程序是 gtf、X、Xephyr、Xnest、Xorg、Xvfb。gtf 计算 VESA GTF 模式行。X 是指向 Xorg 的符号链接。Xephyr 是支持现代 X 扩展的嵌套 X 服务器。Xnest 是一个嵌套的 X 服务器。Xorg 是 X11 R7 X Server。Xvfb 是用于 X11 的虚拟帧缓冲 X 服务器。安装的库在$XORG_PREFIX/lib/xorg/modules 中。

```
1 cd $SRC && tar -xf xorg-server-21.1.7.tar.xz && cd xorg-server-21.1.7 && mkdir build && cd build &&
2 meson setup --prefix=$XORG_PREFIX --localstatedir=/var -Dsuid_wrapper=true -Dxkb_output_dir=/var/lib/xkb &&
3 ninja && ninja install && mkdir -p /etc/X11/xorg.conf.d && rm $SRC/xorg-server-21.1.7 -rf
```

10.1.5 Xorg 输入设备驱动程序

Xorg 驱动程序对于 Xorg 服务器利用其运行的硬件是必要的。使用 pciutils-3.9.0 中的 lspci 来查找系统中拥有哪种视频硬件,然后查看软件包的描述以找出所需的驱动程序。

1. libevdev 1.13.0

libevdev 是一个用于输入设备抽象和事件分发的库。它提供了一个用户空间接口,用于读取输入设备的事件,如按键、触摸和传感器数据。libevdev 可与 Linux 内核输入子系统(input subsystem)一起使用,以便应用程序可以直接访问和解析设备事件。libevdev 使用一个统一的接口,隐藏了底层的设备特定细节,使得应用程序可以独立于设备的硬件细节编写。该库提供了一套函数和结构体,用于初始化设备、注册事件回调、解析事件等操作。它还提供了一些工具函数,用于获取设备信息、设备状态等。使用 libevdev,开发者可以轻松地开发支持多种输入设备的应用程序,例如,游戏控制器、触摸屏幕和传感器设备。它还提供了一些高级功能,如事件录制和重放、设备模拟等。libevdev 软件包包含用于 Xorg 输入驱动程序的常见函数。执行如下命令安装 libevdev。安装的程序是 libevdev-tweak-device、mouse-dpi-tool 和 touchpad-edge-detector。libevdev-tweak-device 是一个用于更改一些内核设备属性的工具。mouse-dpi-tool 是一个用于估算鼠标分辨率的工具。touchpad-edge-detector 是一个从内核读取触摸板事件并分别计算 x 坐标和 y 坐标的最小值和最大值的工具。安装的库是 libevdev.so。安装目录是$XORG_PREFIX/include/libevdev-1.0,这里需要配置内核。

```
1 cd $SRC && tar -xf libevdev-1.13.0.tar.xz && cd libevdev-1.13.0 && mkdir build && cd build &&
2 meson --prefix=$XORG_PREFIX --buildtype=release -Ddocumentation=disabled && ninja && ninja install
```

2. Xorg Evdev Driver-2.10.6

Xorg Evdev 是一个 Linux 平台上的输入驱动程序,它负责管理和处理来自输入设备(如键盘和鼠标)的输入事件。Evdev 是 Xorg X 服务器输入框架的一部分,它提供了一种统一的接口来处理各种输入设备。Evdev 驱动程序支持多种类型的输入设备,包括 USB、PS/2 和 Bluetooth 键盘和鼠标。它还支持触摸屏、触摸板、游戏手柄等输入设备。通过 Evdev,Xorg X 服务器可以接收来自输入设备的原始输入数据,并将其转换为 X11 协议中定义的标准输入事件。这些事件可以被应用程序捕获并进行相应的处理,以实现用户输入和交互的功能。Evdev 驱动程序还提供了一些配置选项,可以用于调整输入设备的参数,例如,灵敏度、加速度等。这使得用户可以根据自己的需求自定义输入设备的行为。执行如下命令安装 Xorg Evdev 驱动程序。安装的 Xorg 驱动程序是 evdev_drv.so。

```
1 cd $SRC && tar -xf xf86-input-evdev-2.10.6.tar.bz2 && cd xf86-input-evdev-2.10.6 &&
2 ./configure $XORG_CONFIG && make && make install && rm $SRC/xf86-input-evdev-2.10.6 -rf
```

3. libinput-1.22.1

libinput 是一个用于处理输入设备的库,旨在作为一个统一的输入处理层。它提供了一种独立于底层驱动程序和具体设备的统一接口,以处理鼠标、触摸板和其他输入设备的输入事件。libinput 支持多种操作系统和桌面环境,包括 Linux 和 Wayland。它提供了一些高级功能,如手势识别、自动单击和滚动,以及触摸板和鼠标加速度设置。libinput 还包含一些调试工具和示例代码,以帮助开发人员诊断和调试输入设备问题。执行如下命令安装 libinput。安装的程序是 libinput,这里需要配置内核。

```
1 cd $SRC && tar -xf libinput-1.22.1.tar.gz && cd libinput-1.22.1 && mkdir build && cd build &&
2 meson setup --prefix=$XORG_PREFIX --buildtype=release -Ddebug-gui=false -Dtests=false \
3 -Dlibwacom=false -Dudev-dir=/usr/lib/udev .. && ninja && ninja install && rm $SRC/libinput-1.22.1 -rf
```

4. Xorg Libinput Driver-1.2.1

Libinput 在 Linux 桌面环境中被广泛采用，包括 GNOME、KDE 和 Xfce 等。它提供了一种统一的输入设备处理方式，以确保用户在不同的桌面环境中能够获得一致的操作体验。X.Org Libinput Driver 是 Libinput 的一个简单封装器，允许在 X 中使用 libinput 作为输入设备。这个驱动程序可以用作 evdev 和 synaptics 的替代者。执行如下命令安装 Xorg Libinput 驱动程序。安装的 Xorg 驱动程序是 libinput_drv.so。

```
1 cd $SRC && tar -xf xf86-input-libinput-1.2.1.tar.xz && cd xf86-input-libinput-1.2.1 &&
2 ./configure $XORG_CONFIG && make && make install && rm $SRC/xf86-input-libinput-1.2.1 -rf
```

5. Xorg Synaptics Driver-1.9.2

Xorg Synaptics Driver 是一个用于 Linux 系统下的触摸板驱动程序。它是 Xorg 服务器中一个重要的输入设备驱动程序，用于支持多种触摸板设备的功能。Synaptics 公司是一家专门生产触摸板的公司，它们设备的驱动程序是 Xorg Synaptics Driver 的基础。这个驱动程序提供了一组 API 和配置选项，可以让用户更好地配置和使用触摸板。Xorg Synaptics Driver 支持多点触控、手势识别和滚动等功能。用户可以通过配置文件调整各种触摸板选项，如灵敏度、加速度、边界等。此外，该驱动程序还提供了一些用于配置调整和调试的命令行工具。

执行如下命令安装 Xorg Synaptics 驱动程序。安装的程序是 synclient 和 syndaemon。安装 Xorg 驱动程序是 synaptics_drv.so，是触摸板的 Xorg 输入驱动程序。

```
1 cd $SRC && tar -xf xf86-input-synaptics-1.9.2.tar.xz && cd xf86-input-synaptics-1.9.2 &&
2 ./configure $XORG_CONFIG && make && make install && rm $SRC/xf86-input-synaptics-1.9.2 -rf
```

6. Xorg Wacom Driver-1.1.0

Xorg Wacom Driver 是一个开源的 X.Org X11 输入设备驱动程序，用于支持 Wacom 公司制造的触摸屏和笔式输入设备。该驱动程序允许用户通过 Wacom 设备在 X 窗口系统中进行绘画、写作和进行其他交互操作。该驱动程序提供了对 Wacom 设备的完全支持，包括对触摸功能、倾斜和压力灵敏度的处理。它还允许用户自定义设置，如对按钮和表面的映射，以满足个人需求。Xorg Wacom Driver 是 Linux 和其他类 UNIX 操作系统中使用的标准驱动程序，它被广泛应用于绘图板、平板电脑和笔记本电脑等设备中。它通过和 X 窗口系统的集成，为用户提供了一种直观、自然的方式来进行数字绘画和书写。除了基本的输入功能外，Xorg Wacom Driver 还提供了一些高级功能，如手势识别和多点触控。这使得 Wacom 设备能够与现代操作系统和应用程序无缝集成，提供更丰富的用户体验。执行如下命令安装 Xorg Wacom Driver。安装的程序是 isdv4-serial-debugger、isdv4-serial-inputattach 和 xsetwacom。安装的 Xorg 驱动程序是 wacom_drv.so，是 Wacom 设备的 Xorg 输入驱动程序，这里需要配置内核。

```
1 cd $SRC && tar -xf xf86-input-wacom-1.1.0.tar.bz2 && cd xf86-input-wacom-1.1.0 &&
2 ./configure $XORG_CONFIG && make && make install && rm $SRC/xf86-input-wacom-1.1.0 -rf
```

10.1.6　Xorg 显卡驱动程序

1. Xorg AMDGPU Driver-23.0.0

Xorg AMDGPU 驱动是一个强大而稳定的开源驱动程序,用于支持 AMD 图形处理器单元(GPU),为 AMD GPU 用户提供了出色的图形和视频性能。AMDGPU 驱动是基于 AMD 的开源 AMDGPU 内核驱动程序的一部分,它提供了对 AMD GPU 功能的支持,包括 2D 和 3D 加速、视频解码和显示功能。该驱动程序具有良好的性能和稳定性,并且与 Linux 内核集成良好。作为开源驱动程序,AMDGPU 驱动程序经过广泛的测试和开发,由 AMD 和其他社区开发者共同维护。它可以与大多数 Linux 发行版一起使用,并且可以在不同的桌面环境中正常工作,如 GNOME、KDE 和 XFCE。Xorg AMDGPU Driver 软件包包含新款 AMD Radeon 显卡及带有集成图形芯片(APU)的新款 AMD CPU 的 X.Org 视频驱动程序。执行如下命令安装 Xorg AMDGPU Driver。安装的 Xorg 驱动程序是 amdgpu_drv.so,是 AMD Radeon 显卡的 Xorg 视频驱动程序,这里需要配置内核。

```
1 cd $SRC && tar -xf xf86-video-amdgpu-23.0.0.tar.xz && cd xf86-video-amdgpu-23.0.0 &&
2 ./configure $XORG_CONFIG && make && make install && rm $SRC/xf86-video-amdgpu-23.0.0 -rf
```

2. Xorg ATI Driver-19.1.0

Xorg ATI Driver 是一个用于支持 ATI 图形卡的开源驱动程序。它是 Xorg 项目的一部分,用于在 Linux 和其他 UNIX 操作系统上提供图形硬件加速。该驱动程序优化了图形性能,并提供了一系列功能,如 3D 加速、多显示器支持等。Xorg ATI Driver 适用于 ATI Radeon 系列和部分 ATI FireGL 系列图形卡。该驱动程序已经随 Xorg 服务器一起提供,并且在大多数 Linux 发行版中已集成。用户可以通过在系统设置中选择 ATI 驱动程序来启用它。执行如下命令安装 Xorg ATI 驱动程序。安装的 Xorg 驱动程序是 ati_drv.so 和 radeon_drv.so。ati_drv.so 是用于 ATI 视频卡的包装驱动程序,它会自动检测 ATI 视频硬件,并根据使用的视频卡加载 radeon、mach64 或 r128 驱动程序。radeon_drv.so 是用于 ATI Radeon 基础视频卡的 Xorg 视频驱动程序,这里需要配置内核。

```
1 cd $SRC && tar -xf xf86-video-ati-19.1.0.tar.bz2 && cd xf86-video-ati-19.1.0 &&
2 patch -Np1 -i ../xf86-video-ati-19.1.0-upstream_fixes-1.patch && ./configure $XORG_CONFIG && make && make install
```

3. Xorg Fbdev Driver-0.5.0

Xorg Fbdev 驱动程序是用于在 Linux 系统中的帧缓冲设备上运行 X Window 系统的一种驱动程序。帧缓冲设备是一种特殊的设备,用于在计算机上显示图形界面。Xorg Fbdev 驱动程序通过直接操作帧缓冲设备的内存来实现图形渲染和输入输出功能。它不依赖于硬件加速功能,因此在一些较旧或较简单的嵌入式系统上可能是唯一可用的选项。尽管 Xorg Fbdev 驱动程序是一种基本的驱动程序,它可以为大多数图形应用程序提供基本的功能。但是,它可能没有一些高级功能,如硬件加速、多显示器支持等。由于 Xorg Fbdev 驱动程序是一种相对简单和通用的驱动程序,它的性能可能不如专门为特定硬件开发的驱动程序,因此,在需要更好的性能和功能时,推荐使用专门的驱动程序。

Xorg Fbdev Driver 软件包包含用于帧缓冲设备的 X.Org 视频驱动程序。如果硬件特定驱动程序无法加载或不存在,则该驱动程序经常用作备用驱动程序。如果未安装此驱动程序,则 Xorg Server 将在启动时打印警告,但如果硬件特定驱动程序正常工作,则可以安全地忽略该警告。执行如下命令安装 Xorg Fbdev 驱动程序。安装的 Xorg 驱动程序是 fbdev_drv.so,是用于帧缓冲设备的 Xorg 视频驱动程序。

```
1 cd $SRC && tar -xf xf86-video-fbdev-0.5.0.tar.bz2 && cd xf86-video-fbdev-0.5.0 &&
2 ./configure $XORG_CONFIG && make && make install && rm $SRC/xf86-video-fbdev-0.5.0 -rf
```

4. Xorg Intel Driver-20230223

Xorg Intel Driver 是用于支持 Intel 图形芯片的 X Window 系统的开源设备驱动程序。它是 Xorg 项目的一部分,并以开放源代码的方式发布。该驱动程序提供了对 Intel 图形芯片的硬件加速支持,包括 2D 和 3D 加速功能。它能够提供高质量的图形输出,并支持多显示器配置和视频输出。Xorg Intel Driver 还支持各种功能,如双缓冲、DRI(Direct Rendering Infrastructure)和 RandR(Resize and Rotate)扩展。它与 Xorg 服务器紧密集成,以提供稳定和高效的图形性能。Xorg Intel Driver 软件包包含用于 Intel 集成视频芯片的 X.Org 视频驱动程序,包括 8xx、9xx、Gxx、Qxx、HD、Iris 和 Iris Pro 图形处理器。执行如下命令安装 Xorg Intel 驱动程序。安装的程序是 intel-virtual-output。安装的库是 libIntelXvMC.so。安装的 Xorg 驱动程序是 intel_drv.so,是用于 Intel 集成图形芯片组的 Xorg 视频驱动程序,这里需要配置内核。

```
1 cd $SRC && tar -xf xf86-video-intel-20230223.tar.xz && cd xf86-video-intel-20230223 &&
2 ./autogen.sh $XORG_CONFIG --enable-kms-only --enable-uxa --mandir=/usr/share/man && make && make install &&
3 mv /usr/share/man/man4/intel-virtual-output.4 /usr/share/man/man1/intel-virtual-output.1 &&
4 sed -i '/\.TH/s/4/1/' /usr/share/man/man1/intel-virtual-output.1 && rm $SRC/xf86-video-intel-20230223 -rf
```

5. Xorg Nouveau Driver-1.0.17

Xorg Nouveau Driver 是一个开源的图形驱动程序,用于 NVIDIA 的图形处理器(GPU)。它是为 Linux 操作系统设计的,并与 Xorg 服务器一起使用。Nouveau 驱动程序的目标是提供对 NVIDIA GPU 的全功能支持,包括 2D 和 3D 加速以及视频解码功能。Nouveau 驱动程序最初是基于逆向工程的方法开发的,通过分析 NVIDIA 专有驱动程序的行为来实现兼容性。随着时间的推移,开发者社区已经成功地实现了许多功能,并且 Nouveau 驱动程序已经成为许多 Linux 发行版的默认选项。尽管 Nouveau 驱动程序在不断改进和发展,但与 NVIDIA 的官方驱动程序相比,它仍然存在一些限制和性能差异。用户选择使用 Nouveau 驱动程序通常是出于对开源软件的支持、对功能需求的满足或对稳定性的追求。Xorg Nouveau Driver 软件包包含用于 NVIDIA 显卡的 X.Org 视频驱动程序,包括 RIVA TNT、RIVA TNT2、GeForce 256、QUADRO、GeForce2、QUADRO2、GeForce3、QUADRO DDC、nForce、nForce2、GeForce4、QUADRO4、GeForce FX、QUADRO FX、GeForce

6xxx 和 GeForce 7xxx 芯片组。

执行如下命令安装 Xorg Nouveau 驱动程序。安装的 Xorg 驱动程序是 nouveau_drv.so,是用于 NVIDIA 显卡的 Xorg 视频驱动程序,这里需要配置内核。

```
1 cd $SRC && tar -xf xf86-video-nouveau-1.0.17.tar.bz2 && cd xf86-video-nouveau-1.0.17 &&
2 grep -rl slave | xargs sed -i s/slave/secondary/ && ./configure $XORG_CONFIG && make && make install
```

6. Xorg VMware Driver-13.4.0

Xorg VMware Driver 软件包包含用于 VMware SVGA 虚拟视频卡的 X.Org 视频驱动程序。

执行如下命令安装 Xorg VMware 驱动程序。安装的 Xorg 驱动程序是 vmware_drv.so,是用于 VMware SVGA 虚拟视频卡的 Xorg 视频驱动程序,这里需要配置内核。

```
1 cd $SRC && tar -xf xf86-video-vmware-13.4.0.tar.xz && cd xf86-video-vmware-13.4.0 &&
2 ./configure $XORG_CONFIG && make && make install && rm $SRC/xf86-video-vmware-13.4.0 -rf
```

7. Xorg VESA Driver-2.6.0

Xorg VESA Driver(简称 VESA 驱动程序)是一个用于 X Window System 的通用显示驱动程序。VESA 驱动程序基于视频电子标准协会(Video Electronics Standards Association,VESA)制定的 VESA BIOS 扩展(VBE)标准。VESA 驱动程序可用于在不支持特定硬件的系统上提供基本的图形显示功能。它通过使用系统的基本显示模式和功能来实现兼容性,并通过 VBE 标准与系统硬件进行通信。由于 VESA 驱动程序是通用而不是特定于某个硬件的,因此它不能提供高级功能或针对特定硬件的优化。它通常用于一些旧的或不常见的硬件平台,特别是在缺乏特定硬件驱动程序的情况下。它还可以用作调试和故障排除的工具。总之,Xorg VESA Driver 是一个通用的基本显示驱动程序,可在不支持特定硬件的系统上提供基本的图形显示功能。执行如下命令安装 Xorg VESA 驱动程序。在 xf86-video-vesa-master 文件夹中没有 configure 文件,只有 autogen.sh、configure.ac 等文件和文件夹,则说明该项目使用了 Autotools 构建系统。此时,需要先运行 autogen.sh 脚本生成 configure 文件,然后才能进行后续的配置和编译步骤。安装的 Xorg 驱动程序是 vesa_drv.so,这里需要配置内核。

```
1 cd $SRC && tar -xf xf86-video-vesa-2.6.0.tar.bz2 && cd xf86-video-vesa-master &&
2 ./autogen.sh && ./configure $XORG_CONFIG && make && make install && rm $SRC/xf86-video-vesa-master -rf
```

10.1.7　视频硬件加速

1. libva-2.17.0

libva 是一个开源的多媒体库,提供了对视频硬件加速的统一接口。它是 Video Acceleration API(VA-API)的一个实现,可以与各种硬件加速技术(如 MPEG-2、VC-1、h.264 等)配合使用,以提高视频解码和编码的性能。libva 的主要功能包括视频解码和编码、图像格式转换,以及视频渲染和处理。它可以与各种图形处理单元(GPU)和媒体处理单元

(VPU)配合工作,以实现硬件加速的视频处理。libva 支持多种硬件架构,并提供了对不同硬件的适配层。

libva 软件包包含一个库,该库提供访问硬件加速的视频处理功能,使用硬件加速视频处理以卸载 CPU 来解码和编码压缩的数字视频。VA API 视频解码/编码接口是平台和窗口系统独立的,针对 X 窗口系统中的 DRI(直接渲染基础设施),但也可能与直接帧缓冲区和图形子系统一起用于视频输出。加速处理包括视频解码、视频编码、字幕混合和渲染支持。

执行如下命令安装 libva。安装的库是 libva-drm. so、libva-glx. so、libva. so、libva-wayland.so 和 libva-x11.so。安装的驱动程序是 i965_drv_video.so。

```
1 cd $SRC && tar -xf libva-2.17.0.tar.bz2 && cd libva-2.17.0 && ./configure $XORG_CONFIG &&
2 make && make install && tar -xvf ../intel-vaapi-driver-2.4.1.tar.bz2 && cd intel-vaapi-driver-2.4.1 &&
3 ./configure $XORG_CONFIG && make && make install && rm $SRC/libva-2.17.0 -rf
```

2. intel-media-driver-23.1.2

Intel Media Driver 是 Intel 公司为其集成显卡提供的一种媒体驱动程序。它主要用于提供硬件加速的媒体功能,包括视频和音频的编码和解码、图像处理和图形渲染等。这个驱动程序可以提高多媒体应用程序的性能和效能,并提供更好的用户体验。鉴于越来越多的应用程序和游戏需要媒体功能的支持,Intel Media Driver 对于提高图形处理能力和多媒体性能至关重要。intel-media-driver 软件包为随 Broadwell CPU 及更高版本提供的 Intel GPU 提供 VA API 驱动程序,这包括对各种编解码器的支持。执行如下命令安装 intel-media-driver。安装的库是 libigfxcmrt.so。安装的驱动程序是 iHD_drv_video.so。

```
1 cd $SRC && tar -xf intel-media-23.1.2.tar.gz && cd media-driver-intel-media-23.1.2 && mkdir build &&
2 cd build && cmake -DCMAKE_INSTALL_PREFIX=/usr -DINSTALL_DRIVER_SYSCONF=OFF -DBUILD_TYPE=Release -Wno-dev .. &&
3 make && make install && rm $SRC/media-driver-intel-media-23.1.2 -rf
```

3. libvdpau-1.5

libvdpau 是一个用于加速视频解码和视频处理的开源库。它可以与 NVIDIA 的图形处理单元(GPU)一起使用,以提供高效的视频解码和处理功能。libvdpau 可以与多个视频解码器一起使用,包括 NVIDIA 的 VDPAU(Video Decode and Presentation API for UNIX)。它可以在支持 VDPAU 的硬件上加速视频解码和处理,从而提高视频播放的性能和质量。libvdpau 支持多种视频格式,包括 H.264、MPEG-2、VC-1 等。它提供了一组 API,开发人员可以使用这些 API 来处理和解码视频。libvdpau 还提供了一些额外的功能,如图像处理和视频后处理。它可以进行图像缩放、颜色空间转换、降噪等操作。这些功能可以提高视频的质量和视觉效果。libvdpau 软件包包含一个库,该库实现了 VDPAU 库。VDPAU(UNIX 视频解码和演示 API)是由 NVIDIA 最初针对其 GeForce 8 系列及以后的 GPU 硬件设计的开源库(libvdpau)和 API,针对 X 窗口系统。此 VDPAU API 允许视频程序将视频解码过程和视频后处理部分卸载到 GPU 视频硬件上。执行如下命令安装 libvdpau。安装的库是 libvdpau.so。

```
1 cd $SRC && tar -xf libvdpau-1.5.tar.bz2 && cd libvdpau-1.5 && mkdir build && cd build &&
2 meson setup --prefix=$XORG_PREFIX .. && ninja && ninja install && [ -e $XORG_PREFIX/share/doc/libvdpau ] &&
3 mv $XORG_PREFIX/share/doc/libvdpau{,1.5} && rm $SRC/libvdpau-1.5 -rf
```

4. libvdpau-va-gl-0.4.0

libvdpau-va-gl 是一个用于 VDPAU 和 VA-API 的 GLX 库,它允许将 VDPAU API(Video Decode and Presentation API for UNIX)转换为 VA-API(Video Acceleration API)调用,以实现硬件加速的视频解码和渲染。目前,VA-API 可在一些 Intel 芯片上使用,并且在一些 AMD 视频适配器上通过 libvdpau 驱动程序的帮助下可用。这个库提供了一个在支持 OpenGL 的显示服务器上的中间层,在底层使用 OpenGL 加速绘图和缩放,可以在没有 VDPAU 驱动的硬件上使用 VDPAU API,同时还可以通过 VA-API(如果可用)实现硬件加速。

执行如下命令安装 libvdpau-va-gl。为了让 libvdpau 找到 libvdpau-va-gl,设置一个环境变量 VDPAU_DRIVER。安装的库是 libvdpau_va_gl.so。

```
1 cd $SRC && tar -xf libvdpau-va-gl-0.4.0.tar.gz && cd libvdpau-va-gl-0.4.0 && mkdir build && cd build &&
2 cmake -DCMAKE_BUILD_TYPE=Release -DCMAKE_INSTALL_PREFIX=$XORG_PREFIX .. && make && make install &&
3 echo "export VDPAU_DRIVER=va_gl" >> /etc/profile.d/xorg.sh && rm $SRC/libvdpau-va-gl-0.4.0 -rf
```

10.1.8　旧版 Xorg

Xorg 的祖先(1987 年的 X11 R1)最初只提供位图字体,并附带一个工具(bdftopcf)以协助安装。随着 xorg-server-1.19.0 和 libXfont2 的引入,许多新的软件包将不需要它们。仍有一些旧软件包可能需要这些废弃的字体,因此在此列出以下软件包。

执行如下命令下载 Xorg Legacy。创建要下载的文件列表 legacy.dat。下载完成时,该文件也将用于验证下载的完整性。

注意:读者可以直接使用本书配套资源提供的软件包。

```
1 cat > $SRC/Xorg/legacy.dat << "EOF"
2 2a455d3c02390597feb9cefb3fe97a45 app/ bdftopcf-1.1.tar.bz2
3 #省略若干行
4 EOF
5 mkdir $SRC/Xorg/legacy && cd $SRC/Xorg/legacy && grep -v '^#' ../legacy.dat | awk '{print $2$3}' \
6    | wget -i- -c -B https://www.x.org/pub/individual/ &&
7 grep -v '^#' ../legacy.dat | awk '{print $1 " " $3}' > ../legacy.md5 && md5sum -c ../legacy.md5
```

首先,执行下面第 1 行的 bash -e 命令启动一个在出现构建错误时会退出的子 Shell,防止环境变量污染父 Shell。然后执行第 2~9 行的命令安装$SRC/legacy 中的 7 个软件包。第 10 行的命令退出子 Shell。安装的程序是 bdftopcf,将 X 字体从位图分发格式转换为可移植编译格式。安装的目录是 $ XORG_PREFIX/share/fonts/X11/{100dpi, 75dpi, misc}。

```
1 cd $SRC/Xorg/legacy && bash -e
2 for package in $(grep -v '^#' ../legacy.md5 | awk '{print $2}')
3 do
4   packagedir=${package%.tar.bz2} && tar -xf $package
5   pushd $packagedir
6     ./configure $XORG_CONFIG && make && make install
7   popd
8   rm -rf $packagedir && /sbin/ldconfig
9 done
10 exit
```

10.1.9 其他 Xorg 相关软件包

1. twm-1.0.12

TWM 是 The Window Manager 的缩写，是一种轻量级的窗口管理器。它最初是为 X Window 系统设计的，但也可以在其他操作系统上运行。TWM 的设计理念是简单、高效和可定制性。TWM 的界面非常简单，只包含最基本的窗口管理功能，没有多余的装饰和特效。TWM 的代码非常精简，所以它占用的系统资源非常少，对系统性能影响较小。TWM 可以根据用户的需要进行个性化设置，包括窗口的外观、快捷键等。用户可以通过修改配置文件来实现这些定制。TWM 提供了基本的窗口管理功能，如窗口的移动、缩放、最小化和关闭等。尽管 TWM 比较简单，但它在 UNIX/Linux 系统中被广泛使用。其轻量级和可定制性使得 TWM 适合于资源有限的系统或用户对窗口管理器有特殊需求的情况。TWM 也是其他一些窗口管理器的基础和参考。TWM 软件包包含一个非常简单的窗口管理器。执行如下命令安装 TWM。

```
1 cd $SRC && tar -xf twm-1.0.12.tar.xz && cd twm-1.0.12 &&
2 sed -i -e '/^rcdir =/s,^\(rcdir = \).*,\1/etc/X11/app-defaults,' src/Makefile.in &&
3 ./configure $XORG_CONFIG && make && make install && rm $SRC/twm-1.0.12 -rf
```

2. xterm-379

xterm 是一个在 X Window System 下运行的终端模拟器，它提供了一个图形界面和一个命令行界面，允许用户在 X 窗口系统中运行文本终端应用程序。xterm 具有很多功能，包括对多个窗口的支持、自动换行、ANSI 颜色、鼠标单击、粘贴和拖放等。xterm 还支持各种终端仿真，可以模拟不同终端类型的行为。xterm 可以与各种 X 窗口管理器兼容。执行如下命令安装 xterm。安装的程序是 koi8rxterm、resize、uxterm 和 xterm。

```
1 cd $SRC && tar -xf xterm-379.tgz && cd xterm-379 && sed -i '/v0/{n;s/new:/new:kb=^?:/}' termcap &&
2 printf '\tkbs=\\177,\n' >> terminfo && export TERMINFO=/usr/share/terminfo && ./configure $XORG_CONFIG \
3 --with-app-defaults=/etc/X11/app-defaults && make && make install && make install-ti && unset TERMINFO &&
4 mkdir -p /usr/share/applications && cp *.desktop /usr/share/applications/ && rm $SRC/xterm-379 -rf
```

3. xclock-1.1.1

xclock 是一个简单的时钟显示程序，它是 X Window 系统的一部分。它显示当前的时间，精确到秒，并在显示器上以数字的形式呈现。xclock 也可以显示日期和时间的格式，并提供了一些定制选项，如显示时钟的颜色、位置和大小等。它可以在 X Window 系统中的任何窗口环境中使用，是一个常见的小工具。执行如下命令安装 xclock。

```
1 cd $SRC && tar -xf xclock-1.1.1.tar.xz && cd xclock-1.1.1 && ./configure $XORG_CONFIG && make && make install
```

4. xinit-1.4.2

xinit 是 X Window System 的一个工具，用于初始化 X Server 并启动 X 客户端。它提供了一个简单的方法来启动 X Window System，并可以在启动过程中设置一些参数和选项。xinit 的主要作用是加载用户定义的.xinitrc 文件，该文件指定要运行的 X 客户端程序。通过 xinit，用户可以自定义 X Window System 的启动过程，例如，设置默认的窗口管理器、设置屏幕分辨率等。xinit 软件包包含一个用于启动 xserver 的脚本。执行如下命令安装xinit。安装的程序是 xinit 和 startx。xinit 是 X 窗口系统的初始化程序。startx 初始化 X会话。

```
1 cd $SRC && tar -xf xinit-1.4.2.tar.xz && cd xinit-1.4.2 && ./configure $XORG_CONFIG \
2 --with-xinitdir=/etc/X11/app-defaults && make && make install && ldconfig && rm $SRC/xinit-1.4.2 -rf
```

10.2 图形环境库

1. gsettings-desktop-schemas-43.0

gsettings-desktop-schemas 是一个开源项目，用于管理和存储 GNOME 桌面环境的设置。它提供了一个集中的位置来管理各种应用程序和工具的配置选项，这样用户就可以方便地修改和定制桌面环境的行为和外观。gsettings-desktop-schemas 基于 GSettings 框架，它使用一个基于键值对的格式来存储和访问设置。每个应用程序或工具都有自己的设置模式，其中定义了可用的配置选项和其默认值。gsettings-desktop-schemas 的主要功能包括：①提供一个统一的接口来管理各种应用程序和工具的设置；②提供一个集中的配置存储库，使得用户可以方便地修改和定制桌面环境的行为和外观；③支持自动完成和验证设置的值，以确保用户提供的值符合预期的格式和范围；④允许开发人员轻松添加新的设置选项，并更新和维护现有的配置模式。gsettings-desktop-schemas 软件包包含一组 GSettings模式，用于 GNOME 桌面的各个组件共享的设置。执行如下命令安装 gsettings-desktop-schemas。

```
1 cd $SRC && tar -xf gsettings-desktop-schemas-43.0.tar.xz && cd gsettings-desktop-schemas-43.0 &&
2 sed -i -r 's:"(/system):"/org/gnome\1:g' schemas/*.in && mkdir build && cd build &&
3 meson setup --prefix=/usr --buildtype=release .. && ninja && ninja install &&
```

2. at-spi2-core-2.46.0

at-spi2-core 是一个为视障用户设计的 Linux 桌面访问性工具集，通过它可以使得视障用户能够更加方便地使用桌面环境，并提供给开发者一种方式来构建对视障用户友好的应用程序界面，是辅助技术服务提供的核心组件之一。at-spi2-core 可以让视障用户通过屏幕阅读器等辅助技术读取和操作桌面环境中的各种元素，包括应用程序窗口、菜单、按钮、文本框等。它提供了一组 API，供开发者使用，通过这些 API 可以让它们的应用程序与 at-spi2-core 进行通信，从而实现对视障用户友好的界面交互。at-spi2-core 使用 D-Bus 进行进程间通信，并使用 Accessibility Toolkit(ATK)作为界面元素的描述和访问接口。它支持多种桌面环境，包括 GNOME 和 KDE 等。执行如下命令安装 at-spi2-core 软件包。安装的库是libatk-1.0.so、libatk-bridge-2.0.so、libatspi.so 和/usr/lib/gtk-2.0/modules/libatk-bridge.so。libatk-1.0.so 包含辅助技术用于与桌面应用程序交互的函数。libatk-bridge.so 包含辅助工具 GTK＋-2 桥接器。libatk-bridge-2.0.so 包含辅助工具 GTK＋模块。libatspi.so 包含 At-Spi2 API 函数。

```
1 cd $SRC && tar -xf at-spi2-core-2.46.0.tar.xz && cd at-spi2-core-2.46.0 && mkdir build && cd build &&
2 meson setup --prefix=/usr --buildtype=release .. && ninja && ninja install && rm $SRC/at-spi2-core-2.46.0 -rf
```

3. Atkmm-2.28.3

Atkmm 是一个 C++ 封装的 ATK 库，它提供了一套面向对象的类，使开发者可以更方便地使用 ATK 库开发无障碍应用程序。Atkmm 是在 Glibmm 上构建的。Glibmm 是一个将 C++ 封装到 GLib 库的工具，它提供了一个 C++ 接口，使开发者可以更方便地使用 GLib 库。而 Atkmm 是在此基础上进一步封装了 ATK（辅助技术工具包）库。ATK 是一个开发无障碍技术的标准库，它提供了一组 API，用于访问应用程序的用户界面元素，并提供了一些辅助功能，以帮助残障人士更轻松地使用应用程序。Atkmm 提供了一套 C++ 类，它们与 ATK 库中的 C 结构相对应，使开发者可以使用面向对象的方式来访问 ATK 功能。通过 Atkmm，开发者可以更容易地开发无障碍应用程序，提高应用程序的可用性和可访问性。执行如下命令安装 Atkmm。

```
1 cd $SRC && tar -xf atkmm-2.28.3.tar.xz && cd atkmm-2.28.3 && mkdir build && cd build &&
2 meson setup --prefix=/usr --buildtype=release .. && ninja && ninja install && rm $SRC/atkmm-2.28.3 -rf
```

4. Cairo-1.17.6

Cairo 是一个开源的 2D 图形库，用于绘制高质量的矢量图形。它支持多种输出目标，包括屏幕、图像文件和打印机。Cairo 被设计为通用的绘图 API，可以用于各种编程语言和环境中。Cairo 提供了一套简单易用的 API，可以绘制各种形状、路径和图案。它支持抗锯齿和字体渲染，能够生成平滑和清晰的图形。Cairo 还支持多种图形效果，如阴影、渐变和混合模式。Cairo 的底层渲染引擎是基于矢量图形，这意味着图形可以无限缩放而不会失真。这使得 Cairo 非常适合绘制高分辨率图像和矢量图形。Cairo 的应用领域非常广泛。它可以用于创建图标、图表、数据可视化、GUI 界面等各种图形应用程序。Cairo 还被广泛用于字体渲染、图像处理和打印等领域。Cairo 目前支持的输出目标包括 X Window System、win32、图像缓冲区、PostScript、PDF 和 SVG 格式。实验性后端包括 OpenGL、Quartz 和 XCB 文件输出。Cairo 旨在能够在所有输出媒体上生成一致的输出，并在可用时利用显示硬件加速（例如通过 X Render 扩展）。Cairo API 提供了类似于 PostScript 和 PDF 绘图操作符的操作。Cairo 中的操作包括描边和填充三次贝塞尔样条曲线、转换和组合半透明图像以及抗锯齿文本渲染。所有绘图操作都可以通过任何仿射变换（缩放、旋转、剪切等）进行变换。

执行如下命令安装 Cairo。添加配置选项--enable-xlib，解决编译 GTK＋-2.24.33 时的错误："No package 'cairo-xlib' found"。安装的程序是 cairo-trace。cairo-trace 生成应用程序对 Cairo 的所有调用的日志。安装的库是 libcairo.so、libcairo-gobject.so 和 libcairo-script-interpreter.so。libcairo.so 包含渲染到各种输出目标所需的 2D 图形函数。libcairo-gobject.so 包含将 Cairo 与 Glib 的 GObject 类型系统集成的函数。libcairo-script-interpreter.so

包含执行和操作 Cairo 执行跟踪的脚本解释器函数。

```
1 cd $SRC && tar -xf cairo-1.17.6.tar.xz && cd cairo-1.17.6 && sed 's/PTR/void */' -i util/cairo-trace/lookup-symbol.c &&
2 sed -e "/@prefix@/a exec_prefix=@exec_prefix@" -i util/cairo-script/cairo-script-interpreter.pc.in &&
3 ./configure --prefix=/usr --disable-static --enable-tee --enable-xlib && make && make install
```

接下来按顺序安装 5 个 Python 模块,分别是 PyCairo-1.23.0(依赖于 Cairo-1.17.6)、PyGObject-3.42.2(依赖于 PyCairo-1.23.0)、PyAtSpi2-2.46.0(依赖于 PyGObject-3.42.2)、PyCairo-1.18.2(依赖于 Cairo-1.17.6)、PyGObject-2.28.7(依赖于 PyCairo-1.18.2)。具体的安装命令见 slfs-blfs-4.sh 文件。

5. gdk-pixbuf-2.42.10

gdk-pixbuf 是一个用于图像加载、存储和显示的开源库。它是 GTK+项目的一部分,用于处理各种图像格式,包括常见的 JPEG、PNG、BMP 和 GIF 等。gdk-pixbuf 库提供了一套简单的 API,可以方便地将图像加载到内存中,并进行缩放、裁剪、旋转等操作。此外,gdk-pixbuf 库还提供了图像的像素数据以及在 GTK+窗口中绘制图像的功能。它可以与 GTK+和其他基于 GDK 的库一起使用,以创建功能强大的图形用户界面应用程序。gdk-pixbuf 软件包是用于图像加载和像素缓冲区操作的工具包。它被 GTK+2 和 GTK+3 用来加载和操作图像。在过去,它曾作为 GTK+2 的一部分分发,但为了准备切换到 GTK+3,它被拆分成一个单独的包。执行如下命令安装 gdk-pixbuf。安装的程序是 gdk-pixbuf-csource、gdk-pixbuf-pixdata、gdk-pixbuf-query-loaders 和 gdk-pixbuf-thumbnailer。安装的库是 libgdk_pixbuf-2.0.so。

```
1 cd $SRC && tar -xf gdk-pixbuf-2.42.10.tar.xz && cd gdk-pixbuf-2.42.10 && mkdir build && cd build &&
2 meson setup --prefix=/usr --buildtype=release --wrap-mode=nofallback .. && ninja && ninja install
```

6. GLU-9.0.2

GLU(OpenGL Utility Library)库是一个辅助开发 OpenGL 程序的工具库。它提供了一系列的函数,用于处理 OpenGL 程序的一些常见任务,如矩阵操作、三维几何体的创建和绘制、纹理的加载和使用等。GLU 库是一个非常有用的工具库,可以大大简化 OpenGL 程序的开发过程,并且提供了一些常用的功能,可以方便地处理各种图形任务。GLU 软件包提供了 Mesa OpenGL 实用库。执行如下命令安装 GLU。安装的库是 libGLU.so。

```
1 cd $SRC && tar -xf glu-9.0.2.tar.xz && cd glu-9.0.2 && mkdir build && cd build && meson setup --prefix=$XORG_PREFIX \
2 -Dgl_provider=gl --buildtype=release .. && ninja && ninja install && rm -f /usr/lib/libGLU.a && rm $SRC/glu-9.0.2 -rf
```

7. Pango-1.50.12

Pango 是一个用于文本布局和渲染的开源库。Pango 库主要用于处理复杂文本布局,包括处理多语言、多字体和多样式的文本。它支持各种文字脚本,包括拉丁语系、中文、日文、阿拉伯语等。Pango 库可以将文本进行分行处理,并根据字形的尺寸和形状进行布局。它还支持文字的变换操作,如旋转、缩放和拉伸。除了文本布局和渲染,Pango 库还提供了一套高级文本属性的接口,可以用于处理文本的样式、颜色和排版等。Pango 库是 GTK+

的一部分,它是一种用于创建图形用户界面的工具包。Pango 库为 GTK＋提供了强大的文本布局和渲染功能,使得开发者可以在 GTK＋应用程序中实现高质量的文字显示效果。

执行如下命令安装 Pango。安装的程序是 pango-list、pango-segmentation 和 pango-view。安装的库是 libpango-1.0.so、libpangocairo-1.0.so、libpangoft2-1.0.so 和 libpangoxft-1.0.so。

```
1 cd $SRC && tar -xf pango-1.50.12.tar.xz && cd pango-1.50.12 && mkdir build && cd build &&
2 meson setup --prefix=/usr --buildtype=release --wrap-mode=nofallback .. && ninja && ninja install
```

8. Cogl-1.22.8

Cogl 是一个基于 OpenGL 的图形库,用于简化 OpenGL 的使用,适用于开发 2D 或简单 3D 图形应用程序的开发人员。它提供了一个简单的 API,可以帮助开发人员更轻松地创建和管理 OpenGL 上下文、窗口和图形渲染。Cogl 库提供了一组高级的图形渲染功能,如 2D 图形绘制、纹理贴图、矩阵变换、混合、光照等。它还支持硬件加速和多线程渲染,以提高图形渲染的性能。Cogl 库还提供了一些辅助功能,如事件处理、输入管理和窗口管理。它可以与 GTK＋等 GUI 库结合使用,以实现复杂的图形用户界面。执行如下命令安装 Cogl。安装的库是 libcogl-gles2.so、libcogl-pango.so、libcogl-path.so 和 libcogl.so。

```
1 cd $SRC && tar -xf cogl-1.22.8.tar.xz && cd cogl-1.22.8 && ./configure --prefix=/usr --enable-gles1 --enable-gles2 \
2 --enable-{kms,wayland,xlib}-egl-platform --enable-wayland-egl-server && make && make install && rm $SRC/cogl-1.22.8 -rf
```

9. Clutter-1.26.4

Clutter 库是一个开源的图形用户界面(GUI)工具包,用于开发交互式应用程序。它提供了一套易于使用、跨平台的 API,用于处理图形渲染、用户输入、动画和硬件加速等方面。Clutter 使用 OpenGL 进行渲染,利用现代图形硬件加速图形处理,支持多种图形特效和动画效果,提供更快的性能和流畅的动画效果。Clutter 支持 2D 和 3D 图形,可以创建各种复杂的界面效果,包括阴影、透明度和变形等。Clutter 提供了丰富的动画和过渡效果,可以实现平滑的界面过渡和动态效果,增强用户体验。Clutter 库可以与多种编程语言一起使用,包括 C、C++、Python 和 JavaScript 等。需要注意的是,虽然 Clutter 是一个功能强大的库,但它在近几年逐渐被其他 GUI 库如 GTK＋和 Qt 取代,并在 GNOME 3 的桌面环境中被弃用。所以,如果有需要开发跨平台 GUI 应用程序的需求,可能更适合使用较为流行和广泛支持的库。执行如下命令安装 Clutter。安装的库是 libclutter-1.0.so 和 libclutter-glx-1.0.so。

```
1 cd $SRC && tar -xf clutter-1.26.4.tar.xz && cd clutter-1.26.4 &&
2 ./configure --prefix=/usr --sysconfdir=/etc --enable-egl-backend --enable-evdev-input \
3 --enable-wayland-backend --enable-wayland-compositor && make && make install && rm $SRC/clutter-1.26.4 -rf
```

10. gstreamer-1.22.0

GStreamer 库是一个功能强大、灵活易用的多媒体处理框架,广泛应用于音视频播放器、流媒体服务器、媒体编辑工具等多媒体应用领域。它提供了一组工具、库和插件,可用于音频、视频、流媒体和其他多媒体任务的开发。GStreamer 的设计目标是提供一个灵活、可扩展和跨平台的多媒体处理解决方案。它使用一种模块化的架构,允许用户通过组装各种插件来构建自定义的多媒体处理流水线。GStreamer 库具有以下特点:①支持多种多媒体格式和协议,包括常见的音频格式(如 MP3 和 AAC)、视频格式(如 H.264 和 MPEG-4)以及流媒体协议(如 HTTP 和 RTSP);②提供了丰富的插件集合,用于处理各种多媒体任务,包括音频解码、视频编码、特效处理和流媒体传输等;③支持多种操作系统和平台,包括 Linux、Windows、macOS 等,以及嵌入式系统如 Android 和 iOS;④提供了易于使用的 API 接口,可以在 C、C++、Python 等编程语言中使用,简化了多媒体处理的开发过程;⑤具有良好的性能和效率,能够高效处理多媒体数据,并支持硬件加速和并行处理等技术。

执行如下命令安装 gstreamer 软件包。安装的程序是 gst-inspect-1.0、gst-launch-1.0、gst-stats-1.0、gst-tester-1.0 和 gst-typefind-1.0。安装的库是 libgstbase-1.0.so、libgstcheck-1.0.so、libgstcontroller-1.0.so、libgstnet-1.0.so 和 libgstreamer-1.0.so。

```
1 cd $SRC && tar -xf gstreamer-1.22.0.tar.xz && cd gstreamer-1.22.0 && mkdir build && cd build &&
2 meson setup --prefix=/usr --buildtype=release -Dgst_debug=false \
3     -Dpackage-origin=https://www.linuxfromscratch.org/blfs/view/11.3-systemd/ \
4     -Dpackage-name="GStreamer 1.22.0 BLFS" && ninja && ninja install && rm $SRC/gstreamer-1.22.0 -rf
```

11. gst-plugins-base-1.22.0

gst-plugins-base 库是 GStreamer 多媒体框架的一个基本插件库。它包含一些基本的插件,用于处理多媒体数据流的输入输出,以及提供一些基本的音视频编解码等功能。

gst-plugins-base 库包含以下一些核心插件:gstaudiosink 用于音频流的输出、gstaudiosrc 用于音频流的输入、gstvideoconvert 用于视频流的格式转换、gstvideorate 用于视频流的帧率控制、gstvideotestsrc 用于生成测试视频流。此外,gst-plugins-base 库还提供了一些底层的音视频处理插件,如音频解码器、音频编码器、视频解码器等。gst-plugins-base 库是 GStreamer 框架的必选插件之一,它提供了处理多媒体数据流的基本功能,为其他高级插件库(如 gst-plugins-good、gst-plugins-bad)提供了基础支持。在使用 GStreamer 进行多媒体开发时,gst-plugins-base 库是不可或缺的一部分。执行如下命令安装 GStreamer Base Plug-ins。安装的程序是 gst-device-monitor-1.0、gst-discoverer-1.0 和 gst-play-1.0。安装了多个库。

```
1 cd $SRC && tar -xf gst-plugins-base-1.22.0.tar.xz && cd gst-plugins-base-1.22.0 && mkdir build &&
2 cd build && meson setup --prefix=/usr --buildtype=release -Dpackage-name="GStreamer 1.22.0 BLFS" \
3     -Dpackage-origin=https://www.linuxfromscratch.org/blfs/view/11.3-systemd/ \
4     --wrap-mode=nodownload && ninja && ninja install && rm $SRC/gst-plugins-base-1.22.0 -rf
```

12. clutter-gst-3.0.27

Clutter-GST(Clutter-GStreamer)是一个用于在 Clutter 应用程序中嵌入 GStreamer 多媒体框架的库。Clutter 是一个用于创建用户界面和图形效果的开源软件库,而 GStreamer 是一组用于创建流媒体应用程序的库。Clutter-GST 库提供了一个方便的接口,使开发人员能够在 Clutter 应用程序中轻松地加载、播放和控制各种媒体内容,包括音频和视频。通过 Clutter-GST,开发人员可以实现高效的媒体播放和操作,同时利用 Clutter 库的图形功能来创建交互式和视觉上吸引人的用户界面。Clutter-GST 还提供了与 GStreamer 的其他功能集成的能力,如网络流媒体播放、视频解码和编码等。总的来说,Clutter-GST 是一个强大的工具,可以帮助开发人员在 Clutter 应用程序中实现高质量的媒体处理和用户体验。执行如下命令安装 clutter-gst 软件包。安装的库是 libclutter-gst-3.0.so 和/usr/lib/gstreamer-1.0/libcluttergst3.so。

```
1 cd $SRC && tar -xf clutter-gst-3.0.27.tar.xz && cd clutter-gst-3.0.27 &&
2 ./configure --prefix=/usr && make && make install && rm $SRC/clutter-gst-3.0.27 -rf
```

13. FLTK-1.3.8

FLTK(Fast Light Tool Kit)是一个开源的 C++ 图形用户界面库,用于开发跨平台的图形应用程序。FLTK 库的设计目标是简单、轻量级和快速。FLTK 库的代码量非常小,因此它非常适合于嵌入式系统或资源有限的环境。它仅依赖于标准 C++ 库,没有其他外部依赖。FLTK 库的设计注重性能和响应速度,它使用了高效的双缓冲绘图技术,以及事件驱动的架构,使得应用程序可以快速处理输入和输出。FLTK 库提供了一套简洁而直观的 API,使得开发者可以简单地创建和管理用户界面元素,如按钮、文本框、滑块等。它还提供了丰富的绘图函数和布局管理工具,帮助开发者更轻松地实现自定义界面。FLTK 库非常适合开发需要快速响应和良好用户体验的应用程序。FLTK 提供现代 GUI 功能,并支持通过 OpenGL 和内置的 GLUT 仿真库实现 3D 图形,用于创建应用程序的图形用户界面。执行如下命令安装 FLTK。安装的程序是 blocks、checkers、fltk-config、fluid 和 sudoku。安装的库是 libfltk.{a,so}、libfltk_forms.{a,so}、libfltk_gl.{a,so} 和 libfltk_images.{a,so}。

```
1 cd $SRC && tar -xf fltk-1.3.8-source.tar.gz && cd fltk-1.3.8 && sed -i -e '/cat.d' documentation/Makefile &&
2 ./configure --prefix=/usr --enable-shared && make && make -C documentation html &&
3 make docdir=/usr/share/doc/fltk-1.3.8 install && make -C test docdir=/usr/share/doc/fltk-1.3.8 install-linux &&
4 make -C documentation docdir=/usr/share/doc/fltk-1.3.8 install-linux && rm $SRC/fltk-1.3.8 -rf
```

14. Freeglut-3.4.0

Freeglut 是一个开源的跨平台的 OpenGL 工具包。它提供了一些 OpenGL 的函数和回调函数,使得用户可以方便地编写 OpenGL 的程序。与其他的 OpenGL 工具包相比,Freeglut 是一个轻量级的工具包,可以很容易地集成到项目中。Freeglut 还提供了一些额外的功能,如对鼠标和键盘事件的处理,以及对窗口管理的支持。使用 Freeglut 可以简化 OpenGL 程序的开发过程,提高开发效率。执行如下命令安装 Freeglut。安装的库是 libglut.so。

```
1 cd $SRC && tar -xf freeglut-3.4.0.tar.gz && cd freeglut-3.4.0 && mkdir build && cd build &&
2 cmake -DCMAKE_INSTALL_PREFIX=/usr -DCMAKE_BUILD_TYPE=Release -DFREEGLUT_BUILD_DEMOS=OFF \
3   -DFREEGLUT_BUILD_STATIC_LIBS=OFF -Wno-dev .. && make && make install && rm $SRC/freeglut-3.4.0 -rf
```

15. gdk-pixbuf-xlib-2.40.2

gdk-pixbuf-xlib 库是 GTK＋图形库中的一个组件,它提供了与 Xlib(X Window

System 的低级 API)交互的功能。该库用于处理图像数据,并提供了在 Xlib 中绘制这些图像的方法。gdk-pixbuf-xlib 库能够加载、存储和操作多种图像格式,如 JPEG、PNG 和 BMP等。它还支持图像缩放、裁剪和转换等操作。通过 gdk-pixbuf-xlib 库,开发人员可以在GTK＋应用程序中方便地显示和操作图像。该库还提供了与 X Window System 的底层通信接口,使开发人员能够直接控制图像在屏幕上的显示位置和大小。gdk-pixbuf-xlib 库为GTK＋提供了强大的图像处理功能,使开发人员能够在 X Window System 环境中创建出色的图形用户界面。gdk-pixbuf-xlib 软件包为 gdk-pixbuf 提供了一个已弃用的 Xlib 接口,这对于一些还未迁移至使用新接口的应用程序是必要的。执行如下命令安装 gdk-pixbuf-xlib。安装的库是 libgdk_pixbuf_xlib-2.0.so。

```
1 cd $SRC && tar -xf gdk-pixbuf-xlib-2.40.2.tar.xz && cd gdk-pixbuf-xlib-2.40.2 && mkdir build &&
2 cd build && meson setup --prefix=/usr .. && ninja && ninja install && rm $SRC/gdk-pixbuf-xlib-2.40.2 -rf
```

16. GLEW-2.2.0

GLEW(OpenGL Extension Wrangler Library)是一个开源的 C/C＋＋库,是 OpenGL扩展封装库,用于管理 OpenGL 扩展的加载和初始化,确保应用程序能够使用最新的硬件功能和功能扩展。GLEW 提供了一个简单的接口,允许应用程序查询和加载 OpenGL 扩展。它可以检查系统上安装的 OpenGL 驱动程序支持的扩展,并在运行时加载它们。这使得应用程序能够使用不同硬件上的各种功能,而无须手动编写特定于某个扩展的代码。GLEW 支持所有主要的 OpenGL 扩展,包括低级的扩展,如纹理、缓冲区和渲染目标,以及高级扩展,如几何着色器、扩展缓冲区和统一着色器。GLEW 的使用非常简单。只需要在应用程序中包含 GLEW 的头文件,并在初始化 OpenGL 上下文后调用 glewInit()函数即可。此后,应用程序就可以使用 GLEW 提供的功能,查询和加载 OpenGL 扩展。执行如下命令安装 GLEW。安装的程序是 glewinfo 和 visualinfo。安装的库是 libGLEW.so。

```
1 cd $SRC && tar -xf glew-2.2.0.tgz && cd glew-2.2.0 && sed -i 's%lib64%lib%g' config/Makefile.linux &&
2 sed -i -e '/glew.lib.static:/d' -e '/0644 .*STATIC/d' -e 's/glew.lib.static//' Makefile && make && make install.all
```

17. Graphene-1.10.8

Graphene 是一个开源的图数据库,由 Google 开发。它提供了一种高效的方式来存储和查询大规模的图数据。Graphene 的设计灵感来自 Google 的 Bigtable 和 Google File System (GFS),并结合了其他图数据库系统的优点。Graphene 具有高度的扩展性和可靠性,并通过在多个机器上分布数据来实现高性能。它还提供了灵活的查询语言和强大的图算法,使得用户可以对图数据进行复杂的分析和挖掘。Graphene 已经在多个 Google 的产品中得到了广泛的应用,并且在大部分图数据领域都具有很高的竞争力。Graphene 软件包为图形库提供了简单的类型封装。执行如下命令安装 Graphene。安装的库是 libgraphene-1.0.so。

```
1 cd $SRC && tar -xf graphene-1.10.8.tar.xz && cd graphene-1.10.8 && mkdir build && cd build &&
2 meson setup --prefix=/usr --buildtype=release .. && ninja && ninja install && rm $SRC/graphene-1.10.8 -rf
```

18. hicolor-icon-theme-0.17

hicolor-icon-theme 是一个用于桌面图标的专业图标主题。它为各种桌面环境提供了一致和高品质的图标。hicolor-icon-theme 具有丰富的图标库,可以满足各种应用程序和文件类型的需要。hicolor-icon-theme 提供了多种尺寸的图标,以适应不同分辨率的屏幕,并支持高 DPI 显示。它包含各种图标,包括文件夹、文件类型、应用程序等,可以使桌面界面更加美观和易于识别。作为一个专业的图标主题,hicolor-icon-theme 遵循高度规范化的设计风格,保证了图标的一致性和统一性。它还支持可自定义的扩展,可以根据自己的需求添加或替换图标。总之,hicolor-icon-theme 是一个功能强大且高品质的图标主题,适用于各种桌面环境,并可以提供美观和易于识别的图标。通过以下命令安装 hicolor-icon-theme。安装的目录是/usr/share/icons/hicolor,其中包含用作默认值的图标定义。

```
1 cd $SRC && tar -xf hicolor-icon-theme-0.17.tar.xz && cd hicolor-icon-theme-0.17 &&
2 ./configure --prefix=/usr && make install && rm $SRC/hicolor-icon-theme-0.17 -rf
```

19. GTK＋-2.24.33

GTK＋2 是一种开源的图形用户界面工具包。GTK＋2 最初由 GIMP 开发者编写,用于创建 GNU Image Manipulation Program(GIMP)的用户界面。GTK＋2 相比于 GTK＋1 具有更多的功能和改进,并且提供了丰富的控件和视图组件,方便开发人员创建交互式的图形应用程序。GTK＋2 使用一个基于事件驱动的模型,使开发人员能够通过处理用户输入和系统事件来创建动态的、响应式的用户界面。它还提供了丰富的工具和库,用于创建自定义的控件、绘图和动画效果。GTK＋2 还提供了多语言支持,使得开发人员能够使用多种编程语言,如 C、C++、Python、Perl 和 Ruby 等,来编写应用程序。总的来说,GTK＋2 是一个功能强大且易于使用的图形用户界面工具包,它为开发人员提供了丰富的组件和功能,以创建各种平台上的现代化、交互式的应用程序。GTK＋2 软件包包含用于创建应用程序图形用户界面的库。执行如下命令安装 GTK＋2。安装的程序是 gtk-builder-convert、gtk-demo、gtk-query-immodules-2.0 和 gtk-update-icon-cache。安装的库是 libgailutil.so、libgdk-x11-2.0.so 和 libgtk-x11-2.0.so。

```
1 cd $SRC && tar -xf gtk+-2.24.33.tar.xz && cd gtk+-2.24.33 &&
2 sed -e 's#l \(gtk-.*\).sgml#& -o \1#' -i docs/{faq,tutorial}/Makefile.in &&
3 ./configure --prefix=/usr --sysconfdir=/etc && make && make install &&
4 cat > ~/.gtkrc-2.0 << "EOF"
5 include "/usr/share/themes/Glider/gtk-2.0/gtkrc"
6 gtk-icon-theme-name = "hicolor"
7 EOF
8 cat > /etc/gtk-2.0/gtkrc << "EOF"
9 include "/usr/share/themes/Clearlooks/gtk-2.0/gtkrc"
10 gtk-icon-theme-name = "elementary"
11 EOF
```

20. libiodbc-3.52.15

libiodbc 是一个开源的,跨平台的 ODBC 驱动管理器。ODBC（Open Database

Connectivity)是一种用于访问数据库的标准接口,可以提供统一的接口来访问不同数据库系统。libiodbc 提供了一套 API,用于连接和管理多种 ODBC 驱动程序,并且它可以在不同的操作系统上运行。libiodbc 可以在多种操作系统上运行,包括 Windows、Linux、UNIX 等。libiodbc 可以与多种不同的数据库系统集成,如 MySQL、Oracle、DB2 等。libiodbc 提供了一个驱动程序管理器,可以方便地添加、删除和配置 ODBC 驱动程序。libiodbc 支持连接池功能,可以有效地管理数据库连接,减轻数据库服务器的负载。总之,libiodbc 是一个功能丰富的 ODBC 驱动管理器,它简化了与多种数据库系统的连接和操作,使得开发人员可以更方便地访问和管理数据库。执行如下命令安装 libiodbc。安装了若干程序和库。

```
1 cd $SRC && tar -xf libiodbc-3.52.15.tar.gz && cd libiodbc-3.52.15 &&
2 ./configure --prefix=/usr --with-iodbc-inidir=/etc/iodbc --includedir=/usr/include/iodbc \
3 --disable-libodbc --disable-static && make && make install && rm $SRC/libiodbc-3.52.15 -rf
```

21. libunique-1.1.6

libunique 是一个开源项目,提供了一种易于使用的应用程序接口,用于在 GTK＋中创建唯一实例的窗口。它使开发者能够轻松地确保他们的应用程序在每个会话中只打开一个窗口实例,而不是允许多个实例同时运行。libunique 是为了解决在桌面环境下,当用户启动一个应用程序时,只应该打开一个窗口实例的需求而创建的。它使用了 D-Bus 作为通信机制,以确保唯一性。libunique 提供了一些简单的函数和几个信号,用于管理窗口实例的生命周期。它还提供了一些辅助功能,如快速切换到已经打开的实例或将命令行参数传递给已经运行的实例。libunique 被广泛应用于许多基于 GTK＋的桌面应用程序,如 Gedit 和 GNOME Terminal。执行如下命令安装 libunique。

```
1 cd $SRC && tar -xf libunique-1.1.6.tar.bz2 && cd libunique-1.1.6 &&
2 patch -Np1 -i ../libunique-1.1.6-upstream_fixes-1.patch && autoreconf -fi && ./configure --prefix=/usr \
3     --disable-dbus --disable-static && make && make install && rm $SRC/libunique-1.1.6 -rf
```

22. rep-gtk-0.90.8.3

rep-gtk 是一种用于创建 GTK＋图形界面的库。它是 GNU 项目的一部分,通过使用封装了 GTK＋的 C 库,使得创建图形界面变得更加简单。rep-gtk 提供了一个类似于 REPL(Read-Eval-Print Loop)的环境,即可以实时执行和显示即时反馈的消息。这使得开发者可以快速测试和调试他们的代码,并且可以立即看到结果。rep-gtk 还提供了一种基于 Scheme 的脚本语言,使得开发者可以使用简单而强大的语法来创建图形界面。此外,rep-gtk 还与 GLib 和 GTK＋的事件处理机制和对象系统紧密集成,使得开发者可以轻松地创建复杂的 GUI 应用程序。rep-gtk 的目标是提供一种易于使用的工具,使得开发者可以更加轻松地使用 GTK＋来创建图形界面。它已经被广泛应用于各种类型的应用程序,包括游戏、实用工具、编辑器等。rep-gtk 软件包含一个 Lisp 和 GTK 绑定。这对于使用 Lisp 扩展 GTK-2 和 GDK 库非常有用。从 rep-gtk-0.15 开始,该软件包包含与 GTK 的绑定并使用相同的指令。如果需要,两者都可以安装。执行如下命令安装 rep-gtk。安装的库是 Lisp 绑定。Lisp 绑定是存储在/usr/lib/rep/gui/中的库,用于协助 Lisp 与 GTK 库之间的通信。

```
1 cd $SRC && tar -xf rep-gtk_0.90.8.3.tar.xz && cd rep-gtk_0.90.8.3 && ./autogen.sh --prefix=/usr && make && make install
```

23. adwaita-icon-theme-43

Adwaita 是一种图标主题,被广泛应用于 Linux 操作系统的桌面环境。它最初是为 GNOME 桌面环境而创建的,现已成为许多其他桌面环境的默认图标主题。Adwaita 图标主题具有简洁、现代的设计风格,使用了明亮的色彩和平滑的曲线,使得图标看起来清晰、易于识别。这个图标主题覆盖了各种应用程序和系统图标,包括文件夹、文件、应用程序、设备等。它还提供了不同大小的图标,以适应不同分辨率的屏幕。Adwaita 图标主题在视觉上与 GNOME 桌面环境的其他组件相协调,如 Adwaita 主题和桌面壁纸。它的目标是为用户提供一致的视觉体验,使得整个桌面环境看起来和谐统一。通过使用 Adwaita 图标主题,用户可以为他们的 Linux 桌面环境带来现代化和精致的外观,提高用户体验。adwaita-icon-theme 软件包包含一个为 GTK＋3 和 GTK4 应用程序设计的图标主题。执行如下命令安装 adwaita-icon-theme 软件包。安装的目录是/usr/share/icons/Adwaita。

```
1 cd $SRC && tar -xf adwaita-icon-theme-43.tar.xz && cd adwaita-icon-theme-43 &&
2 ./configure --prefix=/usr && make && make install && rm $SRC/adwaita-icon-theme-43 -rf
```

24. GTK＋-3.24.36

GTK＋3 提供了一系列的控件和工具,帮助开发者创建现代、直观的用户界面。它支持多种编程语言,包括 C、C＋＋、Python、Ruby 等,这使得开发者能够使用他们熟悉的编程语言来开发应用程序。GTK＋3 允许开发者使用 CSS(层叠样式表)来定制应用程序的外观和风格。这使得开发者能够轻松地创建具有独特外观和感受的应用程序。GTK＋3 可以运行在多个操作系统上,包括 Linux、UNIX、Windows 和 macOS。这使得开发者能够轻松地将应用程序移植到不同的平台上。GTK＋3 提供了丰富的控件和工具,包括按钮、文本框、列表框、菜单等。开发者可以使用这些控件来构建复杂的用户界面。GTK＋3 具有广泛的应用领域,包括桌面应用程序、嵌入式系统、游戏等。它被许多知名的开源项目使用,如 GNOME 桌面环境、GIMP 和 Inkscape 等。GTK＋3 软件包包含用于创建应用程序图形用户界面的库。执行如下命令安装 GTK＋3。安装了多个程序。安装的库是 libgailutil-3.so、libgdk-3.so 和 libgtk-3.so。

```
1 cd $SRC && tar -xf gtk+-3.24.36.tar.xz && cd gtk+-3.24.36 && mkdir build && cd build &&
2 meson setup --prefix=/usr --buildtype=release -Dman=true -Dbroadway_backend=true .. &&
3 ninja && ninja install && mkdir -p ~/.config/gtk-3.0 && rm $SRC/gtk+-3.24.36 -rf
```

25. Amtk-5.6.1

Amtk(Action Menu Toolkit)是一个用于为 GNOME 应用程序创建菜单的库。它为开发人员提供了一组简单且易于使用的工具来创建自定义菜单和菜单项,以及响应用户的交互操作。Amtk 旨在简化创建和管理菜单的过程,并与 GNOME 桌面环境的设计准则保持一致。它包括几种常用的操作菜单样式,如打开、保存、剪切、复制、粘贴、撤销、重做等,并支持自定义图标、样式和快捷键。该库还提供了一些有用的功能,如动态菜单项,可以根据应用程序状态的变化动态更新菜单内容。Amtk 还支持在菜单项上显示文本标签、图标和辅助文本，并提供了一个简单的 API 来处理菜单项的单击事件。通过使用 Amtk，开发人员可以轻松地为他们的应用程序添加功能强大的菜单，提供更好的用户体验和更高的可定制性。它是由 GNOME 开发者开发的，并且在 GNOME 应用程序中被广泛使用。Amtk 软件包包含一个基于 GAction 的基本 GTKUIManager 替代者。执行如下命令安装 Amtk。安装的库是 libamtk-5.so。

```
1 cd $SRC && tar -xf amtk-5.6.1.tar.xz && cd amtk-5.6.1 && mkdir amtk-build && cd amtk-build &&
2 meson setup --prefix=/usr --buildtype=release -Dgtk_doc=false .. && ninja && ninja install
```

26. clutter-gtk-1.8.4

clutter-gtk 是一个用于在 GNOME 平台上创建旁路图形用户界面（GUI）的开源库。它是基于 Clutter 图形工具包和 GTK＋工具包的集成，提供了将 Clutter 场景嵌入现有 GTK＋应用程序中的功能。clutter-gtk 库允许开发人员使用 Clutter 的丰富图形效果和动画功能来丰富其 GTK＋应用程序的用户界面。它提供了一系列的 Clutter-GtkWidgets，这些小部件可以与标准 GTK＋小部件一起使用，并且可以像任何其他 GTK＋小部件那样管理。通过使用 clutter-gtk，开发人员可以创建具有复杂动画和过渡效果的 GUI，从而提供更吸引人和交互式的用户体验。它还为开发人员提供了一个简单的接口来处理 Clutter 和 GTK＋之间的通信和交互，使得在应用程序中融合这两个工具包变得更加容易。总的来说，clutter-gtk 是一个强大的工具，使开发人员能够在 GNOME 平台上创建出色的图形用户界面。它结合了 Clutter 和 GTK＋的功能，并提供了一种简单的方式来将它们集成到现有的 GTK＋应用程序中。执行如下命令安装 clutter-gtk 软件包。安装的库是 libclutter-gtk-1.0.so。

```
1 cd $SRC && tar -xf clutter-gtk-1.8.4.tar.xz&& cd clutter-gtk-1.8.4 && ./configure --prefix=/usr && make && make install
```

27. librsvg-2.54.5

librsvg 是一个用于将 SVG（可缩放矢量图形）文件渲染为其他格式（如 PNG）的开源库。它是 GNOME 项目的一部分，用于将 SVG 图像集成到 GNOME 桌面环境中。librsvg 库支持插件机制，允许用户通过加载自定义插件扩展其功能。librsvg 是一个功能强大且易于使用的 SVG 渲染库，适用于需要在各种应用程序和操作系统上渲染 SVG 图形的开发人员和设计师使用。librsvg 软件包包含用于操作、转换和查看可伸缩矢量图形（SVG）图像的库和工具。执行如下命令安装 librsvg。安装的程序是 rsvg-convert，用于将图像转换为 PNG、PDF、PS、SVG 和其他格式。安装的库是 librsvg-2.so，提供呈现可伸缩矢量图形的函数。

```
1 cd $SRC && tar -xf librsvg-2.54.5.tar.xz && cd librsvg-2.54.5 && ./configure --prefix=/usr \
2 --enable-vala --disable-static --docdir=/usr/share/doc/librsvg-2.54.5 && make && make install
```

28. GOffice-0.10.55

GOffice 是一个开源的办公软件包，用于处理办公文档。它提供了许多各种各样的功能,包括电子表格、文本处理、演示文稿、图形绘制和数据库管理。GOffice 包括一些核心组件,如文档模型、图形引擎和用户界面工具。它还提供了一些应用程序,如 Gnumeric 电子表格和 Go-oo 文档处理工具。这些工具允许用户创建、编辑和管理各种办公文档。GOffice 使用 OpenDocument 格式作为其主要文档格式,这使得用户可以轻松地与其他办公软件进行交互。它还支持其他格式,如 Microsoft Office 和 PDF。GOffice 软件包提供了一个全面的解决方案,用于处理办公文档。它具有丰富的功能和跨平台的特性,适合各种不同类型的用户。

GOffice 软件包包含一个基于 GLib/GTK 的文档中心对象和实用工具库。这对于执行文档中心应用程序的常见操作非常有用,这些操作在概念上很简单,但完全实现起来却很复杂。GOffice 库提供的一些操作包括支持插件、应用程序文档的加载/保存例程和撤销/重做功能。

执行如下命令安装 GOffice。安装的库是 libgoffice-0.10.so。

```
1 cd $SRC && tar -xf goffice-0.10.55.tar.xz && cd goffice-0.10.55 && ./configure --prefix=/usr && make && make install
```

29. gst-plugins-bad-1.22.0

gst-plugins-base 是 GStreamer 的一个核心插件集合,提供了核心的多媒体处理功能。它包含许多基本的音频和视频处理元素、插件和库,用于构建和开发多媒体应用程序。gst-plugins-base 支持多种音频和视频格式,包括常见的文件格式,如 MP3、AVI、MKV 等。它还提供各种编解码器,可以进行音频和视频的解码和编码。除了基本的处理功能,gst-plugins-base 还包含一些基本的效果插件,如音量控制、均衡器等。它还提供了一些用于音频和视频数据处理的工具和库,如音频和视频转换、滤波等。gst-plugins-base 是 GStreamer 的一个基础插件集合,它为其他更高级的插件集合,如 gst-plugins-good 和 gst-plugins-ugly 提供了基础功能。这些插件集合一起构成了一个庞大和强大的多媒体处理框架,可以用于开发各种多媒体应用程序,如播放器、视频编辑器、流媒体服务器等。

gst-plugins-bad 软件包包含一组与其他插件不相匹配的插件。执行如下命令安装 gst-plugins-bad。安装的程序是 gst-transcoder-1.0 和 playout。安装的库是/usr/lib/gstreamer-1.0 下的多个插件。gst-transcoder-1.0 用于将流转码为不同格式。playout 是一个示例应用程序,用于按顺序播放一组音视频文件。

```
1 cd $SRC && tar -xf gst-plugins-bad-1.22.0.tar.xz && cd gst-plugins-bad-1.22.0 && mkdir build &&
2 cd build && meson setup --prefix=/usr --buildtype=release -Dgpl=enabled \
3   -Dpackage-origin=https://www.linuxfromscratch.org/blfs/view/11.3-systemd/ \
4   -Dpackage-name="GStreamer 1.22.0 BLFS" && ninja && ninja install && rm $SRC/gst-plugins-bad-1.22.0 -rf
```

30. gst-plugins-good-1.22.0

gst-plugins-good 是一个开源的 GStreamer 插件集合,属于 GStreamer 的核心插件集之一。这个插件集包含一些高质量和常用的多媒体处理元素,可以用于音频和视频编解码、音频和视频捕获、视频渲染、音频和视频过滤等任务。gst-plugins-good 的目标是提供稳定和可靠的多媒体处理功能,并且支持多种媒体格式和协议。它是 GStreamer 框架的一部分,允许开发者通过 GStreamer API 来使用这些插件,以构建自己的多媒体应用程序。gst-plugins-good 是一组被 GStreamer 开发人员认为具有良好代码质量、正确功能的插件集合。其中包括各种视频和音频解码器、编码器和过滤器。执行如下命令安装 GStreamer Good 插件。安装的库是/usr/lib/gstreamer-1.0 下的几个插件。

```
1 cd $SRC && tar -xf gst-plugins-good-1.22.0.tar.xz && cd gst-plugins-good-1.22.0 && mkdir build &&
2 cd build && meson setup --prefix=/usr --buildtype=release \
3   -Dpackage-origin=https://www.linuxfromscratch.org/blfs/view/11.3-systemd/ \
4   -Dpackage-name="GStreamer 1.22.0 BLFS" && ninja && ninja install && rm $SRC/gst-plugins-good-1.22.0 -rf
```

31. GTK-4.8.3

GTK(GNU Toolkit)是一个用于创建图形界面的开源工具集。GTK 最初是为 UNIX 系统而开发的,后来也被移植到其他操作系统上,如 Linux、Windows 和 macOS 等。GTK4 是 GTK 的第四个主要版本,也是一个重要的更新。GTK4 的目标是提供更现代、更简化的 API,同时保持向后兼容性。GTK4 通过引入新的渲染管道和优化的绘图流程,实现了更高的性能和更流畅的界面体验。GTK4 引入了一种新的多线程机制,使得在多核处理器上并行处理用户界面成为可能,这将提高 GTK 应用程序的响应能力和效率。GTK4 对 Wayland 的支持更加完善,改进了对 Wayland 协议的实现,使得在 Wayland 上运行的 GTK 应用程序更加稳定和高效。GTK4 引入了对 OpenGL 的支持,使得开发人员可以使用硬件加速的图形渲染来提高界面的绘制速度和质量。GTK4 通过移除过时的功能和简化的 API,提供了更清晰、更易于使用的编程接口。此外,它还提供了更灵活的样式系统,使得开发人员可以更容易地自定义和定制界面的外观和风格。总的来说,GTK4 是一个重要的版本升级,它在性能、多线程支持、Wayland 支持、OpenGL 渲染和 API 简化等方面都有显著的改进。这些改进使得开发人员可以更轻松地构建现代化、高性能的图形界面应用程序。GTK4 软件包包含用于创建应用程序图形用户界面的库。执行如下命令安装 GTK4。安装了 gtk4-broadwayd、gtk4-builder-tool、gtk4-demo 等多个程序。安装的库是 libgtk-4.so,包含提供实现图形用户界面的 API 函数。

```
1 cd $SRC && tar -xf gtk-4.8.3.tar.xz && cd gtk-4.8.3 && mkdir build && cd build &&
2 meson setup --prefix=/usr --buildtype=release -Dbroadway-backend=true .. && ninja &&
3 ninja install && mkdir -p ~/.config/gtk-4.0 && rm $SRC/gtk-4.8.3 -rf
```

32. colord-gtk-0.3.0

colord-gtk 是一个用于管理和配置颜色管理系统的图形界面工具。它基于 GTK＋开发,与 colord(颜色服务)紧密集成,提供了一种直观和易于使用的界面来管理显示器、打印机、扫描仪等设备的色彩校准和配置。使用 colord-gtk,用户可以轻松地查看和修改设备的色彩配置,包括亮度、对比度、饱和度等。此外,用户还可以创建和管理自定义的色彩配置文件,以便在不同设备之间共享和使用。colord-gtk 还提供了一些额外的功能,如颜色样本管理、ICC 配置文件的导入和导出等。它还支持多个语言界面,以满足不同用户的需求。colord-gtk 可以帮助用户精确控制设备的色彩配置,提高图像和打印品质。执行如下命令安装该软件包。安装的程序是 cd-convert,是一个颜色管理器测试工具。安装的库是

libcolord-gtk.so(包含 Colord GTK＋绑定)、libcolord-gtk2.so(包含 Colord GTK＋2 绑定)
和 libcolord-gtk4.so(包含 Colord GTK4 绑定)。

```
1 cd $SRC && tar -xf colord-gtk-0.3.0.tar.xz && cd colord-gtk-0.3.0 && mkdir build && cd build &&
2 meson setup --prefix=/usr --buildtype=release -Dgtk2=true -Dgtk4=true -Dvapi=true \
3        -Ddocs=false -Dman=false .. && ninja && ninja install && rm $SRC/colord-gtk-0.3.0 -rf
```

33. libogg-1.3.5

libogg 是一个开源的用于处理 Ogg 文件格式的 C 语言编程库。Ogg 是一种开放的多
媒体容器格式,通常用于存储音频数据。libogg 库提供了一组 API,使开发人员可以解码和
编码 Ogg 文件。它包含一个核心库(libogg),该库实现了 Ogg 的基本功能,以及一些辅助
库(libvorbis 和 libopus),用于解码和编码 Vorbis 和 Opus 音频格式。libogg 库的主要功能
包括创建和解析 Ogg 文件、读取和写入 Ogg 数据包、访问和操作 Ogg 页面和流信息、提供
高级函数和工具来简化 Ogg 文件的处理。libogg 提供了许多功能和工具,使开发人员能够
轻松地处理 Ogg 文件,并与其他多媒体库和工具进行集成。libogg 软件包包含 Ogg 文件结
构。这对于创建(编码)或播放(解码)单个物理比特流非常有用。执行如下命令安装
libogg。安装的库是 libogg.so,提供程序读取或写入 Ogg 格式比特流所需的功能。

```
1 cd $SRC && tar -xf libogg-1.3.5.tar.xz && cd libogg-1.3.5 && ./configure --prefix=/usr \
2 --disable-static --docdir=/usr/share/doc/libogg-1.3.5 && make && make install && rm $SRC/libogg-1.3.5 -rf
```

34. libvorbis-1.3.7

libvorbis 是一个开源的音频编解码库,用于对 Vorbis 音频格式进行解码和编码。
Vorbis 是一种自由、开放和无损的音频压缩格式,它被广泛应用于各种多媒体应用中,包括
游戏、流媒体、音乐播放器等。libvorbis 库提供了一组 API,可以方便地在应用程序中进行
音频的解码和编码。用户可以使用 libvorbis 库来读取 Vorbis 音频文件,并将其解码为原
始音频数据;也可以使用该库将原始音频数据编码为 Vorbis 音频文件。libvorbis 的主要特
点包括音质高、压缩率高、编解码效率高等。它采用了无损压缩算法,能够在保持音质的同
时将音频数据压缩到较小的文件大小。与其他音频格式相比,如 MP3、Vorbis 的音质更好,
并且没有任何专利限制。libvorbis 得到了广泛的应用和支持,在开源社区和音频领域有着
重要的地位。它和 libogg 一起,构成了完整的 Vorbis 音频格式实现。许多音频播放器和编
码器都使用 libvorbis 来支持 Vorbis 格式。libvorbis 软件包包含一个通用的音频和音乐编
码格式。这对于以开放(无专利)格式创建(编码)和播放(解码)声音非常有用。执行如下命
令安装 libvorbis。安装的库是 libvorbis.so、libvorbisenc.so 和 libvorbisfile.so。libvorbis.so
提供用于读写声音文件的函数。

```
1 cd $SRC && tar -xf libvorbis-1.3.7.tar.xz && cd libvorbis-1.3.7 && ./configure --prefix=/usr \
2 --disable-static && make && make install && install -m644 doc/Vorbis* /usr/share/doc/libvorbis-1.3.7
```

35. libcanberra-0.30

libcanberra 是一个轻量级的音频事件通知库,用于在应用程序中播放简单的声音效果

或音频事件。它是一个开源的项目,最初由 Collabora 开发,并在自由软件和开放源代码社区中广泛使用。libcanberra 基于 ALSA、PulseAudio 和 GStreamer 等音频系统,并提供了一个简单的 API,使开发者能够轻松地控制音频事件的播放。libcanberra 主要用于为应用程序提供声音反馈,例如,按钮单击、弹出窗口和通知等。它支持多种音频格式,包括WAV、OGG 和 FLAC 等。开发者可以使用 libcanberra 来定义音频事件,并根据应用程序的需求选择合适的声音效果。除了播放音频事件外,libcanberra 还可以提供音频相关的信息,例如,音频系统的可用性和音量控制等。它还支持多线程操作,使用户能够在应用程序的后台线程中播放音频事件,而不会阻塞主线程。libcanberra 适用于需要为应用程序添加声音效果或音频事件的开发者。它提供了一个丰富的 API 和多种音频格式的支持,使开发者能够根据应用程序的需求实现个性化的音频效果。执行如下命令安装 libcanberra。

```
1 cd $SRC && tar -xf libcanberra-0.30.tar.xz && cd libcanberra-0.30 &&
2 patch -Np1 -i ../libcanberra-0.30-wayland-1.patch && ./configure --prefix=/usr --disable-oss &&
3 make && make docdir=/usr/share/doc/libcanberra-0.30 install && rm $SRC/libcanberra-0.30 -rf
```

安装的程序是 canberra-boot 和 canberra-gtk-play。canberra-gtk-play 用于播放声音事件的应用程序。安装的库是 libcanberra-gtk.so(包含 GTK＋2 的 libcanberra 绑定)、libcanberra-gtk3.so(包含 GTK＋3 的 libcanberra 绑定)和 libcanberra.so(包含 libcanberra API 函数)。

36. notification-daemon-3.20.0

notification-daemon 是一个用于显示系统通知的程序,它是基于 D-Bus 通信的守护进程。它可以在桌面环境中显示各种类型的通知,例如,新的电子邮件、即将到来的日历提醒、系统更新等。notification-daemon 支持不同的通知主题和布局样式,用户可以根据自己的喜好进行个性化设置。它还提供了与其他应用程序进行集成的能力,例如,可以由邮件客户端发送通知来提醒用户新邮件的到达。notification-daemon 软件包包含一个显示被动弹出通知的守护进程。执行如下命令安装 notification-daemon。

```
1 cd $SRC && tar -xf notification-daemon-3.20.0.tar.xz && cd notification-daemon-3.20.0 &&
2 ./configure --prefix=/usr --sysconfdir=/etc --disable-static && make && make install
```

37. GTK Engines-2.20.2

GTK Engines 是一个用于定制和美化 GTK＋应用程序外观的工具集合。GTK Engines 允许用户更改应用程序的颜色、背景、边框和其他外观属性,以满足个人偏好和风格要求。GTK Engines 包含多个不同的主题引擎,每个引擎都提供了一套特定的外观样式和效果。用户可以通过切换引擎来更改应用程序的外观,从而实现与传统的 GTK＋样式不同的外观。GTK Engines 还支持主题自定义,用户可以修改主题引擎的属性和参数,以创建独一无二的外观效果。该工具集还包含一些辅助工具和样式编辑器,用于方便用户自定义和管理 GTK＋应用程序的外观。GTK Engines 提供了强大的外观定制功能,使用户能够创建个性化和独特的 GTK＋应用程序外观。GTK Engines 软件包包含 8 个主题/引擎和两个额外的 GTK2 引擎。执行如下命令安装 GTK Engines。安装了多个库。

```
1 cd $SRC && tar -xf gtk-engines-2.20.2.tar.bz2 && cd gtk-engines-2.20.2 &&
2 ./configure --prefix=/usr && make && make install && rm $SRC/gtk-engines-2.20.2 -rf
```

38. libcairomm-1.0（cairomm-1.14.0）

libcairomm 是一个用于 C++ 的开源图形库，它是 Cairo 图形库的 C++ 封装。Cairo 是一个功能强大的 2D 图形库，可以绘制各种图形，包括线条、矩形、圆形、多边形等。而 libcairomm 则通过提供面向对象的 C++ 接口，使得使用 Cairo 库更加方便和易于理解。libcairomm 提供了一套丰富的类和函数，可以用于创建绘图设备、创建并管理图形上下文、绘制各种形状、渲染图像等。它还提供了异常处理机制，能够捕获并处理绘图中的错误。libcairomm 适合用于创建各种高质量的 2D 图形应用程序。无论是简单的绘图还是复杂的图形操作，libcairomm 都能够满足用户的需求。执行如下命令安装 Cairomm-1.0。

```
1 cd $SRC && tar -xf cairomm-1.14.0.tar.xz && cd cairomm-1.14.0 && mkdir bld && cd bld && meson setup --prefix=/usr \
2 --buildtype=release -Dbuild-tests=true -Dboost-shared=true .. && ninja && ninja install && rm $SRC/cairomm-1.14.0 -rf
```

39. Pangomm-2.46.3

Pangomm 是一个用于 C++ 的跨平台的字体渲染和排版库。它基于 Pango 文本渲染系统，并提供了对字体、布局和渲染进行高级控制的功能。Pangomm 提供了一个统一的接口，用于管理和操作字体和字符集，包括字体的选择、样式和大小调整。它还支持文本的多行布局、自动换行和文本对齐等功能。另外，Pangomm 还提供了一套丰富的字形和字体度量工具，用于获取字形的边界框、度量信息和渲染控制等。Pangomm 的设计目标是简化文本渲染和排版的复杂性，使开发者能够轻松地实现高质量的文本渲染和排版效果。它可以与其他常用的图形库和窗口系统集成，如 GTK＋、Qt 等，使得应用程序能够在不同平台上一致地渲染和排版文本。Pangomm 适用于各种跨平台的 C++ 应用程序。它提供了丰富的功能和灵活的接口，使得开发者能够轻松地实现高质量的文本渲染和排版效果。执行如下命令安装 Pangomm。

```
1 cd $SRC && tar -xf pangomm-2.46.3.tar.xz && cd pangomm-2.46.3 && mkdir build && cd build &&
2 meson setup --prefix=/usr --buildtype=release .. && ninja && ninja install && rm $SRC/pangomm-2.46.3 -rf
```

40. Gtkmm-3.24.7

gtkmm 是一个用于创建图形用户界面的 C++ 类库。它基于 GTK＋库，提供了一系列的 C++ 类和接口，使得开发者可以使用 C++ 语言来创建跨平台的 GUI 应用程序。gtkmm 的设计理念是为了提供一种现代化、类型安全、面向对象的方式来开发 GUI 应用程序。gtkmm 提供了一组丰富的控件和工具，开发者可以使用这些控件和工具来构建各种各样的 GUI 界面。它还支持事件处理、布局管理、信号与槽机制等功能，使得开发者可以方便地编写交互性强、用户友好的应用程序。gtkmm 适用于开发各种类型的应用程序，包括桌面应用程序、图形化工具等。如果熟悉 C++ 语言，并且想要开发跨平台的 GUI 应用程序，那么 gtkmm 是一个很好的选择。gtkmm 软件包提供了一个面向 GTK＋3 的 C++ 接口。执行如下命令安装 gtkmm。安装的库是 libgdkmm-3.0.so 和 libgtkmm-3.0.so。

```
1 cd $SRC && tar -xf gtkmm-3.24.7.tar.xz && cd gtkmm-3.24.7 && mkdir gtkmm3-build && cd gtkmm3-build &&
2 meson setup --prefix=/usr --buildtype=release .. && ninja && ninja install && rm $SRC/gtkmm-3.24.7 -rf
```

41. gtk-vnc-1.3.1

GTK-VNC 是一个使用 GTK 和 GNOME 库构建的 VNC 客户端和服务器端库。VNC (Virtual Network Computing)是一种通过网络远程控制计算机的技术。GTK-VNC 库提供了一组用于创建和管理 VNC 连接的 API,可以用于开发 VNC 客户端和服务器端应用程序。GTK-VNC 提供的 API 使开发者能够实现类似于 VNC 客户端的功能,例如,远程桌面浏览、文件传输和远程控制。GTK-VNC 基于 GNU 的 C 语言编写,并使用了 GTK 和其他常用的开源库。GTK-VNC 提供了一些工具和示例应用程序,帮助开发者更好地了解和使用该库。执行如下命令安装 gtk-vnc 软件包。安装的程序是 gvnccapture,用于从 VNC 服务器捕获图像。安装的库是 libgtk-vnc-2.0.so、libgvnc-1.0.so 和 libgvncpulse-1.0.so。

```
1 cd $SRC && tar -xf gtk-vnc-1.3.1.tar.xz && cd gtk-vnc-1.3.1 && mkdir build && cd build &&
2 meson setup --prefix=/usr --buildtype=release .. && ninja && ninja install && rm $SRC/gtk-vnc-1.3.1 -rf
```

42. gtksourceview-3.24.11

gtkSourceview 是一个基于 GTK+ 的文本编辑器小部件,可以用来显示和编辑各种文本文件。它提供了许多功能,如语法高亮、代码折叠、自动缩进、多级撤销/重做、代码片段、括号匹配等。gtkSourceview 支持多种编程语言,包括 C、C++、Python、Java 等,并允许用户自定义语法高亮规则。gtkSourceview 还可以作为一个可扩展小部件,可以通过创建和加载外部语言定义文件来添加额外的编程语言支持。它支持多种文本标记格式,如 XML、JSON、LaTeX 等,并允许用户通过各种事件处理和信号来与文本编辑器交互。gtkSourceview 是一个开源项目,最初由 GNOME 开发,并以 LGPL 许可发布。它是许多 IDE(集成开发环境)和文本编辑器的基础,如 GNOME Builder、Gedit、Anjuta 等。它具有丰富的功能和灵活的定制选项,是一个流行的选择来创建专业级的文本编辑器应用程序。gtksourceview 软件包包含用于扩展 GTK+ 文本功能以包括语法高亮的库。执行如下命令安装 gtkSourceview。安装的库是 libgtksourceview-3.0.so。

```
1 cd $SRC && tar -xf gtksourceview-3.24.11.tar.xz && cd gtksourceview-3.24.11 &&
2 ./configure --prefix=/usr && make && make install && rm $SRC/gtksourceview-3.24.11 -rf
```

43. gtksourceview4-4.8.4

gtkSourceview 软件包包含用于扩展 GTK+ 文本功能以包括语法高亮的库。执行如下命令安装 gtkSourceview。安装的库是 libgtksourceview-4.so。

```
1 cd $SRC && tar -xf gtksourceview-4.8.4.tar.xz && cd gtksourceview-4.8.4 && mkdir build && cd build &&
2 meson setup --prefix=/usr --buildtype=release .. && ninja && ninja install && rm $SRC/gtksourceview-4.8.4 -rf
```

44. gtksourceview5-5.6.2

gtkSourceview 软件包包含用于扩展 GTK 文本功能以包括语法高亮的库。执行如下命令安装 gtkSourceview。安装的库是 libgtksourceview-5.so。

```
1 cd $SRC && tar -xf gtksourceview-5.6.2.tar.xz && cd gtksourceview-5.6.2 && mkdir build && cd build &&
2 meson setup --prefix=/usr --buildtype=release .. && ninja && ninja install && rm $SRC/gtksourceview-5.6.2 -rf
```

45. imlib2-1.9.1

imlib2 库是一个用于图像处理的开源 C++ 库。它是对 imlib 库的重新实现,旨在提供更高效的图像处理功能。imlib2 库提供了许多图像操作和处理功能,包括图像加载、保存、缩放、裁剪、旋转、平铺、滤镜等。它支持多种常见的图像格式,如 JPEG、PNG、BMP 等,并且可以通过插件扩展支持更多格式。除了基本的图像处理功能,imlib2 库还提供了一些高级功能,如图像平滑、边缘检测、颜色空间转换等。它还具有处理大型图像和处理动画图像的能力。imlib2 库适用于各种图像处理项目。它被广泛应用于图像编辑软件、图形用户界面工具包等领域。执行如下命令安装 imlib2。安装的程序是 imlib2_bumpmap、imlib2_colorspace 等。安装的库是 libimlib2.so。

```
1 cd $SRC && tar -xf imlib2-1.9.1.tar.xz && cd imlib2-1.9.1 &&
2 ./configure --prefix=/usr --disable-static && make && make install && rm $SRC/imlib2-1.9.1 -rf
```

46. libglade-2.6.4

libglade 是一个使用 GTK+ 库的用户界面构建工具。它允许开发者使用 XML 描述符来设计用户界面,通过 libglade 库来加载和显示这些描述符。这样就可以将界面和功能逻辑分离,使得界面的修改更加方便和灵活。使用 libglade,开发者可以在不重新编译代码的情况下修改用户界面。同时,它还提供了一些特性,例如,对象的动态实例化、信号处理和回调函数的绑定等。libglade 广泛应用于基于 GTK+ 的应用程序开发中,可以加速用户界面的开发,并且使得界面和逻辑可以更好地分离。执行如下命令安装 libglade。安装的程序是 libglade-convert,用于将旧的 Glade 界面文件转换为 Glade-2.0 标准。安装的库是 libglade-2.0.so,包含加载 Glade 界面文件所必需的函数。

```
1 cd $SRC && tar -xf libglade-2.6.4.tar.bz2&& cd libglade-2.6.4 && sed -i '/DG_DISABLE_DEPRECATED/d' glade/Makefile.in &&
2 ./configure --prefix=/usr --disable-static && make && make install && rm $SRC/libglade-2.6.4 -rf
```

47. PyGTK-2.24.0

PyGTK 是一个用于开发图形用户界面(GUI)应用程序的软件包,它是基于 GTK+ 库的 Python 绑定。GTK+ 是一组用于创建图形用户界面的开源库,是 GNOME 桌面环境的核心技术。PyGTK 提供了一组 Python 类和函数,使开发人员可以轻松地创建各种窗口、按钮、标签、文本框、菜单等 GUI 组件。它还提供了用于处理用户输入事件、显示消息框、绘制图形等常见任务的功能。PyGTK 具有很好的兼容性,可以与其他 Python 库和工具集成,如 PyGObject、GLib、Cairo 等。在 PyGTK 中,开发人员可以使用面向对象的编程风格,通过继承和重写方法来定制 GUI 组件的行为。他们可以使用 Glade GUI 构建器来设计用户界面,将 GUI 组件的布局和属性保存在 XML 文件中。PyGTK 适用于开发各种类型的应用程序,包括桌面应用、游戏、图形编辑器等。执行如下命令安装 PyGTK-2.24.0。由于这个 Python 模块依赖前面的一些库或模块,因此 PyGTK-2.24.0 模块的构建放在此处。

```
1 cd $SRC && tar -xf pygtk-2.24.0.tar.bz2 && cd pygtk-2.24.0 && sed -i '1394,1402 d' pango.defs &&
2 ./configure --prefix=/usr && make && make install && rm $SRC/pygtk-2.24.0 -rf
```

48. keybinder-0.3.1

keybinder 是一个 C 库,用于在 Linux 下捕获和处理全局快捷键。它提供了一个简单的接口,允许开发者注册全局快捷键,并定义当这些快捷键被触发时要执行的操作。keybinder 库使用了 X11 的扩展库来实现快捷键的绑定和事件处理。keybinder 可以在各种桌面环境中使用,包括 GNOME、KDE、Xfce 等,所以它被广泛应用于 Linux 桌面应用程序中,用于捕捉用户的按键事件,以实现自定义的快捷键功能。开发者可以使用 keybinder 库来创建快捷键的管理器,注册和注销快捷键,并指定快捷键触发时要执行的回调函数。keybinder 库还提供了一些工具函数,用于处理快捷键的字符串表示和操作系统相关的细节。它支持多个快捷键组合,可以通过简单的函数调用来处理设置和获取键盘绑定的操作。keybinder 为 Linux 桌面应用程序提供了全局快捷键功能的实现。它可以帮助开发者简化处理快捷键的逻辑,提高应用程序的用户体验。执行如下命令安装 Keybinder。安装的库是 libkeybinder.so、/usr/lib/python2.7/site-packages/keybinder/_keybinder.so。

```
1 cd $SRC && tar -xf keybinder-0.3.1.tar.gz && cd keybinder-0.3.1 &&
2 ./configure --prefix=/usr --disable-lua && make && make install && rm $SRC/keybinder-0.3.1 -rf
```

49. keybinder-3.0-0.3.2

keybinder-3.0 软件包包含一个实用程序库,用于为 GTK+-3 注册全局 X 键盘快捷键。执行如下命令安装 keybinder-3.0。安装的库是 libkeybinder-3.0.so。

```
1 cd $SRC && tar -xf keybinder-3.0-0.3.2.tar.gz && cd keybinder-3.0-0.3.2 &&
2 ./configure --prefix=/usr && make && make install && rm $SRC/keybinder-3.0-0.3.2 -rf
```

50. libadwaita-1.2.2

libadwaita 是一个开源的 GTK 主题和图形用户界面库,旨在为 GNOME 应用程序提供一致而现代的外观和用户体验。它由 GNOME 开发者团队在设计 Adwaita 主题时创建,它采用了最新的设计准则和元素,使应用程序看起来与 GNOME 桌面环境无缝融合。libadwaita 库提供了一些重要的功能和组件,包括:①风格化的窗口和小部件,libadwaita 可以让应用程序的窗口和小部件使用最新的 Adwaita 主题,以实现一致的外观和感觉;②对话框和消息框,它提供了标准的对话框和消息框,使应用程序开发者能够轻松地创建与 GNOME 应用程序一致的对话框和消息提示;③导航和工具栏,libadwaita 库提供了标准的导航和工具栏组件,使应用程序开发者能够为其应用程序创建现代和易于使用的导航界面;④响应式布局,libadwaita 库支持响应式布局,可以根据应用程序窗口的大小和设备的分辨率自适应调整布局,以提供更好的用户体验;⑤符合辅助功能要求,libadwaita 库与 GNOME 桌面环境的辅助功能系统集成得很好,可以让应用程序开发者轻松地为其应用程序提供辅助功能支持。libadwaita 包提供了用于开发用户界面的附加 GTK4 UI 小构件，主要用于 GNOME 应用程序。执行如下命令安装 libadwaita。安装的程序是 adwaita-1-demo，提供如何使用 libadwaita 库的示例。安装的库是 libadwaita-1.so，提供了附加的 GTK 小构件，用于创建用户界面。

```
1 cd $SRC && tar -xf libadwaita-1.2.2.tar.xz && cd libadwaita-1.2.2 && mkdir build && cd build &&
2 meson setup --prefix=/usr --buildtype=release .. && ninja && ninja install && rm $SRC/libadwaita-1.2.2 -rf
```

51. libdazzle-3.44.0

libdazzle 是一个用于构建基于 GTK＋的应用程序的开源库。它提供了许多用于创建现代用户界面的功能，包括悬停效果、阴影、模糊效果和过渡动画等。libdazzle 旨在简化应用程序开发，并提供一致的界面和功能，使应用程序看起来更现代化、更吸引人。libdazzle 是一个功能丰富的库，可用于构建漂亮、现代化的 GTK＋应用程序。它简化了开发过程，提供了各种有用的功能和工具，帮助开发人员创造出令人印象深刻的用户界面。执行如下命令安装 libdazzle。安装的程序是 dazzle-list-counters，列出进程中正在使用的计数器。安装的库是 libdazzle-1.0.so，包含用于图形效果的 API 函数。

```
1 cd $SRC && tar -xf libdazzle-3.44.0.tar.xz && cd libdazzle-3.44.0 && mkdir build && cd build &&
2 meson setup --prefix=/usr --buildtype=release .. && ninja && ninja install && rm $SRC/libdazzle-3.44.0 -rf
```

52. sysprof-3.46.0

sysprof 是一个系统分析工具，用于监视 Linux 系统中应用程序的性能和行为。它可以跟踪各种系统资源的使用情况，包括 CPU、内存、磁盘和网络。sysprof 通过收集和分析应用程序的性能数据，可以帮助开发人员发现和解决性能瓶颈和优化问题。sysprof 提供了一个图形化界面，可以实时显示应用程序的性能数据。用户可以根据需要选择不同的数据视图，如 CPU 使用情况、内存使用情况和函数调用等。sysprof 还支持导出性能数据和生成报告，方便用户进行进一步的分析和共享。sysprof 属于 GNOME 项目的一部分，适用于 Linux 系统。它的设计目标是简单易用，同时具有强大的性能分析功能。无论是开发人员还是系统管理员，都可以使用 sysprof 来监视和优化系统中的应用程序性能。sysprof 软件包包含 Linux 的统计和系统范围分析器。执行如下命令安装 Sysprof。安装的程序是 sysprof、sysprof-agent 和 sysprof-cli。安装的库是 libsysprof-4.so、libsysprof-capture-4.a、libsysprof-memory-4.so、libsysprof-ui-5.so、libsysprof-speedtrack-4.so。

```
1 cd $SRC && tar -xf sysprof-3.46.0.tar.xz && cd sysprof-3.46.0 && mkdir build && cd build &&
2 meson setup --prefix=/usr .. && ninja && ninja install && rm $SRC/sysprof-3.46.0 -rf
```

53. libhandy-1.8.1

libhandy 是一个为 GNOME 提供的可用于现代移动设备的小部件和工具箱库。它通过为 GNOME 应用程序提供适用于手机和平板电脑的用户界面元素，使它们更适合在移动设备上使用。libhandy 提供了一系列方便易用的小部件，包括标题栏、视图堆栈、导航栏、页面控件、滑块、开关等。这些小部件通过自动适应用户界面和屏幕尺寸,确保应用程序在不同设备上都能良好地显示和交互。除了小部件之外,libhandy 还提供了一些实用工具和功能,例如,屏幕自动旋转、模拟器和仿真器支持、触摸事件处理等。这些功能让开发者可以更轻松地开发适用于移动设备的 GNOME 应用程序。libhandy 的目标是为 GNOME 应用程序开发者提供一种简单而强大的方式,使他们能够轻松地将他们的应用程序适配到移动设备上,并提供出色的用户体验。它已经在一些 GNOME 应用程序中得到了广泛应用,并且不断在发展和改进中。libhandy 软件包提供了用于开发用户界面的附加 GTK UI 小构件。

执行如下命令安装 libhandy。安装的程序是 handy-1-demo,提供如何使用 libhandy 库的示例。安装的库是 libhandy-1.so,提供了附加的 GTK 小构件,用于创建用户界面。

```
1 cd $SRC && tar -xf libhandy-1.8.1.tar.xz && cd libhandy-1.8.1 && mkdir build && cd build &&
2 meson setup --prefix=/usr --buildtype=release .. && ninja && ninja install && rm $SRC/libhandy-1.8.1 -rf
```

54. libnotify-0.8.1

libnotify 是一个用于在桌面通知区域显示通知的库。它提供了一个简单的接口,允许开发人员在 Linux 和其他 UNIX 系统上发送系统通知。libnotify 的目标是提供一个通用的通知机制,无论是通过桌面管理器还是通过其他方式发送通知都能够被 libnotify 支持。使用 libnotify,开发人员可以轻松地创建通知,并指定通知的标题、正文、图标等属性。通知可以作为提醒、警告或其他需要用户关注的事件来显示。libnotify 支持使用通知到达时播放声音,并提供了适配于 GNOME 和 KDE 等桌面环境的默认主题。同时,开发人员也可以自定义通知的外观和行为。执行如下命令安装 libnotify。安装的程序是 notify-send,用于发送通知的命令。安装的库是 libnotify.so,包含 libnotify API 函数。

```
1 cd $SRC && tar -xf libnotify-0.8.1.tar.xz && cd libnotify-0.8.1 && mkdir build && cd build &&
2 meson setup --prefix=/usr --buildtype=release -Dgtk_doc=false -Dman=false .. &&
3 ninja && ninja install && mv /usr/share/doc/libnotify{,-0.8.1} && rm $SRC/libnotify-0.8.1 -rf
```

55. libxklavier-5.4

libxklavier(或称为 Xklavier)是一个使用 C 语言编写的开源软件库,用于简化与 X Window 系统中的 XKB 扩展(键盘设置)交互的过程。XKB(X Keyboard Extension)是一个扩展,用于定义键盘布局和键盘设置。libxklavier 提供了一组简单的函数和数据结构,使开发者能够更轻松地与 XKB 扩展进行交互。它提供了获取当前键盘布局、设置键盘布局、获取键盘符号等功能。与直接与 XKB API 交互相比,libxklavier 提供了更高层次的抽象和易用性,使开发人员能够更快速地开发键盘相关的应用程序。libxklavier 广泛用于许多基于 X Window 系统的应用程序和桌面环境。执行如下命令安装 libxklavier。

```
1 cd $SRC && tar -xf libxklavier-5.4.tar.bz2 && cd libxklavier-5.4 &&
2 ./configure --prefix=/usr --disable-static && make && make install && rm $SRC/libxklavier-5.4 -rf
```

56. wpebackend-fdo-1.14.0

wpebackend-fdo 是一个为 Web 平台(WebKit)提供的开源图形后端工具。它是用于

Base 分发优化（BDO）目的的 FDO（Framebuffer Display Only）图形堆栈的一部分。wpebackend-fdo 的目标是实现最小化和高度可配置性。它为 WebKit 提供了与底层图形系统进行交互的接口，以便在嵌入式系统或其他支持 FDO 的设备上进行图形渲染。wpebackend-fdo 具有高度可配置性和与其他 FDO 工具的互操作性。执行如下命令安装 wpebackend-fdo。安装的库是 libWPEBackend-fdo-1.0.so。

```
1 cd $SRC && tar -xf wpebackend-fdo-1.14.0.tar.xz && cd wpebackend-fdo-1.14.0 && mkdir build &&
2 cd build && meson setup --prefix=/usr --buildtype=release .. && ninja && ninja install
```

57. babl-0.1.98

babl 是一种用于颜色转换和管理的底层库。它提供了高性能的色彩空间及色彩模型的转换功能，同时还支持颜色渐变、插值和调整。babl 是 GIMP 图像编辑软件的一部分，适用于许多图形应用和库，可以实现颜色流水线的处理。babl 支持多种颜色空间，包括 RGB、CMYK、LAB、HSV 等，并且可以通过 ICC 颜色配置文件进行准确的色彩管理。它还支持高动态范围图像和色彩深度的转换。babl 库具有高效且可扩展的设计，能够在多核处理器上实现并行处理，提供了易于使用的 API 和详细的文档。babl 的目标是成为一个颜色处理工具的标准库，为图形设计师和开发者提供一种简单而强大的方式来处理和管理颜色。在许多图像处理应用中，babl 库被广泛使用，如图像编辑软件、图像处理库和图形渲染引擎等。执行如下命令安装 babl。安装的库是 libbabl-0.1.so 和位于 /usr/lib/babl-0.1 中的库。

```
1 cd $SRC && tar -xf babl-0.1.98.tar.xz && cd babl-0.1.98 && mkdir bld && cd bld && meson setup --prefix=/usr \
2 --buildtype=release .. && ninja && ninja install && install -m755 -d /usr/share/gtk-doc/html/babl/graphics &&
3 install -m644 docs/*.{css,html} /usr/share/gtk-doc/html/babl &&
4 install -m644 docs/graphics/*.{html,svg} /usr/share/gtk-doc/html/babl/graphics && rm $SRC/babl-0.1.98 -rf
```

58. Qt-5.15.8

Qt5 是一种跨平台的应用程序开发框架，可用于开发图形界面和非图形界面的应用程序。Qt5 提供了丰富的工具和类库，可轻松地开发图形界面应用程序，并支持多种操作系统，包括 Windows、macOS、Linux 等。Qt5 可帮助开发者快速创建跨平台的高质量应用程序。无论是开发桌面应用程序、移动应用程序，还是嵌入式系统，Qt5 都是一个理想的选择。Qt5 的主要用户之一是 KDE Frameworks 5（KF5）。执行如下命令安装 Qt5。安装了多个程序和库。

```
1 cd $SRC && tar -xf qt-everywhere-opensource-src-5.15.8.tar.xz && cd qt-everywhere-src-5.15.8 &&
2 patch -Np1 -i ../qt-everywhere-opensource-src-5.15.8-kf5-1.patch && mkdir -p qtbase/.git &&
3 ./configure -prefix /usr -sysconfdir /etc/xdg -confirm-license -opensource -dbus-linked -openssl-linked \
4   -system-harfbuzz -system-sqlite -nomake examples -no-rpath -journald -skip qtwebengine \
5   -archdatadir /usr/lib/qt5 -bindir /usr/bin -plugindir /usr/lib/qt5/plugins -datadir /usr/share/qt5 \
6   -importdir /usr/lib/qt5/imports -headerdir /usr/include/qt5 -docdir /usr/share/doc/qt5 -translationdir \
7   /usr/share/qt5/translations -examplesdir /usr/share/doc/qt5/examples && make && make install &&
8 find /usr -name \*.prl -exec sed -i -e '/^QMAKE_PRL_BUILD_DIR/d' {} \; && install -dm755 /usr/share/pixmaps/ &&
9 install -Dm644 qttools/src/assistant/assistant/images/assistant-128.png /usr/share/pixmaps/assistant-qt5.png &&
10 install -Dm644 qttools/src/designer/src/designer/images/designer.png /usr/share/pixmaps/designer-qt5.png &&
11 install -Dm644 qttools/src/linguist/linguist/images/icons/linguist-128-32.png /usr/share/pixmaps/linguist-qt5.png &&
12 install -Dm644 qttools/src/qdbus/qdbusviewer/images/qdbusviewer-128.png /usr/share/pixmaps/qdbusviewer-qt5.png &&
13 install -dm755 /usr/share/applications && rm $SRC/qt-everywhere-src-5.15.8 -rf
```

59. libportal-0.6

libportal 是一个用于在 Linux 上集成系统门户框架的库。系统门户是一种允许应用程序提供和访问一些操作系统资源的机制。libportal 库提供了一组简单的接口,用于实现与系统门户服务的通信。这些接口包括创建和发送请求、接收和处理响应等。通过 libportal 库,应用程序可以使用系统门户服务提供的功能,如访问文件、获取位置信息、权限管理等。这使得应用程序能够更方便地访问和操作系统级资源,而不必编写和维护独立的代码来与每个服务进行交互。libportal 库是为桌面环境和应用程序开发者设计的,它旨在提供一种简单而统一的方式来集成系统门户功能。它能够适应不同桌面环境的需求,并提供了一套标准的 API 和协议,以确保应用程序能够与不同的门户服务进行兼容。libportal 使应用程序可以方便地访问和操作系统级资源。它旨在为桌面环境和应用程序开发者提供一种简单而统一的方式来集成系统门户功能。执行如下命令安装 libportal。安装的库是 libportal.so、libportal-gtk3.so、libportal-gtk4.so 和 libportal-qt5.so。

```
1 cd $SRC && tar -xf libportal-0.6.tar.xz && cd libportal-0.6 && mkdir build && cd build &&
2 meson setup --prefix=/usr --buildtype=release -Ddocs=false .. && ninja && ninja install
```

60. Grantlee-5.3.1

Grantlee 是一个基于 C++ 的模板引擎库,用于在应用程序中生成动态的 HTML、XML 和其他格式的文本。它使用了类似于 Qt 的信号和插槽机制来实现模板和数据之间的绑定,使得开发者可以方便地创建和修改模板。Grantlee 允许开发者使用自定义的标记和过滤器来扩展模板语法,使其适应不同的应用场景和需求。Grantlee 库与 Qt 框架紧密集成,可以很方便地在 Qt 应用程序中使用,并且支持 Qt 的信号和插槽机制。Grantlee 库使用了一些优化技术来提高模板渲染的性能,使得生成大量文本时能够有较高的效率。执行如下命令安装 Grantlee。

```
1 cd $SRC && tar -xf grantlee-5.3.1.tar.gz && cd grantlee-5.3.1 && mkdir build && cd build &&
2 cmake -DCMAKE_INSTALL_PREFIX=/usr -DCMAKE_BUILD_TYPE=Release .. && make && make install
```

安装的库是 libGrantlee_Templates.so 和 libGrantlee_TextDocument.so。
libGrantlee_Templates.so 包含用于将文档从其结构中分离的常见文档模板。
libGrantlee_TextDocument.so 包含允许将文本文档的内容与其结构分离的函数。

61. kColorPicker-0.2.0

kColorPicker 库是一个方便易用的颜色选择器库,可以帮助开发者快速实现颜色选择功能。执行如下命令安装 kColorPicker。

```
1 cd $SRC && tar -xf kColorPicker-0.2.0.tar.gz && cd kColorPicker-0.2.0 && mkdir build && cd build &&
2 cmake -DCMAKE_INSTALL_PREFIX=/usr -DCMAKE_BUILD_TYPE=Release .. && make && make install
```

62. kImageAnnotator-0.6.0

kImageAnnotator 是一个基于机器学习的图像标注工具。它能够通过算法自动识别图像中的不同对象或特征,并给予相应的标注,帮助用户快速完成大量图像的标注工作。kImageAnnotator 利用机器学习算法,快速识别并标注图像中的不同对象或特征,大大提高了标注的速度和效率。kImageAnnotator 通过算法的分析和学习,能够对图像进行准确的标注,避免了人工标注中可能出现的错误和主观性。kImageAnnotator 支持用户自定义标注规则和标注类别,满足不同任务和需求的标注要求。kImageAnnotator 提供友好的用户界面,直观展示图像和标注结果,方便用户进行查看和编辑。kImageAnnotator 能够帮助用户高效、准确地完成大量图像标注任务。执行如下命令安装 kImageAnnotator。

```
1 cd $SRC && tar -xf kImageAnnotator-0.6.0.tar.gz && cd kImageAnnotator-0.6.0 && mkdir build &&
2 cd build && cmake -DCMAKE_INSTALL_PREFIX=/usr -DCMAKE_BUILD_TYPE=Release .. && make && make install
```

63. Qca-2.3.5

Qca 旨在提供一个简单的、跨平台的加密 API,使用 Qt 数据类型和约定。Qca 将 API 与实现分离,使用称为提供者的插件。执行如下命令安装 Qca。安装的程序是 mozcerts-qt5 和 qcatool-qt5。安装的库是 libqca-qt5.so、libqca-cyrus-sasl.so、libqca-gcrypt.so、libqca-gnupg.so、libqca-logger.so、libqca-nss.so、libqca-ossl.so 和 libqca-softstore.so。

```
1 cd $SRC && tar -xf qca-2.3.5.tar.xz && cd qca-2.3.5 && sed -i 's@cert.pem@certs/ca-bundle.crt@' CMakeLists.txt &&
2 mkdir build && cd build && cmake -DCMAKE_INSTALL_PREFIX=/usr -DCMAKE_BUILD_TYPE=Release \
3   -DQCA_MAN_INSTALL_DIR:PATH=/usr/share/man .. && make && make install && rm $SRC/qca-2.3.5 -rf
```

64. highlight-4.4

highlight 是一个用于源代码和文本的语法高亮软件包。它提供了一个简单的命令行接口,可以将源代码和文本文件转换为带有颜色高亮的 HTML 文件。highlight 支持超过 320 种编程语言和文本格式,包括 C、C++、Java、Python、HTML、XML、Markdown 等。它可以根据语法规则自动识别代码,并根据语法元素(如关键字、变量、字符串等)进行颜色高亮。使用 highlight 生成的 HTML 文件可以方便地在网页上显示代码,并且可以通过应用自定义的样式表来调整高亮效果。此外,highlight 还提供了一些其他功能,例如,可定制的代码折叠、行号显示、代码片段复制等。安装 highlight 前要先安装 Qt-5.15.8。执行如下命令安装 highlight。安装的程序是 highlight 和 highlight-gui。highlight 是一个通用的源代码到格式化文本转换器。highlight-gui 是 highlight 的 Qt5 界面。

```
1 cd $SRC && tar -xf highlight-4.4.tar.bz2 && cd highlight-4.4 && sed -i '/GZIP/s/^/#/' makefile && make &&
2 make doc_dir=/usr/share/doc/highlight-4.4/ gui&& make doc_dir=/usr/share/doc/highlight-4.4/ install && make install-gui
```

65. Avahi-0.8

Avahi 是一个自动网络服务发现和配置工具。它通过使用 mDNS/DNS-SD 协议,可以让设备在局域网中自动发现和互相配置网络服务,而无须手动配置 IP 地址或 DNS 服务器。Avahi 可以简化设备在局域网中的网络配置和服务发现过程,它使得设备可以轻松地发现并与其他设备进行通信,而无须手动配置网络参数。执行如下命令安装 Avahi。安装了多个程序和库。

```
1 cd $SRC && tar -xf avahi-0.8.tar.gz && cd avahi-0.8 && groupadd -fg 84 avahi &&
2 useradd -c "Avahi Daemon Owner" -d /run/avahi-daemon -u 84 -g avahi -s /bin/false avahi &&
3 groupadd -fg 86 netdev && patch -Np1 -i ../avahi-0.8-ipv6_race_condition_fix-1.patch &&
4 sed -i '426a if (events & AVAHI_WATCH_HUP) { client_free(c); return; }' avahi-daemon/simple-protocol.c &&
5 ./configure --prefix=/usr --sysconfdir=/etc --localstatedir=/var --disable-static --disable-libevent \
6   --disable-mono --disable-monodoc --disable-python --disable-qt3 --disable-qt4 --enable-core-docs \
7   --with-distro=none --with-dbus-system-address='unix:path=/run/dbus/system_bus_socket' && make &&
8 make install && systemctl enable avahi-daemon && systemctl enable avahi-dnsconfd && rm $SRC/avahi-0.8 -rf
```

66. GeoClue-2.7.0

GeoClue 用于提供定位服务和地理位置信息。它使用各种传感器、无线网络和其他技术来确定设备的位置,并提供开发人员访问这些定位信息的接口。GeoClue 提供了一个统一的接口,使开发人员能够在不同的平台上访问定位服务。它可以在桌面、移动设备和嵌入式系统等各种环境中使用。使用 GeoClue,开发人员可以获取设备的经度、纬度和海拔等位置信息。它还提供了一些额外的功能,如地理围栏和地理编码,以便更好地处理位置数据。GeoClue 的目标是提供一个简单、易于使用的定位服务框架,以便开发人员可以方便地集成位置功能到他们的应用程序中。它具有良好的可扩展性和灵活性,可以根据特定的需求进行定制。GeoClue 是一个基于 D-Bus 消息系统构建的模块化地理信息服务。GeoClue 项目的目标是尽可能简单地创建位置感知应用程序。执行如下命令安装 GeoClue。安装的库是 libgeoclue-2.so。

```
1 cd $SRC && tar -xf geoclue-2.7.0.tar.bz2 && cd geoclue-2.7.0 && mkdir build && cd build &&
2 meson setup --prefix=/usr --buildtype=release -Dgtk-doc=false .. && ninja && ninja install
```

67. NetworkManager-1.42.0

NetworkManager 软件包是一个用于管理网络连接的工具。它提供了一种简单而易于使用的方式来配置、监视和控制计算机上的网络连接。NetworkManager 支持各种不同类型的网络连接,包括有线和无线连接、移动数据连接和虚拟专用网络(VPN)连接等。它可以自动检测和配置网络设备,并提供了一个集中的界面来管理这些连接。该软件包还包含一些额外的功能,如网络位置管理、连接共享和无线网络热点的创建等。它还支持自动连接到优选网络、断开不稳定的连接,并提供了一些安全和隐私功能,如加密和认证。NetworkManager 适用于各种不同的网络环境和需求。它使用户可以轻松地管理和控制计算机上的网络连接,提供了更好的网络体验和安全。执行如下命令安装 NetworkManager。安装的程序是 NetworkManager、nmcli、nm-online、nmtui、nmtui-connect、nmtui-edit 和 nmtui-hostname。安装的库是 libnm.so 以及 /usr/lib/NetworkManager 下的多个模块。需要配置内核。

```
1 cd $SRC && tar -xf NetworkManager-1.42.0.tar.xz && cd NetworkManager-1.42.0 &&
2 sed -e 's/-qt4/-qt5/' -e 's/moc_location/host_bins/' -i examples/C/qt/meson.build &&
3 sed -e 's/Qt/&5/' -i meson.build && grep -rl '^#!.*python$' | xargs sed -i '1s/python/&3/' && mkdir build &&
4 cd build && export CXXFLAGS+=" -02 -fPIC" && meson setup --prefix=/usr --buildtype=release -Dlibaudit=no \
5   -Dlibpsl=false -Dnmtui=true -Dovs=false -Dppp=false -Dselinux=false -Dqt=false -Dsession_tracking=systemd \
6   -Dmodem_manager=false .. && ninja && ninja install && mv /usr/share/doc/NetworkManager{,-1.42.0} &&
```

```
 7 for file in $(echo ../man/*.[1578]); do
 8     section=${file##*.} && install -dm 755 /usr/share/man/man$section
 9     install -m 644 $file /usr/share/man/man$section/
10 done && cp -R ../docs/{api,libnm} /usr/share/doc/NetworkManager-1.42.0 && unset CXXFLAGS
11 useradd slfs && passwd slfs && groupadd -fg 86 netdev && /usr/sbin/usermod -a -G netdev slfs
12 cat > /usr/share/polkit-1/rules.d/org.freedesktop.NetworkManager.rules << "EOF"
13 polkit.addRule(function(action, subject) {
14     if (action.id.indexOf("org.freedesktop.NetworkManager.") == 0 && subject.isInGroup("netdev")) {
15         return polkit.Result.YES;
16     }
17 });
18 EOF
19 systemctl enable NetworkManager && systemctl disable NetworkManager-wait-online
```

68. libsecret-0.20.5

Libsecret 是一个密码管理库,允许使用密码、密钥和其他敏感信息进行安全存储和检索。它是 GNOME 桌面环境的一部分,并且与 GNOME Keyring 密钥管理系统紧密集成。Libsecret 可以用于存储和检索密码、证书、私钥、API 令牌等敏感信息。它还提供了各种功能,包括生成安全随机密码、处理加密操作等。Libsecret 可以通过多种方式使用,包括命令行工具、GNOME 桌面环境的密码管理器和其他支持的应用程序。执行如下命令安装 Libsecret。安装的程序是 secret-tool,是一个命令行工具,可用于存储和检索密码。安装的库是 libsecret-1.so,包含 libsecret API 函数。

```
1 cd $SRC && tar -xf libsecret-0.20.5.tar.xz && cd libsecret-0.20.5 && mkdir bld && cd bld &&
2 meson setup --prefix=/usr --buildtype=release -Dgtk_doc=false .. && ninja && ninja install
```

69. gcr-3.41.1

gcr 软件包包含用于显示证书和访问密钥存储库的库。它还提供了 GNOME 桌面上的加密文件查看器。执行如下命令安装 gcr。安装的程序是 gcr-viewer,用于查看证书和密钥文件的工具。安装的库是 libgck-1.so、libgcr-base-3.so 和 libgcr-ui-3.so。

```
1 cd $SRC && tar -xf gcr-3.41.1.tar.xz && cd gcr-3.41.1 && sed -i 's:"/desktop:"/org:' schema/*.xml &&
2 mkdir build && cd build && meson setup --prefix=/usr --buildtype=release -Dgtk_doc=false .. && ninja && ninja install
```

70. libnma-1.10.6

libnma 软件包包含 NetworkManager GUI 函数的实现。执行如下命令安装 libnma。安装的库是 libnma.so 和 libnma-gtk4.so。libnma.so 包含 NetworkManager GUI 库。libnma-gtk4.so 包含 NetworkManager GUI 库的 GTK4 版本。

```
1 cd $SRC && tar -xf libnma-1.10.6.tar.xz && cd libnma-1.10.6 && mkdir build && cd build &&
2 meson setup --prefix=/usr --buildtype=release -Dgtk_doc=false -Dlibnma_gtk4=true \
3   -Dmobile_broadband_provider_info=false .. && ninja && ninja install && rm $SRC/libnma-1.10.6 -rf
```

71. network-manager-applet-1.30.0

NetworkManager Applet 提供了一个工具和面板小程序,用于通过 GUI 配置有线和无线网络连接。它专为使用 GTK＋的任何桌面环境设计,例如,Xfce 和 LXDE。执行如下命令安装 NetworkManager Applet。安装的程序是 nm-applet 和 nm-connection-editor。nm-connection-editor 允许用户查看和编辑网络连接设置。

```
1 cd $SRC && tar -xf network-manager-applet-1.30.0.tar.xz && cd network-manager-applet-1.30.0 && mkdir build &&
2 cd build && meson setup --prefix=/usr --buildtype=release -Dappindicator=no -Dselinux=false && ninja && ninja install
```

72. Wireshark-4.0.3

Wireshark 软件包包含一个网络协议分析器,也称为嗅探器。Wireshark 提供了图形化和 TTY 模式的前端,用于检查来自 500 多个协议的捕获的网络数据包。执行如下命令安装 Wireshark。安装了多个程序和库,这里需要配置内核。

```
1 cd $SRC && tar -xf wireshark-4.0.3.tar.xz && cd wireshark-4.0.3 && groupadd -g 62 wireshark &&
2 mkdir build && cd build && cmake -DCMAKE_INSTALL_PREFIX=/usr -DCMAKE_BUILD_TYPE=Release \
3    -DCMAKE_INSTALL_DOCDIR=/usr/share/doc/wireshark-4.0.3 -G Ninja .. && ninja && ninja install &&
4 install -m755 -d /usr/share/doc/wireshark-4.0.3 &&
5 install -m644 ../README.linux ../doc/README.* ../doc/randpkt.txt /usr/share/doc/wireshark-4.0.3 &&
6 pushd /usr/share/doc/wireshark-4.0.3 &&
7    for FILENAME in ../../wireshark/*.html; do ln -sf $FILENAME .; done
8 popd && unset FILENAME && rm $SRC/wireshark-4.0.3 -rf
```

73. kdsoap-2.1.1

kdsoap 是一个基于 Qt 的客户端和服务器端 SOAP 组件。它可用于创建用于 Web 服务的客户端应用程序,并提供创建 Web 服务的方法,而不需要任何其他组件,如专用 Web 服务器。

执行如下命令安装 kdsoap。安装的程序是 kdwsdl2cpp。安装的库是 libkdsoap.so 和 libkdsoap-server.so。

```
1 cd $SRC && tar -xf kdsoap-2.1.1.tar.gz && cd kdsoap-2.1.1 && mkdir build && cd build &&
2 cmake -DCMAKE_INSTALL_PREFIX=/usr -DCMAKE_BUILD_TYPE=Release \
3 -DCMAKE_INSTALL_DOCDIR=/usr/share/doc/kdsoap-2.1.1 .. && make && make install && rm $SRC/kdsoap-2.1.1 -rf
```

74. startup-notification-0.12

startup-notification 是一个用于在启动应用程序时提供通知的工具包。它可以用于设置在应用程序启动时显示一个小型通知窗口,以告知用户应用程序正在启动。startup-notification 是 X Window System 的一部分,它使用 XCB 库来与窗口管理器通信。通过使用 startup-notification,开发人员可以确保在应用程序启动时,显示一个通知窗口,以提醒用户应用程序正在启动。这对于需要一些时间才能启动的应用程序特别有用,因为它可以减少用户等待应用程序启动的焦虑感。此外,startup-notification 还可以在应用程序启动后自动关闭通知窗口,以确保用户不会被多余的窗口干扰。startup-notification 还提供了一些其他功能,如获取应用程序的窗口 id 和添加窗口属性等。它在 Linux 和其他类 UNIX 系统上广泛可用,并被许多窗口管理器和桌面环境所支持。startup-notification 软件包包含的库对于构建一致的方式以通过光标通知用户应用程序正在加载非常有用。执行以下命令安装

startup-notification。

```
1 cd $SRC && tar -xf startup-notification-0.12.tar.gz && cd startup-notification-0.12 &&
2 ./configure --prefix=/usr --disable-static && make && make install && install -m644 -D \
3 doc/startup-notification.txt /usr/share/doc/startup-notification-0.12/startup-notification.txt
```

75. tepl-6.4.0

tepl 软件包包含一个库，可以简化基于 GtkSourceView 的文本编辑器和 IDE 的开发。
执行以下命令安装 tepl。安装的库是 libtepl-6.so。

```
1 cd $SRC && tar -xf tepl-6.4.0.tar.xz && cd tepl-6.4.0 && mkdir tepl-build && cd tepl-build &&
2 meson setup --prefix=/usr --buildtype=release -Dgtk_doc=false .. && ninja && ninja install
```

76. WebKitGTK-2.38.5

WebKitGTK 软件包是将可移植的 Web 渲染引擎 WebKit 移植到 GTK＋3 和 GTK4
平台上。执行以下命令安装 WebKitGTK。安装的程序是 WebKitWebDriver，允许调试和
自动化 Web 页面和浏览器。安装的库是 libjavascriptcoregtk-4.1.so 和 libwebkit2gtk-4.
1.so。

```
1 cd $SRC && tar -xf webkitgtk-2.38.5.tar.xz && cd webkitgtk-2.38.5 && mkdir -p build && cd build &&
2 cmake -DCMAKE_BUILD_TYPE=Release -DCMAKE_INSTALL_PREFIX=/usr -DCMAKE_SKIP_RPATH=ON -DPORT=GTK \
3     -DLIB_INSTALL_DIR=/usr/lib -DUSE_LIBHYPHEN=OFF -DENABLE_GAMEPAD=OFF -DENABLE_MINIBROWSER=ON \
4     -DENABLE_DOCUMENTATION=OFF -DUSE_WOFF2=OFF -DUSE_WPE_RENDERER=ON -DENABLE_BUBBLEWRAP_SANDBOX=OFF \
5     -Wno-dev -G Ninja .. && ninja && ninja install &&
6 install -dm755 /usr/share/gtk-doc/html/{jsc-glib,webkit2gtk{,-web-extension}}-4.1 &&
7 install -m644 ../Documentation/jsc-glib-4.1/* /usr/share/gtk-doc/html/jsc-glib-4.1 &&
8 install -m644 ../Documentation/webkit2gtk-4.1/* /usr/share/gtk-doc/html/webkit2gtk-4.1 &&
9 install -m644 ../Documentation/webkit2gtk-web-extension-4.1/* /usr/share/gtk-doc/html/webkit2gtk-web-extension-4.1
```

77. polkit-gnome-0.105

polkit-gnome 软件包提供了一个认证代理程序，该程序与 GNOME 桌面环境很好地集
成在一起。执行如下命令安装 polkit-gnome。

```
1 cd $SRC && tar -xf polkit-gnome-0.105.tar.xz && cd polkit-gnome-0.105 &&
2 patch -Np1 -i ../polkit-gnome-0.105-consolidated_fixes-1.patch && ./configure --prefix=/usr &&
3 make && make install && mkdir -p /etc/xdg/autostart && rm $SRC/polkit-gnome-0.105 -rf
```

```
1 cat > /etc/xdg/autostart/polkit-gnome-authentication-agent-1.desktop << "EOF"
2 [Desktop Entry]
3 Name=PolicyKit Authentication Agent
4 Comment=PolicyKit Authentication Agent
5 Exec=/usr/libexec/polkit-gnome-authentication-agent-1
6 Terminal=false
7 Type=Application
8 Categories=
9 NoDisplay=true
10 OnlyShowIn=GNOME;XFCE;Unity;
11 AutostartCondition=GNOME3 unless-session gnome
12 EOF
```

78. ssh-askpass-9.2p1

ssh-askpass 是许多软件包的通用可执行文件名称,这些软件包具有类似的名称,它们提供交互式 X 服务,以获取需要以管理员特权运行的软件包的密码。它会提示用户显示一个窗口框,可以在其中插入必要的密码。在这里,选择 Damien Miller 的软件包,该软件包包含在 OpenSSH tarball 中。通过执行以下命令安装 ssh-askpass。

```
1 cd $SRC && tar -xf openssh-9.2p1.tar.gz && cd openssh-9.2p1 && cd contrib && make gnome-ssh-askpass3 &&
2 install -d -m755 /usr/libexec/openssh/contrib && install -m755 gnome-ssh-askpass3 /usr/libexec/openssh/contrib &&
3 ln -sf contrib/gnome-ssh-askpass3 /usr/libexec/openssh/ssh-askpass && rm $SRC/openssh-9.2p1 -rf
4 echo "Path askpass /usr/libexec/openssh/ssh-askpass" >> /etc/sudo.conf && chmod 0644 /etc/sudo.conf
```

79. gspell-1.12.0

gspell 软件包提供了一个灵活的 API,可以向 GTK＋应用程序添加拼写检查功能。执行如下命令安装 gspell。安装的程序是 gspell-app1,对窗口中输入的文本进行拼写检查。安装的库是 libgspell-1.so,是 gspell API 库。

```
1 cd $SRC && tar -xf gspell-1.12.0.tar.xz && cd gspell-1.12.0 && ./configure --prefix=/usr && make && make install
```

80. libgxps-0.3.2

libgxps 软件包提供了一个接口来操作 XPS 文档。执行如下命令安装 Libgxps。安装的程序是 xpstojpeg、xpstopdf、xpstopng、xpstops 和 xpstosvg。安装的库是 libgxps.so。

```
1 cd $SRC && tar -xf libgxps-0.3.2.tar.xz && cd libgxps-0.3.2 && mkdir build && cd build &&
2 meson setup --prefix=/usr --buildtype=release .. && ninja && ninja install && rm $SRC/libgxps-0.3.2 -rf
```

81. NSPR-4.35(**第 2 次构建**)

执行的命令和第 1 次构建时一样。

82. NSS-3.88.1(**第 2 次构建**)

执行的命令和第 1 次构建时一样,目的是生成 libsoftokn3.so 共享库。

83. make-ca-1.12(**第 3 次构建**)

执行的命令和第 1 次构建时一样。

84. volume_key-0.3.12

volume_key 包提供了一个库,用于操作存储卷加密密钥。构建 volume_key 时需要链接共享库 libsoftokn3.so。执行如下命令安装 volume_key。安装的程序是 volume_key,管理加密的卷密钥和密码短语。安装的库是 libvolume_key.so,包含用于管理加密的卷密钥的 API 函数。

```
1 cd $SRC && tar -xf volume_key-0.3.12.tar.gz && cd volume_key-volume_key-0.3.12 &&
2 sed -e '/AM_PATH_GPGME/iAM_PATH_GPG_ERROR' -e 's/gpg2/gpg/' -i configure.ac &&
3 autoreconf -fi && ./configure --prefix=/usr --without-python && make && make install
```

85. libblockdev-2.28

libblockdev 是一个支持 GObject Introspection 的 C 库,用于操作块设备。执行如下命令安装 libblockdev。安装的程序是 lvm-cache-stats,打印 LVM 逻辑卷缓存的统计信息。安装的库是 libbd_ * .so 和 libblockdev.so。

```
1 cd $SRC && tar -xf libblockdev-2.28.tar.gz && cd libblockdev-2.28 && ./configure --prefix=/usr \
2 --sysconfdir=/etc --with-python3 --without-gtk-doc --without-nvdimm --without-dm && make && make install
```

86. UDisks-2.9.4

UDisks 软件包提供了一个守护程序、工具和库,用于访问和操作磁盘和存储设备。

执行如下命令安装 UDisks。安装的程序是 UDisksctl、umount.udisks2。UDisksctl 是一个用于与 UDisksd 守护程序交互的命令行程序。umount.udisks2 是一个命令行程序,用于卸载由 UDisks 守护程序挂载的文件系统。安装的库是 libudisks2.so。

```
1 cd $SRC && tar -xf udisks-2.9.4.tar.bz2 && cd udisks-2.9.4 && ./configure --prefix=/usr --sysconfdir=/etc \
2   --localstatedir=/var --disable-static && make && make install && rm $SRC/udisks-2.9.4 -rf
```

第 11 章　GNOME

本章学习目标：
- 掌握 GNOME 库软件包的构建过程。
- 掌握 GNOME 桌面组件软件包的构建过程。
- 掌握 GNOME 应用程序软件包的构建过程。

Linux 可用的桌面环境包括 GNOME、KDE 和 Xfce 等。本章的目标是构建 GNOME 桌面环境。

11.1　GNOME 库

1. Gcr-4.0.0

该软件包包含用于显示证书和访问密钥库的库。它还为 GNOME 桌面上的加密文件提供了查看器。执行如下命令安装该软件包。安装的程序是 gcr-viewer-gtk4，用于查看证书和密钥文件。安装的库是 libgck-2.so、libgcr-4.so。libgck-2.so 包含 PKCS♯11 的 GObject 绑定。libgcr-4.so 包含访问密钥库和显示证书的功能。

```
1 cd $SRC && tar -xf gcr-4.0.0.tar.xz && cd gcr-4.0.0 && mkdir build && cd build && meson setup \
2 --prefix=/usr --buildtype=release -Dgtk_doc=false .. && ninja && ninja install && rm $SRC/gcr-4.0.0 -rf
```

2. rest-0.9.1

该软件包包含一个库，旨在使访问 RESTful 的 Web 服务更容易。它包括方便的 libsoup 和 libxml 封装器，以便远程使用 RESTful API。执行如下命令安装该软件包。安装的库是 librest-1.0.so 和 librest-extras-1.0.so。

```
1 cd $SRC && tar -xf rest-0.9.1.tar.xz && cd rest-0.9.1 && mkdir build && cd build && meson setup \
2  --prefix=/usr --buildtype=release -Dexamples=false -Dgtk_doc=false .. && ninja && ninja install
```

3. totem-pl-parser-3.26.6

totem-pl-parser 是一个用于解析和处理媒体播放列表的开源库。它支持多种播放列表格式，包括 M3U、PLS 和 ASX 等。该库提供了一个简单的 API，可以方便地读取和操作播放列表文件。totem-pl-parser 库具有高度的兼容性和稳定性，可以在各种操作系统和硬件平台上运行。它是 GNOME 桌面环境的一部分，主要用于 GNOME 播放器 Totem 中。使用 totem-pl-parser 库，开发人员可以轻松地将播放列表的功能集成到他们的应用程序中。他们可以读取媒体文件的信息、获取播放列表中的项目等。totem-pl-parser 可以帮助开发人员快速开发各种媒体应用程序。该软件包包含一个简单的基于 GObject 的库，用于解析多种播放列表格式。执行如下命令安装该包。安装的库是 libtotem-plparser-mini.so 和 libtotem-plparser.so。libtotem-plparser.so 是 Totem 播放列表解析器库。libtotem-plparser-mini.so 是 Totem 播放列表解析器库的迷你版本。

```
1 cd $SRC && tar -xf totem-pl-parser-3.26.6.tar.xz && cd totem-pl-parser-3.26.6 && mkdir build &&
2 cd build && meson setup --prefix=/usr --buildtype=release .. && ninja && ninja install
```

4. VTE-0.70.3

VTE(Virtual Terminal Emulator)是一个终端仿真器库,它用于实现终端模拟器。它是由 GNOME 项目开发的,用于在 GNOME 桌面环境中提供终端功能。VTE 库通过模拟类似于 xterm 终端的行为,提供了一种在图形界面中运行命令行应用程序的方式。VTE 库能够模拟一个终端环境,支持执行命令行应用程序,并提供标准输入/输出/错误输出的处理。VTE 库支持多种字符编码,包括 UTF-8 和其他语言特定的编码,使得在终端中显示各种语言的文本成为可能。VTE 库支持设置终端的前景色、背景色以及各种文本属性,使得终端界面可以以多样的方式显示文本内容。VTE 库提供了滚动和选择文本的功能,用户可以通过鼠标或键盘来滚动终端内容或选择特定的文本内容。VTE 库允许终端窗口根据用户的需求来调整大小,并支持自动换行和水平滚动。VTE 库允许将文本从终端复制到剪贴板中,或者从剪贴板中粘贴文本到终端中。VTE 库支持处理用户输入事件,例如,按键、鼠标单击等,以便进行终端的交互操作。VTE 库已经被广泛应用于许多终端仿真器中,包括 GNOME 终端、Tilix、Terminator 等。它为开发者提供了构建功能强大的终端仿真器的工具和接口,使得用户能够方便地在图形界面中操作命令行应用程序。执行如下命令安装该软件包。安装的程序是 vte-2.91,是 VTE 库的测试应用程序。安装的库是 libvte-2.91.so,是一个实现 GTK+3 终端仿真器小构件的库。

```
1 cd $SRC && tar -xf vte-0.70.3.tar.gz && cd vte-0.70.3 && mkdir build && cd build && meson setup \
2 --prefix=/usr --buildtype=release -Dfribidi=false .. && ninja && ninja install && rm /etc/profile.d/vte.*
```

5. yelp-xsl-42.1

该软件包包含用于格式化 Docbook 和 Mallard 文档的 XSL 样式表,这些样式表由 Yelp 帮助浏览器使用。执行如下命令安装该软件包。已安装目录是/usr/share/yelp-xsl。

```
1 cd $SRC && tar -xf yelp-xsl-42.1.tar.xz && cd yelp-xsl-42.1 && ./configure --prefix=/usr && make install
```

6. GConf-3.2.6

GConf 是一个配置管理库,用于在 Linux 和 UNIX 系统上存储和检索应用程序的用户配置。它是 GNOME 桌面环境中的一部分,并且被许多 GNOME 应用程序使用。GConf 提供了一个框架,应用程序可以使用它来读取和修改用户配置。它使用基于树的存储模型,其中,配置数据以 key-value 对的形式存储。该库还提供了一个客户端/服务器体系结构,允许多个应用程序同时访问配置数据。它还支持配置值的通知和监视,以便应用程序可以在配置发生更改时做出响应。GConf 提供了一个简单且易于使用的 API,使开发人员可以轻松地将配置管理集成到他们的应用程序中。它还提供了一组命令行工具,用于管理和操作配置数据。执行如下命令安装该包。安装的程序是 gconf-merge-tree、gconftool-2、gsettings-data-convert 和 gsettings-schema-convert。gconf-merge-tree 合并 XML 文件系统层次结构。gconftool-2 是用于操作 GConf 数据库的命令行工具。gsettings-data-convert 从用户的 GConf 数据库中读取值并将其存储在 GSettings 中。gsettings-schemas-convert 在 GConf 和 GSettings 模式文件格式之间转换。安装的库是 libgconf-2.so(提供了维护配置数据库所需的函数)和 libgsettingsgconfbackend.so(GIO 模块安装在/usr/lib/gio/modules 中)。

```
1 cd $SRC && tar -xf GConf-3.2.6.tar.xz && cd GConf-3.2.6 && ./configure --prefix=/usr \
2   --sysconfdir=/etc --disable-orbit --disable-static && make && make install &&
3 ln -sf gconf.xml.defaults /etc/gconf/gconf.xml.system && rm $SRC/GConf-3.2.6 -rf
```

7. geocode-glib-3.26.4

geocode-glib 是一个使用 GLib 库实现的地理编码和逆地理编码的库。它提供了一组函数,用于将地址信息转换为经纬度,以及将经纬度转换为地址信息。geocode-glib 支持多种后端,包括 Nominatim、Google Maps、OpenCage 等。用户可以根据自己的需求选择合适的后端进行地理编码和逆地理编码操作。geocode-glib 提供了一些附加功能,例如,支持异步操作、支持多种语言、支持地理编码结果的缓存等。geocode-glib 适用于开发地理位置相关的应用程序。该软件包包含一个库,用于雅虎的 Place Finder APIs。Place Finder Web 服务允许进行地理编码(从地址查找经度和纬度)和反向地理编码(从坐标查找地址)。执行如下命令安装该软件包。安装的库是 libgeocode-glib-2.so,包含 Geocode GLib API 函数。

```
1 cd $SRC && tar -xf geocode-glib-3.26.4.tar.xz && cd geocode-glib-3.26.4 && mkdir build && cd build && meson setup \
2 --prefix /usr --buildtype=release -Denable-gtk-doc=false -Dsoup2=false .. && ninja && ninja install
```

8. Gjs-1.74.1

该软件包是一个用于 GNOME 的 JavaScript 绑定集。执行如下命令安装该包。安装的程序是 gjs 和 gjs-console。gjs-console 是用于运行 JavaScript 命令的控制台。安装的库是 libgjs.so。

```
1 cd $SRC && tar -xf gjs-1.74.1.tar.xz && cd gjs-1.74.1 && mkdir gjs-build && cd gjs-build &&
2 meson setup --prefix=/usr --buildtype=release --wrap-mode=nofallback .. && ninja && ninja install
```

9. gnome-autoar-0.4.3

该软件包提供了一个自动解压缩、压缩和管理存档的框架。执行如下命令安装该软件包。安装的库是 libgnome-autoar-0.so 和 libgnome-autoar-gtk-0.so。

```
1 cd $SRC && tar -xf gnome-autoar-0.4.3.tar.xz && cd gnome-autoar-0.4.3 && mkdir build && cd build &&
2 meson setup --prefix=/usr --buildtype=release -Dvapi=true -Dtests=true && ninja && ninja install
```

10. gnome-desktop-43.2

gnome-desktop 是一个用于 GNOME 桌面环境的软件包。GNOME 是一个开源的桌面环境,提供了一套用户界面和应用程序,用于创建易于使用和可定制的操作系统。gnome-desktop 包提供了许多核心组件和库,用于构建 GNOME 桌面环境。它包括远程桌面功能、窗口管理器、任务栏、文件管理器、系统设置面板等。此软件包还提供了一些其他有用的工具和应用程序,如文本编辑器、图像查看器、音频播放器等。它还提供了一些扩展工具和主题,以增强用户的体验。该软件包包含一个库,该库提供了一组 API 函数,为GNOME 桌面上的多个应用程序所共享。执行如下命令安装该软件包。安装的库是libgnome-bg-4. so、libgnome-desktop-3. so、libgnome-desktop-4. so 和 libgnome-rr-4. so。libgnome-desktop-3.so 包含多个 GNOME 应用程序所共享的函数。

```
1 cd $SRC && tar -xf gnome-desktop-43.2.tar.xz && cd gnome-desktop-43.2 && mkdir build && cd build &&
2 meson setup --prefix=/usr --buildtype=release .. && ninja && ninja install && rm $SRC/gnome-desktop-43.2 -rf
```

11. gnome-menus-3.36.0

gnome-menus 是一个用于 GNOME 桌面环境的软件包。它提供了一套用于创建和管理菜单的库和工具。这些菜单可以包含应用程序、设置和其他相关内容,使用户能够方便地访问和使用系统中的各种功能。gnome-menus 提供了一个易于使用的 API,开发人员可以使用它来创建和修改菜单,包括添加、删除和修改菜单项。它还支持菜单的本地化,可以根据用户的语言和地区自动显示适当的菜单项文字。gnome-menus 提供了一些工具,用于处理菜单相关的任务。例如,可以使用命令行工具来重新生成菜单,或使用一个可视化的菜单编辑器来手动编辑菜单。该软件包包含 freedesktop.org 桌面菜单规范的一种实现。它还包含 GNOME 菜单布局配置文件和.directory 文件。执行如下命令安装该软件包。安装的库是 libgnome-menu-3.so,包含支持 GNOME 实现桌面菜单规范所需的函数。

```
1 cd $SRC && tar -xf gnome-menus-3.36.0.tar.xz && cd gnome-menus-3.36.0 && ./configure --prefix=/usr \
2     --sysconfdir=/etc --disable-static && make && make install && rm $SRC/gnome-menus-3.36.0 -rf
```

12. gnome-video-effects-0.5.0

gnome-video-effects 软件包是一个为 GNOME 桌面环境设计的视频特效软件包。它提供了一系列给视频增加特殊效果的工具和插件,包括滤镜、转场效果和视觉效果等。这些特效可以应用于现有的视频文件,并且可以根据用户的需求进行调整和定制。通过使用gnome-video-effects 软件包,用户可以将普通的视频内容转换为具有艺术感和创意的作品。这个软件包基于 GNOME 桌面环境的设计理念,提供了简单易用的界面和操作方式,使用户能够轻松地编辑和处理视频文件。执行如下命令安装该软件包。安装的目录是/usr/share/gnome-video-effects。

```
1 cd $SRC && tar -xf gnome-video-effects-0.5.0.tar.xz && cd gnome-video-effects-0.5.0 && mkdir build &&
2 cd build && meson setup --prefix=/usr --buildtype=release .. && ninja && ninja install
```

13. gnome-online-accounts-3.46.0

gnome-online-accounts 是一个 GNOME 桌面环境中的软件包,它提供了一种集成和管理在线账户的方式。它允许用户连接和管理各种在线服务,如电子邮件、日历、联系人和云存储等。gnome-online-accounts 支持许多流行的在线服务提供商，包括 Google、Microsoft、Nextcloud、OwnCloud 等。它提供了一个用户友好的界面，让用户可以轻松地添加、删除和管理他们的在线账户。该软件包还提供了一个统一的 API，供应用程序开发者使用。开发者可以利用这个 API 来访问和使用用户的在线账户，从而实现更紧密的集成和交互体验。该软件包包含用于访问用户在线账户的框架。执行如下命令安装该软件包。安装的库可执行文件（在 /usr/libexec 中）是 goa-daemon 和 goa-identity-service。goa-daemon 是 GNOME Online Accounts 守护程序。安装的库是 libgoa-1.0.so 和 libgoa-backend-1.0.so。libgoa-1.0.so 包含 GNOME Online Accounts API 函数。libgoa-backend-1.0.so 包含 GNOME Online Accounts 后端使用的函数。

```
1 cd $SRC && tar -xf gnome-online-accounts-3.46.0.tar.xz && cd gnome-online-accounts-3.46.0 &&
2 mkdir build && cd build && meson setup --prefix=/usr --buildtype=release -Dkerberos=false \
3     -Dgoogle_client_id=595013732528-llk8trb03f0ldpqq6nprjp1s79596646.apps.googleusercontent.com \
4     -Dgoogle_client_secret=5ntt6GbbkjnTVXx-MSxbmx5e && ninja && ninja install
```

14. Grilo-0.3.15

该软件包是应用程序及其开发人员简化媒体发现和浏览的框架。执行如下命令安装该软件包。安装的程序是 grilo-test-ui-0.3、grl-inspect-0.3 和 grl-launch-0.3。grilo-test-ui-0.3 是一个简单的游乐场应用程序，可以使用它来测试框架和其插件；grl-inspect-0.3 是一个工具，打印出可用的 Grilo 源的信息；grl-launch-0.3 是一个从命令行运行 Grilo 操作的工具。

```
1 cd $SRC && tar -xf grilo-0.3.15.tar.xz && cd grilo-0.3.15 && mkdir build && cd build &&
2 meson setup --prefix=/usr --buildtype=release -Denable-gtk-doc=false .. && ninja && ninja install
```

安装的库是 libgrilo-0.3.so、libgrlnet-0.3.so 和 libgrlpls-0.3.so。libgrilo.so 提供 Grilo 框架；libgrlnet.so 为插件提供 Grilo 网络帮助器；libgrlpls.so 提供播放列表处理函数。

15. libchamplain-0.12.21

该软件包包含一个基于 Clutter 的小构件，用于显示交互式地图。执行如下命令安装该软件包。安装的库是 libchamplain-0.12.so 和 libchamplain-gtk-0.12.so。libchamplain-0.12.so 包含 libchamplain API 函数；libchamplain-gtk-0.12.so 包含 libchamplain GTK＋绑定。

```
1 cd $SRC && tar -xf libchamplain-0.12.21.tar.xz && cd libchamplain-0.12.21 && mkdir build && cd build &&
2 meson setup --prefix=/usr --buildtype=release ..&&ninja && ninja install && rm $SRC/libchamplain-0.12.21 -rf
```

16. libgdata-0.18.1

该软件包是一个基于 GLib 的库，用于使用 GData 协议访问在线服务 API，尤其是谷歌的服务。它提供了访问常见 Google 服务的 API，并具有完整的异步支持。执行如下命令安装该软件包。安装的库是 libgdata.so，包含 libgdata API 函数。

```
1 cd $SRC && tar -xf libgdata-0.18.1.tar.xz && cd libgdata-0.18.1 && mkdir build && cd build &&
2 meson setup --prefix=/usr --buildtype=release -Dgtk_doc=false -Dalways_build_tests=false .. && ninja && ninja install
```

17. libgee-0.20.6

该软件包是一个集合库,提供基于 GObject 的接口和类,用于常用数据结构。执行如下命令安装该软件包。安装的库是 libgee-0.8.so,包含 libgee API 函数。

```
1 cd $SRC && tar -xf libgee-0.20.6.tar.xz && cd libgee-0.20.6 && ./configure --prefix=/usr && make && make install
```

18. libgtop-2.40.0

该软件包包含 GNOME top 库。执行如下命令安装该包。安装的程序是 libgtop_daemon2 和 libgtop_server2。安装的库是 libgtop-2.0.so,包含允许访问系统性能数据的函数。

```
1 cd $SRC && tar -xf libgtop-2.40.0.tar.xz && cd libgtop-2.40.0 &&
2 ./configure --prefix=/usr --disable-static && make && make install && rm $SRC/libgtop-2.40.0 -rf
```

19. libgweather-4.2.0

该软件包包含一个库,用于从在线服务中访问众多位置的天气信息。执行如下命令安装该软件包。安装的库是 libgweather-4.so,包含允许检索天气信息的函数。

```
1 cd $SRC && tar -xf libgweather-4.2.0.tar.xz && cd libgweather-4.2.0 && mkdir build && cd build &&
2 meson setup --prefix=/usr --buildtype=release -Dgtk_doc=false .. && ninja && ninja install
```

20. libpeas-1.34.0

该软件包包含一个基于 GObject 的插件引擎,旨在为每个应用程序提供自己的可扩展性。执行如下命令安装该软件包。安装的程序是 peas-demo,是 Peas 演示程序。安装的库是 libpeas-1.0.so 和 libpeas-gtk-1.0.so。libpeas-1.0.so 包含 libpeas API 函数。libpeas-gtk-1.0.so 包含 libpeas GTK+小构件。

```
1 cd $SRC && tar -xf libpeas-1.34.0.tar.xz && cd libpeas-1.34.0 && mkdir build && cd build &&
2 meson setup --prefix=/usr --buildtype=release --wrap-mode=nofallback .. && ninja && ninja install
```

21. libshumate-1.0.3

该软件包包含一个用于显示地图的 GTK-4 小构件。执行如下命令安装该软件包。安装的库是 libshumate-1.0.so,包含提供用于显示地图的 GTK-4 小构件的函数。

```
1 cd $SRC && tar -xf libshumate-1.0.3.tar.xz && cd libshumate-1.0.3 && mkdir build && cd build &&
2 meson setup --prefix=/usr --buildtype=release -Dgtk_doc=false .. && ninja && ninja install
```

22. libwnck-43.0

该软件包包含窗口导航器构建工具包。执行如下命令安装该软件包。安装的程序是 wnckprop 和 wnck-urgency-monitor。wnckprop 用于打印或修改屏幕/工作区/窗口的属性,或与其进行交互。安装的库是 libwnck-3.so,包含编写分页器和任务列表的函数。

```
1 cd $SRC && tar -xf libwnck-43.0.tar.xz && cd libwnck-43.0 && mkdir build && cd build &&
2 meson setup --prefix=/usr --buildtype=release .. && ninja && ninja install && rm $SRC/libwnck-43.0 -rf
```

23. evolution-data-server-3.46.4

该软件包为处理联系人、任务和日历信息的程序提供了一个统一的后端。它最初是为 Evolution 开发的,但现在也被其他软件包使用。执行如下命令安装该软件包。安装了多个库。

```
1 cd $SRC && tar -xf evolution-data-server-3.46.4.tar.xz && cd evolution-data-server-3.46.4 && mkdir build &&
2 cd build && cmake -DCMAKE_INSTALL_PREFIX=/usr -DSYSCONF_INSTALL_DIR=/etc -DENABLE_VALA_BINDINGS=ON \
3     -DENABLE_INSTALLED_TESTS=ON -DWITH_OPENLDAP=OFF -DWITH_KRB5=OFF -DENABLE_INTROSPECTION=ON \
4     -DENABLE_GTK_DOC=OFF -DWITH_LIBDB=OFF -DENABLE_OAUTH2_WEBKITGTK4=OFF .. && make && make install
```

24. Tracker-3.4.2

该软件包提供了 GNOME 桌面环境中使用的文件索引服务程序。执行如下命令安装该软件包。安装的程序是 tracker3,是索引器的控制程序。安装的库是 libtracker-sparql-3.0.so,包含资源管理和数据库函数。

```
1 cd $SRC && tar -xf tracker-3.4.2.tar.xz && cd tracker-3.4.2 && mkdir build && cd build &&
2 meson setup --prefix=/usr --buildtype=release -Ddocs=false -Dman=false .. && ninja && ninja install
```

25. Tracker-miners-3.4.3

该软件包包含一组用于 Tracker 的数据提取器。执行如下命令安装该软件包。

```
1 cd $SRC && tar -xf tracker-miners-3.4.3.tar.xz && cd tracker-miners-3.4.3 && mkdir build && cd build &&
2 meson setup --prefix=/usr --buildtype=release -Dman=false .. && ninja && ninja install
```

26. GSound-1.0.3

该软件包包含一个用于播放系统声音的小型库。执行如下命令安装该软件包。安装的程序是 gsound-play,通过 libgsound 接口播放系统声音。安装的库是 libgsound.so,包含用于播放系统声音的 API 函数。

```
1 cd $SRC && tar -xf gsound-1.0.3.tar.xz && cd gsound-1.0.3 && mkdir build && cd build &&
2 meson setup --prefix=/usr --buildtype=release .. && ninja && ninja install && rm $SRC/gsound-1.0.3 -rf
```

11.2　GNOME 桌面组件

1. DConf-0.40.0/DConf-Editor-43.0

该软件包包含一个低级配置系统,目的是为 GSettings 提供后端,以便在没有配置存储系统的平台上使用。DConf-Editor 是 DConf 数据库的图形编辑器。执行如下命令安装该软件包。

```
1 cd $SRC && tar -xf dconf-0.40.0.tar.xz && cd dconf-0.40.0 && mkdir build && cd build && meson setup \
2   --prefix=/usr --buildtype=release -Dbash_completion=false .. && ninja && ninja install &&
3 cd .. && tar -xf ../dconf-editor-43.0.tar.xz && cd dconf-editor-43.0 && mkdir build && cd build &&
4 meson setup --prefix=/usr --buildtype=release .. && ninja && ninja install && rm $SRC/dconf-0.40.0 -rf
```

安装的程序是 dconf 和 dconf-editor。dconf 是用于操作 DConf 数据库的简单工具。dconf-editor 是编辑 DConf 数据库的图形程序。安装的库是 libdconf.so 和 libdconfsettings.so(在/usr/lib/gio/modules 中安装的 GIO 模块)。libdconf.so 包含 DConf 客户端 API 函数。

2. ibus-1.5.27

该软件包包含一个智能输入总线。ibus 是 Linux 操作系统的新输入框架。它提供了一个功能齐全且用户友好的输入法用户界面。执行如下命令安装该软件包。安装的程序是 ibus、ibus-daemon 和 ibus-setup。ibus-daemon 是智能输入总线守护进程。ibus-setup 是用于配置 ibus-daemon 的 GTK＋程序。安装的库是 libibus-1.0.so 和 im-ibus.so(GTK＋Immodule)。安装的目录是/etc/dconf/db/ibus.d、/usr/include/ibus-1.0、/usr/share/gtk-doc/html/ibus 和/usr/share/ibus。

```
1 cd $SRC && tar -xf ibus-1.5.27.tar.gz && cd ibus-1.5.27 && mkdir -p /usr/share/unicode/ucd &&
2 unzip -uo ../UCD.zip -d /usr/share/unicode/ucd &&
3 sed -i 's@/desktop/ibus@/org/freedesktop/ibus@g' data/dconf/org.freedesktop.ibus.gschema.xml &&
4 ./configure --prefix=/usr --sysconfdir=/etc --disable-python2 --disable-emoji-dict && rm -f tools/main.c &&
5 make && make install && gzip -df /usr/share/man/man{{1,5}/ibus*.gz,5/00-upstream-settings.5.gz} &&
6 gtk-query-immodules-3.0 --update-cache && rm $SRC/ibus-1.5.27 -rf
```

3. ImageMagick-7.1.0-61

该软件包包含一组工具和库,用于读取、写入和操作各种图像格式中的图像。可以通过命令行使用图像处理操作,也提供了 Perl 和 C＋＋的绑定。运行以下命令安装该软件包。

```
1 cd $SRC && tar -xf ImageMagick-7.1.0-61.tar.xz && cd ImageMagick-7.1.0-61 &&
2 ./configure --prefix=/usr --sysconfdir=/etc --enable-hdri --with-modules --with-perl --disable-static &&
3 make && make DOCUMENTATION_PATH=/usr/share/doc/imagemagick-7.1.0 install && rm $SRC/ImageMagick-7.1.0-61 -rf
```

安装的程序:animate 播放图像序列。compare 比较图像与重建图像。composite 将各种图像合成到给定的基础图像中。conjure 处理 MSL 脚本以创建图像。convert 将图像从一种格式转换为另一种格式。display 显示图像。identify 描述图像文件的格式和特征。import 捕获 X 窗口。magick 转换图像格式,并调整大小、模糊、裁剪、去斑点、抖动、绘制、翻转、连接、重新采样等。Magick{++,Core,Wand}-config 显示已安装的 ImageMagick 库的版本信息。mogrify 转换图像。montage 将各种图像合成为新图像。stream 将一个或多个图像像素组件或部分图像流式传输到选择的存储格式中。Image∷Magick 使用 ImageMagick 库读取、操作和写入大量图像文件格式。在包源树的 PerlMagick/demo 目录中安装软件包后,运行 make 以查看该模块功能的演示。安装的库是 libMagickCore-7.
Q16HDRI.so、libMagickWand-7.Q16HDRI.so 和 libMagick ++ -7.Q16HDRI.so。

4. gnome-backgrounds-43.1

该软件包包含一组可用作 GNOME 桌面环境背景的图形文件。此外,该软件包创建了正确的框架和目录结构,以便可以将自定义文件添加到集合中。执行如下命令安装该软件包。安装的目录是/usr/share/backgrounds/gnome 和/usr/share/gnome-background-properties。

```
1 cd $SRC && tar -xf gnome-backgrounds-43.1.tar.xz && cd gnome-backgrounds-43.1 && mkdir build &&
2 cd build && meson setup --prefix=/usr .. && ninja install && rm $SRC/gnome-backgrounds-43.1 -rf
```

5. libcddb-1.3.2

该软件包包含一个库,用于实现不同协议(CDDBP、HTTP、SMTP)以访问 CDDB 服务器上的数据的库。执行如下命令安装该软件包。安装的程序是 cddb_query,提供访问 CDDB 服务器的用户界面。安装的库是 libcddb.so

```
1 cd $SRC && tar -xf libcddb-1.3.2.tar.bz2 && cd libcddb-1.3.2 &&
2 sed -e '/DEFAULT_SERVER/s/freedb.org/gnudb.gnudb.org/' -e '/DEFAULT_PORT/s/888/&0/' \
3    -i include/cddb/cddb_ni.h && sed '/^Genre:/s/Trip-Hop/Electronic/' -i tests/testdata/920ef00b.txt &&
4 sed '/DISCID/i# Revision: 42' -i tests/testcache/misc/12340000 &&
5 ./configure --prefix=/usr --disable-static && make && make install && rm $SRC/libcddb-1.3.2 -rf
```

6. libcdio-2.1.0

该软件包包含一个用于 CD-ROM 和 CD 映像访问的库。相关的 libcdio-cdparanoia 库直接将音频从 CD-ROM 读取为数据,没有模拟步骤,并将数据写入文件或管道中作为.wav、.aifc 或原始 16 位线性 PCM。执行如下命令安装该软件包。

```
1 cd $SRC && tar -xf libcdio-2.1.0.tar.bz2 && cd libcdio-2.1.0&& ./configure --prefix=/usr --disable-static&&
2 make && make install && tar -xf ../libcdio-paranoia-10.2+2.0.1.tar.bz2 && cd libcdio-paranoia-10.2+2.0.1 &&
3 ./configure --prefix=/usr --disable-static && make && make install && rm $SRC/libcdio-2.1.0 -rf
```

安装的程序是 cdda-player、cd-drive、cd-info、cd-paranoia、cd-read、iso-info、iso-read 和 mmc-tool。cd-drive 显示 CD-ROM 驱动器的特性。cd-info 显示关于 CD 或 CD 映像的信息。cd-paranoia 是一个音频 CD 读取实用程序,包括额外的数据验证功能。cd-read 从 CD 或 CD 映像中读取信息。cdda-player 是一个简单的 curses CD 播放器。iso-info 显示有关 ISO 9660 映像的信息。iso-read 读取 ISO 9660 映像的部分。mmc-tool 发出 libcdio 多媒体命令。

安装的库是 libcdio.so、libcdio ++ .so、libcdio_cdda、libcdio_paranoia、libiso9660、libiso9660++ 和 libudf.so。libcdio.so 包含主要的 cdio API 函数。

7. Gvfs-1.50.3

该软件包包含一个用户空间虚拟文件系统,设计用于 GLib 的 GIO 库的 I/O 抽象。执行如下命令安装该包。安装的库是 libgvfscommon.so、libgvfsdaemon.so 和/usr/lib/gio/

modules/下的一些库。安装的目录是/usr/include/gvfs-client 和/usr/{lib,share}/gvfs。

```
1 cd $SRC && tar -xf gvfs-1.50.3.tar.xz && cd gvfs-1.50.3 && mkdir build && cd build && meson setup \
2   --prefix=/usr --buildtype=release -Dfuse=false -Dgphoto2=false -Dafc=false -Dbluray=false -Dnfs=false \
3   -Dmtp=false -Dsmb=false -Ddnssd=false -Dgoa=false -Dgoogle=false .. && ninja && ninja install
```

8. gexiv2-0.14.0

该软件包包含 Exiv2 库的一个基于 GObject 的封装器。执行如下命令安装该软件包。安装的库是 libgexiv2.so,提供了一个围绕 Exiv2 库的封装器。

```
1 cd $SRC && tar -xf gexiv2-0.14.0.tar.xz && cd gexiv2-0.14.0 && mkdir build && cd build &&
2 meson setup --prefix=/usr --buildtype=release .. && ninja && ninja install && rm $SRC/gexiv2-0.14.0 -rf
```

9. Nautilus-43.2

该软件包包含 GNOME 文件管理器。执行如下命令安装该包。安装的程序是 nautilus 和 nautilus-autorun-software。nautilus 是 GNOME 文件管理器。安装的库是 libnautilus-extension.so,提供了文件管理器扩展所需的函数。

```
1 cd $SRC && tar -xf nautilus-43.2.tar.xz && cd nautilus-43.2 &&
2 sed "/docdir =/s@\$@ / 'nautilus-43.2'@" -i meson.build && mkdir build && cd build && meson setup \
3   --prefix=/usr --buildtype=release -Dselinux=false -Dpackagekit=false .. && ninja && ninja install
```

10. gnome-bluetooth-42.5

该软件包包含使用 GNOME 桌面管理和操作蓝牙设备的工具。执行如下命令安装该软件包。安装的程序是 bluetooth-sendto,是一个用于通过蓝牙传输文件的 GTK＋应用程序。安装的库是 libgnome-bluetooth-3.0.so 和 libgnome-bluetooth-ui-3.0.so。

```
1 cd $SRC && tar -xf gnome-bluetooth-42.5.tar.xz && cd gnome-bluetooth-42.5 && mkdir build && cd build &&
2 meson setup --prefix=/usr --buildtype=release .. && ninja && ninja install && rm $SRC/gnome-bluetooth-42.5 -rf
```

11. gnome-keyring-42.1

该软件包包含一个守护进程,用于在用户之间保存密码和其他机密信息。执行如下命令安装该软件包。安装的程序是 gnome-keyring、gnome-keyring-3 和 gnome-keyring-daemon。gnome-keyring-daemon 是一个会话守护进程,用于为用户保存密码。安装的库是 gnome-keyring-pkcs11.so(PKCS♯11 模块)和 pam_gnome_keyring.so(PAM 模块)。

```
1 cd $SRC && tar -xf gnome-keyring-42.1.tar.xz && cd gnome-keyring-42.1 && sed -i 's:"/desktop:"/org:' schema/*.xml &&
2 ./configure --prefix=/usr --sysconfdir=/etc && make && make install && rm $SRC/gnome-keyring-42.1 -rf
```

12. FLAC-1.4.2

该软件包包含一种类似于 MP3 的音频编解码器,但它是无损的,这意味着音频在压缩时不会丢失任何信息。按以下命令安装该软件包。安装的程序是 flac 和 metaflac。flac 是一个用于编码、解码和转换 FLAC 文件的命令行实用程序。metaflac 是一个程序,用于列出、添加、删除或编辑一个或多个 FLAC 文件中的元数据。安装的库是 libFLAC.so 和 libFLAC++.so。libFLAC{,++}.so 库为使用 FLAC 的原生 FLAC 和 Ogg FLAC C/C++ API 的程序提供支持。

```
1 cd $SRC && tar -xf flac-1.4.2.tar.xz && cd flac-1.4.2 && ./configure --prefix=/usr \
2 --disable-thorough-tests --docdir=/usr/share/doc/flac-1.4.2 && make && make install
```

13. Opus-1.3.1

Opus 是由 Internet 工程任务组(IETF)开发的有损音频压缩格式,特别适用于通过互联网进行交互式语音和音频传输。该软件包提供了 Opus 开发库和头文件。执行如下命令安装 Opus。安装的库是 libopus.so,提供用于读取和写入 Opus 格式的函数。

```
1 cd $SRC && tar -xf opus-1.3.1.tar.gz && cd opus-1.3.1 && ./configure --prefix=/usr --disable-static \
2  --docdir=/usr/share/doc/opus-1.3.1 && make && make install && rm $SRC/opus-1.3.1 -rf
```

14. alsa-lib-1.2.8

该软件包包含由需要访问 ALSA 音频接口的程序(包括 ALSA Utilities)使用的 ALSA 库。执行如下命令安装该软件包。安装的程序是 aserver,是 ALSA 服务器。安装的库是 libasound.so 和 libatopology.so。libasound.so 包含 ALSA API 函数。libatopology.so 包含 ALSA 拓扑的 API 函数。需要配置内核。

```
1 cd $SRC && tar -xf alsa-lib-1.2.8.tar.bz2 && cd alsa-lib-1.2.8 && ./configure && make && make doc &&
2 make install && install -d -m755 /usr/share/doc/alsa-lib-1.2.8/html/search &&
3 install -m644 doc/doxygen/html/*.* /usr/share/doc/alsa-lib-1.2.8/html &&
4 install -m644 doc/doxygen/html/search/* /usr/share/doc/alsa-lib-1.2.8/html/search && rm $SRC/alsa-lib-1.2.8 -rf
```

15. LAME-3.100

该软件包包含一个 MP3 编码器和可选的 MP3 帧分析器。这对于创建和分析压缩音频文件非常有用。执行如下命令安装该软件包。安装的程序是 lame 和 mp3rtp。lame 从原始 PCM 或.wav 数据创建 MP3 音频文件。mp3rtp 用于通过 RTP 流编码 MP3 输出。安装的库是 libmp3lame.so,提供将原始 PCM 和 WAV 文件转换为 MP3 文件所需的函数。

```
1 cd $SRC && tar -xf lame-3.100.tar.gz && cd lame-3.100 && ./configure --prefix=/usr --enable-mp3rtp \
2 --disable-static && make && make pkghtmldir=/usr/share/doc/lame-3.100 install && rm $SRC/lame-3.100 -rf
```

16. mpg123-1.31.2

该软件包包含一个基于控制台的 MP3 播放器。执行如下命令安装该软件包。安装的程序是 mpg123、mpg123-id3dump、mpg123-strip 和 out123。mpg123 用于通过控制台播放 MP3 文件。mpg123-id3dump 使用 libmpg123 从 MPEG 音频文件中转储 ID3 元数据的工具。mpg123-strip 使用 libmpg123 仅提取流中的 MPEG 帧(从 stdin 到 stdout)。out123 将原始 PCM 音频播放到输出设备中。安装的库是 libmpg123.so、libout123.so 和 libsyn123.so。libmpg123.so 包含 mpg123 API 函数。libout123.so 包含 out123 API 函数。libsyn123.so 包含一些音频信号综合和格式转换函数。

```
1 cd $SRC && tar -xf mpg123-1.31.2.tar.bz2 && cd mpg123-1.31.2 && ./configure --prefix=/usr && make && make install
```

17. Speex-1.2.1

Speex 是专门为语音设计的音频压缩格式。它非常适用于互联网应用,并提供了在大多数其他编解码器中不存在的有用功能。执行如下命令安装 Speex。安装的程序是 speexenc 和 speexdec。speexdec 解码 Speex 文件并生成 WAV 或原始文件。speexenc 使用 Speex 对 WAV 或原始文件进行编码。安装的库是 libspeex.so 和 libspeexdsp.so。libspeex.so 提供音频编解码程序的函数。libspeexdsp.so 是一个与 Speex 编解码器一起使用的语音处理库。

```
1 cd $SRC && tar -xf speex-1.2.1.tar.gz && cd speex-1.2.1 && ./configure --prefix=/usr --disable-static \
2    --docdir=/usr/share/doc/speex-1.2.1 && make && make install && cd .. &&
3 tar -xf speexdsp-1.2.1.tar.gz && cd speexdsp-1.2.1 && ./configure --prefix=/usr --disable-static \
4    --docdir=/usr/share/doc/speexdsp-1.2.1 && make && make install && rm $SRC/speex-1.2.1 $SRC/speexdsp-1.2.1 -rf
```

18. libsndfile-1.2.0

该软件包包含一组 C 例程的库,用于读取和写入包含采样音频数据的文件。执行如下命令安装该软件包。

```
1 cd $SRC && tar -xf libsndfile-1.2.0.tar.xz && cd libsndfile-1.2.0 && ./configure --prefix=/usr \
2 --docdir=/usr/share/doc/libsndfile-1.2.0 && make && make install && rm $SRC/libsndfile-1.2.0 -rf
```

安装的程序:sndfile-cmp 比较两个音频文件。sndfile-concat 连接两个或多个音频文件。sndfile-convert 将声音文件从一种格式转换为另一种格式。sndfile-deinterleave 将多通道拆分为多个单通道文件。sndfile-info 显示有关声音文件的信息。sndfile-interleave 将多个单通道文件转换为多通道文件。sndfile-metadata-get 从声音文件中检索元数据。sndfile-metadata-set 在声音文件中设置元数据。sndfile-play 播放声音文件。sndfile-salvage 从长度超过 4GB 的 WAV 文件中恢复音频数据。安装的库是 libsndfile.so,包含 libsndfile API 函数。

19. PulseAudio-16.1

PulseAudio 是一种面向 POSIX 操作系统的声音系统。执行如下命令安装 PulseAudio。安装了多个程序和库。

```
1 cd $SRC && tar -xf pulseaudio-16.1.tar.xz && cd pulseaudio-16.1 && mkdir build && cd build &&
2 meson setup --prefix=/usr --buildtype=release -Ddatabase=gdbm -Ddoxygen=false -Dbluez5=disabled &&
3 ninja && ninja install && rm -f /etc/dbus-1/system.d/pulseaudio-system.conf && rm $SRC/pulseaudio-16.1 -rf
```

20. Cups-2.4.2

通用 UNIX 打印系统(Common UNIX Printing System,CUPS)是一个打印机缓冲池及其相关实用工具。通过运行以下命令构建 CUPS。安装了多个程序。安装的库是 libcupsimage.so 和 libcups.so。需要配置内核。

```
1 cd $SRC && tar -xf cups-2.4.2-source.tar.gz && cd cups-2.4.2 &&
2 useradd -c "Print Service User" -d /var/spool/cups -g lp -s /bin/false -u 9 lp &&
3 groupadd -g 19 lpadmin && usermod -a -G lpadmin slfs && sed -i 's#@CUPS_HTMLVIEW@#firefox#' desktop/cups.desktop.in &&
4 ./configure --libdir=/usr/lib --with-system-groups=lpadmin --with-docdir=/usr/share/cups/doc-2.4.2 &&
5 make && make install && ln -snf ../cups/doc-2.4.2 /usr/share/doc/cups-2.4.2 &&
6 echo "ServerName /run/cups/cups.sock" > /etc/cups/client.conf && systemctl enable cups && rm $SRC/cups-2.4.2 -rf
```

21. cups-pk-helper-0.2.7

该软件包包含一个 PolicyKit 辅助程序,用于以细粒度权限配置 Cups。运行以下命令安装该软件包。安装的库可执行文件(在/usr/libexec 中)是 cups-pk-helper-mechanism。

```
1 cd $SRC && tar -xf cups-pk-helper-0.2.7.tar.xz && cd cups-pk-helper-0.2.7 && mkdir build &&
2 cd build && meson setup --prefix=/usr .. && ninja && ninja install && rm $SRC/cups-pk-helper-0.2.7 -rf
```

22. gnome-settings-daemon-43.0

gnome-settings-daemon 是一个运行在 GNOME 桌面环境下的后台程序,它负责管理和处理用户设置的变化和事件。gnome-settings-daemon 主要负责以下功能:根据用户的设定来调整屏幕亮度和分辨率;加载和应用用户所选择的主题和外观样式,包括窗口边框、图标、鼠标指针等;检测系统中的音频设备,并根据用户的设定来调整音量和播放声音;控制电源管理功能,例如,休眠、待机和关机等;可以设置键盘和鼠标的行为,例如,按键重复速度、滚动方向等。gnome-settings-daemon 负责管理用户设置以及响应用户操作的变化,确保 GNOME 桌面环境能够按照用户的个性化需求进行配置和调整。执行如下命令安装该软件包。安装的库是 libgsd.so。

```
1 cd $SRC && tar -xf gnome-settings-daemon-43.0.tar.xz && cd gnome-settings-daemon-43.0 && mkdir build &&
2 cd build && meson setup --prefix=/usr --buildtype=release .. && ninja && ninja install
```

23. gnome-control-center-43.4.1

gnome-control-center 是 GNOME 桌面环境的控制中心,用于管理和配置系统设置。它提供了一个直观的图形用户界面,让用户轻松地修改系统的各种设置,包括网络、声音、屏幕分辨率、电源管理、日期和时间、用户账户等。通过 gnome-control-center,用户可以方便地个性化和配置 GNOME 桌面环境,以满足自己的需求和喜好。无论是外观主题的更改、屏幕保护程序的配置,还是网络连接的设置,gnome-control-center 都提供了集中的接口,使用户能够轻松地完成这些任务。执行如下命令安装的程序是 gnome-control-center,是用于配置 GNOME 各方面的图形用户界面。

```
1 cd $SRC && tar -xf gnome-control-center-43.4.1.tar.xz && cd gnome-control-center-43.4.1 && mkdir build &&
2 cd build && meson setup --prefix=/usr --buildtype=release .. && ninja && ninja install
```

24. SBC-2.0

SBC 是一种数字音频编解码器,用于将数据传输到蓝牙音频输出设备,如耳机或扬声器。执行如下命令安装 SBC(次频带编解码器)。安装的程序是 sbcdec、sbcenc 和 sbcinfo。sbcdec 是一个 SBC 解码器实用程序。sbcenc 是一个 SBC 编码器实用程序。sbcinfo 是一个 SBC 分析器。安装的库是 libsbc.so。libsbc.so 包含 SBC API 函数。

```
1 cd $SRC && tar -xf sbc-2.0.tar.xz && cd sbc-2.0 && ./configure --prefix=/usr \
2 --disable-static --disable-tester && make && make install && rm $SRC/sbc-2.0 -rf
```

25. v4l-utils-1.22.1

该软件包提供了一系列媒体设备工具,允许处理大多数网络摄像头可用的专有格式(libv4l),并提供测试 V4L 设备的工具。执行如下命令安装该软件包。安装了多个程序和库。安装的目录是/etc/rc_keymaps、/lib/udev/rc_keymaps、/usr/include/libdvbv5 和/usr/lib/libv4l。

```
1 cd $SRC && tar -xf v4l-utils-1.22.1.tar.bz2 && cd v4l-utils-1.22.1 &&
2 ./configure --prefix=/usr --sysconfdir=/etc --disable-static && make && make -j1 install
```

26. Pipewire-0.3.66

该软件包包含一个服务器和用户空间 API,用于处理多媒体管道。这包括一个通用的 API,用于连接多媒体设备,以及在应用程序之间共享多媒体文件。执行如下命令安装该软件包。安装了多个程序。安装的库是 libpipewire-0.3.so 以及/usr/lib/pipewire-0.3 和/usr/lib/spa-0.2 目录中的 56 个模块。

```
1 cd $SRC && tar -xf pipewire-0.3.66.tar.gz && cd pipewire-0.3.66 && mkdir build && cd build &&
2 meson setup --prefix=/usr --buildtype=release -Dsession-managers= .. && ninja && ninja install
```

27. Mutter-43.3

该软件包提供了 GNOME 窗口管理器。执行如下命令安装该包。安装的程序是 mutter,是 GNOME 窗口管理器。安装的库是 libmutter-11.so,包含 Mutter API 函数。

```
1 cd $SRC && tar -xf mutter-43.3.tar.xz && cd mutter-43.3 && mkdir build && cd build &&
2 meson setup --prefix=/usr --buildtype=debugoptimized -Dtests=false .. && ninja && ninja install
```

28. gnome-shell-43.3

gnome-shell 是一款自由和开源的桌面环境,作为 GNOME 项目的一部分。GNOME 是一个为 UNIX 和类 UNIX 系统设计的桌面环境,旨在提供一个用户友好、高度可定制和现代化的工作环境。gnome-shell 的设计理念是简洁、直观和现代化。它采用了一种称为"活动"的界面概念,用户可以通过鼠标、键盘或触摸屏幕切换不同的活动。每个活动都有自己的工作区,在这里用户可以打开应用程序、查看通知、访问文件等。gnome-shell 还提供了一系列的扩展和插件,用户可以根据自己的喜好和需求对桌面环境进行定制。通过这些扩展和插件,用户可以添加额外的功能或改变桌面的外观。gnome-shell 还支持桌面面板、图标、程序菜单等传统的桌面元素,并提供了一些常用的应用程序,例如,文件管理器、网页浏览器、音乐播放器等。该软件包包含 GNOME 桌面环境的核心用户界面。执行如下命令安装该软件包。安装的程序是 gnome-extensions、gnome-extensions-app、gnome-shell-extension-prefs、gnome-shell、gnome-shell-extension-tool 和 gnome-shell-perf-tool。gnome-shell 提供 GNOME 3 桌面的核心用户界面功能。

```
1 cd $SRC && tar -xf gnome-shell-43.3.tar.xz && cd gnome-shell-43.3 && mkdir build && cd build &&
2 meson setup --prefix=/usr --buildtype=release -Dtests=false .. && ninja && ninja install
```

29. gnome-shell-extensions-43.1

gnome-shell-extensions 是 GNOME 桌面环境的一个扩展集合。它为 GNOME Shell 提供了额外的功能和特性,使用户能够自定义和增强桌面体验。gnome-shell-extensions 包含各种不同类型的扩展,包括任务栏、应用程序菜单、窗口管理、工具栏等。这些扩展可以通过 GNOME 扩展网站或者其他第三方扩展来源进行安装和使用。通过 gnome-shell-extensions,用户可以将桌面界面个性化,添加额外的功能,增加效率和方便性。例如,用户可以安装一个任务栏扩展,使其在顶部或底部显示最常用的应用程序图标,从而快速启动应用程序。用户还可以安装一个窗口管理扩展,以在多个工作区中更好地组织和管理打开的窗口。执行如下命令安装该软件包。安装的目录是/usr/share/gnome-shell/extensions。

```
1 cd $SRC && tar -xf gnome-shell-extensions-43.1.tar.xz && cd gnome-shell-extensions-43.1 &&
2 mkdir build && cd build && meson setup --prefix=/usr .. && ninja install && rm $SRC/gnome-shell-extensions-43.1 -rf
```

30. gnome-session-43.0

gnome-session 是 GNOME 桌面环境的一个组件,用于管理和启动用户会话。它负责初始化并启动 GNOME 桌面环境所需的各种组件和应用程序,包括窗口管理器、应用程序面板、通知服务等。gnome-session 还提供了一些配置选项,允许用户自定义他们的会话设置,例如,选择默认的窗口管理器、设置启动时自动运行的应用程序等。通过 gnome-session,用户可以轻松地定制和管理他们的 GNOME 桌面环境。gnome-session 支持跨语言环境会话,即用户可以在同一个桌面环境下切换不同的语言配置,以满足多语言环境下的需求。该软件包包含 GNOME 会话管理器。执行如下命令安装该软件包。安装的程序是 gnome-session、gnome-session-inhibit 和 gnome-session-quit。gnome-session 用于启动 GNOME 桌面环境。gnome-session-inhibit 在执行给定命令时禁用某些 GNOME Session 功能。gnome-session-quit 用于结束 GNOME。安装的目录是/usr/share/doc/gnome-session-43.0 和/usr/share/gnome-session。

```
1 cd $SRC && tar -xf gnome-session-43.0.tar.xz && cd gnome-session-43.0 &&
2 sed 's@/bin/sh@/bin/sh -l@' -i gnome-session/gnome-session.in && mkdir build && cd build &&
3 meson setup --prefix=/usr --buildtype=release .. && ninja && ninja install &&
4 mv /usr/share/doc/gnome-session{,-43.0} && rm /usr/share/xsessions/gnome.desktop &&
5 rm /usr/share/wayland-sessions/gnome.desktop && rm $SRC/gnome-session-43.0 -rf
```

31. sound-theme-freedesktop-0.8

该软件包包含桌面音效主题。执行如下命令安装该软件包。安装的目录是/usr/ share/ sounds/freedesktop。

```
1 cd $SRC && tar -xf sound-theme-freedesktop-0.8.tar.bz2 && cd sound-theme-freedesktop-0.8 &&
2 ./configure --prefix=/usr && make && make install && rm $SRC/sound-theme-freedesktop-0.8 -rf
```

32. gnome-tweaks-40.10

Gnome Tweaks 是一个用于定制和调整 GNOME 桌面环境的工具。它提供了一系列选项和设置，可以修改桌面外观、行为和功能，使用户能够根据自己的喜好个性化他们的 GNOME 体验。使用 Gnome Tweaks，用户可以更改桌面背景、图标大小和位置，调整面板和菜单的样式和布局，以及更改桌面效果、窗口管理器和应用程序启动行为。此外，Gnome Tweaks 还提供了其他一些功能，如启用和禁用扩展、修改窗口工作区、更改鼠标和触摸板设置等。执行如下命令安装该包。

```
1 cd $SRC && tar -xf gnome-tweaks-40.10.tar.xz && cd gnome-tweaks-40.10 && mkdir build && cd build &&
2 meson setup --prefix=/usr --buildtype=release && ninja && ninja install && rm $SRC/gnome-tweaks-40.10 -rf
```

33. gnome-user-docs-43.0

该软件包包含有关 GNOME 的文档。执行如下命令安装该软件包。安装的目录是/ usr/share/help/ * /gnome-help 和/usr/share/help/ * /system-admin-guide。

```
1 cd $SRC && tar -xf gnome-user-docs-43.0.tar.xz && cd gnome-user-docs-43.0 &&
2 ./configure --prefix=/usr && make && make install && rm $SRC/gnome-user-docs-43.0 -rf
```

34. Yelp-42.2

该软件包包含一个帮助浏览器，用于查看帮助文件。执行如下命令安装该软件包。安装的程序是 gnome-help 和 yelp。安装的库是 libyelp.so,包含 Yelp API 函数。

```
1 cd $SRC && tar -xf yelp-42.2.tar.xz && cd yelp-42.2 && ./configure --prefix=/usr --disable-static &&
2 make && make install && update-desktop-database && rm $SRC/yelp-42.2 -rf
```

11.3　GNOME 应用程序

1. Baobab-43.0

该软件包包含一个图形化的目录树分析器。执行如下命令安装该软件包。安装的程序是 baobab,是一种用于分析磁盘使用情况的图形化工具。

```
1 cd $SRC && tar -xf baobab-43.0.tar.xz && cd baobab-43.0 && mkdir build && cd build &&
2 meson setup --prefix=/usr --buildtype=release .. && ninja && ninja install && rm $SRC/baobab-43.0 -rf
```

2. Brasero-3.12.3

该软件包包含一个简单易用的 CD/DVD 刻录应用程序,使用户可以轻松快速地创建自己的光盘。执行如下命令安装该软件包。安装的库是 libbrasero-{burn, media, utils}3.so。安装的程序是 brasero。

```
1 cd $SRC && tar -xf brasero-3.12.3.tar.xz && cd brasero-3.12.3 && ./configure --prefix=/usr \
2 --enable-compile-warnings=no --enable-cxx-warnings=no --disable-nautilus && make && make install
```

3. Cheese-43.0

Cheese 用于使用有趣的图形效果拍照和录制视频。执行如下命令安装 Cheese。安装的程序是 cheese,是带有图形效果的网络摄像头工具。安装的库是 libcheese.so 和 libcheese-gtk.so,这里需要配置内核。

```
1 cd $SRC && tar -xf cheese-43.0.tar.xz && cd cheese-43.0 && mkdir build && cd build &&
2 meson setup --prefix=/usr --buildtype=release -Dgtk_doc=false -Dtests=true .. && ninja && ninja install
```

4. EOG-43.2

EOG 是 GNOME 桌面上查看和分类图像文件的应用程序。执行如下命令安装 EOG。安装的程序是 eog,是一个快速而功能齐全的图像查看器,也是一个图像分类程序。它具有基本的编辑功能。安装的库是 libeog.so。

```
1 cd $SRC && tar -xf eog-43.2.tar.xz && cd eog-43.2 && mkdir build && cd build && meson setup --prefix=/usr \
2 --buildtype=release -Dlibportal=false .. && ninja && ninja install && update-desktop-database && rm $SRC/eog-43.2 -rf
```

5. Poppler-23.02.0(第 2 次构建)

执行的命令和第 1 次构建时一样。这次构建 Poppler-23.02.0 的目的是为了生成共享库 libpoppler-glib.so,该库是构建 Evince-43.1 所需的。

6. Evince-43.1

该软件包包含一款支持多种文档格式的文档查看器。它支持 PDF、PostScript、DjVu、TIFF 和 DVI 格式。使用 Evince 可以使用一个简单的应用程序查看各种类型的文档,而不是之前存在于 GNOME 桌面上的多个文档查看器。执行如下命令安装该软件包。安装的程序是 evince、evince-previewer 和 evince-thumbnailer。evince 是多格式文档查看器。evince-previewer 实现打印预览器的应用程序。evince-thumbnailer 用于创建受支持文档的缩略图的简单程序。安装的库是 libevdocument3.so 和 libevview3.so。

```
1 cd $SRC && tar -xf evince-43.1.tar.xz && cd evince-43.1 && mkdir build && cd build &&
2 export CPPFLAGS="-I/opt/texlive/2022/include" && export LDFLAGS="$LDFLAGS -L/opt/texlive/2022/lib" &&
3 meson setup --prefix=/usr --buildtype=release -Dgtk_doc=false --wrap-mode=nodownload .. &&
4 ninja && ninja install && unset CPPFLAGS LDFLAGS && rm $SRC/evince-43.1 -rf
```

7. Evolution-3.46.4

该软件包是一个为 GNOME 环境设计的集成邮件、日历和通讯录套件。执行如下命令安装该软件包。安装的程序是 evolution。

```
1 cd $SRC && tar -xf evolution-3.46.4.tar.xz && cd evolution-3.46.4 && mkdir build && cd build &&
2 cmake -DCMAKE_INSTALL_PREFIX=/usr -DSYSCONF_INSTALL_DIR=/etc -DENABLE_INSTALLED_TESTS=ON \
3     -DENABLE_PST_IMPORT=OFF -DENABLE_YTNEF=OFF -DENABLE_CONTACT_MAPS=OFF -DENABLE_MARKDOWN=OFF \
4     -DENABLE_WEATHER=ON -G Ninja .. && ninja && ninja install && rm $SRC/evolution-3.46.4 -rf
```

8. File-Roller-43.0

File-Roller 是一个为 GNOME 设计的归档管理器，支持 tar、bzip2、gzip、zip、jar、compress、lzop、zstd、dmg 和许多其他归档格式。执行如下命令安装 File-Roller。安装的程序是 file-roller。安装的库是 libnautilus-fileroller.so。

```
1 cd $SRC && tar -xf file-roller-43.0.tar.xz && cd file-roller-43.0 && mkdir build && cd build &&
2 meson setup --prefix=/usr --buildtype=release -Dpackagekit=false .. && ninja && ninja install &&
3 chmod 0755 /usr/libexec/file-roller/isoinfo.sh && rm $SRC/file-roller-43.0 -rf
```

9. Graphviz-7.1.0（第 3 次构建）

执行的命令和第 2 次构建时一样。这次构建 Graphviz-7.1.0 的目的是为了解决构建 gnome-calculator-43.0.1 时的错误："Error：Format："png" not recognized."。

10. gnome-calculator-43.0.1

该软件包包含一个功能强大的图形计算器，具有财务、逻辑和科学模式。它使用多重精度包进行算术运算，以提高准确性。执行如下命令安装该软件包。安装的程序是 gcalccmd 和 gnome-calculator。gnome-calculator 是 GNOME 桌面计算器。gcalccmd 是 gnome-calculator 的命令行版本。安装的库是 libgcalc-2.so 和 libgci-1.so。

```
1 cd $SRC && tar -xf gnome-calculator-43.0.1.tar.xz && cd gnome-calculator-43.0.1 && mkdir build &&
2 cd build && meson setup --prefix=/usr --buildtype=release .. && ninja && ninja install
```

11. gnome-color-manager-3.36.0

gnome-color-manager 是一款用于管理和校准显示器的工具，它是 GNOME 桌面环境下的一个组件。它提供了简单易用的界面，让用户可以轻松地调整显示器的颜色设置，以获得更准确、更逼真的颜色显示。gnome-color-manager 支持 ICC（International Color Consortium）色彩配置文件，可以加载和应用预先创建的色彩配置文件，或创建新的配置文件以适应用户的需求。同时，它还提供了调整亮度、对比度、色温等参数的选项，让用户能够全面地控制显示器的画质。除了调整显示器的颜色设置，gnome-color-manager 还可以执行显示器的色彩校准。通过连接校准设备，如色度计或光度计，用户可以快速、准确地校准显示器的颜色输出。校准完成后，gnome-color-manager 会自动保存校准结果，并应用到显示器上,确保用户获得最佳的色彩准确度。该软件包提供了 GNOME 桌面环境的会话框架,使管理、安装和生成颜色配置文件变得容易。执行如下命令安装该软件包。安装的程序是 gcm-import、gcm-inspect、gcm-picker 和 gcm-viewer。

```
1 cd $SRC && tar -xf gnome-color-manager-3.36.0.tar.xz && cd gnome-color-manager-3.36.0 &&
2 sed /subdir/\(\'man/d -i meson.build && mkdir build && cd build && meson setup --prefix=/usr --buildtype=release .. &&
3 ninja && ninja install && rm $SRC/gnome-color-manager-3.36.0 -rf
```

12. Libdvdread-6.1.3

该软件包包含一个为阅读 DVD 提供简单基础的库。执行如下命令安装该软件包。安装的库是 libdvdread.so,提供访问 DVD 所需的功能。

```
1 cd $SRC && tar -xf libdvdread-6.1.3.tar.bz2 && cd libdvdread-6.1.3 && ./configure --prefix=/usr \
2 --disable-static --docdir=/usr/share/doc/libdvdread-6.1.3 && make && make install && rm $SRC/libdvdread-6.1.3 -rf
```

13. gnome-disk-utility-43.0

gnome-disk-utility 是一款用于管理硬盘驱动器和分区的图形化工具。它可以让用户查看硬盘驱动器和分区的详细信息,包括容量、文件系统、挂载状态等。用户可以使用该工具创建、删除和修改分区,并进行数据备份和恢复操作。此外,gnome-disk-utility 还提供了 SMART(自主监测、分析和报告技术)功能,可以检查硬盘驱动器的健康状况和预测可能的故障。该软件包提供了处理存储设备的应用程序。执行如下命令安装该软件包。安装的程序是 gnome-disk-image-mounter 和 gnome-disks。gnome-disks 用于检查、格式化、分区和配置磁盘和块设备。gnome-disk-image-mounter 用于设置磁盘映像。

```
1 cd $SRC && tar -xf gnome-disk-utility-43.0.tar.xz && cd gnome-disk-utility-43.0 && mkdir build &&
2 cd build && meson setup --prefix=/usr --buildtype=release .. && ninja && ninja install
```

14. gnome-logs-43.0

该软件包包含用于 systemd 日志的日志查看器。执行如下命令安装该软件包。安装的程序是 gnome-logs,是 systemd 日志的 GNOME 日志查看器。

```
1 cd $SRC && tar -xf gnome-logs-43.0.tar.xz && cd gnome-logs-43.0 && mkdir build && cd build &&
2 meson setup --prefix=/usr --buildtype=release .. && ninja && ninja install && rm $SRC/gnome-logs-43.0 -rf
```

15. gnome-maps-43.4

该软件包包含一个用于 GNOME 的地图应用程序。执行如下命令安装该软件包。安装的程序是 gnome-maps。安装的库是 libgnome-maps.so。

```
1 cd $SRC && tar -xf gnome-maps-43.4.tar.xz && cd gnome-maps-43.4 && mkdir build && cd build &&
2 meson setup --prefix=/usr --buildtype=release .. && ninja && ninja install && rm $SRC/gnome-maps-43.4 -rf
```

16. gnome-nettool-42.0

gnome-nettool 是一个用于网络诊断和监测的图形化工具。它是 GNOME 桌面环境中的一部分,旨在提供用户友好的界面,方便用户进行网络连接的测试和分析。gnome-nettool 提供了多个功能,包括 Ping 测试、端口扫描、Traceroute 跟踪、网速监测等。用户可以使用这些功能来检测网络连接的质量,寻找网络故障的原因,并进行网络性能优化。除了基本的网络诊断工具,gnome-nettool 还提供了一些高级功能。例如,它可以进行网络服务的探测,以确定特定端口上是否正在运行某个服务。它还可以通过执行 DNS 查询来获取域名的 IP 地址,以及反向 DNS 查询来获取 IP 地址的域名。执行如下命令安装该软件包。安装的程序是 gnome-nettool,是一个网络信息工具。

```
1 cd $SRC && tar -xf gnome-nettool-42.0.tar.xz && cd gnome-nettool-42.0 &&
2 patch -Np1 -i ../gnome-nettool-42.0-ping_and_netstat_fixes-1.patch && sed -i '/merge_file/s/(.*/(/' data/meson.build &&
3 mkdir build && cd build && meson setup --prefix=/usr --buildtype=release && ninja && ninja install
```

17. OpenSP-1.5.2

该软件包包含一个用于使用 SGML/XML 文件的 C++ 库。这对于验证、解析和操作 SGML 和 XML 文档非常有用。执行如下命令安装该软件包。

```
1 cd $SRC && tar -xf OpenSP-1.5.2.tar.gz && cd OpenSP-1.5.2 && sed -i 's/32,/253,/' lib/Syntax.cxx &&
2 sed -i 's/LITLEN          240 /LITLEN          8092/' unicode/{gensyntax.pl,unicode.syn} &&
3 ./configure --prefix=/usr --disable-static --disable-doc-build \
4 --enable-default-catalog=/etc/sgml/catalog --enable-http --enable-default-search-path=/usr/share/sgml &&
5 make pkgdatadir=/usr/share/sgml/OpenSP-1.5.2 &&
6 make pkgdatadir=/usr/share/sgml/OpenSP-1.5.2 docdir=/usr/share/doc/OpenSP-1.5.2 install &&
7 ln -sf onsgmls /usr/bin/nsgmls && ln -sf osgmlnorm /usr/bin/sgmlnorm && ln -sf ospam /usr/bin/spam &&
8 ln -sf ospcat /usr/bin/spcat && ln -sf ospent /usr/bin/spent && ln -sf osx /usr/bin/sx &&
9 ln -sf osx /usr/bin/sgml2xml && ln -sf libosp.so /usr/lib/libsp.so && rm $SRC/OpenSP-1.5.2 -rf
```

18. OpenJade-1.3.2

该软件包包含一个 DSSSL 引擎。这对于 SGML 和 XML 转换为 RTF、TeX、SGML 和 XML 非常有用。执行如下命令安装该软件包。

```
1 cd $SRC && tar -xf openjade-1.3.2.tar.gz && cd openjade-1.3.2 && patch -Np1 -i ../openjade-1.3.2-upstream-1.patch &&
2 sed -i -e '/getopts/{N;s#&G#g#;s#do .getopts.pl.;##;}' -e '/use POSIX/ause Getopt::Std;' msggen.pl &&
3 export CXXFLAGS="${CXXFLAGS:--02 -g} -fno-lifetime-dse" && ./configure --prefix=/usr \
4     --mandir=/usr/share/man --enable-http --disable-static --enable-default-catalog=/etc/sgml/catalog \
5     --enable-default-search-path=/usr/share/sgml --datadir=/usr/share/sgml/openjade-1.3.2 &&
6 make && make install && make install-man && ln -sf openjade /usr/bin/jade && unset CXXFLAGS &&
7 ln -sf libogrove.so /usr/lib/libgrove.so && ln -sf libospgrove.so /usr/lib/libspgrove.so &&
8 ln -sf libostyle.so /usr/lib/libstyle.so && install -m644 dsssl/catalog /usr/share/sgml/openjade-1.3.2/&&
9 install -m644 dsssl/*.{dtd,dsl,sgm} /usr/share/sgml/openjade-1.3.2 &&
10 install-catalog --add /etc/sgml/openjade-1.3.2.cat /usr/share/sgml/openjade-1.3.2/catalog &&
11 install-catalog --add /etc/sgml/sgml-docbook.cat /etc/sgml/openjade-1.3.2.cat &&
12 echo "SYSTEM \"http://www.oasis-open.org/docbook/xml/4.5/docbookx.dtd\" \
13     \"/usr/share/xml/docbook/xml-dtd-4.5/docbookx.dtd\"" >> /usr/share/sgml/openjade-1.3.2/catalog
```

19. docbook-4.5-dtd

该软件包包含用于根据 DocBook 规则集验证 SGML 数据文件的文档类型定义。执行如下命令安装该软件包。

```
1 cd $SRC && unzip docbook-4.5.zip -d docbook-4.5 && cd docbook-4.5 &&
2 sed -i -e '/ISO 8879/d' -e '/gml/d' docbook.cat && install -d /usr/share/sgml/docbook/sgml-dtd-4.5 &&
3 chown -R root:root . && install docbook.cat /usr/share/sgml/docbook/sgml-dtd-4.5/catalog &&
4 cp -af *.dtd *.mod *.dcl /usr/share/sgml/docbook/sgml-dtd-4.5 &&
5 install-catalog --add /etc/sgml/sgml-docbook-dtd-4.5.cat /usr/share/sgml/docbook/sgml-dtd-4.5/catalog &&
6 install-catalog --add /etc/sgml/sgml-docbook-dtd-4.5.cat /etc/sgml/sgml-docbook.cat && rm $SRC/docbook-4.5 -rf
```

20. docbook-dsssl-1.79（第 2 次构建）

执行如下命令安装该软件包。与第 1 次构建时使用的命令相比,多了第 2 行的命令。

```
 1 cd $SRC && tar -xf docbook-dsssl-1.79.tar.bz2 && cd docbook-dsssl-1.79 &&
 2 tar -xf ../docbook-dsssl-doc-1.79.tar.bz2 --strip-components=1 &&
 3 install -m755 bin/collateindex.pl /usr/bin && install -m644 bin/collateindex.pl.1 /usr/share/man/man1 &&
 4 install -d -m755 /usr/share/sgml/docbook/dsssl-stylesheets-1.79 &&
 5 cp -R * /usr/share/sgml/docbook/dsssl-stylesheets-1.79 &&
 6 install-catalog --add /etc/sgml/dsssl-docbook-stylesheets.cat \
 7    /usr/share/sgml/docbook/dsssl-stylesheets-1.79/catalog &&
 8 install-catalog --add /etc/sgml/dsssl-docbook-stylesheets.cat \
 9    /usr/share/sgml/docbook/dsssl-stylesheets-1.79/common/catalog &&
10 install-catalog --add /etc/sgml/sgml-docbook.cat /etc/sgml/dsssl-docbook-stylesheets.cat
```

21. DocBook-utils-0.6.14（第 2 次构建）

执行的命令和第 1 次构建时一样。

22. gnome-power-manager-43.0

gnome-power-manager 是一个为 GNOME 桌面环境设计的电源管理工具。它可以监控和控制计算机的能源消耗,以实现节能并延长电池寿命。执行如下命令安装该软件包。安装的程序是 gnome-power-statistics,用于可视化笔记本电脑硬件的电力消耗。

```
1 cd $SRC && tar -xf gnome-power-manager-43.0.tar.xz && cd gnome-power-manager-43.0 && mkdir build &&
2 cd build && meson setup --prefix=/usr  --buildtype=release .. && ninja && ninja install
```

23. gnome-screenshot-41.0

该软件包包含一个实用工具,用于捕捉屏幕、窗口或用户定义的区域,并将快照图像保存到文件中。执行如下命令安装该软件包。安装的程序是 gnome-screenshot。

```
1 cd $SRC && tar -xf gnome-screenshot-41.0.tar.xz && cd gnome-screenshot-41.0 &&
2 sed -i '/merge_file/{n;d}' data/meson.build && mkdir build && cd build &&
3 meson setup --prefix=/usr --buildtype=release .. && ninja && ninja install
```

24. gnome-system-monitor-42.0

gnome-system-monitor 是一款用于监视和管理系统资源的应用程序。它是基于 GNOME 桌面环境的一个组件,提供了一个直观的界面,帮助用户查看和监控 CPU、内存、磁盘、网络和进程等系统资源的使用情况。执行如下命令安装该软件包。安装的程序是

gnome-system-monitor，用于显示进程树和硬件仪表。

```
1 cd $SRC && tar -xf gnome-system-monitor-42.0.tar.xz && cd gnome-system-monitor-42.0 && mkdir build &&
2 cd build && meson setup --prefix=/usr --buildtype=release .. && ninja && ninja install
```

25. gnome-terminal-3.46.8

gnome-terminal 是 GNOME 桌面环境下的默认终端仿真器，用于在 Linux 操作系统中打开和运行命令行界面。它是一个功能强大、易于使用的终端仿真器，可以直接运行 bash 命令和其他 UNIX 命令。gnome-terminal 提供了多个选项和功能，包括分隔窗口、显示多个标签页、自定义外观和配置文件、支持不同的编码等。它还支持各种常见的终端功能，如复制粘贴、搜索、滚动等。gnome-terminal 还支持一些高级功能，如设置快捷键、自定义终端标题、配置命令别名、自动完成等。它还提供了一个界面友好的配置界面，可以轻松地配置终端的外观和行为。执行如下命令安装该软件包。安装的程序是 gnome-terminal。安装的库是/usr/lib/nautilus/extensions-4/libterminal-nautilus.so。

```
1 cd $SRC && tar -xf gnome-terminal-3.46.8.tar.gz && cd gnome-terminal-3.46.8 &&
2 sed -i -r 's:"(/system):"/org/gnome\1:g' src/external.gschema.xml && mkdir build && cd build &&
3 meson setup --prefix=/usr --buildtype=release .. && ninja && ninja install && rm $SRC/gnome-terminal-3.46.8 -rf
```

26. gnome-weather-43.0

该软件包包含一个小型应用程序，允许监视用户所在城市或世界上任何地方的当前天气条件，并访问由各种互联网服务提供的更新预报。执行如下命令安装该软件包。安装的程序是 gnome-weather，是一个小型应用程序，可以监视世界上任何地方的当前天气条件。

```
1 cd $SRC && tar -xf gnome-weather-43.0.tar.xz && cd gnome-weather-43.0 && mkdir build && cd build &&
2 meson setup --prefix=/usr --buildtype=release .. && ninja && ninja install && rm $SRC/gnome-weather-43.0 -rf
```

27. Gucharmap-15.0.2

该软件包包含一个 Unicode 字符映射和字体查看器。它允许浏览已安装字体的所有可用 Unicode 字符和类别，并检查它们的详细属性。这是一种通过 Unicode 名称或代码点来查找字符的简便方法。执行如下命令安装该软件包。安装的程序是 gucharmap，是一个 Unicode 字符映射和字体查看器。安装的库是 libgucharmap_2_90.so，包含 Gucharmap API 函数。

```
1 cd $SRC && tar -xf gucharmap-15.0.2.tar.bz2 && cd gucharmap-15.0.2 && mkdir build && cd build &&
2 mkdir ucd && pushd ucd && unzip ../../../UCD.zip && cp ../../../Unihan.zip . && popd &&
3 meson setup --prefix=/usr --strip --buildtype=release -Ducd_path=./ucd -Ddocs=false .. && ninja &&
4 rm -f /usr/share/glib-2.0/schemas/org.gnome.Charmap.enums.xml && ninja install && rm $SRC/gucharmap-15.0.2 -rf
```

28. Seahorse-43.0

该软件包是一个用于管理和使用加密密钥的图形界面。目前它支持 PGP 密钥和 SSH 密钥。执行如下命令安装该软件包。安装的程序是 seahorse，是用于管理和使用加密密钥的图形界面。安装的目录是/usr/{libexec,share,share/help/ * }/seahorse。

```
1 cd $SRC && tar -xf seahorse-43.0.tar.xz && cd seahorse-43.0 && sed -i -r 's:"(/apps):"/org/gnome\1:' data/*.xml &&
2 sed -i "s/'2.3.0'/'2.3.0', '2.4.0'/" meson.build && mkdir build && cd build &&
3 meson setup --prefix=/usr --buildtype=release .. && ninja && ninja install && rm $SRC/seahorse-43.0 -rf
```

29. Vinagre-3.22.0

该软件包是 GNOME 桌面的 VNC 客户端。执行如下命令安装该软件包。安装的程序是 vinagre,是 GNOME 桌面的远程桌面查看器。

```
1 cd $SRC && tar -xf vinagre-3.22.0.tar.xz && cd vinagre-3.22.0 &&
2 sed -e '/_VinagreVnc/i gboolean scaling_command_line;' -i plugins/vnc/vinagre-vnc-connection.c &&
3 sed -e '/scaling_/s/^/extern /' -i plugins/vnc/vinagre-vnc-connection.h &&
4 ./configure --prefix=/usr --enable-compile-warnings=minimum && make && make install
```

第 12 章 Xfce

本章学习目标：

- 掌握 Xfce 桌面软件包的构建过程。
- 掌握 Xfce 应用程序软件包的构建过程。
- 掌握显示管理器软件包的构建过程。
- 掌握窗口管理器软件包的构建过程。
- 掌握图标软件包的构建过程。
- 掌握虚拟化软件包的构建过程。

本章的目标是构建 Xfce 桌面环境。

12.1 Xfce 桌面

Xfce 是一个旨在快速、占用系统资源少，同时又视觉吸引力强且易于使用的桌面环境。Xfce 体现了传统的 UNIX 哲学，即模块化和可重用性。它由许多组件组成，提供了现代桌面环境所期望的全部功能。

1. libxfce4util-4.18.1

该软件包是 Xfce 桌面环境的基本实用程序库。执行如下命令安装该软件包。安装的程序是 xfce4-kiosk-query，此工具主要用于系统管理员测试其 Kiosk 设置。安装的库是 libxfce4util.so，包含 Xfce 桌面环境的基本实用程序函数。

```
1 cd $SRC && tar -xf libxfce4util-4.18.1.tar.bz2 && cd libxfce4util-4.18.1 &&
2 ./configure --prefix=/usr && make && make install && rm $SRC/libxfce4util-4.18.1 -rf
```

2. Xfconf-4.18.0

该软件包包含 Xfce 的配置存储系统。执行如下命令安装该软件包。安装的程序是 xfconf-query，是一个命令行实用程序，用于查看或更改存储在 Xfconf 中的任何设置。安装的库是 libxfconf-0.so，包含 Xfce 配置的基本函数。

```
1 cd $SRC && tar -xf xfconf-4.18.0.tar.bz2 && cd xfconf-4.18.0 && ./configure --prefix=/usr && make && make install
```

3. libxfce4ui-4.18.2

该软件包包含其他 Xfce 应用程序使用的 GTK＋2 部件。执行如下命令安装该软件包。安装的库是 libxfce4kbd-private-{2,3}.so 和 libxfce4ui-{1,2}.so。libxfce4kbd-private-2.so 是用于在 Xfwm4 和 Xfce4 设置之间共享代码的私有 Xfce 库。libxfce4ui-1.so 包含其

他 Xfce 应用程序使用的小构件。

```
1 cd $SRC && tar -xf libxfce4ui-4.18.2.tar.bz2 && cd libxfce4ui-4.18.2 &&
2 ./configure --prefix=/usr --sysconfdir=/etc && make && make install && rm $SRC/libxfce4ui-4.18.2 -rf
```

4. Exo-4.18.0

该软件包包含 Xfce 桌面环境中使用的支持库,还有一些辅助应用程序,可在整个 Xfce 中使用。执行如下命令安装该软件包。

```
1 cd $SRC && tar -xf exo-4.18.0.tar.bz2 && cd exo-4.18.0 &&
2 ./configure --prefix=/usr --sysconfdir=/etc && make && make install && rm $SRC/exo-4.18.0 -rf
```

安装的程序是 exo-desktop-item-edit 和 exo-open。exo-desktop-item-edit 是用于创建或编辑桌面上图标的命令行实用程序。exo-open 是 Xfce 首选应用程序框架的命令行前端,可以用于使用默认 URL 处理程序打开一系列 URL 列表,或启动某个类别的首选应用程序。

安装的库是 libexo-2.so,包含附加小构件、可编辑工具栏框架、轻量级会话管理支持以及自动同步对象属性的函数(基于 GObject 绑定属性)。

5. Garcon-4.18.0

该软件包包含一个基于 GLib 和 GIO 的符合 freedesktop.org 标准的菜单实现。执行如下命令安装该软件包。安装的库是 libgarcon-1.so 和 libgarcon-gtk3-1.so。libgarcon-1.so 包含提供符合 freedesktop.org 标准的菜单实现函数。

```
1 cd $SRC && tar -xf garcon-4.18.0.tar.bz2 && cd garcon-4.18.0 &&
2 ./configure --prefix=/usr --sysconfdir=/etc && make && make install && rm $SRC/garcon-4.18.0 -rf
```

6. xfce4-panel-4.18.2

该软件包包含 Xfce4 面板。执行如下命令安装该软件包。安装的程序是 xfce4-panel、xfce4-popup-applicationsmenu、xfce4-popup-directorymenu 和 xfce4-popup-windowmenu。安装的库是 libxfce4panel-2.0.so,包含 Xfce Panel API 函数。

```
1 cd $SRC && tar -xf xfce4-panel-4.18.2.tar.bz2 && cd xfce4-panel-4.18.2 &&
2 ./configure --prefix=/usr --sysconfdir=/etc && make && make install && rm $SRC/xfce4-panel-4.18.2 -rf
```

7. thunar-4.18.4

该软件包包含一个 Xfce 文件管理器。执行如下命令安装该软件包。安装的程序是 Thunar、thunar 和 thunar-settings。thunar 是 Xfce 文件管理器。thunar-settings 是一个启动对话框的 Shell 脚本,允许更改 Thunar 的行为。安装的库是 libthunarx-3.so,包含 Thunar 扩展库,允许向 Thunar 文件管理器添加新功能。

```
1 cd $SRC && tar -xf thunar-4.18.4.tar.bz2 && cd thunar-4.18.4 && ./configure --prefix=/usr \
2 --sysconfdir=/etc --docdir=/usr/share/doc/thunar-4.18.4 && make && make install && rm $SRC/thunar-4.18.4 -rf
```

8. thunar-volman-4.18.0

该软件包包含 Thunar 文件管理器的扩展，可启用可移动驱动器和媒体的自动管理。执行如下命令安装该软件包。安装的程序是 thunar-volman 和 thunar-volman-settings。thunar-volman 是 Thunar 卷管理器的一个命令行实用程序，用于自动挂载或卸载可移动介质。thunar-volman-settings 是一个用于更改 Thunar 卷管理器设置的小型 GTK＋3 应用程序。

```
1 cd $SRC && tar -xf thunar-volman-4.18.0.tar.bz2 && cd thunar-volman-4.18.0 &&
2 ./configure --prefix=/usr && make && make install && rm $SRC/thunar-volman-4.18.0 -rf
```

9. tumbler-4.18.0

该软件包包含一个基于缩略图管理 D-Bus 规范的 D-Bus 缩略图服务。这对于生成文件的缩略图图像非常有用。执行如下命令安装该软件包。安装的程序是 tumblerd，是一个 D-Bus 服务，供 Thunar 和 Ristretto 等应用程序使用缩略图图像。安装的库是 libtumbler-1.so 和/usr/lib/tumbler-1/plugins/下的几个库文件。libtumbler-1.so 包含 Tumbler 守护进程用于创建缩略图图像的函数。

```
1 cd $SRC && tar -xf tumbler-4.18.0.tar.bz2 && cd tumbler-4.18.0 &&
2 ./configure --prefix=/usr --sysconfdir=/etc && make && make install && rm $SRC/tumbler-4.18.0 -rf
```

10. xfce4-appfinder-4.18.0

该软件包包含一个工具，通过搜索安装在系统上的.desktop 文件，查找和启动已安装的应用程序。执行如下命令安装该包。安装的程序是 xfce4-appfinder 和 xfrun4。xfce4-appfinder 是一个 GTK＋3 应用程序，可以快速搜索安装在系统上的.desktop 文件，查找应用程序。

```
1 cd $SRC && tar -xf xfce4-appfinder-4.18.0.tar.bz2 && cd xfce4-appfinder-4.18.0 &&
2 ./configure --prefix=/usr && make && make install && rm $SRC/xfce4-appfinder-4.18.0 -rf
```

11. xfce4-power-manager-4.18.1

该软件包包含 Xfce 桌面环境的电源管理器，它管理计算机上的电源和可控设备以减少其功耗（例如 LCD 亮度级别或显示器休眠）。此外，该软件包提供了一组符合 freedesktop 标准的 D-Bus 接口，以通知其他应用程序当前的电源水平，以便它们可以调整其功耗。执行如下命令安装该软件包。安装的程序是 xfce4-power-manager、xfce4-power-manager-settings、xfce4-pm-helper 和 xfpm-power-backlight-helper。xfce4-pm-helper 是 xfce4-power-manager 中的挂起和休眠功能的辅助程序。xfce4-power-manager 是 Xfce 电源管理器。xfce4-power-manager-settings 是一个实用程序，随该软件包一起提供，可访问/更改其配置。xfpm-power-backlight-helper 是一个命令行实用程序，用于获取或设置屏幕的亮度。安装的库是 libxfce4powermanager.so。

```
1 cd $SRC && tar -xf xfce4-power-manager-4.18.1.tar.bz2 && cd xfce4-power-manager-4.18.1 &&
2 ./configure --prefix=/usr --sysconfdir=/etc && make && make install && rm $SRC/xfce4-power-manager-4.18.1 -rf
```

12. icon-naming-utils-0.8.90

该软件包包含一个 Perl 脚本,用于在迁移到 Icon 命名规范中指定的名称时维护与当前桌面图标主题的向后兼容性。通过以下命令安装该软件包。安装的程序是 icon-name-mapping。

```
1 cd $SRC && tar -xf icon-naming-utils-0.8.90.tar.bz2 && cd icon-naming-utils-0.8.90 &&
2 ./configure --prefix=/usr && make && make install && rm $SRC/icon-naming-utils-0.8.90 -rf
```

13. gnome-icon-theme-3.12.0

该软件包包含不同大小和主题的非可伸缩图标的各种组合。执行如下命令安装该软件包。安装目录是/usr/share/icons/gnome。

```
1 cd $SRC && tar -xf gnome-icon-theme-3.12.0.tar.xz && cd gnome-icon-theme-3.12.0 &&
2 ./configure --prefix=/usr && make && make install && rm $SRC/gnome-icon-theme-3.12.0 -rf
```

14. xfce4-settings-4.18.2

该软件包包含一组程序,这些程序非常有用,可用于调整用户的 Xfce 偏好设置。执行如下命令安装该软件包。安装的程序:xfce4-accessibility-settings 是一个 GTK+3 GUI,可允许用户更改一些键盘和鼠标偏好设置;xfce4-appearance-settings 是一个 GTK+3 GUI,可允许用户更改主题、图标和字体等方面的一些偏好设置;xfce4-display-settings 是一个 GTK+3 GUI,可允许用户更改屏幕偏好设置的一些方面;xfce4-keyboard-settings 是一个 GTK+3 GUI,可允许用户更改一些键盘偏好设置;xfce4-mime-settings 是一个 GTK+3 GUI,可允许用户更改用于处理不同 MIME 类型的应用程序;xfce4-mouse-settings 是一个 GTK+3 GUI,可允许用户更改一些鼠标偏好设置;xfce4-settings-editor 是一个 GTK+3 GUI,允许用户更改存储在 Xfconf 中的偏好设置;xfce4-settings-manager 是一个 GTK+3 GUI,可让用户更改许多 Xfce 偏好设置;xfsettingsd 是 Xfce 设置守护程序。

```
1 cd $SRC && tar -xf xfce4-settings-4.18.2.tar.bz2 && cd xfce4-settings-4.18.2 &&
2 ./configure --prefix=/usr --sysconfdir=/etc && make && make install && rm $SRC/xfce4-settings-4.18.2 -rf
```

15. Xfdesktop-4.18.1

该软件包包含一个 Xfce 桌面环境的桌面管理器,可以设置背景图像/颜色,创建右键菜单和窗口列表,并使用 Thunar 库在桌面上显示文件图标。执行如下命令安装该软件包。安装的程序是 xfdesktop 和 xfdesktop-settings。xfdesktop 是 Xfce 桌面环境的桌面管理器。xfdesktop-settings 是一个 GTK+3 应用程序,可让用户更改桌面背景、右键菜单的一些偏好设置以及在桌面上显示哪些图标。

```
1 cd $SRC && tar -xf xfdesktop-4.18.1.tar.bz2 && cd xfdesktop-4.18.1 && ./configure --prefix=/usr && make && make install
```

16. Xfwm4-4.18.0

该软件包包含一个 Xfce 的窗口管理器。执行如下命令安装该软件包。安装的程序是 xfwm4、xfwm4-settings、xfwm4-tweaks-settings 和 xfwm4-workspace-settings。xfwm4 是 Xfce 窗口管理器。xfwm4-settings 是一个 GTK＋3 应用程序，可让用户设置一些偏好设置，如主题、键盘快捷键和鼠标聚焦行为。xfwm4-tweaks-settings 是一个 GTK＋3 应用程序，可让用户为 Xfwm4 设置一些更多的偏好设置。xfwm4-workspace-settings 是一个 GTK＋3 应用程序，可让用户设置工作区偏好设置。

```
1 cd $SRC && tar -xf xfwm4-4.18.0.tar.bz2 && cd xfwm4-4.18.0 && ./configure --prefix=/usr && make && make install
```

17. XScreenSaver-6.06

该软件包包含 X Window 系统的模块化屏幕保护程序和锁屏程序。它高度可定制，允许使用任何可以在根窗口上绘制的程序作为显示模式。执行如下命令安装该软件包。安装的程序是 xscreensaver、xscreensaver-command、xscreensaver-demo 和 xscreensaver-settings。xscreensaver 是一个屏幕保护程序和锁屏守护程序。xscreensaver-command 通过发送客户端消息来控制正在运行的 xscreensaver 进程。xscreensaver-demo 是指向 xscreensaver-settings 的符号链接。xscreensaver-settings 是用于设置背景 xscreensaver 守护程序使用的参数的图形前端。

```
1 cd $SRC && tar -xf xscreensaver-6.06.tar.gz&& cd xscreensaver-6.06 && ./configure --prefix=/usr && make && make install
```

执行如下命令创建 Linux PAM 的配置文件。

```
1 cat > /etc/pam.d/xscreensaver << "EOF"
2 auth     include system-auth
3 account include system-account
4 EOF
```

18. xfce4-session-4.18.1

该软件包包含一个 Xfce 的会话管理器。它的任务是保存用户的桌面状态(打开的应用程序及其位置)并在下次启动时恢复它。用户可以创建多个不同的会话，并在启动时选择其中一个。执行如下命令安装该软件包。安装的程序是 startxfce4、xfce4-session、xfce4-session-logout、xfce4-session-settings 和 xflock4。xfce4-session 启动 Xfce 桌面环境。xfce4-session-logout 从 Xfce 注销。xfce4-session-settings 是一个 GTK＋3 图形用户界面，可让用户更改 Xfce 会话的偏好设置。

```
1 cd $SRC && tar -xf xfce4-session-4.18.1.tar.bz2 && cd xfce4-session-4.18.1 &&
2 ./configure --prefix=/usr --sysconfdir=/etc --disable-legacy-sm && make && make install &&
3 update-desktop-database && update-mime-database /usr/share/mime && rm $SRC/xfce4-session-4.18.1 -rf
```

12.2 Xfce 应用程序

这是一组小型的可选应用程序,可以为 Xfce 桌面添加额外的功能。

1. Taglib-1.13

该软件包包含一个用于读写和操作音频文件标签的库,被应用程序如 Amarok 和 VLC 使用。执行如下命令安装该软件包。安装的程序是 taglib-config,是一个工具,用于打印有关 taglib 安装的信息。安装的库是 libtag.so 和 libtag_c.so

```
1 cd $SRC && tar -xf taglib-1.13.tar.gz && cd taglib-1.13 && mkdir build && cd build && cmake \
2 -DCMAKE_INSTALL_PREFIX=/usr -DCMAKE_BUILD_TYPE=Release -DBUILD_SHARED_LIBS=ON .. && make && make install
```

2. Parole-4.18.0

该软件包包含一个使用 GStreamer 的 Xfce DVD/CD/音乐的播放器。执行如下命令安装该软件包。安装的程序是 parole,是一个使用 GStreamer 的 GTK+3 媒体播放器。安装的库是两个位于/usr/lib/parole-0 下的库。

```
1 cd $SRC && tar -xf parole-4.18.0.tar.bz2 && cd parole-4.18.0 && ./configure --prefix=/usr && make && make install
```

3. xfce4-terminal-1.0.4

该软件包包含一个 GTK+3 终端仿真器。这对于在 Xorg 窗口中运行命令或程序非常有用,可以将文件拖放到 Xfce4 终端中,或使用鼠标复制和粘贴文本。执行如下命令安装该软件包。安装的程序是 xfce4-terminal,是一个 GTK+3 终端仿真器。

```
1 cd $SRC && tar -xf xfce4-terminal-1.0.4.tar.bz2 && cd xfce4-terminal-1.0.4 &&
2 ./configure --prefix=/usr && make && make install && rm $SRC/xfce4-terminal-1.0.4 -rf
```

4. libburn-1.5.4

该软件包包含一个用于将预格式化数据写入光盘介质(CD、DVD 和 BD(蓝光))的库。执行如下命令安装该软件包。安装的程序是 cdrskin,通过 libburn 将预格式化数据刻录到 CD、DVD 和 BD。安装的库是 libburn.so,包含 libburn API 函数。

```
1 cd $SRC && tar -xf libburn-1.5.4.tar.gz && cd libburn-1.5.4 &&
2 ./configure --prefix=/usr --disable-static && make && doxygen doc/doxygen.conf && make install &&
3 install -dm755 /usr/share/doc/libburn-1.5.4 && install -m644 doc/html/* /usr/share/doc/libburn-1.5.4
```

5. libisofs-1.5.4

该软件包包含一个库,用于创建带有 RockRidge 或 Joliet 扩展的 ISO 9660 文件系统。执行如下命令安装该软件包。安装的库是 libisofs.so,包含 libisofs API 函数。

```
1 cd $SRC && tar -xf libisofs-1.5.4.tar.gz && cd libisofs-1.5.4 &&
2 ./configure --prefix=/usr --disable-static && make && doxygen doc/doxygen.conf && make install &&
3 install -dm755 /usr/share/doc/libisofs-1.5.4 && install -m644 doc/html/* /usr/share/doc/libisofs-1.5.4
```

6. Libao-1.2.0

该软件包包含一个跨平台音频库,用于在各种平台上输出音频。它目前支持 WAV 文件、OSS(Open Sound System)、ESD(Enlighten Sound Daemon)、ALSA(Advanced Linux Sound Architecture)、NAS(Network Audio System)、aRTS(analog Real-Time Synthesizer)和 PulseAudio(下一代 GNOME 声音架构)。执行如下命令安装该软件包。安装的库是 libao.so 和/usr/lib/ao/plugins-4 下的插件。libao.so 为希望通过支持的平台输出声音的程序提供函数。

```
1 cd $SRC && tar -xf libao-1.2.0.tar.gz && cd libao-1.2.0 && ./configure --prefix=/usr &&
2 make && make install && install -m644 README /usr/share/doc/libao-1.2.0 && rm $SRC/libao-1.2.0 -rf
```

7. libmad-0.15.1b

该软件包包含一个高质量的 MPEG 音频解码器,可进行 24 位输出。执行如下命令安装该软件包。安装的库是 libmad.so,是 MPEG 音频解码器库。

```
1 cd $SRC && tar -xf libmad-0.15.1b.tar.gz && cd libmad-0.15.1b && patch -Np1 -i ../libmad-0.15.1b-fixes-1.patch &&
2 sed "s@AM_CONFIG_HEADER@AC_CONFIG_HEADERS@g" -i configure.ac && touch NEWS AUTHORS ChangeLog &&
3 autoreconf -fi && ./configure --prefix=/usr --disable-static && make && make install && rm $SRC/libmad-0.15.1b -rf
```

8. Cdrdao-1.2.4

该软件包包含 CD 记录工具,可用于以 disk-at-once 模式烧录 CD。执行如下命令安装该软件包。安装的程序是 cdrdao、cue2toc、toc2cddb、toc2cue 和 toc2mp3。cdrdao 基于 CD 内容的文本描述,在 disk-at-once(DAO)模式下记录音频或数据 CD-R。cue2toc 将 CUE 转换为音频 CD 的 TOC 格式。toc2cddb 将 Cdrdao TOC 文件转换为 cddb 文件,并将其打印到 stdout 上。toc2cue 将 TOC 转换为音频 CD 的 CUE 格式。toc2mp3 将音频 CD 磁盘映像(.toc 文件)转换为 MP3 文件。

```
1 cd $SRC && tar -xf cdrdao-1.2.4.tar.bz2 && cd cdrdao-1.2.4 && ./configure --prefix=/usr --mandir=/usr/share/man &&
2 make && make install && install -m755 -d /usr/share/doc/cdrdao-1.2.4&& install -m644 README /usr/share/doc/cdrdao-1.2.4
```

9. Xfburn-0.6.2

该软件包包含一个使用 Libisoburn 的 GTK+3 GUI 前端。这对于从计算机上的文件或从其他地方下载的 ISO 映像创建 CD 和 DVD 非常有用。执行如下命令安装该软件包。安装的程序是 xfburn,是一个用于创建 CD 和 DVD 的 GTK+3 应用程序。

```
1 cd $SRC && tar -xf xfburn-0.6.2.tar.bz2 && cd xfburn-0.6.2 &&
2 ./configure --prefix=/usr --disable-static && make && make install && rm $SRC/xfburn-0.6.2 -rf
```

10. Ristretto-0.13.0

该软件包包含一个 Xfce 桌面的快速轻量级图像查看器。执行如下命令安装该软件包。安装的程序是 ristretto，是一个快速轻量级的图像查看器。

```
cd $SRC && tar -xf ristretto-0.13.0.tar.bz2 && cd ristretto-0.13.0 && ./configure --prefix=/usr && make && make install
```

11. xfce4-dev-tools-4.18.0

该软件包是一组用于构建某些 Xfce 应用程序的工具和宏。执行如下命令安装该软件包。安装的程序是 xdt-autogen 和 xdt-csource。

```
cd $SRC && tar -xf xfce4-dev-tools-4.18.0.tar.bz2 && cd xfce4-dev-tools-4.18.0 &&
./configure --prefix=/usr && make && make install && rm $SRC/xfce4-dev-tools-4.18.0 -rf
```

12. xfce4-notifyd-0.8.1

该软件包包含一个小程序，实现了 Freedesktop 桌面通知规范的服务器端部分。执行如下命令安装该软件包。安装的程序是 xfce4-notifyd-config，是一个 GTK＋ GUI，允许用户更改 Xfce4 通知守护进程显示的通知的一些偏好设置（主题和屏幕位置）。安装的库是 libnotification-plugin.so。

```
cd $SRC && tar -xf xfce4-notifyd-0.8.1.tar.bz2 && cd xfce4-notifyd-0.8.1 &&
./configure --prefix=/usr --sysconfdir=/etc && make && make install && rm $SRC/xfce4-notifyd-0.8.1 -rf
```

13. pavucontrol-5.0

该软件包包含一个基于 GTK 的简单音量控制工具，用于 PulseAudio 声音服务器。执行如下命令安装该软件包。安装的程序是 pavucontrol，是一个使用 PulseAudio 配置音频设置的 GUI 工具。

```
cd $SRC && tar -xf pavucontrol-5.0.tar.xz && cd pavucontrol-5.0 && ./configure --prefix=/usr \
--docdir=/usr/share/doc/pavucontrol-5.0 && make && make install && rm $SRC/pavucontrol-5.0 -rf
```

14. xfce4-pulseaudio-plugin-0.4.5

该软件包包含一个 Xfce 面板的插件，提供了一种方便的方式来调整 PulseAudio 声音系统的音量，并使用像 pavucontrol 这样的自动混音工具。它还可以选择性地处理多媒体键以控制音频音量。执行如下命令安装该软件包。安装的库是 libpulseaudio-plugin.so。

```
cd $SRC && tar -xf xfce4-pulseaudio-plugin-0.4.5.tar.bz2 && cd xfce4-pulseaudio-plugin-0.4.5 &&
./configure --prefix=/usr && make && make install && rm $SRC/xfce4-pulseaudio-plugin-0.4.5 -rf
```

12.3　显示管理器

显示管理器是用于启动图形显示并为窗口管理器或桌面环境提供登录功能的图形程序。有许多可用的显示管理器，包括 GDM、LightDM、LXDM 等。本书使用 GDM 显示管理器。执行如下命令安装 GDM。安装的程序是 gdm、gdmflexiserver 和 gdm-screenshot。安装的库是 libgdm.so 和 pam_gdm.so。

```
1 cd $SRC && tar -xf gdm-43.0.tar.xz && cd gdm-43.0 && groupadd -g 21 gdm &&
2 useradd -c "GDM Daemon Owner" -d /var/lib/gdm -u 21 -g gdm -s /bin/false gdm && passwd -ql gdm &&
3 mkdir build && cd build && meson setup --prefix=/usr --buildtype=release -Dgdm-xsession=true \
4   -Drun-dir=/run/gdm .. && ninja && ninja install && systemctl enable gdm && rm $SRC/gdm-43.0 -rf
```

12.4　窗口管理器

窗口管理器和桌面环境是进入 X Window 系统的主要用户界面。窗口管理器是控制窗口外观并提供用户与之交互方式的程序。桌面环境提供更完整的操作系统接口，并提供一系列集成实用程序和应用程序。有许多窗口管理器可供选择，如 Fluxbox、fvwm2、Enlightenment、Sawfish 和 Blackbox 等。选择窗口管理器或桌面环境非常主观。本书使用 Fluxbox 窗口管理器。执行如下命令安装 Fluxbox。安装的程序是 fluxbox、fbsetbg、fbsetroot、startfluxbox、fbrun、fluxbox-generate_menu、fluxbox-remote 和 fluxbox-update_configs。

```
 1 cd $SRC && tar -xf fluxbox-1.3.7.tar.xz && cd fluxbox-1.3.7 &&
 2 sed -i '/text_prop.value > 0/s/>/!=/' util/fluxbox-remote.cc &&
 3 ./configure --prefix=/usr && make && make install && mkdir -p /usr/share/xsessions &&
 4 cat > /usr/share/xsessions/fluxbox.desktop << "EOF"
 5 [Desktop Entry]
 6 Encoding=UTF-8
 7 Name=Fluxbox
 8 Comment=This session logs you into Fluxbox
 9 Exec=startfluxbox
10 Type=Application
11 EOF
12 mkdir -p ~/.fluxbox && cp /usr/share/fluxbox/init ~/.fluxbox/init &&
13 cp /usr/share/fluxbox/keys ~/.fluxbox/keys && cp /usr/share/fluxbox/menu ~/.fluxbox/menu
```

SLFS 系统使用 GDM 显示管理器，想要能够在登录窗口中选择 Fluxbox，需要执行上面第 4～11 行的命令创建一个 fluxbox.desktop 文件。Fluxbox 的配置文件有 ～/.fluxbox/init、～/.fluxbox/keys 和 ～/.fluxbox/menu。

12.5　图标

窗口管理器和桌面环境可以使用来自不同来源的图标。通常，图标安装在/usr/share/icons 目录中。

1. extra-cmake-modules-5.103.0

该软件包包含 KDE Frameworks 5 和其他包使用的额外 Cmake 模块。执行如下命令安装该软件包。安装的目录是/usr/share/ECM 和/usr/share/doc/ECM。

```
1 cd $SRC && tar -xf extra-cmake-modules-5.103.0.tar.xz && cd extra-cmake-modules-5.103.0 &&
2 sed -i '/"lib64"/s/64//' kde-modules/KDEInstallDirsCommon.cmake &&
3 sed -e '/PACKAGE_INIT/i set(SAVE_PACKAGE_PREFIX_DIR "${PACKAGE_PREFIX_DIR}")' \
4   -e '/^include/a set(PACKAGE_PREFIX_DIR "${SAVE_PACKAGE_PREFIX_DIR}")' -i ECMConfig.cmake.in &&
5 mkdir build && cd build && cmake -DCMAKE_INSTALL_PREFIX=/usr .. && make && make install
```

2. breeze-icons-5.103.0

该软件包包含 KDE Plasma 5 应用程序的默认图标，但也可以用于其他窗口环境。执行如下命令安装该软件包。安装的目录是/usr/share/icons/breeze{,-dark}。

```
1 cd $SRC && tar -xf breeze-icons-5.103.0.tar.xz && cd breeze-icons-5.103.0 && mkdir build && cd build &&
2 cmake -DCMAKE_INSTALL_PREFIX=/usr -DBUILD_TESTING=OFF -Wno-dev .. && make install && rm $SRC/breeze-icons-5.103.0 -rf
```

3. gnome-icon-theme-extras-3.12.0

该软件包包含用于 GNOME 桌面的额外图标。执行如下命令安装该软件包。

```
1 cd $SRC && tar -xf gnome-icon-theme-extras-3.12.0.tar.xz && cd gnome-icon-theme-extras-3.12.0 &&
2 ./configure --prefix=/usr && make && make install && rm $SRC/gnome-icon-theme-extras-3.12.0 -rf
```

4. gnome-icon-theme-symbolic-3.12.0

该软件包包含默认的 GNOME 图标主题的符号图标。执行如下命令安装该软件包。安装的目录是/usr/share/icons/gnome/scalable。

```
1 cd $SRC && tar -xf gnome-icon-theme-symbolic-3.12.0.tar.xz && cd gnome-icon-theme-symbolic-3.12.0 &&
2 ./configure --prefix=/usr && make && make install && rm $SRC/gnome-icon-theme-symbolic-3.12.0 -rf
```

5. gnome-themes-extra-3.28

该软件包包含默认 GNOME 主题的各组件。通过以下命令安装该软件包。安装的库是 libadwaita.so，是 Adwaita GTK+-2 引擎主题。

```
1 cd $SRC && tar -xf gnome-themes-extra-3.28.tar.xz && cd gnome-themes-extra-3.28 &&
2 ./configure --prefix=/usr && make && make install && rm $SRC/gnome-themes-extra-3.28 -rf
```

6. lxde-icon-theme-0.5.1

该软件包包含针对 LXDE 的 nuoveXT 2.2 图标主题。通过以下命令安装该软件包。安装的目录是/usr/share/icons/nuoveXT2。

```
1 cd $SRC && tar -xf lxde-icon-theme-0.5.1.tar.xz && cd lxde-icon-theme-0.5.1 &&
2 ./configure --prefix=/usr && make install && gtk-update-icon-cache -qf /usr/share/icons/nuoveXT2
```

7. oxygen-icons5-5.103.0

该软件包包含一种照片般逼真的图标样式,具有高水平的图形质量。通过以下命令安装该软件包。安装的目录是/usr/share/icons/oxygen。

```
1 cd $SRC && tar -xf oxygen-icons5-5.103.0.tar.xz && cd oxygen-icons5-5.103.0 &&
2 sed -i '/( oxygen/ s/)/scalable )/' CMakeLists.txt &&
3 mkdir build && cd build && cmake -DCMAKE_INSTALL_PREFIX=/usr -Wno-dev .. && make install
```

12.6 虚拟化

虚拟化允许在另一个操作环境中作为任务运行完整的操作系统或虚拟机(VM)。

1. SDL2-2.26.3

该软件包包含一个跨平台库,旨在使编写多媒体软件(如游戏和模拟器)变得容易。执行如下命令安装该软件包。安装的程序是 sdl2-config,确定编译和链接使用 libSDL2 的程序应使用的编译器和链接器标志。安装的库是 libSDL2.so,包含函数,提供对多个平台上音频、键盘、鼠标、操纵杆、通过 OpenGL 的 3D 硬件以及 2D 帧缓冲区的低级别访问。

```
1 cd $SRC && tar -xf SDL2-2.26.3.tar.gz && cd SDL2-2.26.3 && ./configure --prefix=/usr &&
2 make && make install && rm /usr/lib/libSDL2*.a && rm $SRC/SDL2-2.26.3 -rf
```

2. qemu-7.2.0

由于软件包依赖的原因,因此将 qemu 的安装放在此处。

qemu 是一个针对 x86 硬件上包含虚拟化扩展(Intel VT 或 AMD-V)的 Linux 操作系统的完整虚拟化解决方案。执行如下命令安装 qemu。需要配置内核。

```
1 cd $SRC && tar -xf qemu-7.2.0.tar.xz && cd qemu-7.2.0 && usermod -a -G kvm slfs &&
2 export QEMU_ARCH=x86_64-softmmu && mkdir build && cd build && ../configure --prefix=/usr \
3   --sysconfdir=/etc --localstatedir=/var --target-list=$QEMU_ARCH --audio-drv-list=alsa \
4   --disable-pa --docdir=/usr/share/doc/qemu-7.2.0 && unset QEMU_ARCH && make && make install &&
5 cat > /lib/udev/rules.d/65-kvm.rules << "EOF"
6 KERNEL=="kvm", GROUP="kvm", MODE="0660"
7 EOF
8 chgrp kvm /usr/libexec/qemu-bridge-helper && chmod 4750 /usr/libexec/qemu-bridge-helper &&
9 ln -sf qemu-system-`uname -m` /usr/bin/qemu && rm $SRC/qemu-7.2.0 -rf
```

安装的程序:elf2dmp 将文件从 elf 格式转换为 dmp 格式。qemu-edid 是用于 qemu EDID 生成器的测试工具。qemu-ga 实现了在使用作为 QEMU 一部分构建的代理程序时,在 guest 内部终止和起源的 QMP(QEMU Monitor Protocol)命令和事件的支持。qemu-img 提供管理 QEMU 磁盘映像的命令。qemu-io 是用于(虚拟)存储介质的诊断和操作程序。qemu-keymap 从 xkb 键映射生成 qemu 反向键映射,可与-k 命令行选项一起使用。qemu-nbd 使用 QEMU 磁盘网络块设备(NBD)协议导出 Qemu 磁盘映像。qemu-pr-helper 实现 QEMU 的持久保留帮助器。qemu-storage-daemon 允许使用 QEMU Monitor Protocol(QMP)修改磁盘映像,而不必运行 VM。qemu-system-x86_64 是 QEMU PC 系统仿真器。

第 13 章　图形界面软件

本章学习目标：
- 掌握 KDE Frameworks 软件包的构建过程。
- 掌握办公软件包的构建过程。
- 掌握图形 Web 浏览器软件包的构建过程。
- 掌握其他图形界面软件包的构建过程。
- 掌握编辑器软件包的构建过程。

13.1　KDE 框架

KDE Frameworks 5(KF5)是一个基于 Qt5 和 QML 之上的库集合。它们可以独立于 KDE 显示环境(Plasma 5)使用。下面安装 KF5 库。

由于存在相互之间的依赖关系,因此在安装 KF5 库前先安装下面第 1~7 个软件包。

1. extra-cmake-modules-5.103.0

该软件包包含 KDE Frameworks 5 和其他包使用的额外 CMake 模块。执行如下命令安装该软件包。安装的目录是/usr/share/ECM 和/usr/share/doc/ECM。

```
cd $SRC && tar -xf extra-cmake-modules-5.103.0.tar.xz && cd extra-cmake-modules-5.103.0 &&
sed -i '/"lib64"/s/64//' kde-modules/KDEInstallDirsCommon.cmake &&
sed -e '/PACKAGE_INIT/i set(SAVE_PACKAGE_PREFIX_DIR "${PACKAGE_PREFIX_DIR}")' \
    -e '/^include/a set(PACKAGE_PREFIX_DIR "${SAVE_PACKAGE_PREFIX_DIR}")' \
    -i ECMConfig.cmake.in && mkdir build && cd build && cmake -DCMAKE_INSTALL_PREFIX=/usr .. &&
make && make install && rm $SRC/extra-cmake-modules-5.103.0 -rf
```

2. Phonon-4.11.1

Phonon 是 KDE 的多媒体 API。它取代了旧的 aRts 软件包。执行如下命令安装该软件包。安装的程序是 phononsettings。安装的库是 libphonon4qt5.so 和 libphonon4qt5experimental.so。

```
cd $SRC && tar -xf phonon-4.11.1.tar.xz && cd phonon-4.11.1 && mkdir build && cd build &&
cmake -DCMAKE_INSTALL_PREFIX=/usr -DCMAKE_BUILD_TYPE=Release .. && make && make install
```

3. Phonon-backend-gstreamer-4.10.0

该软件包提供了一个 Phonon 后端,它利用了 GStreamer 媒体框架。执行如下命令安装该软件包。安装的库是 phonon_gstreamer.so(在/usr/lib/qt5/plugins/phonon4qt5_backend 目录)。

```
cd $SRC && tar -xf phonon-backend-gstreamer-4.10.0.tar.xz && cd phonon-backend-gstreamer-4.10.0 &&
mkdir build && cd build && cmake -DCMAKE_INSTALL_PREFIX=/usr -DCMAKE_BUILD_TYPE=Release .. && make && make install
```

4. Polkit-Qt-0.114.0

Polkit-Qt 在 Qt 环境中为 PolicyKit 提供 API。执行如下命令安装 Polkit-Qt。安装的库是 libpolkit-qt5-agent-1.so、libpolkit-qt5-core-1.so、libpolkit-qt5-gui-1.so。

```
1 cd $SRC && tar -xf polkit-qt-1-0.114.0.tar.xz && cd polkit-qt-1-0.114.0 && mkdir build && cd build &&
2 cmake -DCMAKE_INSTALL_PREFIX=/usr -DCMAKE_BUILD_TYPE=Release -Wno-dev .. && make && make install
```

5. libdbusmenu-qt-0.9.3＋16.04.20160218

该软件包提供了 DBusMenu 规范的 Qt 实现。执行如下命令安装了 libdbusmenu-qt5.so 库。

```
1 cd $SRC && tar -xf libdbusmenu-qt_0.9.3+16.04.20160218.orig.tar.gz && cd libdbusmenu-qt-0.9.3+16.04.20160218 &&
2 mkdir build && cd build && cmake -DCMAKE_INSTALL_PREFIX=/usr -DCMAKE_BUILD_TYPE=Release -DWITH_DOC=OFF \
3     -Wno-dev .. && make && make install && rm $SRC/libdbusmenu-qt-0.9.3+16.04.20160218 -rf
```

6. Plasma-wayland-protocols-1.10.0

该软件包为 KDE 提供了一组自定义的协议定义。执行如下命令安装该软件包。安装的目录是/usr/share/plasma-wayland-protocols 和/usr/lib/cmake/PlasmaWaylandProtocols。

```
1 cd $SRC && tar -xf plasma-wayland-protocols-1.10.0.tar.xz && cd plasma-wayland-protocols-1.10.0 &&
2 mkdir build && cd build && cmake -DCMAKE_INSTALL_PREFIX=/usr .. && make install
```

7. kuserfeedback-1.2.0

该软件包包含一个框架,用于通过调查为应用程序收集用户反馈。执行如下命令安装该软件包。安装的库是 libKUserFeedbackCore.so 和 libKUserFeedbackWidgets.so。

```
1 cd $SRC && tar -xf kuserfeedback-1.2.0.tar.xz && cd kuserfeedback-1.2.0 && mkdir build && cd build &&
2 cmake -DCMAKE_INSTALL_PREFIX=/usr -DCMAKE_BUILD_TYPE=Release -DBUILD_TESTING=OFF -Wno-dev .. && make && make install
```

8. KDE Frameworks 5

执行如下命令设置 KDE Frameworks 5 的构建环境。

```
 1 export KF5_PREFIX=/usr && export QT5DIR=/usr
 2 cat >> /etc/profile.d/qt5.sh << "EOF"
 3 pathappend /usr/lib/plugins QT_PLUGIN_PATH
 4 pathappend /usr/lib/qt5/qml QML2_IMPORT_PATH
 5 pathappend /usr/lib/qml     QML2_IMPORT_PATH
 6 EOF
 7 cat > /etc/profile.d/kf5.sh << "EOF"
 8 export KF5_PREFIX=/usr
 9 export QT5DIR=/usr
10 EOF
11 cat >> /etc/sudoers.d/qt << "EOF"
12 Defaults env_keep += QT_PLUGIN_PATH
13 Defaults env_keep += QML2_IMPORT_PATH
14 EOF
15 cat >> /etc/sudoers.d/kde << "EOF"
16 Defaults env_keep += KF5_PREFIX
17 EOF
```

本书配套资源中已经提供了在此所需的 83 个软件包。还提供了 frameworks-5.103.0.md5 文件,该文件决定了这些软件包的构建顺序。执行如下命令安装这些软件包。安装了多个程序和库。

```
 1 cd $SRC/KF5 && bash -e
 2 while read -r line; do
 3   if $(echo $line | grep -E -q '^ *$|^#' ); then continue; fi
 4   export file=$(echo $line | cut -d" " -f2) && export pkg=$(echo $file|sed 's|^.*/||')
 5   export packagedir=$(echo $pkg|sed 's|\.tar.*||') && export name=$(echo $pkg|sed 's|-5.*$||')
 6   tar -xf $file && pushd $packagedir
 7     case $name in
 8       kapidox) pip3 wheel -w dist --no-build-isolation --no-deps $PWD
 9         pip3 install --no-index --find-links dist --no-cache-dir --no-user kapidox
10         popd && rm -rf $packagedir && continue
11     esac
12     mkdir build && cd build && cmake -DCMAKE_INSTALL_PREFIX=/usr -DCMAKE_PREFIX_PATH=/usr \
13         -DCMAKE_BUILD_TYPE=Release -DBUILD_TESTING=OFF -Wno-dev .. && make && make install
14   popd
15   rm -rf $packagedir && /sbin/ldconfig && unset file pkg packagedir name
16 done < frameworks-5.103.0.md5
17 exit
```

13.2　办公软件

本节介绍一个文字处理器 AbiWord 和一个电子表格程序 Gnumeric 的安装。另一个非常有名的开源办公套件是 LibreOffice。由于时空消耗太大,SLFS 中没有安装。

1. AbiWord-3.0.5

AbiWord 是一个文字处理器,可以用于编写报告、信件和其他格式化文档。执行如下命令安装 AbiWord。安装的程序是 abiword。安装的库是 libabiword-3.0.so,提供访问 MS Word 文档的功能。

```
1 cd $SRC && tar -xf abiword-3.0.5.tar.gz && cd abiword-3.0.5 && sed -e "s/free_suggestions/free_string_list/" \
2 -e "s/_to_personal//" -e "s/in_session/added/" -i src/af/xap/xp/enchant_checker.cpp && ./configure --prefix=/usr &&
3 make && make install && tar -xf ../abiword-docs-3.0.2.tar.gz && cd abiword-docs-3.0.1 && ./configure --prefix=/usr &&
4 make && make install && ls /usr/share/abiword-3.0/templates && install -m750 -d ~/.AbiSuite/templates &&
5 install -m640 /usr/share/abiword-3.0/templates/normal.awt-zh_CN ~/.AbiSuite/templates/normal.awt
```

2. Gnumeric-1.12.51

Gnumeric 软件包包含一个电子表格程序,可用于数学分析。执行如下命令安装 Gnumeric。

```
1 cd $SRC && tar -xf gnumeric-1.12.55.tar.xz && cd gnumeric-1.12.55 && ./configure --prefix=/usr && make && make install
```

安装的程序是 gnumeric、gnumeric-1.12.55、ssconvert、ssdiff、ssgrep 和 ssindex。gnumeric 是 gnumeric-1.12.55 的符号链接。gnumeric-1.12.55 是 GNOME 的电子表格应用程序。ssconvert 是将电子表格文件在各种电子表格文件格式之间转换的命令行实用程序。ssdiff 是比较两个电子表格的命令行实用程序。ssgrep 是在电子表格中查找字符串的命令行实用程序。ssindex 是为电子表格文件生成索引数据的命令行实用程序。

安装的库是 libspreadsheet.so。libspreadsheet.so 包含 gnumeric API 函数。

13.3 图形 Web 浏览器

1. Epiphany-43.1

Epiphany 是一款面向非技术用户的简单而强大的 GNOME 网络浏览器,其原则是简单和符合标准。执行如下命令安装 Epiphany。安装的程序是 epiphany,是基于 WebKit2 渲染引擎的 GNOME 网络浏览器。

```
1 cd $SRC && tar -xf epiphany-43.1.tar.xz && cd epiphany-43.1 && mkdir build && cd build &&
2 meson setup --prefix=/usr --buildtype=release .. && ninja && ninja install && rm $SRC/epiphany-43.1 -rf
```

下面第 2 个软件包(libass-0.17.0)到第 9 个软件包(QtWebEngine-5.15.12)安装完成后才可以安装第 10 个软件包(Falkon-22.12.2)。

2. libass-0.17.0

libass 是一个便携式的 ASS/SSA(Advanced Substation Alpha/Substation Alpha)字幕格式渲染器,允许使用比传统的 SRT 和类似格式更高级的字幕。执行如下命令安装 libass。安装的库是 libass.so,提供用于渲染 ASS/SSA 字幕格式的函数。

```
1 cd $SRC && tar -xf libass-0.17.0.tar.xz && cd libass-0.17.0 &&
2 ./configure --prefix=/usr --disable-static && make && make install && rm $SRC/libass-0.17.0 -rf
```

3. fdk-aac-2.0.2

fdk-aac 软件包提供了 Fraunhofer FDK AAC 库,是高质量的先进音频编码实现。执行如下命令安装 fdk-aac。安装的库是 libfdk-aac.so,提供用于将音频编码为 AAC 格式的函数。

```
1 cd $SRC && tar -xf fdk-aac-2.0.2.tar.gz && cd fdk-aac-2.0.2 &&
2 ./configure --prefix=/usr --disable-static && make && make install && rm $SRC/fdk-aac-2.0.2 -rf
```

4. libtheora-1.1.1

libtheora 是由 Xiph.Org 基金会(其维护众多开源多媒体项目)开发的 Theora 视频压缩格式的参考实现。执行如下命令安装 libtheora。安装的库是 libtheora.so、libtheoraenc.so 和 libtheoradec.so。libtheora∗.so 包含读取和写入视频文件的函数。安装的目录是/usr/include/theora 和/usr/share/doc/libtheora-1.1.1。

```
1 cd $SRC && tar -xf libtheora-1.1.1.tar.xz && cd libtheora-1.1.1 &&
2 sed -i 's/png_\(sizeof\)/\1/g' examples/png2theora.c &&
3 ./configure --prefix=/usr --disable-static && make && make install && rm $SRC/libtheora-1.1.1 -rf
```

5. libvpx-1.13.0

libvpx 软件包来自 WebM 项目,提供了 VP8 编解码器的参考实现,VP8 是当前大多数 HTML5 视频所使用的编解码器,并且提供了下一代 VP9 编解码器。执行如下命令安装 libvpx。安装的程序是 vpxdec(WebM 项目 VP8 和 VP9 解码器)和 vpxenc(WebM 项目 VP8 和 VP9 编码器)。安装的库是 libvpx.so,提供使用 VP8 和 VP9 视频编解码器的函数。

```
1 cd $SRC && tar -xf libvpx-1.13.0.tar.gz && cd libvpx-1.13.0 &&
2 sed -i 's/cp -p/cp/' build/make/Makefile && mkdir libvpx-build && cd libvpx-build &&
3 ../configure --prefix=/usr --enable-shared --disable-static && make && make install && rm $SRC/libvpx-1.13.0 -rf
```

6. x264-20230215

x264 软件包提供了一个库,用于将视频流编码为 H.264/MPEG-4 AVC 格式。执行如下命令安装 x264。安装的库是 libx264.so。

```
1 cd $SRC && tar -xf x264-20230215.tar.xz && cd x264-20230215 &&
2 ./configure --prefix=/usr --enable-shared --disable-cli && make && make install && rm $SRC/x264-20230215 -rf
```

7. x265-20230215

x265 软件包提供了一个库,用于将视频流编码为 H.265/HEVC 格式。执行如下命令安装 x265。安装的程序是 x265。安装的库是 libx265.so。

```
1 cd $SRC && tar -xf x265-20230215.tar.xz && cd x265-20230215 && mkdir bld && cd bld &&
2 cmake -DCMAKE_INSTALL_PREFIX=/usr -DGIT_ARCHETYPE=1 -Wno-dev ../source &&
3 make && make install && rm -f /usr/lib/libx265.a && rm $SRC/x265-20230215 -rf
```

8. FFmpeg-5.1.2

FFmpeg 是一种记录、转换和流传输音频和视频的解决方案。它是一款非常快速的视频和音频转换器,也可以从实时音频/视频源中获取内容。设计时考虑到易用性,命令行接口(ffmpeg)会尽可能推断出所有参数。FFmpeg 还可以将任何采样率转换为其他任何采样率,并使用高质量多相滤波器实时调整视频大小。FFmpeg 可以使用 Video4Linux 兼容的视频源和任何 Open Sound System 音频源。执行如下命令安装 FFmpeg。

```
1 cd $SRC && tar -xf ffmpeg-5.1.2.tar.xz && cd ffmpeg-5.1.2 && patch -Np1 -i ../ffmpeg-5.1.2-chromium_method-1.patch &&
2 sed -i 's/-lflite"/-lflite -lasound"/' configure && ./configure --prefix=/usr --enable-gpl --enable-version3 \
3   --enable-nonfree --disable-static --enable-shared --disable-debug --enable-libass --enable-libfdk-aac \
4   --enable-libfreetype --enable-libmp3lame --enable-libopus --enable-libtheora --enable-libvorbis --enable-libvpx \
5   --enable-libx264 --enable-libx265 --enable-openssl --docdir=/usr/share/doc/ffmpeg-5.1.2 && make &&
6 gcc tools/qt-faststart.c -o tools/qt-faststart && make install && install -m755 tools/qt-faststart /usr/bin &&
7 install -m755 -d /usr/share/doc/ffmpeg-5.1.2 && install -m644 doc/*.txt /usr/share/doc/ffmpeg-5.1.2
```

安装的程序是 ffmpeg、ffplay、fprobe 和 qt-faststart。ffmpeg 是一个命令行工具,可以将视频文件、网络流和来自电视卡的输入转换为多种视频格式。ffplay 是一个非常简单且便携式的媒体播放器,使用了 ffmpeg 库和 SDL 库。ffprobe 从多媒体流中收集信息,并以人类和机器可读的方式打印出来。qt-faststart 将索引文件移动到 quicktime(mov/mp4)视频的前面。

安装的库是 libavcodec.so、libavdevice.so、libavfilter.so、libavformat.so、libavutil.so、libpostproc.so、libswresample.so 和 libswscale.so。libavcodec.so 是包含 FFmpeg 编解码器（编码和解码）的库。libavdevice.so 是 FFmpeg 设备处理库。libavfilter.so 是一组过滤器库，可以在解码器和编码器（或输出）之间更改视频或音频。libavformat.so 是包含用于文件格式处理（mux 和 demux 代码适用于多种格式）的库，ffplay 使用它，同时还允许生成音频或视频流。libavresample.so 是一个包含重新采样音频和视频的函数库。libavutil.so 是FFmpeg 实用程序库。libpostproc.so 是 FFmpeg 后处理库。libswresample.so 是 FFmpeg音频重标度库，其中包含用于转换音频采样格式的功能。libswscale.so 是 FFmpeg 图像重标度库。

9. QtWebEngine-5.15.12

QtWebEngine 将 Chromium 的网络能力集成到了 Qt 中。如果无法找到系统副本，它将使用自己的 ninja 进行构建，并包含来自 ffmpeg、icu、libvpx 和 zlib（包括 libminizip）的各种库的副本，这些库已被 Chromium 开发人员进行了分支。执行如下命令安装 QtWebEngine。安装了若干程序和库，这里需要配置内核。

```
1 cd $SRC && tar -xf qtwebengine-5.15.12.tar.xz && cd qtwebengine-5.15.12 &&
2 patch -Np1 -i ../qtwebengine-5.15.12-build_fixes-1.patch && patch -Np1 -i ../qtwebengine-5.15.12-ffmpeg5_fixes-1.patch &&
3 mkdir -pv .git src/3rdparty/chromium/.git && sed -e '/^MODULE_VERSION/s/5.*/5.15.8/' -i .qmake.conf &&
4 find -type f -name "*.pr[io]" | xargs sed -i -e 's|INCLUDEPATH += |&$$QTWEBENGINE_ROOT/include |' &&
5 sed -e '/link_pulseaudio/s/false/true/' -i src/3rdparty/chromium/media/media_options.gni &&
6 sed -e 's/\^(?i)/(?i)^/' -i src/3rdparty/chromium/tools/metrics/ukm/ukm_model.py &&
7 sed -e "s/'rU'/'r'/" -i src/3rdparty/chromium/tools/grit/grit/util.py &&
8 sed -i 's/NINJAJOBS/NINJA_JOBS/' src/core/gn_run.pro && mkdir build && cd build &&
9 qmake .. -- -system-ffmpeg -proprietary-codecs -webengine-icu && make && make install &&
10 find /usr -name \*.prl -exec sed -i -e '/^QMAKE_PRL_BUILD_DIR/d' {} \; && rm $SRC/qtwebengine-5.15.12 -rf
```

10. Falkon-22.12.2

Falkon 是一个使用 QtWebEngine 渲染引擎的 KDE 网络浏览器，以前被称为QupZilla。它旨在成为一款轻量级的网络浏览器，可在所有主要平台上使用。执行如下命令安装 Falkon。安装的程序是 falkon。安装的库是 libFalkonPrivate.so.3。

```
1 cd $SRC && tar -xf falkon-22.12.2.tar.xz && cd falkon-22.12.2 && mkdir build && cd build &&
2 cmake -DCMAKE_INSTALL_PREFIX=/usr -DCMAKE_BUILD_TYPE=Release .. && make && make install && rm $SRC/falkon-22.12.2 -rf
```

11. Firefox-102.8.0esr

Firefox 是基于 Mozilla 代码库的独立浏览器。通过创建包含所需配置选项的mozconfig 文件来完成 Firefox 的配置。下面创建了一个默认的 mozconfig。执行./mach configure && ./configure --help | less 命令可以查看所有可用配置选项的完整列表（以及其中一些选项的简短描述）。执行如下命令安装 Firefox。安装的程序是 firefox。在/usr/lib/firefox 中安装了许多库、浏览器组件、插件、扩展和辅助模块。

```
 1 cd $SRC && tar -xf firefox-102.8.0esr.source.tar.xz && cd firefox-102.8.0 &&
 2 cat > mozconfig << "EOF"
 3 #省略若干行
 4 mk_add_options MOZ_OBJDIR=@TOPSRCDIR@/firefox-build-dir
 5 EOF
 6 sed -i '/ROOT_CLIP_CHAIN/d' gfx/webrender_bindings/webrender_ffi.h &&
 7 echo "AIzaSyDxKL42zsPjbke508_rPVpVrLrJ8aeE9rQ" > google-key&& echo "613364a7-9418-4c86-bcee-57e32fd70c23" > mozilla-key
 8 export MACH_BUILD_PYTHON_NATIVE_PACKAGE_SOURCE=none && export MOZBUILD_STATE_PATH=${PWD}/mozbuild &&
 9 ./mach configure && ./mach build && ./mach install && unset MACH_BUILD_PYTHON_NATIVE_PACKAGE_SOURCE \
10    MOZBUILD_STATE_PATH && mkdir -p /usr/share/applications && mkdir -p /usr/share/pixmaps &&
11 ln -sf /usr/lib/firefox/browser/chrome/icons/default/default128.png /usr/share/pixmaps/firefox.png
```

执行如下命令创建一个 firefox.desktop 文件。这样可以在桌面环境的主菜单中选择它。

```
 1 cat > /usr/share/applications/firefox.desktop << "EOF"
 2 [Desktop Entry]
 3 Encoding=UTF-8
 4 Name=Firefox Web Browser
 5 Comment=Browse the World Wide Web
 6 GenericName=Web Browser
 7 Exec=firefox %u
 8 Terminal=false
 9 Type=Application
10 Icon=firefox
11 Categories=GNOME;GTK;Network;WebBrowser;
12 StartupNotify=true
13 EOF
```

12. SeaMonkey-2.53.15

SeaMonkey 是 Mozilla 的浏览器/电子邮件/新闻组/聊天客户端套件。通过创建一个包含所需配置选项的 mozconfig 文件来完成 SeaMonkey 的配置。下面创建默认的 mozconfig 文件。执行./configure --help 命令可以查看所有可用的配置选项列表（以及每个选项的简短描述）。执行如下命令安装 SeaMonkey。安装的程序是 seamonkey。安装的目录是/usr/lib/seamonkey。

```
 1 cd $SRC && tar -xf seamonkey-2.53.15.source.tar.xz && cd seamonkey-2.53.15 &&
 2 cat > mozconfig << "EOF"
 3 #省略若干行
 4 ac_add_options --with-system-zlib
 5 EOF
 6 grep -rl \"rU\" | xargs sed -i 's/"rU"/"r"/' &&
 7 sed -i "/if sys.executable !=/i\    open(join(bin_dir, 'pyvenv.cfg'), 'w').close()" \
 8    third_party/python/virtualenv/virtualenv.py && sed -i '/USE_PULSE_RUST/d' media/libcubeb/src/moz.build &&
 9 export CC=clang CXX=clang++ && ./mach configure || ./mach configure && ./mach build && ./mach install &&
10 chown -R 0:0 /usr/lib/seamonkey && cp $(find -name seamonkey.1 | head -n1) /usr/share/man/man1 &&
11 mkdir -pv /usr/share/{applications,pixmaps} && unset CC CXX &&
12 ln -sf /usr/lib/seamonkey/chrome/icons/default/default128.png /usr/share/pixmaps/seamonkey.png &&
```

13.4　其他图形界面软件

1. Balsa-2.6.4

Balsa 软件包包含一个基于 GNOME-2 的邮件客户端。执行如下命令安装 Balsa。安装的程序是 balsa 和 balsa-ab。balsa 是一个基于 glib 的邮件客户端。balsa-ab 是 balsa 使用的地址簿应用程序。

```
1 cd $SRC && tar -xf balsa-2.6.4.tar.xz && cd balsa-2.6.4 && patch -Np1 -i ../balsa-2.6.4-upstream_fixes-2.patch &&
2 ./configure --prefix=/usr --sysconfdir=/etc --localstatedir=/var/lib --without-html-widget && make && make install
```

2. feh-3.9.1

feh 是一个快速、轻量级的图像查看器,它使用 Imlib2。它是命令行驱动的,并支持通过幻灯片演示、缩略图浏览或多个窗口以及拼贴或索引打印(使用 TrueType 字体显示文件信息)来支持多个图像。高级功能包括快速动态缩放、渐进式加载、通过 HTTP 加载(支持重新加载以观看网络摄像头)、递归文件打开(目录层次结构的幻灯片演示)和鼠标滚轮/键盘控制。执行如下命令安装 feh。

```
1 cd $SRC && tar -xf feh-3.9.1.tar.bz2 && cd feh-3.9.1 &&
2 sed -i "s:doc/feh:&-3.9.1:" config.mk && make PREFIX=/usr && make PREFIX=/usr install && rm $SRC/feh-3.9.1 -rf
```

3. FontForge-20230101

FontForge 软件包包含一个轮廓字体编辑器,可让用户创建自己的 postscript、truetype、opentype、cid-keyed、multi-master、cff、svg 和位图(bdf、FON、NFNT)字体或编辑现有字体。执行如下命令安装 FontForge。安装的程序是 fontforge、fontimage、fontlint 和 sfddiff。fontforge 是一个允许用户创建和修改字体文件的程序。fontimage 是一个生成显示字体代表性字形的图像的程序。fontlint 是一个检查字体是否存在某些常见错误的程序。sfddiff 是一个比较两个字体文件的程序。安装的库是/usr/lib/python3.11/site-packages/{fontforge,psMat}.so 和 libfontforge.so。

```
1 cd $SRC && tar -xf fontforge-20230101.tar.xz && cd fontforge-20230101 && mkdir build && cd build &&
2 cmake -DCMAKE_INSTALL_PREFIX=/usr -DCMAKE_BUILD_TYPE=Release -Wno-dev .. && make && make install &&
3 ln -sf fontforge /usr/share/doc/fontforge-20230101 && rm $SRC/fontforge-20230101 -rf
```

4. gegl-0.4.40

gegl 软件包提供了通用图形库(GEneric Graphics Library),这是一种基于图形的图像处理格式。执行如下命令安装 gegl。安装的程序是 gegl 和 gegl-imgcmp。gegl 是与 XML 数据模型一起使用的命令行工具。gegl-imgcmp 是一个用于回归测试的简单图像差异检测工具。安装的库是 libgegl-0.4.so、libgegl-npd-0.4.so、libgegl-sc-0.4.so 和/usr/lib/gegl-0.4 中的模块。libgegl-0.4.so 提供了基础架构,以对大于 RAM 缓冲器的需求进行缓存的非破坏性图像编辑。libgegl-npd-0.4.so 是 GEGL N 点图像变形库。libgegl-sc-0.4.so 是 GEGL 无缝克隆库。

```
1 cd $SRC && tar -xf gegl-0.4.40.tar.xz && cd gegl-0.4.40 && export PYTHONVERBOSE=1 &&
2 sed -e '/shot_select/s/params/raw&/' -i operations/external/raw-load.c && mkdir build && cd build &&
3 meson setup --prefix=/usr --buildtype=release .. && ninja && ninja install && rm $SRC/gegl-0.4.40 -rf
```

5. Gimp-2.10.32

Gimp 软件包包含 GNU 图像处理程序,可用于照片修饰、图像合成和图像创作。执行如下命令安装 Gimp。安装了多个程序和库。

```
1 cd $SRC && tar -xf gimp-2.10.32.tar.bz2 && cd gimp-2.10.32 && ./configure --prefix=/usr --sysconfdir=/etc && make &&
2 make install && gtk-update-icon-cache -qtf /usr/share/icons/hicolor && update-desktop-database -q
```

6. Gparted-1.5.0

Gparted 是 Gnome 分区编辑器,是一个 GTK 3 图形用户界面,用于创建、重新组织或删除磁盘分区的其他命令行工具。执行如下命令安装 Gparted。安装的程序是 gparted。

```
1 cd $SRC && tar -xf gparted-1.5.0.tar.gz && cd gparted-1.5.0 && ./configure --prefix=/usr --disable-doc --disable-static
2 make && make install && cp /usr/share/applications/gparted.desktop /usr/share/applications/gparted.desktop.back &&
3 sed -i 's/Exec=/Exec=sudo -A /' /usr/share/applications/gparted.desktop && rm $SRC/gparted-1.5.0 -rf
```

7. HexChat-2.16.1

HexChat 是一个 IRC(Internet Relay Chat)聊天程序,它允许用户同时加入多个 IRC 频道(聊天室),公开聊天、私人一对一交谈等。也可以进行文件传输。执行如下命令安装 HexChat。安装的程序是 hexchat,是一个图形化的 IRC 客户端。

```
1 cd $SRC && tar -xf hexchat-2.16.1.tar.xz && cd hexchat-2.16.1 && mkdir build && cd build && meson setup \
2   --prefix=/usr --buildtype=release -Dwith-lua=false -Dwith-python=false .. && ninja && ninja install
```

8. Inkscape-1.2.2

该软件包包含一个所见即所得的可缩放矢量图形编辑器。它对于创建、查看和更改 SVG 图像非常有用。执行如下命令安装该软件包。安装的程序是 inkscape 和 inkview。安装的库是 lib2geom.so 和 libinkscape_base.so(在/usr/lib/inkscape 中)。

```
1 cd $SRC && tar -xf inkscape-1.2.2.tar.xz && cd inkscape-1.2.2_2022-12-01_b0a8486541 && mkdir build &&
2 cd build && cmake -DCMAKE_INSTALL_PREFIX=/usr -DCMAKE_BUILD_TYPE=Release .. && make && make install
```

9. Pidgin-2.14.12

Pidgin 是一个 GTK＋2 即时消息客户端,可以连接各种网络,包括 Bonjour、ICQ、GroupWise、Jabber/XMPP、IRC、Gadu Gadu、SILC、SIMPLE 和 Zephyr。执行如下命令安装该软件包。安装了若干程序和库。

```
1 cd $SRC && tar -xf pidgin-2.14.12.tar.bz2 && cd pidgin-2.14.12 && ./configure --prefix=/usr --sysconfdir=/etc \
2 --with-gstreamer=1.0 --disable-avahi --disable-gtkspell --disable-meanwhile --disable-idn --disable-nm --disable-tk \
3 --disable-vv && make && make docs && make install && mkdir -p /usr/share/doc/pidgin-2.14.12 &&
4 cp README doc/gtkrc-2.0 /usr/share/doc/pidgin-2.14.12 && mkdir -p /usr/share/doc/pidgin-2.14.12/api &&
5 cp -r doc/html/* /usr/share/doc/pidgin-2.14.12/api && rm $SRC/pidgin-2.14.12 -rf
```

10. Rox-Filer-2.11

该软件包包含一个快速、轻量级的 GTK＋2 文件管理器。执行如下命令安装该软件包。安装的程序是 rox，这里需要配置内核。

```
1 cd $SRC && tar -xf rox-filer-2.11.tar.bz2 && cd rox-filer-2.11 && cd ROX-Filer &&
2 sed -i 's:g_strdup(getenv("APP_DIR")):"/usr/share/rox":' src/main.c && sed -i 's/gboolean/extern &/' src/session.h &&
3 mkdir build && pushd build && ../src/configure LIBS="-lm -ldl" && make && popd && mkdir -p /usr/share/rox &&
4 cp -a Help Messages Options.xml ROX images style.css .DirIcon /usr/share/rox &&
5 cp -a ../rox.1 /usr/share/man/man1 && cp ROX-Filer /usr/bin/rox &&
6 chown -Rv root:root /usr/bin/rox /usr/share/rox && cd /usr/share/rox/ROX/MIME &&
7 ln -sf application-x-font-{afm,type1}.png           && ln -sf text-x-{diff,patch}.png &&
8 ln -sf application-xml{,-external-parsed-entity}.png && ln -sf application-xml{,-dtd}.png &&
9 ln -sf application-{x-shell,java}script.png          && ln -sf application-{,rdf+}xml.png &&
10 ln -sf application-x-{bzip,xz}-compressed-tar.png    && ln -sf application-x{ml,-xbel}.png &&
11 ln -sf application-x-{bzip,lzma}-compressed-tar.png  && ln -sf application-x-{bzip,xz}.png &&
12 ln -sf application-x-{bzip-compressed-tar,lzo}.png   && ln -sf application-x-{gzip,lzma}.png &&
13 ln -sf application-{msword,rtf}.png && rm $SRC/rox-filer-2.11 -rf
```

11. Tigervnc-1.13.0

该软件包包含一个高级的 VNC(Virtual Network Computing)实现。它允许创建一个不绑定到物理控制台的 Xorg 服务器，并提供用于查看远程图形桌面的客户端。执行如下命令安装该软件包。安装的程序是 Xvnc、vncconfig、vncpasswd、vncserver、vncviewer 和 x0vncserver。Xvnc 是一个 X VNC 服务器，它基于标准的 X 服务器，有一个虚拟屏幕而不是物理屏幕。vncconfig 用于配置和控制 VNC 服务器的程序。vncpasswd 允许用户设置用于访问 VNC 桌面的密码。vncserver 是一个 Perl 脚本，用于启动或停止 VNC 服务器。vncviewer 是用于连接到 VNC 桌面的客户端。x0vncserver 是一个程序，可使物理终端上的 X 显示器通过 Tiger VNC 或兼容查看器访问。安装的库是 libvnc.so。

```
1 cd $SRC && tar -xf tigervnc-1.13.0.tar.gz && cd tigervnc-1.13.0 &&
2 patch -Np1 -i ../tigervnc-1.13.0-configuration_fixes-1.patch && mkdir -p unix/xserver &&
3 tar -xf ../xorg-server-21.1.6.tar.xz --strip-components=1 -C unix/xserver &&
4 ( cd unix/xserver && patch -Np1 -i ../xserver21.1.1.patch ) &&
5 cmake -G "Unix Makefiles" -DCMAKE_INSTALL_PREFIX=/usr -DCMAKE_BUILD_TYPE=Release -Wno-dev . && make &&
6 pushd unix/xserver && autoreconf -fi && export CPPFLAGS="-I/usr/include/drm" &&
7 ./configure $XORG_CONFIG --disable-dri --disable-xorg --disable-xnest --disable-xvfb --disable-xwin --disable-xephyr \
8   --disable-kdrive --disable-devel-docs --disable-config-hal --disable-config-udev --disable-unit-tests \
9   --disable-selective-werror --disable-static --enable-dri3 --without-dtrace --enable-dri2 --enable-glx --with-pic &&
10 make && popd && unset CPPFLAGS && make install && ( cd unix/xserver/hw/vnc && make install ) &&
11 [ -e /usr/bin/Xvnc ] || ln -sf $XORG_PREFIX/bin/Xvnc /usr/bin/Xvnc && install -dm755 /etc/X11/tigervnc &&
12 install -m755 ../Xsession /etc/X11/tigervnc && echo ":1=$(whoami)" >> /etc/tigervnc/vncserver.users
```

12. Transmission-4.0.1

该软件包包含一个跨平台的开源 BitTorrent 客户端。执行如下命令安装该软件包。

```
1 cd $SRC && tar -xf transmission-4.0.1.tar.xz && cd transmission-4.0.1 && mkdir build && cd build &&
2 cmake -DCMAKE_INSTALL_PREFIX=/usr -DCMAKE_BUILD_TYPE=Release \
3       -DCMAKE_INSTALL_DOCDIR=/usr/share/doc/transmission-4.0.1 .. && make && make install &&
4 rsvg-convert /usr/share/icons/hicolor/scalable/apps/transmission.svg -o /usr/share/pixmaps/transmission.png
```

13. xarchiver-0.5.4.20

该软件包包含一个支持 tar、xz、bzip2、gzip、zip、7z、rar、lzo 和许多其他存档格式的 GTK＋存档管理器。执行如下命令安装该软件包。安装的程序是 xarchiver。

```
1 cd $SRC && tar -xf xarchiver-0.5.4.20.tar.gz && cd xarchiver-0.5.4.20 && ./configure --prefix=/usr \
2   --libexecdir=/usr/lib/xfce4 --docdir=/usr/share/doc/xarchiver-0.5.4.20 && make && make install &&
3 gtk-update-icon-cache -qtf /usr/share/icons/hicolor && update-desktop-database -q && rm $SRC/xarchiver-0.5.4.20 -rf
```

14. xdg-utils-1.1.3

该软件包包含一组命令行工具,用于协助应用程序完成各种桌面集成任务。它是符合 LSB(Linux Standards Base,Linux 标准基础)的必备组件。执行如下命令安装该软件包。

```
1 cd $SRC && tar -xf xdg-utils-1.1.3.tar.gz && cd xdg-utils-1.1.3 &&
2 ./configure --prefix=/usr --mandir=/usr/share/man && make && make install && rm $SRC/xdg-utils-1.1.3 -rf
```

安装的程序:xdg-desktop-menu 是一个命令行工具,用于(卸载)安装桌面菜单项。 xdg-desktop-icon 是一个命令行工具,用于(卸载)安装桌面图标。xdg-mime 是一个命令行 工具,用于查询有关文件类型处理的信息并为新文件类型添加描述。xdg-icon-resource 是 一个命令行工具,用于(卸载)安装图标资源。xdg-open 在用户首选应用程序中打开文件或 URL。xdg-email 打开用户首选的电子邮件编写器以发送邮件消息。xdg-screensaver 是一 个命令行工具,用于控制屏幕保护程序。xdg-settings 是一个命令行工具,用于从桌面环境 管理各种设置。

13.5 编辑器

1. Bluefish-2.2.12

该软件包包含一个针对程序员和网页设计师的文本编辑器,具有许多编写网站、脚本和 编程代码的选项。Bluefish 支持许多编程和标记语言,并专注于编辑动态和交互式网站。 执行如下命令安装该软件包。安装的程序是 bluefish。安装的库是/usr/lib/bluefish/下的 几个库。

```
1 cd $SRC && tar -xf bluefish-2.2.12.tar.bz2 && cd bluefish-2.2.12 &&
2 ./configure --prefix=/usr --docdir=/usr/share/doc/bluefish-2.2.12 && make && make install &&
3 gtk-update-icon-cache -tf --include-image-data /usr/share/icons/hicolor && update-desktop-database
```

2. Ed-1.19

该软件包包含一款面向行的文本编辑器。执行如下命令安装该软件包。安装的程序是 ed 和 red。ed 是面向行的文本编辑器。red 是一个受限制的 ed,只能编辑当前目录中的文 件,不能执行 Shell 命令。

```
1 cd $SRC && tar -xf ed-1.19.tar.xz && cd ed-1.19 && ./configure --prefix=/usr && make && make install
```

3. Emacs-28.2

该软件包包含一个可扩展、可定制、自我记录实时显示编辑器。执行如下命令安装该软件包。安装的程序是 ctags、ebrowse、emacs、emacs-28.2、emacsclient 和 etags。

```
1 cd $SRC && tar -xf emacs-28.2.tar.xz && cd emacs-28.2 && ./configure --prefix=/usr && make &&
2 make install && chown -R root:root /usr/share/emacs/28.2 && rm $SRC/emacs-28.2 -rf
```

4. Gedit-44.2

该软件包包含一个轻量级的用于 GNOME 桌面的 UTF-8 文本编辑器。执行如下命令安装该软件包。安装的程序是 gedit。安装的库是 libgedit-44.so。

```
1 cd $SRC && tar -xf gedit-44.2.tar.xz && cd gedit-44.2 && mkdir gedit-build && cd gedit-build &&
2 meson setup --prefix=/usr --buildtype=release -Dgtk_doc=false .. && ninja && ninja install && rm $SRC/gedit-44.2 -rf
```

5. JOE-4.6

该软件包包含一个小型的文本编辑器。执行如下命令安装该软件包。安装的程序是 jmacs、joe、jpico、jstar、rjoe、stringify、termidx 和 uniproc。安装的目录是/etc/joe、/usr/share/joe 和/usr/share/doc/joe-4.6。

```
1 cd $SRC && tar -xf joe-4.6.tar.gz && cd joe-4.6 && ./configure --prefix=/usr --sysconfdir=/etc \
2 --docdir=/usr/share/doc/joe-4.6 && make && make install && install -m755 joe/util/{stringify,termidx,uniproc} /usr/bin
```

6. Kate-22.12.2

该软件包包含一个基于 KF5 的高级图形化文本编辑器。执行如下命令安装该软件包。安装的程序是 kate 和 Kwrite。Kate 是一个针对 KDE 的高级文本编辑器。Kwrite 是一个针对 KDE 的文本编辑器，它是 Kate 的轻量版本。

```
1 cd $SRC && tar -xf kate-22.12.2.tar.xz && cd kate-22.12.2 && mkdir build && cd build &&
2 cmake -DCMAKE_INSTALL_PREFIX=/usr -DCMAKE_BUILD_TYPE=Release -DBUILD_TESTING=OFF \
3     -Wno-dev .. && make && make install && rm $SRC/kate-22.12.2 -rf
```

7. Mousepad-0.5.10

Mousepad 是 Xfce 桌面环境下的一个简单的 GTK＋3 文本编辑器。执行如下命令安装 Mousepad。

```
1 cd $SRC && tar -xf mousepad-0.5.10.tar.bz2 && cd mousepad-0.5.10 &&
2 ./configure --prefix=/usr --enable-keyfile-settings && make && make install && rm $SRC/mousepad-0.5.10 -rf
```

8. Nano-7.2

Nano 软件包包含一个小型、简单的文本编辑器。执行如下命令安装 Nano。

```
1 cd $SRC && tar -xf nano-7.2.tar.xz && cd nano-7.2 &&
2 ./configure --prefix=/usr --sysconfdir=/etc --enable-utf8 --docdir=/usr/share/doc/nano-7.2 &&
3 make && make install && install -m644 doc/{nano.html,sample.nanorc} /usr/share/doc/nano-7.2 && rm $SRC/nano-7.2 -rf
```

9. Vim-9.0.1273

执行如下命令安装 Vim。安装的程序是 gview、gvim、gvimdiff、gvimtutor、rgview 和 rgvim。

```
1 cd $SRC && tar -xf vim-9.0.1273.tar.xz && cd vim-9.0.1273 && echo '#define SYS_VIMRC_FILE  "/etc/vimrc"' >> \
2 src/feature.h && echo '#define SYS_GVIMRC_FILE "/etc/gvimrc"' >> src/feature.h &&
3 ./configure --prefix=/usr --with-features=huge --enable-gui=gtk3 --with-tlib=ncursesw && make && make install
```

第 14 章 多 媒 体

本章学习目标:
- 掌握多媒体库和驱动程序软件包的构建过程。
- 掌握音频工具软件包的构建过程。
- 掌握视频工具软件包的构建过程。
- 掌握 CD/DVD 刻录工具软件包的构建过程。

14.1 多媒体库和驱动程序

许多多媒体程序需要多媒体库和/或驱动程序才能正常工作。

1. alsa-plugins-1.2.7.1

该软件包包含用于各种音频库和声音服务器的插件。执行如下命令安装该软件包。安装了多个库。

```
1 cd $SRC && tar -xf alsa-plugins-1.2.7.1.tar.bz2 && cd alsa-plugins-1.2.7.1 &&
2 ./configure --sysconfdir=/etc && make && make install && rm $SRC/alsa-plugins-1.2.7.1 -rf
```

2. alsa-utils-1.2.8

该软件包包含各种实用程序,可以用于控制音频卡。执行如下命令安装该软件包。

```
1 cd $SRC && tar -xf alsa-utils-1.2.8.tar.bz2 && cd alsa-utils-1.2.8 && ./configure --disable-alsaconf \
2 --disable-bat --disable-xmlto --with-curses=ncursesw && make && make install && rm $SRC/alsa-utils-1.2.8 -rf
```

安装的程序是 aconnect、alsactl、alsaloop、alsamixer、alsatplg、alsaucm、alsa-info. sh、amidi、amixer、aplay、aplaymidi、arecord、arecordmidi、aseqdump、aseqnet、axfer、iecset 和 speaker-test。aconnect 用于连接和断开现有端口的实用程序,在 ALSA 序列系统中使用。alsactl 用于控制高级设置的 ALSA 声卡驱动程序,当 alsamixer 无法利用声卡的所有功能时,可以使用此选项。alsaloop 允许在 PCM 捕获设备和 PCM 播放设备之间创建 PCM 回送。alsamixer 基于 Ncurses 的混音器程序,可与 ALSA 声卡驱动程序一起使用。alsatplg 用于将拓扑配置文件编译为内核驱动程序的二进制文件的实用程序。alsaucm 以抽象的方式允许应用程序访问硬件。amidi 用于从 ALSA RawMIDI 端口读取和写入数据的实用程序。amixer 允许命令行控制 ALSA 声卡驱动程序的混音器。aplay 是一个命令行音频文件播放器,可与 ALSA 声卡驱动程序一起使用。aplaymidi 是一个命令行实用程序,可将指定的 MIDI 文件播放到一个或多个 ALSA 序列端口。arecord 是一个命令行音频文件录制器,可与 ALSA 声卡驱动程序一起使用。arecordmidi 是一个命令行实用程序,可以从一个或多个 ALSA 序列端口记录标准 MIDI 文件。aseqdump 是一个命令行实用程序,将接收到的序列事件以文本形式打印出来。aseqnet 是一个 ALSASEQUENCER 客户端,可在网络上发送和接收事件数据包。axfer 是一个命令行录音和播放器,用于在声音设备和文件之间传输音频帧。iecset 是一个小型实用程序,通过 ALSA 控制 API 设置或转储指定声卡的 IEC958 (或所谓的 S/PDIF)状态位。speaker-test 是一个用于生成测试音的命令行扬声器测试音发生器,用于测试 ALSA。

3. alsa-tools-1.2.5

该软件包包含用于某些声卡的高级工具。

首先,执行下面第 1 行的 bash -e 命令启动一个在出现构建错误时会退出的子 Shell,防止环境变量污染父 Shell。然后执行后续命令安装所有 ALSA 工具。安装了多个程序。安装的库是 liblo10k1.so。第 13 行的命令退出子 Shell。

```
1  cd $SRC && tar -xf alsa-tools-1.2.5.tar.bz2 && cd alsa-tools-1.2.5 && bash -e
2  rm -rf qlo10k1 Makefile gitcompile
3  for tool in *
4  do
5    case $tool in
6      seq ) export tool_dir=seq/sbiload ;;
7      * ) export tool_dir=$tool ;;
8    esac
9    pushd $tool_dir
10     ./configure --prefix=/usr && make && make install && /sbin/ldconfig
11   popd
12 done && unset tool tool_dir
13 exit
```

安装的程序是 as10k1、cspctl、dl10k1、echomixer、envy24control、hda-verb、hdajackretask、hdajacksensetest、hdspconf、hdsploader、hdspmixer、hwmixvolume、init_audigy、init_audigy_eq10、init_live、lo10k1、ld10k1、ld10k1d、mixartloader、pcxhrloader、rmedigicontrol、sbiload、sscape_ctl、us428control 和 vxloader。安装的库是 liblo10k1.so。

4. alsa-firmware-1.2.4

微码(microcode)和固件(firmware)都是计算机系统中的重要组成部分。

(1)微码是由处理器厂商提供的一种指令级别的代码,它在处理器内部执行,负责将高级指令转换为底层指令,以实现特定的功能。微码通常作为处理器的一部分存储在芯片上,并在处理器启动时加载。

(2)固件是一种控制设备硬件行为的软件。与操作系统和应用程序不同,固件是嵌入在设备中的,因此可以看作设备的一部分。固件通常由设备制造商编写,包括驱动程序、引导程序和其他控制设备行为所需的代码。固件通常存储在闪存或 ROM 等非易失性存储器中,并且在设备启动时加载到内存中。总的来说,微码和固件都是实现计算机系统功能的关键组成部分,但它们的设计、实现和使用方式有所不同。

alsa-firmware 软件包包含某些声卡的固件。执行如下命令安装 alsa-firmware。安装的目录是/lib/firmware 中的多个子目录和/usr/share/alsa/firmware 目录。

```
1  cd $SRC && tar -xf alsa-firmware-1.2.4.tar.bz2 && cd alsa-firmware-1.2.4 &&
2  ./configure --prefix=/usr && make && make install && rm $SRC/alsa-firmware-1.2.4 -rf
```

5. alsa-oss-1.1.8

该软件包包含 alsa-oss 兼容库。这由希望使用 alsa-oss 声音接口的程序使用。执行如下命令安装该软件包。安装的程序是 aoss，是一个简单的封装脚本，方便使用 alsa-oss 兼容库。安装的库是 libalsatoss.so、libaoss.so 和 libossredir.a。

```
1 cd $SRC && tar -xf alsa-oss-1.1.8.tar.bz2 && cd alsa-oss-1.1.8 &&
2 ./configure --disable-static && make && make install && rm $SRC/alsa-oss-1.1.8 -rf
```

6. AudioFile-0.3.6

AudioFile 软件包包含音频文件库和两个声音文件支持程序，可用于支持基本的声音文件格式。执行如下命令安装 AudioFile。安装的程序是 sfconvert 和 sfinfo。sfinfo 显示此库支持的音频格式的声音文件格式、音频编码、采样率和持续时间。sfconvert 转换声音文件格式，其中，原始格式和目标格式由该库支持。安装的库是 libaudiofile.so，包含程序使用的函数，以支持 AIFF、AIFF 压缩、Sun/NeXT、WAV 和 BIC 音频格式。

```
1 cd $SRC && tar -xf audiofile-0.3.6.tar.xz && cd audiofile-0.3.6 &&
2 patch -Np1 -i ../audiofile-0.3.6-consolidated_patches-1.patch && autoreconf -fiv &&
3 ./configure --prefix=/usr --disable-static && make && make install && rm $SRC/audiofile-0.3.6 -rf
```

7. FAAD2-2.10.1

FAAD2 是一种解码器，用于在 MPEG-2 和 MPEG-4 标准中指定的有损声音压缩方案，称为先进音频编码（AAC）。执行如下命令安装 FAAD2。安装的程序是 faad，是一个用于解码 AAC 和 MP4 文件的命令行实用程序。安装的库是 libfaad.so 和 libfaad_drm.so。libfaad.so 包含用于解码 AAC 流的函数。

```
1 cd $SRC && tar -xf faad2-2.10.1.tar.gz && cd faad2-2.10.1 && ./bootstrap && ./configure --prefix=/usr --disable-static
2 make && ./frontend/faad -o sample.wav ../sample.aac && aplay sample.wav && make install && rm $SRC/faad2-2.10.1 -rf
```

8. FAAC-1_30

FAAC 是一种编码器，用于在 MPEG-2 和 MPEG-4 标准中指定的有损声音压缩方案，称为先进音频编码（AAC）。这个编码器非常有用，可以生成可以在 iPod 上播放的文件。执行如下命令安装 FAAC。安装的程序是 faac，是一个命令行 AAC 编码器。安装的库是 libfaac.so 和 libmp4v2.so。libfaac.so 包含用于编码 AAC 流的函数。libmp4v2.so 包含用于创建和操作 MP4 文件的函数。

```
1 cd $SRC && tar -xf faac-1_30.tar.gz && cd faac-1_30 && ./bootstrap && ./configure --prefix=/usr \
2 --disable-static && make && ./frontend/faac -o Front_Left.mp4 /usr/share/sounds/alsa/Front_Left.wav &&
3 faad Front_Left.mp4 && aplay Front_Left.wav && make install && rm $SRC/faac-1_30 -rf
```

9. frei0r-plugins-1.8.0

该软件包包含一个用于视频效果的极简插件 API。执行如下命令安装该软件包。安装的库是 130 多个视频效果插件。

```
1 cd $SRC && tar -xf frei0r-plugins-1.8.0.tar.gz && cd frei0r-plugins-1.8.0 && mkdir -p build && cd build &&
2 cmake -DCMAKE_INSTALL_PREFIX=/usr -DCMAKE_BUILD_TYPE=Release -Wno-dev .. && make && make install
```

10. gavl-1.4.0

gavl(Gmerlin Audio Video Library)是一个低级库,用于处理音频和视频格式的详细信息,如颜色空间、采样率、多声道配置等。它为这些格式提供了标准化的定义,并提供了容器结构来在应用程序内传递音频样本或视频图像。执行如下命令安装 gavl。安装的库是 libgavl.so。

```
1 cd $SRC && tar -xf gavl-1.4.0.tar.gz && cd gavl-1.4.0 && export LIBS=-lm && ./configure --prefix=/usr \
2 --without-doxygen --docdir=/usr/share/doc/gavl-1.4.0 && make && make install && unset LIBS && rm $SRC/gavl-1.4.0 -rf
```

11. gst-plugins-ugly-1.22.0

该软件包是 GStreamer 开发人员认为具有良好质量和正确功能的一组插件,但分发它们可能会带来问题。插件或支持库上的许可证可能不是 GStreamer 开发人员想要的。众所周知,该代码可能存在专利问题。执行如下命令安装该软件包。安装的库是/usr/lib/gstreamer-1.0 下的多个插件。

```
1 cd $SRC && tar -xf gst-plugins-ugly-1.22.0.tar.xz && cd gst-plugins-ugly-1.22.0 && mkdir build &&
2 cd build && meson --prefix=/usr --buildtype=release -Dgpl=enabled \
3  -Dpackage-origin=https://www.linuxfromscratch.org/blfs/view/11.3-systemd/ \
4  -Dpackage-name="GStreamer 1.22.0 BLFS" && ninja && ninja install && rm $SRC/gst-plugins-ugly-1.22.0 -rf
```

12. gst-libav-1.22.0

该软件包包含用于 Libav(FFmpeg 的分支)的 GStreamer 插件。执行如下命令安装该软件包。安装的库是/usr/lib/gstreamer-1.0/libgstlibav.so。

```
1 cd $SRC && tar -xf gst-libav-1.22.0.tar.xz && cd gst-libav-1.22.0 && mkdir build && cd build && meson --prefix=/usr \
2 --buildtype=release -Dpackage-origin=https://www.linuxfromscratch.org/blfs/view/11.3-systemd/ \
3     -Dpackage-name="GStreamer 1.22.0 BLFS" && ninja && ninja install && rm $SRC/gst-libav-1.22.0 -rf
```

13. gstreamer-vaapi-1.22.0

该软件包包含用于硬件加速视频解码/编码的 GStreamer 插件,可支持当前的编码标准(MPEG-2、MPEG-4 ASP/H.263、MPEG-4 AVC/H.264 和 VC-1/VMW3)。执行如下命令安装该软件包。安装的库是/usr/lib/gstreamer-1.0/libgstvaapi.so。

```
1 cd $SRC && tar -xf gstreamer-vaapi-1.22.0.tar.xz && cd gstreamer-vaapi-1.22.0 && mkdir build && cd build &&
2 meson --prefix=/usr --buildtype=release -Dpackage-origin=https://www.linuxfromscratch.org/blfs/view/11.3-systemd/ &&
3 ninja && ninja install && rm $SRC/gstreamer-vaapi-1.22.0 -rf
```

14. id3lib-3.8.3

id3lib 是一个用于读取、写入和处理 id3v1 和 id3v2 多媒体数据容器的库。执行如下命令安装 id3lib。安装的程序是 id3convert、id3cp、id3info 和 id3tag。id3convert 在 id3v1/v2 标记格式之间转换。id3cp 从数字音频文件中提取 id3v1/v2 标记。id3info 打印 id3v1/v2 标记内容。id3tag 是一个用于编辑 id3v1/v2 标记的实用程序。安装的库是 libid3.so，为 id3v1/v2 标记编辑程序以及其他外部程序和库提供函数。

```
1 cd $SRC && tar -xf id3lib-3.8.3.tar.gz && cd id3lib-3.8.3 && patch -Np1 -i ../id3lib-3.8.3-consolidated_patches-1.patch
2 libtoolize -fc && aclocal && autoconf && automake --add-missing --copy && ./configure --prefix=/usr --disable-static &&
3 make && make install && cp doc/man/* /usr/share/man/man1 && install -m755 -d /usr/share/doc/id3lib-3.8.3 &&
4 install -m644 doc/*.{gif,jpg,png,ico,css,txt,php,html} /usr/share/doc/id3lib-3.8.3 && rm $SRC/id3lib-3.8.3 -rf
```

15. Liba52-0.7.4

Liba52 是一个免费的解码 ATSC A/52(也称为 AC-3)流的库。A/52 标准在各种应用中使用，包括数字电视和 DVD。执行如下命令安装 Liba52。安装的程序是 a52dec 和 extract_a52。a52dec 播放 ATSC A/52 音频流。extract_a52 从 MPEG 流中提取 ATSC A/52 音频。安装的库是 liba52.so，为处理 ATSC A/52 流的程序提供函数。

```
1 cd $SRC && tar -xf a52dec-0.7.4.tar.gz && cd a52dec-0.7.4 && ./configure --prefix=/usr --mandir=/usr/share/man \
2 --enable-shared --disable-static CFLAGS="${CFLAGS:--g -O2} $([ $(uname -m) = x86_64 ] && echo -fPIC)" && make &&
3 make install && unset CFLAGS && cp liba52/a52_internal.h /usr/include/a52dec &&
4 install -m644 -D doc/liba52.txt /usr/share/doc/liba52-0.7.4/liba52.txt && rm $SRC/a52dec-0.7.4 -rf
```

16. libdiscid-0.6.2

该软件包包含一个用于从音频 CD 创建 MusicBrainz DiscIDs 的库。它读取 CD 的目录表(TOC)并生成一个标识符，该标识符可用于在 MusicBrainz 网站上查找 CD。还提供了一个用于将 DiscID 添加到数据库中的 URL。执行如下命令安装该软件包。安装的库是 libdiscid.so。

```
1 cd $SRC && tar -xf libdiscid-0.6.2.tar.gz && cd libdiscid-0.6.2 &&
2 ./configure --prefix=/usr --disable-static && make && make install && rm $SRC/libdiscid-0.6.2 -rf
```

17. libdvdcss-1.4.3

libdvdcss 是一个简单的库，旨在访问 DVD 作为块设备而不必担心解密。执行如下命令安装 libdvdcss。安装的库是 libdvdcss.so，提供了透明 DVD 访问所需的功能，包括 CSS 解密。

```
1 cd $SRC && tar -xf libdvdcss-1.4.3.tar.bz2 && cd libdvdcss-1.4.3 && ./configure --prefix=/usr \
2 --disable-static --docdir=/usr/share/doc/libdvdcss-1.4.3 && make && make install && rm $SRC/libdvdcss-1.4.3 -rf
```

18. Libdvdnav-6.1.1

Libdvdnav 是一个库，它允许轻松使用复杂的 DVD 导航功能，例如，DVD 菜单、多角度播放，甚至交互式 DVD 游戏。执行如下命令安装 Libdvdnav。安装的库是 libdvdnav.so。

```
1 cd $SRC && tar -xf libdvdnav-6.1.1.tar.bz2 && cd libdvdnav-6.1.1 && ./configure --prefix=/usr \
2 --disable-static --docdir=/usr/share/doc/libdvdnav-6.1.1 && make && make install && rm $SRC/libdvdnav-6.1.1 -rf
```

19. Libdv-1.0.0

Libdv 是用于 DV 视频的软件编解码器,这是大多数数码摄像机使用的编码格式。它可用于通过 Firewire(IEEE 1394)连接从摄像机复制视频。执行如下命令安装 Libdv。

```
1 cd $SRC && tar -xf libdv-1.0.0.tar.gz && cd libdv-1.0.0 && ./configure --prefix=/usr --disable-xv \
2 --disable-static && make && make install && install -m755 -d /usr/share/doc/libdv-1.0.0 &&
3 install -m644 README* /usr/share/doc/libdv-1.0.0 && rm $SRC/libdv-1.0.0 -rf
```

安装的程序是 dubdv、dvconnect 和 encodedv。dubdv 将音频插入数字视频流。dvconnect 是一个小型实用程序,可发送或捕获来自摄像机的原始数据。encodedv 将一系列图像编码为数字视频流。安装的库是 libdv.so,提供与 Quasar DV 编解码器交互的程序功能。

20. libmpeg2-0.5.1

libmpeg2 软件包包含一个用于解码 MPEG-2 和 MPEG-1 视频流的库。执行如下命令安装 libmpeg2。安装的程序是 corrupt_mpeg2、extract_mpeg2 和 mpeg2dec。extract_mpeg2 从多路复用流中提取 MPEG 视频流。mpeg2dec 解码 MPEG1 和 MPEG2 视频流。安装的库是 libmpeg2.so 和 libmpeg2convert.so。libmpeg2.so 包含用于解码 MPEG 视频流的 API 函数。libmpeg2convert.so 包含用于 MPEG 视频流颜色转换的 API 函数。

```
1 cd $SRC && tar -xf libmpeg2-0.5.1.tar.gz && cd libmpeg2-0.5.1 &&
2 sed -i 's/static const/static/' libmpeg2/idct_mmx.c && ./configure --prefix=/usr --enable-shared \
3     --disable-static && make && make install && install -m755 -d /usr/share/doc/libmpeg2-0.5.1 &&
4 install -m644 README doc/libmpeg2.txt /usr/share/doc/libmpeg2-0.5.1 && rm $SRC/libmpeg2-0.5.1 -rf
```

21. libmusicbrainz-2.1.5

libmusicbrainz 软件包包含一个库,可以让用户访问 MusicBrainz 服务器上的数据。这对于向其他应用程序添加 MusicBrainz 查找功能非常有用。MusicBrainz 是一个社区音乐元数据库,旨在创建一个全面的音乐信息网站,可以通过浏览网站使用 MusicBrainz 数据,也可以从客户端程序访问数据。执行如下命令安装 libmusicbrainz。安装的库是 libmusicbrainz.so,包含用于访问 MusicBrainz 数据库的 API 函数,包括查找数据和提交新数据。

```
1 cd $SRC && tar -xf libmusicbrainz-2.1.5.tar.gz && cd libmusicbrainz-2.1.5 &&
2 patch -Np1 -i ../libmusicbrainz-2.1.5-missing-includes-1.patch && export CXXFLAGS="${CXXFLAGS:--02 -g} -std=c++98" &&
3 ./configure --prefix=/usr --disable-static && make && (cd python && python2 setup.py build) && make install &&
4 unset CXXFLAGS && install -m644 -D docs/mb_howto.txt /usr/share/doc/libmusicbrainz-2.1.5/mb_howto.txt &&
5 (cd python && python2 setup.py install) && rm $SRC/libmusicbrainz-2.1.5 -rf
```

22. libmusicbrainz-5.1.0

执行如下命令安装该软件包。安装的库是 libmusicbrainz5.so。

```
1 cd $SRC && tar -xf libmusicbrainz-5.1.0.tar.gz && cd libmusicbrainz-5.1.0 &&
2 patch -Np1 -i ../libmusicbrainz-5.1.0-cmake_fixes-1.patch && mkdir build && cd build &&
3 cmake -DCMAKE_INSTALL_PREFIX=/usr -DCMAKE_BUILD_TYPE=Release .. && make && make install
```

23. libquicktime-1.2.4

libquicktime 软件包包含 libquicktime 库、各种插件和编解码器，以及用于编码和解码 QuickTime 文件的图形和命令行实用程序。这对于读取和写入 QuickTime 格式的文件非常有用。该项目的目标是提高性能并与 QuickTime 4 Linux 库兼容。执行如下命令安装 libquicktime。

```
1 cd $SRC && tar -xf libquicktime-1.2.4.tar.gz && cd libquicktime-1.2.4 && ./configure --prefix=/usr --enable-gpl \
2 --without-doxygen --without-ffmpeg --docdir=/usr/share/doc/libquicktime-1.2.4 && make && make install &&
3 install -m755 -d /usr/share/doc/libquicktime-1.2.4 &&
4 install -m644 README doc/{*.txt,*.html,mainpage.incl} /usr/share/doc/libquicktime-1.2.4
```

安装的程序是 libquicktime _ config、lqtplay、lqtremux、lqt _ transcode、qt2text、qtdechunk、qtdump、qtinfo、qtrechunk、qtstreamize 和 qtyuv4toyuv。libquicktime_config 是一个图形化前端，用于检查和配置可用的 libquicktime 音频和视频编解码器。lqtplay 是用于 X Window System 的简单 QuickTime 电影播放器。lqt_transcode 是用于将一个格式的视频和/或音频文件转换为另一种格式的命令行程序。qt2text 用于从 QuickTime 文件中转储所有文本字符串。qtdechunk 可以将包含 rgb 帧的电影写入 ppm 图像。qtdump 显示所提供文件的解析内容。qtinfo 为所提供的文件打印由 libquicktime 库解析的各种元数据。qtrechunk 将输入帧串联成 QuickTime 电影。qtstreamize 用于通过在文件开头放置 moov 头来使文件流式传输。qtyuv4toyuv 用于将 YUV4 编码的电影写入平面 YUV 4：2：0 文件。

安装的库是 libquicktime.so 和几个插件编解码库。libquicktime.so 是用于读取和写入 QuickTime 文件的库。它提供了方便地访问 QuickTime 文件以及各种支持的编解码器。该库包含与所有用于编码和解码 QuickTime 文件的原始 QuickTime 4 Linux 库函数集成的新功能。

24. libsamplerate-0.2.2

libsamplerate 是一个用于音频的采样率转换器。执行如下命令安装 libsamplerate。安装的库是 libsamplerate.so。

```
1 cd $SRC && tar -xf libsamplerate-0.2.2.tar.xz && cd libsamplerate-0.2.2 && ./configure --prefix=/usr \
2     --disable-static --docdir=/usr/share/doc/libsamplerate-0.2.2 && make && make install
```

25. MLT-7.12.0

MLT 软件包是一个开源的多媒体框架，专为电视广播而设计和开发。它为广播员、视频编辑器、媒体播放器、转码器、Web 流媒体等多种应用程序提供了工具包。执行如下命令安装 MLT。安装的程序是 melt-7 和 melt。melt 是 MLT 的测试工具。安装的库是 libmlt-7.so、libmlt++ -7.so 和 20 多个插件。

```
1 cd $SRC && tar -xf mlt-7.12.0.tar.gz && cd mlt-7.12.0 && mkdir build && cd build &&
2 cmake -DCMAKE_INSTALL_PREFIX=/usr -DCMAKE_BUILD_TYPE=Release -Wno-dev .. && make && make install
```

26. SDL-1.2.15

SDL(Simple DirectMedia Layer)是一个跨平台库,旨在使编写多媒体软件(如游戏和模拟器)变得容易。执行如下命令安装 SDL。安装的程序是 sdl-config,确定编译和链接使用 libSDL 的程序应使用的编译器和链接器标志。安装的库是 libSDL.so 和 libSDLmain.a。libSDL.so 包含提供跨多个平台的低级别访问音频、键盘、鼠标、操纵杆、通过 OpenGL 的 3D 硬件以及 2D 帧缓冲区的函数。

```
1 cd $SRC && tar -xf SDL-1.2.15.tar.gz && cd SDL-1.2.15 &&
2 sed -e '/_XData32/s:register long:register _Xconst long:' -i src/video/x11/SDL_x11sym.h &&
3 ./configure --prefix=/usr --disable-static && make && make install &&
4 install -m755 -d /usr/share/doc/SDL-1.2.15/html && install -m644 docs/html/*.html /usr/share/doc/SDL-1.2.15/html
```

27. SoundTouch-2.3.2

SoundTouch 软件包包含一个开源的音频处理库,允许独立地改变声音的节奏、音高和播放速度参数。执行如下命令安装 SoundTouch。安装的程序是 soundstretch,是一个处理 WAV 音频文件的程序,通过独立地修改声音的节奏、音高和播放速度属性来实现。安装的库是 libSoundTouch.so,包含 SoundTouch API 函数。

```
1 cd $SRC && tar -xf soundtouch-2.3.2.tar.gz && cd soundtouch && ./bootstrap &&
2 ./configure --prefix=/usr --docdir=/usr/share/doc/soundtouch-2.3.2 && make && make install
```

28. xine-lib-1.2.13

该软件包包含 xine 库。这些库可用于与外部插件进行交互,从而允许信息从源流向音频和视频硬件。执行如下命令安装该软件包。

```
1 cd $SRC && tar -xf xine-lib-1.2.13.tar.xz && cd xine-lib-1.2.13 &&
2 sed -e '/xine_set_flags/s/XINE_PROTECTED//' -i include/xine.h &&
3 ./configure --prefix=/usr --disable-vcd --with-external-dvdnav --docdir=/usr/share/doc/xine-lib-1.2.13 &&
4 make && doxygen doc/Doxyfile && make install && install -m755 -d /usr/share/doc/xine-lib-1.2.13/api &&
5 install -m644 doc/api/* /usr/share/doc/xine-lib-1.2.13/api && rm $SRC/xine-lib-1.2.13 -rf
```

安装的程序是 xine-config 和 xine-list-1.2。xine-config 为试图链接 xine 库的程序提供信息。xine-list-1.2 用于从 xine-lib 获取支持的文件类型信息。安装的库是 libxine.so 及位于/usr/lib/xine/plugins/2.11 下的多个插件模块和视频扩展。libxine.so 提供处理音频/视频文件的 API。安装的输出显示引擎字体位于/usr/share/xine-lib/fonts 目录下。

29. XviD-1.3.7

XviD 是符合 MPEG-4 标准的视频编解码器。执行如下命令安装 XviD。安装的库是 libxvidcore.so,提供编码和解码大多数 MPEG-4 视频数据的函数。

```
1 cd $SRC && tar -xf xvidcore-1.3.7.tar.gz && cd xvidcore && cd build/generic &&
2 sed -i 's/^LN_S=@LN_S@/& -f -v/' platform.inc.in && ./configure --prefix=/usr && make &&
3 sed -i '/libdir.*STATIC_LIB/ s/^/#/' Makefile && make install && chmod 755 /usr/lib/libxvidcore.so.4.3 &&
4 install -m755 -d /usr/share/doc/xvidcore-1.3.7/examples && install -m644 ../../doc/* /usr/share/doc/xvidcore-1.3.7 &&
5 install -m644 ../../examples/* /usr/share/doc/xvidcore-1.3.7/examples && rm $SRC/xvidcore -rf
```

14.2 音频工具

1. Audacious-4.2

Audacious 是一个音频播放器。执行如下命令安装 Audacious。安装的程序是 audacious 和 audtool。audacious 基于 Beep Media Player 的 XMMS 的 Qt 端口。audtool 是一个小工具，用于修改正在运行的 audacious 实例的行为。安装的库是 libaudcore.so、libaudgui.so、libaudqt.so、libaudtag.so 和 /usr/lib/audacious/ 子目录下的几个插件库。

```
1 cd $SRC && tar -xf audacious-4.2.tar.bz2 && cd audacious-4.2 && export TPUT=/bin/true && ./configure \
2 --prefix=/usr --with-buildstamp="SLFS" && make && make install && tar -xf ../audacious-plugins-4.2.tar.bz2 &&
3 cd audacious-plugins-4.2 && ./configure --prefix=/usr --disable-wavpack && make && make install &&
4 unset TPUT && cp /usr/share/applications/audacious{,-qt}.desktop &&
5 sed -e '/^Name/ s/$/ Qt/' -e '/Exec/ s/audacious/& --qt/' -i /usr/share/applications/audacious-qt.desktop
```

2. CDParanoia-III-10.2

该软件包包含一个 CD 音频提取工具，它可以从音频 CD 中提取 .wav 文件。需要使用 CDDA 兼容的 CDROM 驱动器，Linux 支持的几乎所有驱动器都可以使用。执行如下命令安装该软件包。安装的程序是 cdparanoia。cdparanoia 用于将数字音乐从音频 CD 中提取出来。安装的库是 libcdda_interface.so 和 libcdda_paranoia.so。

```
1 cd $SRC && tar -xf cdparanoia-III-10.2.src.tgz && cd cdparanoia-III-10.2 &&
2 patch -Np1 -i ../cdparanoia-III-10.2-gcc-fixes-1.patch && ./configure --prefix=/usr --mandir=/usr/share/man &&
3 make -j1 && make install && chmod 755 /usr/lib/libcdda_*.so.0.10.2 && rm -f /usr/lib/libcdda_*.a
```

3. kwave-22.12.2

该软件包包含一个基于 KDE Frameworks 5 的声音编辑器应用程序。执行如下命令安装该软件包。安装的程序是 kwave，是一个基于 KDE Frameworks 5 构建的声音编辑器。安装的库是 libkwave.so、libkwavegui.so 和 29 个插件。

```
1 cd $SRC && tar -xf kwave-22.12.2.tar.xz && cd kwave-22.12.2 && mkdir build && cd build &&
2 cmake -DCMAKE_INSTALL_PREFIX=/usr -DCMAKE_BUILD_TYPE=Release -DBUILD_TESTING=OFF -Wno-dev .. && make && make install
```

4. pnmixer-0.7.2

该软件包提供了一个带托盘图标的轻量级音量控制器。执行如下命令安装该软件包。安装的程序是 pnmixer，是一个坐落在托盘中的轻量级音量控制器。

```
1 cd $SRC && tar -xf pnmixer-v0.7.2.tar.gz && cd pnmixer-v0.7.2 && mkdir build && cd build &&
2 cmake -DCMAKE_INSTALL_PREFIX=/usr .. && make && make install && rm $SRC/pnmixer-v0.7.2 -rf
```

5. vorbis-tools-1.4.2

该软件包包含用于使用 Ogg CODEC 对文件进行编码、播放或编辑的命令行工具。执行如下命令安装该软件包。

```
1 cd $SRC && tar -xf vorbis-tools-1.4.2.tar.gz && cd vorbis-tools-1.4.2 &&
2 ./configure --prefix=/usr --enable-vcut --without-curl && make && make install && rm $SRC/vorbis-tools-1.4.2 -rf
```

安装的程序是 ogg123、oggdec、oggenc、ogginfo、vcut 和 vorbiscomment。ogg123 是一个用于 Ogg Vorbis 流的命令行音频播放器。oggdec 是一个简单的解码器,将 Ogg Vorbis 文件转换为 PCM 音频文件(WAV 或 raw)。oggenc 是一个编码器,可以将原始、WAV 或 AIFF 文件转换为 Ogg Vorbis 流。ogginfo 打印存储在音频文件中的信息。vcut 在指定的切割点将一个文件分成两个文件。vorbiscomment 是一个编辑器,可以更改音频文件元数据标签中的信息。

14.3 视频工具

1. MPlayer-1.5

MPlayer 是一个强大的音频/视频播放器,可以通过命令行或图形界面进行控制,并能够播放几乎所有流行的音频和视频文件格式。在支持的视频硬件和附加驱动程序的情况下,MPlayer 可以在没有安装 X Window 系统的情况下播放视频文件。执行如下命令安装 MPlayer。

```
1 cd $SRC && tar -xf MPlayer-1.5.tar.xz && cd MPlayer-1.5 &&
2 ./configure --prefix=/usr --confdir=/etc/mplayer --enable-dynamic-plugins --disable-libmpeg2-internal \
3     --disable-ffmpeg_a --enable-menu --enable-runtime-cpudetection --enable-gui && make && make doc &&
4 make install && ln -sf ../icons/hicolor/48x48/apps/mplayer.png /usr/share/pixmaps/mplayer.png &&
5 install -m755 -d /usr/share/doc/mplayer-1.5 && install -m644 DOCS/HTML/en/* /usr/share/doc/mplayer-1.5 &&
6 install -m644 etc/codecs.conf /etc/mplayer && install -m644 etc/*.conf /etc/mplayer &&
7 tar -xf ../Clearlooks-2.0.tar.bz2 -C /usr/share/mplayer/skins &&
8 ln -sfn Clearlooks /usr/share/mplayer/skins/default && rm $SRC/MPlayer-1.5 -rf
```

安装的程序是 gmplayer、mplayer 和 mencoder。gmplayer 是指向 mplayer 的符号链接,它带来了 MPlayer 的 GTK + 2 前端。mplayer 是主要的 MPlayer 视频播放器。mencoder 是一个强大的命令行视频解码、编码和过滤工具。

2. Transcode-1.1.7

Transcode 是一个快速、通用和基于命令行的音频/视频转换器,主要专注于生成带有 MP3 音频的 AVI 视频文件,但也包括一个程序,可以从 DVD 中读取所有视频和音频流。尽管已过时且不再维护,但仍可用于仅使用所需和建议的依赖项从 DVD 中提取项目或重新编码为 AVI 文件。执行如下命令安装 Transcode。

```
1 cd $SRC && tar -xf transcode-1.1.7.tar.bz2 && cd transcode-1.1.7 &&
2 sed -i 's|doc/transcode|&-$(PACKAGE_VERSION)|' $(find . -name Makefile.in -exec grep -l 'docsdir =' {} \;) &&
3 patch -Np1 -i ../transcode-1.1.7-gcc10_fix-1.patch &&
4 ./configure --prefix=/usr --enable-alsa --enable-libmpeg2 --disable-ffmpeg && make && make install
```

安装的程序是 avifix、aviindex、avimerge、avisplit、avisync、tccat、tcdecode、tcdemux、tcextract、tcmodinfo、tcmp3cut、tcprobe、tcscan、tcxmlcheck、tcxpm2rgb、tcyait 和

transcode。

avifix 修复 AVI 文件的头部。aviindex 编写描述 AVI 文件索引的文本文件。avimerge 合并相同格式的 AVI 文件。avisplit 将 AVI 文件分成多个文件。avisync 可以移动 AVI 文件中的音频以更好地同步音频和视频数据信号。tccat 使用 Transcode 的输入插件连接输入文件。tcdecode 用于将输入文件解码为原始视频和 PCM 音频流。tcdemux 多路分解（分离）包含多个流的音频/视频输入。tcextract 从包含多个流的文件中抓取单个流。tcmodinfo 加载提供的 Transcode 过滤器模块并打印其参数。tcmp3cut 是一种工具，可以在毫秒位置剪切 MP3 流。tcprobe 打印有关输入文件格式的信息。tcscan 对给定的输入数据执行几项测量。tcxmlcheck 检查 SMIL 输入文件中的信息。transcode 是编码器的用户界面，处理插件和其他程序，是模块之间的粘合剂。

3. VLC-3.0.18

VLC 是一款媒体播放器、流媒体软件和编码器。它可以从多种输入源播放，如文件、网络流、捕获设备、桌面或 DVD、SVCD、VCD 和音频 CD。它可以使用大多数音频和视频编解码器（MPEG 1/2/4、H264、VC-1、DivX、WMV、Vorbis、AC3、AAC 等），还可以转换为不同的格式和/或通过网络发送流。执行如下命令安装 VLC。

```
1 cd $SRC && tar -xf vlc-3.0.18.tar.xz && cd vlc-3.0.18 &&
2 export LUAC=/usr/bin/luac5.2 LUA_LIBS="$(pkg-config --libs lua52)" CPPFLAGS="$(pkg-config --cflags lua52)" &&
3 export BUILDCC=gcc && ./configure --prefix=/usr --disable-libva && make &&
4 make docdir=/usr/share/doc/vlc-3.0.18 install && unset LUAC LUA_LIBS CPPFLAGS BUILDCC && rm $SRC/vlc-3.0.18 -rf
```

安装的程序是 cvlc、nvlc、qvlc、rvlc、svlc、vlc 和 vlc-wrapper。cvlc 是一个脚本，用于以虚拟界面运行 VLC。nvlc 是一个脚本，用于以 ncurses 界面运行 VLC。qvlc 是一个脚本，用于以 Qt 界面运行 VLC。rvlc 是一个脚本，用于以命令行界面运行 VLC。svlc 是一个脚本，用于以皮肤界面运行 VLC。vlc 是 VLC 媒体播放器。vlc-wrapper 是一个封装器，用于降低 VLC 的权限。安装的库是 libvlccore.so、libvlc.so 和/usr/lib/vlc/plugins 中的许多插件。

4. Phonon-backend-vlc-0.11.3

该软件包提供了一个 Phonon 后端，它利用了 VLC 媒体框架。执行如下命令安装该软件包。安装的库是 phonon_vlc.so。安装的目录是/usr/lib/qt5/plugins/phonon4qt5_backend。

```
1 cd $SRC && tar -xf phonon-backend-vlc-0.11.3.tar.xz && cd phonon-backend-vlc-0.11.3 && mkdir build &&
2 cd build && cmake -DCMAKE_INSTALL_PREFIX=/usr -DCMAKE_BUILD_TYPE=Release .. && make && make install
```

5. xine-ui-0.99.14

该软件包包含一个多媒体播放器。它可以播放 CD、DVD 和 VCD。它还可以解码本地磁盘驱动器中的多媒体文件，如 AVI、MOV、WMV、MPEG 和 MP3，并显示通过互联网流传输的多媒体内容。执行如下命令安装该软件包。

```
1 cd $SRC && tar -xf xine-ui-0.99.14.tar.xz && cd xine-ui-0.99.14 && ./configure --prefix=/usr &&
2 make && make docsdir=/usr/share/doc/xine-ui-0.99.14 install && rm $SRC/xine-ui-0.99.14 -rf
```

安装的程序是 aaxine、cacaxine、fbxine、xine、xine-bugreport、xine-check 和 xine-remote。

aaxine 是一个 ASCII 艺术视频播放器,使用 AAlib 作为 xine 库的前端。cacaxine 是一个使用 CACA 作为 xine 库前端的彩色 ASCII 艺术视频播放器,使用 CACA 作为 xine 库的前端。fbxine 是 xine 库的帧缓冲接口。xine 是一款多媒体播放器,旨在播放 MPEG 流(音频和视频)、MPEG 元素流(MP3)、MPEG 传输流、Ogg 文件、AVI 文件、ASF 文件、某些 QuickTime 文件、VCD 和 DVD。xine-bugreport 生成简明的系统描述。xine-check 测试 xine 视频播放器的安装情况,以检查常见问题。xine-remote 是一个连接到 xine 远程控制服务器的工具。

14.4 CD/DVD 刻录工具

1. Cdrtools-3.02a09

Cdrtools 软件包包含 CD 记录工具,可用于读取、创建或写入(烧录)CD、DVD 和蓝光盘。执行如下命令安装 Cdrtools。

```
1 cd $SRC && tar -xf cdrtools-3.02a09.tar.bz2 && cd cdrtools-3.02 &&
2 export GMAKE_NOWARN=true && make -j1 INS_BASE=/usr DEFINSUSR=root DEFINSGRP=root &&
3 make INS_BASE=/usr MANSUFF_LIB=3cdr DEFINSUSR=root DEFINSGRP=root install &&
4 install -m755 -d /usr/share/doc/cdrtools-3.02a09 &&
5 install -m644 README.* READMEs/* ABOUT doc/*.ps /usr/share/doc/cdrtools-3.02a09 &&
6 unset GMAKE_NOWARN && rm $SRC/cdrtools-3.02 -rf
```

安装的程序是 btcflash、cdda2mp3、cdda2ogg、cdda2wav、cdrecord、devdump、isodebug、isodump、isoinfo、isovfy、mkhybrid、mkisofs、readcd、rscsi、scgcheck、scgskeleton。

btcflash 用于刷新 BTC DRW1008 DVD+/-RW 记录器固件,请小心使用此程序。cdda2wav 将 CD 音频转换为 WAV 音频文件。cdrecord 记录音频或数据光盘。devdump 用于以十六进制格式转储 ISO 9660 设备或文件的诊断程序。isodebug 用于显示创建 ISO 9660 映像的命令行参数。isodump 用于基于 ISO 9660 转储设备或文件的诊断程序。isoinfo 用于分析或列出 ISO 9660 映像。isovfy 用于验证 ISO 9660 映像。mkhybrid 是一个符号链接,用于创建 ISO 9660/HFS 混合文件系统映像。mkisofs 用于创建 ISO 9660/JOLIET/HFS 文件系统映像,可选择带有 Rock Ridge 属性。readcd 读取或写入 CD 光盘。rscsi 是一个远程 SCSI 管理器。scgcheck 用于检查和验证 libscg 应用程序二进制接口(ABI)的工具。

安装的库是 libcdrdeflt.a、libdeflt.a、libedc_ecc.a、libedc_ecc_dec.a、libfile.a、libfind.a、libhfs.a、libmdigest.a、libparanoia.a、librscg.a、libscg.a、libscgcmd.a、libschily.a、libsiconv.a。

2. dvd+rw-tools-7.1

该软件包包含多个用于主控 DVD 媒体(+RW/+R 和-R[W])的实用程序。其中主要工具是 growisofs,是一个结合了 mkisofs 前端和 DVD 记录程序的工具,它提供了一种在所有支持的 DVD 媒体上布置和扩展 ISO 9660 文件系统的方法(以及将任意预先制作的映像烧录到光盘)。这对于创建新的 DVD 或向部分烧录的 DVD 中添加现有图像非常有用。执行如下命令安装该软件包。安装的程序是 btcflash、dvd+rw-booktype、dvd+rw-format、dvd+rw-mediainfo、dvd-ram-control、growisofs 和 rpl8。

```
1 cd $SRC && tar -xf dvd+rw-tools-7.1.tar.gz && cd dvd+rw-tools-7.1 &&
2 sed -i '/stat.h/a #include <sys/sysmacros.h>' growisofs.c &&
3 sed -i '/stdlib/a #include <limits.h>' transport.hxx && make all rpl8 btcflash &&
4 make prefix=/usr install && install -m644 -D index.html /usr/share/doc/dvd+rw-tools-7.1/index.html
```

3. libisoburn-1.5.4

libisoburn 是一个库,为库 libburn 和 libisofs 提供了一个前端,使其能够在所有由 libburn 支持的 CD/DVD/BD 介质上创建和扩展 ISO 9660 文件系统。这包括像 DVD+RW 这样的介质,它们不支持介质级别的多会话管理,甚至是普通的磁盘文件或块设备。执行如下命令安装该库。安装的程序是 osirrox、xorrecord、xorriso、xorriso-dd-target、xorrisofs 和 xorriso-tcltk。osirrox 是一个指向 xorriso 的符号链接,它将 ISO 映像中的文件复制到磁盘文件系统中。xorrecord 是一个指向 xorriso 的符号链接,提供了一个 cdrecord 类型的用户界面。xorriso 是一个程序,可创建、加载、操作、读取和写入带 Rock Ridge 扩展的 ISO 9660 文件系统映像。xorriso-dd-target 是一个程序,用于检查 USB 或存储卡设备是否适合镜像复制。xorrisofs 是一个指向 xorriso 的符号链接,提供了一个 mkisofs 类型的用户界面。xorriso-tcltk 是一个前端,在对话框模式下操作 xorriso。安装的库是 libisoburn.so,包含 libisoburn API 函数。

```
1 cd $SRC && tar -xf libisoburn-1.5.4.tar.gz && cd libisoburn-1.5.4 && ./configure --prefix=/usr \
2     --disable-static --enable-pkg-check-modules && make && doxygen doc/doxygen.conf && make install &&
3 install -dm755 /usr/share/doc/libisoburn-1.5.4 && install -m644 doc/html/* /usr/share/doc/libisoburn-1.5.4
```

第 15 章 排版、打印和扫描

本章学习目标：
- 掌握排版软件包的构建过程。
- 掌握 PostScript 软件包的构建过程。
- 掌握打印和扫描软件包的构建过程。
- 掌握标准通用标记语言软件包的构建过程。
- 掌握 Java 软件包的构建过程。

15.1 排版

1. 设置 TeX Live 的环境变量

构建整个 TeX Live 前需要先设置要使用的环境变量。

```
1 export TEXLIVE_PREFIX=/opt/texlive/2022 && export TEXARCH=x86_64-linux
```

为了系统可以正确地找到 TeX Live 的相关文件。创建 texlive.sh 脚本来设置 PATH、MANPATH 和 INFOPATH。如果它们已经在引导脚本过程中设置，则 pathappend 函数将确保删除重复项，因此在此处包含它们不会有任何问题。运行第 6 行的命令立即激活新路径。TeX Live 的共享库将安装到第 8 行所示的目录中，需要将其添加到/etc/ld.so.conf 中。

```
1 cat > /etc/profile.d/texlive.sh << "EOF"
2 pathappend /opt/texlive/2022/texmf-dist/doc/man   MANPATH
3 pathappend /opt/texlive/2022/texmf-dist/doc/info INFOPATH
4 pathappend /opt/texlive/2022/bin/x86_64-linux
5 EOF
6 . /etc/profile.d/texlive.sh
7 cat >> /etc/ld.so.conf << "EOF"
8 /opt/texlive/2022/lib
9 EOF
10 ldconfig
```

2. texlive-20220321-source

TeX Live 是一个免费、跨平台的 TeX 发行版，它提供了一套完整的 TeX 系统和其他相关的软件和工具，包括数千种宏包和字体，可以使用简单的命令来创建高质量的文档，应用于科技文献、论文写作、出版物、报告编写等。TeX Live 可以满足各种不同的排版需求。执行如下命令安装 TeX Live。安装了多个程序和库。

```
 1 cd $SRC && tar -xf texlive-20220321-source.tar.xz && cd texlive-20220321-source &&
 2 mkdir texlive-build && cd texlive-build && ../configure --prefix=$TEXLIVE_PREFIX \
 3   --bindir=$TEXLIVE_PREFIX/bin/$TEXARCH --datarootdir=$TEXLIVE_PREFIX --libdir=$TEXLIVE_PREFIX/lib \
 4   --infodir=$TEXLIVE_PREFIX/texmf-dist/doc/info --includedir=$TEXLIVE_PREFIX/include \
 5   --mandir=$TEXLIVE_PREFIX/texmf-dist/doc/man --disable-native-texlive-build --disable-static \
 6   --enable-shared --disable-dvisvgm --with-system-cairo --with-system-fontconfig --with-system-freetype2 \
 7   --with-system-gmp --with-system-graphite2 --with-system-harfbuzz --with-system-icu --with-system-libgs \
 8   --with-system-libpaper --with-system-libpng --with-system-mpfr --with-system-pixman --with-system-zlib \
 9   --with-banner-add=" - SLFS" && make && make install-strip && /sbin/ldconfig && make texlinks &&
10 mkdir -p $TEXLIVE_PREFIX/tlpkg/TeXLive/ && install -m644 ../texk/tests/TeXLive/* $TEXLIVE_PREFIX/tlpkg/TeXLive/ &&
11 tar -xf ../../texlive-20220325-tlpdb-full.tar.gz -C $TEXLIVE_PREFIX/tlpkg &&
12 tar -xf ../../texlive-20220321-texmf.tar.xz -C $TEXLIVE_PREFIX --strip-components=1 &&
13 for F in $TEXLIVE_PREFIX/texmf-dist/scripts/latex-make/*.py ; do
14   sed -i 's%/usr/bin/env python%/usr/bin/python3%' $F
15 done && mktexlsr && fmtutil-sys --all && mtxrun --generate && rm $SRC/texlive-20220321-source -rf
```

3. asymptote-2.85

Asymptote 是一种强大的描述性矢量图形语言,提供自然的基于坐标的技术绘图框架。标签和方程可以使用 LaTeX 排版。除了 EPS、PDF 和 PNG 输出外,它还可以生成 WebGL 3D HTML 渲染和(使用 dvisvgm)SVG 输出。执行如下命令安装 Asymptote。安装的程序是 asy、xasy。asy 是一个矢量图形程序。xasy 是一个 Python3 脚本,为 asy 提供了一个基于 Qt5 的 GUI。

```
1 cd $SRC && tar -xf asymptote-2.85.src.tgz && cd asymptote-2.85 &&
2 ./configure --prefix=$TEXLIVE_PREFIX --bindir=$TEXLIVE_PREFIX/bin/$TEXARCH \
3     --datarootdir=$TEXLIVE_PREFIX/texmf-dist --infodir=$TEXLIVE_PREFIX/texmf-dist/doc/info \
4     --libdir=$TEXLIVE_PREFIX/texmf-dist --mandir=$TEXLIVE_PREFIX/texmf-dist/doc/man --disable-lsp \
5     --enable-gc=system --with-latex=$TEXLIVE_PREFIX/texmf-dist/tex/latex \
6     --with-context=$TEXLIVE_PREFIX/texmf-dist/tex/context/third && make && make install
```

4. biber-2.18

Biber 是一个 BibTeX 替代者,为 biblatex 用户编写,使用 Perl 编写,并具有完全的 Unicode 支持。执行如下命令安装 Biber。安装的程序是 biber,用于生成 LaTeX 文档中的索引。

```
1 cd $SRC && tar -xf biber-2.18.tar.gz && cd biber-2.18 && perl ./Build.PL && ./Build &&
2 ./Build install && tar -C $TEXLIVE_PREFIX/texmf-dist -xf ../biblatex-3.18b.tds.tgz && rm $SRC/biber-2.18 -rf
```

5. dvisvgm-3.0.3

dvisvgm 软件包将 DVI、EPS 和 PDF 文件转换为 SVG 格式。执行如下命令安装 dvisvgm。

```
1 cd $SRC && tar -xf dvisvgm-3.0.3.tar.gz && cd dvisvgm-3.0.3 && ln -sf $TEXLIVE_PREFIX/lib/libkpathsea.so \
2 /usr/lib && sed -i 's/python/&3/' tests/Makefile.in && ./configure --bindir=$TEXLIVE_PREFIX/bin/${TEXARCH} \
3 --mandir=$TEXLIVE_PREFIX/texmf-dist/doc/man --with-kpathsea=$TEXLIVE_PREFIX && make && make install
```

6. xindy-2.5.1

xindy 是一个索引处理器,可用于为任意文档准备系统生成类似书籍的索引。这包括像 TeX 和 LaTeX、roff 系列以及处理某种文本并生成索引信息的基于 SGML/XML 的系统（如 HTML）。执行如下命令安装 xindy。安装的程序是 tex2xindy、texindy、xindy。tex2xindy 将 LaTeX 索引文件转换为 xindy 原始索引文件。texindy 是 xindy 的包装器，默认情况下会打开许多 LaTeX 约定。xindy 从原始的 LaTeX 索引创建一个排序和标记的索引。

```
1 cd $SRC && tar -xf xindy-2.5.1.tar.gz && cd xindy-2.5.1 &&
2 sed -i "s/ grep -v '^;'/ awk NF/" make-rules/inputenc/Makefile.in &&
3 sed -i 's%\(indexentry\)%\1\\%' make-rules/inputenc/make-inp-rules.pl &&
4 patch -Np1 -i ../xindy-2.5.1-upstream_fixes-2.patch && ./configure --prefix=$TEXLIVE_PREFIX \
5 --bindir=$TEXLIVE_PREFIX/bin/$TEXARCH --datarootdir=$TEXLIVE_PREFIX --includedir=/usr/include \
6 --libdir=$TEXLIVE_PREFIX/texmf-dist --mandir=$TEXLIVE_PREFIX/texmf-dist/doc/man && make LC_ALL=POSIX && make install
```

15.2 PostScript

1. Enscript-1.6.6

Enscript 可将 ASCII 文本文件转换为 PostScript、HTML、RTF、ANSI 和 overstrikes 格式。执行如下命令安装 Enscript。安装的程序是 diffpp、enscript、mkafmmap、over、sliceprint 和 states。diffpp 将 diff 输出文件转换为可用于与 Enscript 打印的格式。Enscript 是一个过滤器，主要由打印脚本使用，将 ASCII 文本文件转换为 PostScript、HTML、RTF、ANSI 和 overstrikes 格式。mkafmmap 从给定的文件创建字体映射。over 是一个脚本，调用 Enscript 并传递正确的参数来创建 overstriked 字体。sliceprint 对具有长行的文档进行切片。states 是一个类似 awk 的文本处理工具，带有一些状态机扩展。它专门设计用于程序源代码高亮显示以及类似的任务，其中状态信息有助于输入处理。

```
1 cd $SRC && tar -xf enscript-1.6.6.tar.gz && cd enscript-1.6.6 &&
2 ./configure --prefix=/usr --sysconfdir=/etc/enscript --localstatedir=/var --with-media=Letter && make &&
3 pushd docs && makeinfo --plaintext -o enscript.txt enscript.texi && popd &&
4 make -j1 -C docs ps pdf && make install && install -m755 -d /usr/share/doc/enscript-1.6.6 &&
5 install -m644    README* *.txt docs/*.txt /usr/share/doc/enscript-1.6.6 &&
6 install -m644 docs/*.{dvi,pdf,ps} /usr/share/doc/enscript-1.6.6 && rm $SRC/enscript-1.6.6 -rf
```

2. ePDFView-0.1.8

ePDFView 是一个免费的独立轻量级 PDF 文档查看器，使用 Poppler 和 GTK＋库。它是 Evince 的替代者，因为它不依赖于 GNOME 库。执行如下命令安装 ePDFView。安装的程序是 epdfview，是一个 GTK＋-2 程序，用于查看 PDF 文档。

```
1 cd $SRC && tar -xf epdfview-0.1.8.tar.bz2 && cd epdfview-0.1.8 &&
2 patch -Np1 -i ../epdfview-0.1.8-fixes-2.patch && ./configure --prefix=/usr && make && make install &&
3 for size in 24 32 48; do
4   ln -sf ../../../../epdfview/pixmaps/icon_epdfview-$size.png /usr/share/icons/hicolor/${size}x${size}/apps
5 done && unset size && update-desktop-database &&
6 gtk-update-icon-cache -tf --include-image-data /usr/share/icons/hicolor && rm $SRC/epdfview-0.1.8 -rf
```

3. MuPDF-1.21.1

MuPDF 是一个轻量级的 PDF 和 XPS 查看器。执行如下命令安装 MuPDF。

```
1  cd $SRC && tar -xf mupdf-1.21.1-source.tar.gz && cd mupdf-1.21.1-source &&
2  sed -i '/MU.*_EXE. :/{
3      s/\(.(MUPDF_LIB)\)\(.*\)$/\2 | \1/
4      N
5      s/$/ -lmupdf -L$(OUT)/
6      }' Makefile
7  cat > user.make << "EOF"
8  USE_SYSTEM_FREETYPE := yes
9  #省略若干行
10 EOF
11 export XCFLAGS=-fPIC && make build=release shared=yes && unset XCFLAGS &&
12 make prefix=/usr shared=yes docdir=/usr/share/doc/mupdf-1.21.1 install &&
13 chmod 755 /usr/lib/libmupdf.so && ln -sf mupdf-x11 /usr/bin/mupdf
```

安装的程序是 mupdf、mupdf-gl、mupdf-x11、mupdf-x11-curl、muraster 和 mutool。mupdf 是一个用于查看 PDF、XPS、EPUB 和 CBZ 文档以及各种图像格式（如 PNG、JPEG、GIFF 和 TIFF）的程序。mupdf-gl 与 mupdf 相同，使用 OpenGL 渲染器。mupdf-x11 与 mupdf 相同，使用 X 窗口渲染器。muraster 是一个用于在 PDF 文档中执行光栅化任务的程序。mutool 是执行 PDF 文件各种操作的程序，例如，合并和清理 PDF 文档。安装的库是 libmupdf.so。

4. paps-0.7.1

paps 是一个基于 Pango 的文本到 PostScript 转换器。它的输入是一个 UTF-8 编码的文本文件，并输出矢量化的 PostScript。它可以用于打印由 Pango 支持的任何复杂脚本。执行如下命令安装 paps。paps 程序是一种支持 UTF-8 字符编码的文本到 PostScript 转换器。

```
1  cd $SRC && tar -xf paps-0.7.1.tar.gz && cd paps-0.7.1 &&
2  ./configure --prefix=/usr --mandir=/usr/share/man && make && make install && rm $SRC/paps-0.7.1 -rf
```

15.3 打印

1. cups-filters-1.28.16

cups-filters 是一个基于 CUPS（通用 UNIX 打印系统）开发的软件包，用于提供打印过滤器和其他相关工具。CUPS-Filters 通过提供一组用于转换和处理打印数据的过滤器，使得可以将不同格式（如 PostScript、PDF、JPEG 等）的文件转换为打印机可以理解的格式。cups-filters 与 CUPS 一起使用，可以提供高质量、快速和可靠的打印服务。执行如下命令安装 cups-filters。安装的程序是 cups-browsed、driverless、driverless-fax 和 foomatic-rip。cups-browsed 是一个守护进程，用于浏览共享的远程 CUPS 打印机。driverless 是一种用于驱动程序无关打印的 PPD 生成器实用工具。driverless-fax 是针对 FAX 类型设备的 driverless 的包装器。foomatic-rip 是一个通用的打印过滤器/RIP 包装器，可用作 CUPS 过滤器或独立的、无需 spooler 的直接打印。安装的库是 libcupsfilters.so 和 libfontembed.so。

```
1 cd $SRC && tar -xf cups-filters-1.28.16.tar.xz && cd cups-filters-1.28.16 &&
2 ./configure --prefix=/usr --sysconfdir=/etc --localstatedir=/var --without-rcdir --disable-static \
3    --disable-avahi --docdir=/usr/share/doc/cups-filters-1.28.16 && make && make install &&
4 install -m644 utils/cups-browsed.service /lib/systemd/system/cups-browsed.service &&
5 systemctl enable cups-browsed && rm $SRC/cups-filters-1.28.16 -rf
```

2. Gutenprint-5.3.4

Gutenprint 软件包包含许多品牌和型号的打印机高质量驱动程序,可以与 Cups-2.4.2
和 GIMP-2.0 一起使用。执行如下命令安装 Gutenprint,这里需要配置内核。

```
1 cd $SRC && tar -xf gutenprint-5.3.4.tar.xz && cd gutenprint-5.3.4 &&
2 sed -i 's|$(PACKAGE)/doc|doc/$(PACKAGE)-$(VERSION)|' {,doc/,doc/developer/}Makefile.in &&
3 ./configure --prefix=/usr --disable-static && make && make install &&
4 install -m755 -d /usr/share/doc/gutenprint-5.3.4/api/gutenprint{,ui2} &&
5 install -m644 doc/gutenprint/html/* /usr/share/doc/gutenprint-5.3.4/api/gutenprint &&
6 install -m644 doc/gutenprintui2/html/* /usr/share/doc/gutenprint-5.3.4/api/gutenprintui2
```

安装的程序是 cups-calibrate、cups-genppd.5.2、cups-genppdupdate、escputil 和 testpattern。
cups-calibrate 使用 Gutenprint、CUPS 或 ESP Print Pro 驱动程序来校准打印机的颜色输出。
cups-genppd.5.2 生成用于与 CUPS 一起使用的 Gutenprint PPD 文件。cups-genppdupdate 重新
生成 CUPS 中正在使用的 Gutenprint PPD 文件。escputil 是一个命令行实用程序,用于对
Epson Stylus 喷墨打印机执行各种维护任务。testpattern 是一个测试程序,用于学习如何使用
libgutenprint。安装的库是 libgutenprint.so、libgutenprintui2.so 以及可选的各种 CUPS 过滤器
和后端驱动程序,在/usr/lib/gutenprint/5.3/modules/下。

15.4 扫描

1. SANE-1.0.32

SANE(Scanner Access Now Easy)是一个开源的软件项目,提供了一个简单易用的接口,
使得计算机可以与各种扫描仪设备进行通信。SANE 项目的目标是为用户提供一个统一的方
式来访问不同类型的扫描仪设备,无论是连接到 USB、SCSI、网络或其他接口的设备。它提供
了一组 API,使得开发人员可以轻松地在各种操作系统上开发扫描应用程序。SANE 支持多
种图像格式和扫描选项,例如,调整亮度、对比度、分辨率和颜色模式等。它还具有高度可配置
性,允许用户自定义其扫描应用程序的行为。SANE 分为后端和前端。后端是支持的扫描仪
和相机的驱动程序。前端是用于访问后端的用户界面。执行如下命令安装 SANE。

```
1  cd $SRC && tar -xf sane-backends-1.0.32.tar.gz && cd sane-backends-1.0.32 && groupadd -g 70 scanner &&
2  usermod -G scanner -a slfs && sg scanner -c "./configure --prefix=/usr --sysconfdir=/etc --localstatedir\
3  =/var --with-group=scanner --with-lockdir=/run/lock --docdir=/usr/share/doc/sane-backends-1.0.32" &&
4  make && make install && install -m 644 tools/udev/libsane.rules /etc/udev/rules.d/65-scanner.rules &&
5  mkdir -p /run/lock/sane && chgrp scanner /run/lock/sane && tar -xf ../sane-frontends-1.0.14.tar.gz &&
6  cd sane-frontends-1.0.14 && sed -i -e "/SANE_CAP_ALWAYS_SETTABLE/d" src/gtkglue.c &&
7  ./configure --prefix=/usr --mandir=/usr/share/man && make && make install &&
8  install -m644 doc/sane.png xscanimage-icon-48x48-2.png /usr/share/sane &&
9  ln -sf ../../../../bin/xscanimage /usr/lib/gimp/2.0/plug-ins && mkdir -p /usr/share/{applications,pixmaps}
10 ln -sf ../sane/xscanimage-icon-48x48-2.png /usr/share/pixmaps/xscanimage.png
```

安装的后程序是 gamma4scanimage、sane-config、saned、sane-find-scanner 和 scanimage。安装的后库是 libsane.so 和众多扫描仪后端模块。安装的前端程序是 scanadf、xcam 和 xscanimage。安装的前端库是 xscanimage 中的 GIMP 插件。

2. XSane-0.999

XSane 是 SANE-1.0.32 的另一个前端。与 xscanimage 相比,它具有额外的功能,以改善图像质量和易用性。执行如下命令安装 XSane。安装的程序是 xsane,是一个图形用户界面,用于控制像平板扫描仪等图像采集设备。

```
1 cd $SRC && tar -xf xsane-0.999.tar.gz && cd xsane-0.999 &&
2 sed -i -e 's/png_ptr->jmpbuf/png_jmpbuf(png_ptr)/' src/xsane-save.c &&
3 ./configure --prefix=/usr && make && make xsanedocdir=/usr/share/doc/xsane-0.999 install &&
4 ln -sf ../../doc/xsane-0.999 /usr/share/sane/xsane/doc && ln -sf firefox /usr/bin/netscape &&
5 ln -sf /usr/bin/xsane /usr/lib/gimp/2.0/plug-ins/ && rm $SRC/xsane-0.999 -rf
```

15.5 标准通用标记语言

标准通用标记语言(SGML)包含的软件包有 sgml-common-0.6.3、docbook-3.1-dtd、docbook-4.5-dtd、OpenSP-1.5.2、OpenJade-1.3.2、docbook-dsssl-1.79、DocBook-utils-0.6.14。由于依赖关系的原因,sgml-common-0.6.3 之外的软件包在前面章节中已经安装。这里仅介绍 sgml-common-0.6.3 的安装。

sgml-common 是一个非常实用的工具包,适用于处理和操作 SGML 文件的开发和维护工作。它提供了一些常用的工具和库,简化了 SGML 文件的处理过程,并提供了一致的 API 和接口,方便开发人员进行二次开发和定制,使用户能够解析、验证和转换 SGML 文件。

sgml-common 的主要功能包括:①sgmlsp 是一个基本的 SGML 解析器,它能够读取和解析 SGML 文件,并生成对应的文档对象模型(Document Object Model,DOM)表示;②sgmlnorm是一个 SGML 文档验证工具,它能够验证 SGML 文件的结构和语法是否符合定义的文档类型定义(Document Type Definition,DTD);③sgml2xml 是一个将 SGML 文件转换为 XML(eXtensible Markup Language)格式的工具。它能够识别 SGML 文件中的标签和属性,并将其转换为对应的 XML 标记;④sgmlwhich 将主配置文件的名称打印到标准输出;⑤install-catalog 创建一个集中目录,该目录维护对散布在/usr/share/sgml 目录树中的目录的引用。执行如下命令安装 sgml-common。

```
1 cd $SRC && tar -xf sgml-common-0.6.3.tgz && cd sgml-common-0.6.3 &&
2 patch -Np1 -i ../sgml-common-0.6.3-manpage-1.patch && autoreconf -f -i &&
3 ./configure --prefix=/usr --sysconfdir=/etc && make && make docdir=/usr/share/doc install &&
4 install-catalog --add /etc/sgml/sgml-ent.cat /usr/share/sgml/sgml-iso-entities-8879.1986/catalog &&
5 install-catalog --add /etc/sgml/sgml-docbook.cat /etc/sgml/sgml-ent.cat && rm $SRC/sgml-common-0.6.3 -rf
```

15.6 Java

1. Java-19.0.2

Java 是一种编程语言。由于构建 Java 的时空消耗太大,SLFS 中没有从源码开始构建 Java,而是直接使用了二进制安装,这是本书唯一一个安装的二进制包。构建 OpenJDK 之前需要 Java 已经安装在 SLFS 系统中。执行如下命令安装 Java。

```
1 cd $SRC && tar -xf OpenJDK-19.0.2+7-x86_64-bin.tar.xz && cd OpenJDK-19.0.2+7-x86_64-bin &&
2 install -dm755 /opt/OpenJDK-19.0.2-bin && mv * /opt/OpenJDK-19.0.2-bin &&
3 chown -R root:root /opt/OpenJDK-19.0.2-bin && ln -sfn OpenJDK-19.0.2-bin /opt/jdk
```

2. OpenJDK-19.0.2

OpenJDK 用于开发 Java 程序,并提供完整的运行时环境来运行 Java 程序。执行如下命令安装 OpenJDK。

```
1 cd $SRC && tar -xf jdk-19.0.2-ga.tar.gz && cd jdk19u-jdk-19.0.2-ga && unset JAVA_HOME MAKEFLAGS &&
2 bash configure --enable-unlimited-crypto --disable-warnings-as-errors --with-stdc++lib=dynamic \
3     --with-giflib=system --with-lcms=system --with-libjpeg=system \
4     --with-libpng=system --with-zlib=system --with-version-build="7" --with-version-pre="" \
5     --with-version-opt="" --with-cacerts-file=/etc/pki/tls/java/cacerts && make JOBS=16 images &&
6 install -dm755 /opt/jdk-19.0.2+7 && cp -R build/*/images/jdk/* /opt/jdk-19.0.2+7 &&
7 chown -R root:root /opt/jdk-19.0.2+7 &&
8 for s in 16 24 32 48; do
9   install -Dm644 src/java.desktop/unix/classes/sun/awt/X11/java-icon${s}.png \
10                  /usr/share/icons/hicolor/${s}x${s}/apps/java.png
11 done && ln -nsf jdk-19.0.2+7 /opt/jdk && mkdir -p /usr/share/applications && rm $SRC/jdk19u-jdk-19.0.2-ga -rf
12 cat > /usr/share/applications/openjdk-java.desktop << "EOF"
13 #省略若干行
14 EOF
15 cat > /usr/share/applications/openjdk-jconsole.desktop << "EOF"
16 #省略若干行
17 EOF
18 export MAKEFLAGS='-j16'
```

安装的程序是 jar、jarsigner、java、javac、javadoc、javap、jcmd、jconsole、jdb、jdeprscan、jdeps、jfr、jhsdb、jimage、jinfo、jlink、jmap、jmod、jpackage、jps、jrunscript、jshell、jstack、jstat、jstatd、jwebserver、keytool、rmiregistry 和 serialver。安装的库是/opt/jdk-19.0.2+7/lib/ * 。

3. apache-ant-1.10.13

该软件包是一个基于 Java 的构建工具。它被广泛地用于自动化构建和部署 Java 项目。它的主要目标是简化软件开发过程中的构建和部署任务。Ant 使用 XML 文件来描述构建过程中的各种任务和依赖关系。用户可以根据自己的需求定义任务,并使用 Ant 的预定义任务来完成常见的构建任务,如编译、打包、测试、部署等。Ant 提供了丰富的任务库,用户可以根据自己的需求选择适合的任务来完成构建过程中的各种操作。同时,Ant 还支持自定义任务,用户可以根据自己的需求编写自己的任务。Ant 可以帮助开发人员简化构建过程,提高开发效率。执行如下命令安装该软件包。

```
1 cd $SRC && tar -xf apache-ant-1.10.13-src.tar.xz && cd apache-ant-1.10.13 && export JAVA_HOME=/opt/jdk &&
2 ./bootstrap.sh && sed -e 's|ftp.software.ibm.com|anduin.linuxfromscratch.org|' \
3    -e 's|software/awdtools/netrexx|BLFS/apache-ant|' -i fetch.xml &&
4 bootstrap/bin/ant -f fetch.xml -Ddest=optional && ./build.sh -Ddist.dir=$PWD/ant-1.10.13 dist &&
5 cp -r ant-1.10.13 /opt/ && chown -R root:root /opt/ant-1.10.13 && ln -sf ant-1.10.13 /opt/ant
```

安装的程序是 ant、antRun、antRun.pl、complete-ant-cmd.pl、runant.pl 和 runant.py。ant 是一个基于 Java 的构建工具,许多软件包使用它代替传统的 make 程序。antRun 是启动给定目录中的 ant 构建脚本的支持脚本。antRun.pl 是提供 antRun 脚本提供的类似功能的 Perl 脚本。complete-ant-cmd.pl 是一个 Perl 脚本,允许 Bash 完成 ant 命令行。runant.pl 是用于调用 ant 的 Perl 包装器脚本。runant.py 是用于调用 ant 的 Python 包装器脚本。

安装的库是位于/opt/ant/lib 中的许多 ant * .jar 和依赖库。

4. fop-2.8

把 fop 软件包放在这里构建,是因为它依赖于 apache-ant 软件包。

fop(formatting objects processor)是一个用于生成 PDF 和其他格式输出的 XSL-FO (XSL Formatting Objects)处理器。XSL-FO 是一种 XML 标准,用于描述基于 XML 的文档的外观和格式。FOP 将 XSL-FO 文档作为输入,并根据所定义的外观和格式规则,生成相应的输出文档,如 PDF、PostScript、PNG、RTF 等。它使用 Apache XML Graphics 项目中的 Apache Batik 库来处理 SVG(Scalable Vector Graphics)格式。执行如下命令安装该软件包。

```
1 cd $SRC && tar -xf fop-2.8-src.tar.gz && cd fop-2.8 && unzip ../offo-hyphenation.zip &&
2 cp offo-hyphenation/hyph/* fop/hyph && rm -rf offo-hyphenation &&
3 tar -xf ../apache-maven-3.8.6-bin.tar.gz -C /tmp &&
4 sed -i '\@</javad@i<arg value="-Xdoclint:none"/><arg value="--allow-script-in-comments"/>\
5 <arg value="--ignore-source-errors"/>' fop/build.xml && cp ../{pdf,font}box-2.0.27.jar fop/lib && cd fop &&
6 export LC_ALL=en_US.UTF-8 PATH=$PATH:/tmp/apache-maven-3.8.6/bin && ant all javadocs &&
7 mv build/javadocs . && install -d -m755 -o root -g root /opt/fop-2.8 &&
8 cp -R build conf examples fop* javadocs lib /opt/fop-2.8 && chmod a+x /opt/fop-2.8/fop &&
9 ln -sfn fop-2.8 /opt/fop && rm -rf /tmp/apache-maven-3.8.6 && rm $SRC/fop-2.8 -rf
```

安装的程序是 fop,是一个 Java 命令的封装器脚本,用于设置 fop 环境并传递所需的参数。安装的库是 fop.jar 和位于/opt/fop/{build,lib}中的大量支持库类。

15.7 最后的配置

1. 关闭一些自动运行的服务

执行如下命令关闭启动时自动运行的服务,以后需要哪个服务,再执行 systemctl enable xxx && systemctl start xxx 命令开启该服务。

```
 1 systemctl disable bluetooth && systemctl disable --global obex
 2 systemctl disable nfs-client.target && systemctl disable nfs-server.service
 3 systemctl disable nmbd.service && systemctl disable smbd.service && systemctl disable winbindd.service
 4 systemctl disable avahi-daemon && systemctl disable avahi-dnsconfd && systemctl enable avahi-daemon
 5 systemctl disable krb5-kdc.service && systemctl disable krb5-kpropd.service && systemctl disable krb5-kadmind.service
 6 systemctl disable NetworkManager-wait-online && systemctl disable systemd-networkd-wait-online
 7 systemctl disable update-pki.timer && systemctl disable stunnel && systemctl disable smartd
 8 systemctl disable fcron && systemctl disable sysstat && systemctl disable update-usbids.timer
 9 systemctl disable dovecot && systemctl disable saslauthd.service && systemctl disable iptables.service
10 systemctl disable gpm.service && systemctl disable rsyncd.service && systemctl disable slapd.service
11 systemctl disable php-fpm.service && systemctl disable httpd.service && systemctl disable named.service
12 systemctl disable proftpd.service && systemctl disable vsftpd.service && systemctl disable exim.service
13 systemctl disable postfix.service && systemctl disable sendmail.service && systemctl disable mysqld.service
14 systemctl disable postgresql.service && systemctl disable unbound.service
```

2. 创建登录控制文件

创建/etc/pam.d/gdm-launch-environment 和/etc/pam.d/other 文件,内容见 slfs-blfs-6.sh 文件。

/etc/pam.d/gdm-launch-environment 文件的作用是为 GDM(GNOME Display Manager)环境启动过程中的身份验证和访问控制提供配置。PAM(Pluggable Authentication Modules)是一个在 Linux 系统中管理认证的模块化框架。该文件包含一系列 PAM 模块的规则和配置选项,用于控制用户是否可以成功登录到 GDM 环境以及在登录后的权限和限制。

具体来说,/etc/pam.d/gdm-launch-environment 文件可以完成以下功能。

(1)用户认证:决定是否允许用户登录到 GDM 环境。通过配置该文件中的 PAM 模块,可以进行密码验证、通过外部认证服务如 LDAP 或 Kerberos 进行验证等。

(2)用户访问控制:配置哪些用户或用户组可访问 GDM 环境。可以使用 PAM 模块来限制登录的用户或者限制登录的时间和日期。

(3)环境配置:为登录成功后的会话设置环境变量、文件权限等。可以在该文件中配置路径、环境变量等操作,以便在用户登录后,GDM 环境将这些设置应用到用户的会话中。

通过修改/etc/pam.d/gdm-launch-environment 文件,可以对 GDM 环境的身份验证和访问控制进行个性化的配置,以满足特定的需求,并增强系统的安全性和灵活性。

/etc/pam.d/other 文件是 Linux 系统中 PAM 配置文件之一。PAM 是一个模块化的认证系统,允许系统管理员灵活地定义认证和访问控制策略,以适应不同的应用和要求。每个服务(如登录、su 命令等)都会有一个对应的 PAM 配置文件,而/etc/pam.d/other 文件的作用是为那些没有单独的 PAM 配置文件的服务提供默认的 PAM 认证和访问控制配置。它包含一系列 PAM 模块定义,用于指定要在认证和访问控制过程中使用的模块和它们的顺序。每个模块负责不同的认证任务,例如,密码验证、账户检查、访问控制等。管理员可以根据需求编辑/etc/pam.d/other 文件,以配置服务的认证和访问控制规则。修改后的配置将覆盖默认的 PAM 行为,使管理员能够自定义用户身份验证和授权策略。

3. 创建普通用户主目录

执行如下命令为普通用户 slfs 创建用户主目录。

```
1 mkdir /home/slfs && cp -r /etc/skel /home/slfs && chown -R slfs:slfs /home/slfs/
```

4. 默认区域设置

/etc/locale.conf 文件的作用是设置系统的默认区域设置(locale)参数。

在 Linux 系统中,区域设置是一组规定了语言、日期、时间格式、货币符号等的参数,用于显示和处理文字、时间和数字等数据。这些参数直接影响系统和应用程序的界面显示、字符编码、排序规则等。/etc/locale.conf 文件是一个文本文件,它包含一个或多个"键=值"对,每个键值对表示一个特定的区域设置参数。通过编辑/etc/locale.conf 文件,用户可以更改系统的默认区域设置,从而满足个人需求或者适应特定的地域环境。系统的其他组件和应用程序会读取该文件的内容来确定其运行时的区域设置。最后需要注意的是,修改了/etc/locale.conf 文件后,需要注销并重新登录才能使设置生效。执行如下命令设置相关参数。

```
1 cat > /etc/locale.conf << "EOF"
2 LANG="POSIX"
3 LANGUAGE="zh_CN.UTF-8"
4 LC_ALL="POSIX"
5 EOF
6 localedef -i zh_CN -f UTF-8 zh_CN.UTF-8
```

在该配置中,LANG 设置为"POSIX"表示默认使用 POSIX(Portable Operating System Interface for UNIX)语言环境,也就是使用基本的 ASCII 字符集。LANGUAGE 设置为"zh_CN.UTF-8"表示首选的语言环境是中文,字符集为 UTF-8 编码。LC_ALL 设置为"POSIX"表示将所有 LC_* 变量设置为相同的值,即使用 POSIX 语言环境。根据需求和系统环境,用户可以根据需求进行适当的设置。更详细的介绍如下。

LANG="POSIX"的作用是指定当前系统的语言环境为 POSIX。POSIX 是一个标准化的接口规范,旨在保证不同 UNIX 操作系统之间的二进制兼容性,使得编写的应用程序可以在不同的 UNIX 系统上移植和运行。当设置 LANG="POSIX"时,系统将使用 POSIX 标准定义的语言环境设置,而不考虑当前系统的本地化设置。这意味着字符编码、日期和时间格式等将按照 POSIX 标准的规定处理,而不会受到系统本地化设置的影响。设置 LANG="POSIX"可以确保程序在不同的 UNIX 系统上具有一致的行为,而不受各系统本地化设置的影响。这在编写跨平台的应用程序或进行系统级别的开发时非常有用。

LANGUAGE="zh_CN.UTF-8"的作用是设置当前系统或程序的语言环境为中文(简体)UTF-8 编码格式。这个设置会影响到系统或程序中显示的文本、日期、时间格式等。具体作用包括:①支持显示和输入中文字符;②设置日期和时间格式为中文格式;③设置货币符号和数字格式为中文格式;④设置默认的编码格式为 UTF-8,以便支持中文字符的输入、显示和保存;⑤在程序中使用 gettext 等工具进行国际化和本地化操作时,会根据这个环境变量来选择相应的翻译文件。通过设置 LANGUAGE 环境变量,可以方便地调整系统或程序的语言环境,以适应不同的语言和地区需求。

在使用 LC_ALL="POSIX"的情况下,操作系统会将所有的本地化设置都设置为默认值,即使用标准的 POSIX 设置。这意味着日期、时间、货币、数字格式等都将按照 POSIX 标准进行格式化和显示。同时,字符排序和字符串比较也将按照 POSIX 标准进行。使用 LC_ALL="POSIX"可以确保程序在不同环境下的一致性和可移植性。

5. 安装中文字库

执行下面第 1 行命令确认系统是否已经安装了中文字库。从结果（第 2~3 行）可知，
SLFS 系统没有安装中文字库。

```
1 fc-list :lang=zh
2     /usr/share/fonts/X11/misc/18x18ja.pcf.gz: Fixed:style=ja
3     /usr/share/fonts/X11/misc/18x18ko.pcf.gz: Fixed:style=ko
```

本书配套资源中已经提供 Google 思源简体中文字体包 NotoSansCJKsc-hinted.zip。执
行如下命令安装 Google 思源字体。注意，安装后需要重启系统。

```
1 mkdir /root/tmp && cd /root/tmp && cp $SRC/NotoSansCJKsc-hinted.zip /root/tmp &&
2 unzip NotoSansCJKsc-hinted.zip && mv *.otf /usr/share/fonts/ && fc-cache -f -v && reboot
```

15.8 重启 SLFS 虚拟机

重启 SLFS 虚拟机，登录窗口如图 15.1 所示，输入
用户名（root）和密码（slfslinux），选择 GNOME
Wayland 桌面环境。进入 GNOME Wayland 桌面环
境后即可正常使用自己从源代码成功构建的 SLFS 操
作系统了，如图 15.2 所示。

图 15.1　登录窗口

图 15.2　GNOME 桌面环境

附录 A 资源及学习网站

1. https://www.ventoy.net/cn/   新一代多系统启动 U 盘解决方案

2. https://mirror.tuna.tsinghua.edu.cn/debian-cd/current/amd64/iso-dvd/

                                               Debian 安装镜像

3. https://tldp.org/LDP/abs/html/   高级 Bash 脚本编程指南

4. https://sourceforge.net/directory/   开源 Linux 软件

5. https://elixir.bootlin.com/linux/latest/source   Linux 内核源代码

6. https://www.kernel.org/   Linux 内核官网

7. http://www.kerneltravel.net/   Linux 内核之旅

8. http://www.biscuitos.cn/   BiscuitOS 开源社区

9. https://refspecs.linuxfoundation.org/lsb.shtml   Linux 标准规范

10. https://www.linuxfromscratch.org/lfs/downloads/stable-systemd/LFS-BOOK-11.3-NOCHUNKS.html   Linux From Scratch

11. https://www.linuxfromscratch.org/blfs/downloads/stable-systemd/BLFS-BOOK-11.3-systemd-nochunks.html   Beyond Linux From Scratch